U0128704

现代食品科学技术著作丛书

低共熔溶剂的合成、性质及应用

DEEP EUTECTIC SOLVENTS
SYNTHESIS, PROPERTIES,
AND APPLICATIONS

主编 [西]迭戈·J. 拉蒙
(Diego J. Ramón)
[西]加布里埃拉·吉列娜
(Gabriela Guillena)
主译 王永华 龚静妮 李国强

WILEY

中国轻工业出版社

图书在版编目（CIP）数据

低共熔溶剂的合成、性质及应用/（西）迭戈·J. 拉蒙，（西）加布里埃拉·吉列娜主编；王永华，龚静妮，李国强主译. —北京：中国轻工业出版社，2023.5
（现代食品科学技术著作丛书）
ISBN 978-7-5184-4328-4

Ⅰ. ①低…　Ⅱ. ①迭…②加…③王…④龚…⑤李…　Ⅲ. ①溶剂—研究　Ⅳ. ①TQ413

中国国家版本馆 CIP 数据核字（2023）第 068815 号

责任编辑：钟　雨　　责任终审：李建华　　整体设计：锋尚设计
策划编辑：钟　雨　　责任校对：吴大朋　　责任监印：张　可

出版发行：中国轻工业出版社（北京东长安街 6 号，邮编：100740）
印　　刷：三河市万龙印装有限公司
经　　销：各地新华书店
版　　次：2023 年 5 月第 1 版第 1 次印刷
开　　本：787×1092　1/16　印张：19.5
字　　数：450 千字
书　　号：ISBN 978-7-5184-4328-4　定价：188.00 元
邮购电话：010-65241695
发行电话：010-85119835　传真：85113293
网　　址：http://www.chlip.com.cn
Email：club@chlip.com.cn
如发现图书残缺请与我社邮购联系调换
220425K1X101ZYW

《低共熔溶剂的合成、性质及应用》翻译人员

主　　译：王永华（华南理工大学）

龚静妮（华南理工大学）

李国强（佛山科技学院）

副 主 译：曾宪海（厦门大学）

牟天成（中国人民大学）

薛智敏（北京林业大学）

译　　者：前　言　王永华（华南理工大学）

第一章　李道明（陕西科技大学）

第二章　周鹏飞（广东省农业科学院蚕业与农产品加工研究所）

第三章　杜　雨（华南理工大学）

第四章　许　龙（河南农业大学）

第五章　曾朝喜（湖南农业大学）

第六章　曾朝喜（湖南农业大学）

第七章　马云建（华南理工大学）

第八章　王旭苹（广东省农业科学院蚕业与农产品加工研究所）

第九章　龚静妮（华南理工大学）

第十章　李　佳（华南理工大学）

第十一章　徐　愉（华南理工大学）

第十二章　曾宪海（厦门大学）、林鹿（厦门大学）、左淼（厦门大学）、陈炳霖（厦门大学）、冯云超（厦门大学）、唐兴（厦门大学）、孙勇（厦门大学）、雷廷宙（常州大学城乡矿山研究院）

第十三章　龚静妮（华南理工大学）

第十四章　徐愉（华南理工大学）

第十五章　郦炜（华南理工大学）

第十六章　李佳（华南理工大学）

第十七章　薛智敏（北京林业大学）、牟天成（中国人民大学）、赵晚成（中国人民大学）

译者序

推动绿色发展，促进人和自然和谐共生，已经成为国际共识。绿色发展就是用最少的资源环境代价取得最大经济社会效益的发展。低共熔溶剂（DES）作为一类环境友好、可定制溶剂，适用于多个领域，符合绿色发展需求。

2003年Abott课题组提出并定义了低共熔溶剂，2011年Choi课题组提出细胞代谢产物能形成“第三种液体”，称其为天然低共熔溶剂。低共熔溶剂熔点低、合成方式绿色环保、价格便宜、可根据需要性质特别定制。低共熔溶剂满足绿色化学原则，受到多个领域科学家的广泛关注，研究性论文逐年递增。但直至2019年始终未见与低共熔溶剂相关的权威书籍问世。2020年，Diego J. Ramón教授和Gabriela Guillena教授有感于低共熔溶剂作为有机溶剂替代品，是可持续经济的重要变革溶剂。两位科学家集结了包括中国、法国、英国、意大利、印度、荷兰等15个国家的研究人员一起撰写出版了本书。为了让更多关注绿色化学的从业人员了解低共熔溶剂，我们翻译并出版此书的译著。若能帮助您答疑解惑，更好地了解低共熔溶剂及其广泛的应用，是我们的幸运。

本书共十七章，每一章均由在该领域建树颇丰的科学家撰写，并由我国低共熔溶剂研究人员共同翻译成中文。由于译者水平有限，本书中若有不当之处，欢迎读者批评指正。

感谢所有为本书出版付出辛劳努力的人员，感谢中国轻工业出版社细心耐心地帮助我们一起完善本书。

王永华

2023年3月

前言

几十年来，全球经济一直呈现“线性”运行状态，各个生产行业以“制备—应用—处理”的模式运转着。这种模式以有限的资源作为原材料，并且会产生大量废物，从而导致全球性问题，使地球生态平衡发生了不可逆转的变化。

因此，全球经济运转的思维方式和生产方式应转变为可持续性，才能有效应对这种“线性”生产模式带来的问题。

而化学工业领域要向可持续性方向发展，就需要新的指导思想，即绿色化学的12项原则。这12项原则不仅适用于实验室的小型研究，而且也适用于生产生活必需品的工业过程。

化学工业等工业过程都会广泛使用到溶剂，而“线性”生产模式不可持续的典型例子便是溶剂。有机溶剂的生产和使用均与石油资源息息相关，这便与可持续发展要求相悖。倘若使用有机溶剂，人们就需要额外花精力和资源来处理其产生的污染废弃物。因此，各个研究领域的科学家们都在迫切地寻找这类介质的替代品。

低共熔溶剂（deep eutectic solvents，DES）满足了绿色化学的所有原则，因此它们是循环经济所必需的可持续溶剂，可有效解决上述问题。

本书将提供这一新型溶剂在不同方面的信息。每一章都简要描述了DES的背景和适用性，并揭示了它们的优点和缺点。

本书作者均为活跃在该领域的一线学者，可保证读者能够快速理解该领域知识。但是目前的研究表明该领域还处于早期发展阶段，仍有挑战尚待解决。

第1章De Oliveira Vigier和Jérôme教授通过描述DES的合成和性质向读者介绍该溶剂的性质。第2章由Edler教授等探讨它们可能的结构问题。第3章杨教授解释DES相关的毒性和生物降解性问题。第4章Verpoorte，Choi教授等描述了一类特殊的DES，即天然低共熔溶剂（natural deep eutectic solvents，NADES）。第5章Kroon教授介绍了疏水性低共熔溶剂（hydrophobic deep eutectic solvents，HYDES），与典型的亲水性溶剂形成对比。第6章Duarte教授等解释了这些存在于自然界中的特殊溶剂可能起的作用。第7~17章介绍了DES在不同领域的应用和相互作用。第一个领域便是它们在有机化学中的应用，第7章Capriati教授等描述了DES作为有机溶剂的可能替代品的应用。第8章Azizi教授等展示了这类溶剂作为介质和催化剂用于几种转化反应的可能性。第9章García-Álvarez教授等介绍了在DES中进行金属介导反应，第10章Mota-Morales教授讨论了它们在相关工业聚合工艺中的应用。第11章Hayyan的研究小组通过介绍DES提取生物活性化合物，让读者沉浸式领悟DES的萃取过程。第12章曾教授、林教授等讨论了DES在生物质高值化中的应用。第13章Domínguez de María、Guajardo和Kara教授展示了DES在生物催化过程中的成功应用。第14章描述了DES在纳米材料中的制备和功能化。第15章Ji教授等表明了它们可能用作解决二氧化碳捕集的环境问题。第 16 章 Silva 教授表明了 DES 如何使分析化学方案更具可持续性，第 17 章薛教授、牟教授等提出了这种新型溶剂在电化学应用的广泛可能性。

这种介质的应用还处于探索阶段，因此很难预测这个研究领域发展的总体趋势。不过 DES 可以根据特定问题所需的特性进行微调，因此很显然，未来这些溶剂将应用于工业领域。

作为主编，我们十分感谢所有撰稿人以及审稿人对本书的参与以及在整个过程中的耐心配合。

我们相信，DES 的使用将改变化工应用中溶剂的必要性，并有助于“线性”生产方式转变为“循环”生产方式，从而改善我们社会的命运。

Diego J. Ramón
Gabriela Guillena
西班牙，2019 年 4 月 25 日

目录

12 低共熔溶剂在生物质预处理中的应用

13 低共熔溶剂中的酶催化

14 纳米尺寸和功能材料

15 二氧化碳捕集

16 低共熔溶剂介导的绿色分析化学方法

17 电化学

1 合成与性质

Karine De Oliveira Vigier 和 François Jérôme
Université de Poitiers，B1，ENSIP，IC2MP UMR CNRS 7285，1 rue Marcel Doré，
TSA 41105，86073，Poitiers Cédex，France

1.1 引言

21 世纪初，低共熔溶剂（deep eutectic solvents，DES）作为一类新型的绿色溶剂被发现[1]，由于其和离子液体具有相似的特性，早期也被认为是一类新型的离子液体（ionic liquids，ILs）。然而，它们是两种不同类型的溶剂。离子液体是阳离子和阴离子的缔合物。相反，DES 是两种或多种固体通过氢键形成的低共熔液体混合物，其熔点低于构成 DES 的每种化合物的熔点[2]。低共熔温度和低共熔组分的交点称为低共熔点（图 1.1 中的 E）。E 是两个或多个非混溶相的固体组分在特定温度下缔合成液体的点，该点形成的低共熔混合物具有独特的结构。

DES 相关的出版物数量逐年增加，表明其引起了行业和学术界的广泛兴趣。这是因为 DES 易于合成、生产成本低廉、组分安全以及在共晶点附近具有不寻常的反应性[3]。此外，DES 性质的可调性使其成为广泛应用的理想候选介质。DES 通常由路易斯酸和碱或布朗斯特酸和碱组成，这使它们包含各种阴离子或阳离子物质。氯化胆碱（ChCl）是最常用于制备 DES 的组分之一。它是一种廉价的、可生物降解的无毒盐，可以从生物质中提取或从化石碳中生产。其中一些混合物表现出玻璃化转变温度而不是低共熔温度，因此也称为低熔点混合物[4] 或低转变温度混合物[5]。就像离子液体一样，DES 通常有一个接近室温（RT）的熔点，并且具有低挥发性和高热稳定性。但是相比离子液体，DES 可以生物降解，价格便宜，并且很容易制备。本章旨在概述这些溶剂的合成及其理化性质。

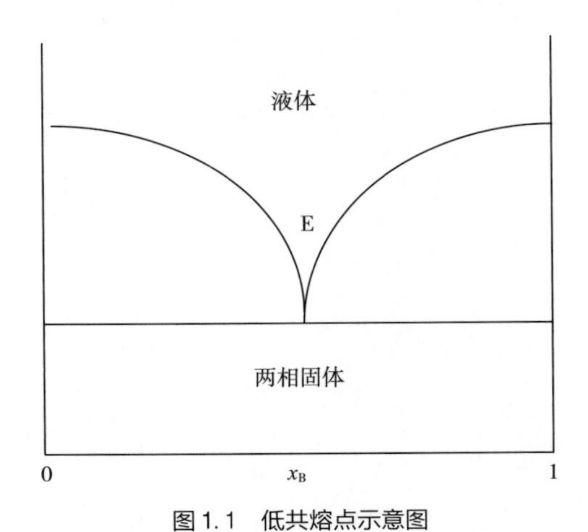

图 1.1 低共熔点示意图

1.2 合成

通常，DES 可由两种或多种便宜且安全的组分通过氢键供体（HBD）和氢键受体（HBA）之间的氢键相互作用制得[6]。实际上，通过将适量的 HBD 和盐直接添加到烧瓶中，经加热搅拌后，形成透明液体便是 DES。显然，根据组分的性质不同，与低共熔点相对应的摩尔比在组成和温度上是可变的。DES 的合成过程非常简单，不会产生废弃物。因为它们的反应为零排放、零 E 因子值，所以 DES 的合成被认为是绿色环保。而且，由于最终混合物中包含所有初始组分，因此最终形成 DES 的原子经济性为 100%。所有这些因素都使它们的生态足迹最小化[7]。从经济学的角度而言，DES 的价格便宜，约为离子液体的 1/10[8]。

由于可用于合成 DES 的季铵盐、磷盐、磺酸盐和 HBDs 的大量存在，从现有化学品可以合成的 DES 的数量没有限制（图 1.2）。因此，几乎不可能研究所有 DES 组合。

DES 是由晶格能低的非对称大离子组成，会通过氢键作用发生电荷离域，从而使熔点较低。例如，卤化物离子和氢供体部分之间的氢键便会发生电荷离域。典型的 DES 由氯化胆碱、天然氨基酸（例如，路易斯或布朗斯特碱或尿素）、天然羧酸或多元醇（例如，布朗斯特酸）组成。值得注意的是它们均来自可再生资源。例如，ChCl 可添加于鸡饲料中促进鸡的生长，它可以由三甲胺、盐酸和环氧乙烷以连续的单流工艺简单生产而成。DES 的毒性几乎不存在或非常低[9]，且其生物降解性极高[10]。此外，DES 在水中的高溶解度适用于有机物分离。当加入溶解 DES 的水时，有机物会沉淀或呈现为不溶于水的层，避免了反应结束时典型的有机溶剂萃取。通过蒸发水层中的水，可以回收 DES。

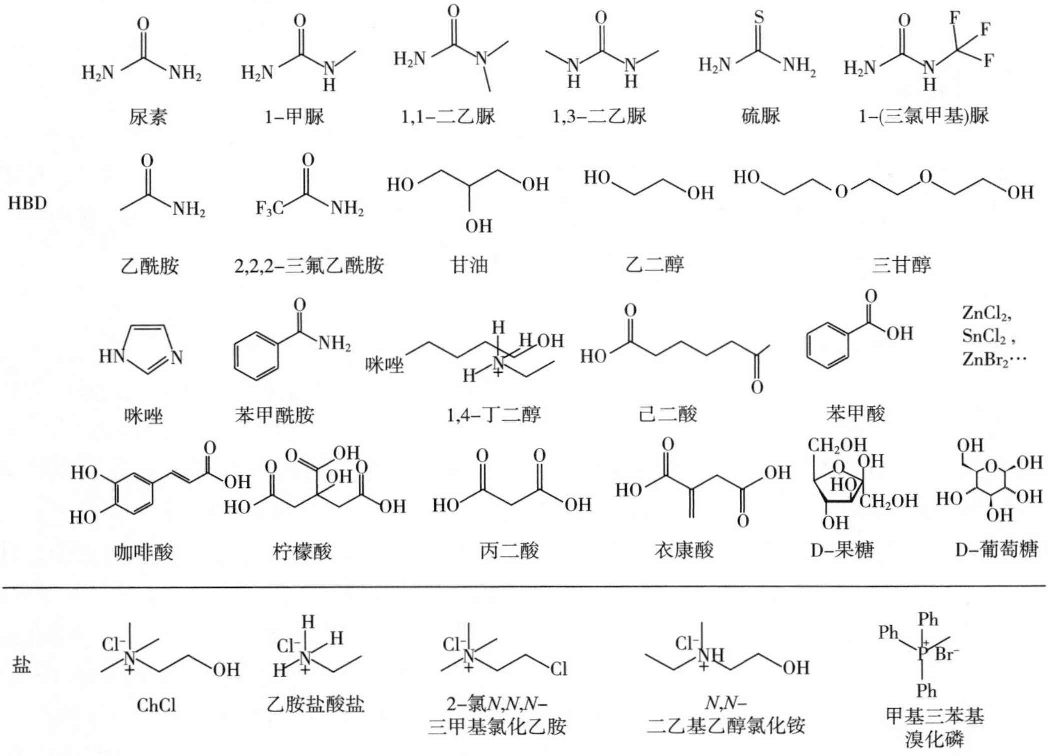

HBD

尿素　1-甲脲　1,1-二乙脲　1,3-二乙脲　硫脲　1-(三氯甲基)脲

乙酰胺　2,2,2-三氟乙酰胺　甘油　乙二醇　三甘醇

咪唑　苯甲酰胺　1,4-丁二醇　己二酸　苯甲酸　$ZnCl_2$, $SnCl_2$, $ZnBr_2$…

咖啡酸　柠檬酸　丙二酸　衣康酸　D-果糖　D-葡萄糖

盐

ChCl　乙胺盐酸盐　2-氯*N,N,N*-三甲基氯化乙胺　*N,N*-二乙基乙醇氯化铵　甲基三苯基溴化磷

图 1.2 用于制备 DES 的部分 HBD 和盐的图

2007 年，Abbott 等报道了 DES 通式 $R_1R_2R_3R_4N^+X^-Y^-$[11]。并根据所用络合剂的性质对 DES 进行分类[2,12]（表 1.1）。DES 可分为四种类型的。Ⅰ型 DES 由季铵盐和金属氯化物组成，可以认为类似于金属卤化物/咪唑盐体系。Ⅰ型低共熔溶剂的例子包括由咪唑盐和各种

金属卤化物形成的氯铝酸盐和咪唑盐熔体和 DES。这些组分包括 $FeCl_2$、AgCl、CuCl、LiCl、$CdCl_2$、$CuCl_2$、$SnCl_2$、$ZnCl_2$、$LaCl_3$、YCl_3 和 $SnCl_4$。Ⅱ型 DES 由季铵盐和金属氯化物水合物组成。许多水合金属盐的成本相对较低，加上其固有的对空气和水分的不敏感性，使其可应用于工业过程中。Ⅲ型 DES 由季铵盐和 HBD 组成。在类型Ⅲ中，氯化胆碱和 HBD 组成的 DES 已被广泛应用，如用于金属提取和有机合成[2,6,13]。Ⅳ型 DES 由金属氯化物和 HBD 组成。

这种液体制备简单，与水相对不发生反应；许多是可生物降解的，成本相对较低。HBD 广泛的可用范围表明此类 DES 的适应性特别强。液体的物理性质取决于 HBD，可以很容易地针对特定应用进行定制。

表 1.1 DES 的四种类型

类型	通式	条件	例子
Ⅰ	$Cat^+X^-+zMCl_x$	M=Zn，In，Sn，Al，Fe	$ChCl+ZnCl_2$
Ⅱ	$Cat^+X^-+zMCl_x$	M=Cr，Ni，Cu，Fe，Co	$ChCl+CoCl_2\cdot 6H_2O$
Ⅲ	Cat^+X^-+zRZ	Z=OH，COOH，$CONH_2$	ChCl+尿素
Ⅳ	MCl_x+zRZ	M=Zn，Al 和 Z=OH，$CONH_2$	$ZnCl_2$+尿素

1.3 性质

由于其物理化学和热学性质［密度、黏度、表面张力、电导率、凝固温度（T_f）、可混溶性和极性］可以通过更改组分及其比例来轻松调整，DES 作为溶剂具有很大的潜力[2,6]。此外，DES 可以大量获得，从而使这种新型溶剂的设计更具可操作性。

1.3.1 凝固点（T_f）

如前所述，DES 是由两种能够通过氢键形成而产生新液相的固体混合而成。该液相的特征在于其凝固点远低于各个组分的凝固点。凝固点的降低是由于 HBD 和盐之间的相互作用。表 1.2 所示为文献中描述的各种 DES 的凝固点。尽管文献中报道的所有 DES 的凝固点均低于 150℃，但应指出，在室温下呈液态的 DES 较少。在室温下呈液态的 DES 中，我们可以列举甘油或尿素与 ChCl 的组合，这可能是由于它们与 ChCl 形成氢键相互作用的能力更强。这意味着，取决于卤化物盐的 HBDs 的选择是形成低凝固点的 DES 的关键点。例如，以 ChCl 为盐，和诸如羧酸（乙酰丙酸、丙二酸、苯基丙酸等）或糖衍生的多元醇（例如，木糖醇，*D*–异山梨醇和 *D*–山梨糖醇）等 HBDs 在室温下会形成液态 DES。同样，对于确定的 HBD，卤化物盐（如铵盐或磷盐）的性质也会影响相应 DES 的凝固点。例如，当选择尿素作为 HBD 并以 2∶1（尿素∶盐）的摩尔比与不同的盐混合时，所得到的 DES 的凝固点为 −38~113℃，差异很大（表 1.2）。对于类似的盐，阴离子的性质对于 DES 的凝固点也很重要。例如，胆碱盐衍生的 DES 与尿素结合的凝固点按 $F^->NO_3^->Cl^->BF_4^-$ 的顺序降低。影响 DES 凝固点的另一个参数是盐/HBD 的摩尔比。因此，对于乙二醇和 *N*,*N*–二乙基乙醇铵氯化物，获得的 DES 的凝固点随盐/HBD 摩尔比从 1∶2 到 1∶4 的增加而增加（表 1.2）。

考虑到低共熔溶剂的不同类型，我们在此只强调一些趋势。在全球范围内，Ⅰ型低共熔溶剂由不同的无水金属卤化物（$ZnCl_2$、$ZnBr_2$、$SnCl_2$ 等）与季铵盐的卤化物阴离子（ChCl、2-乙酰氧基-*N*,*N*,*N*-三甲基乙基氯化铵、2-乙酰氧基-*N*,*N*,*N*-三甲基乙基氯化铵、*N*-2-羟乙基-*N*,*N*-二甲基苯胺氯化物）反应产生拥有相似焓的相似卤化金属盐。这表明 ΔT_f 值应在 200~300℃。已经观察到，为了在环境温度下产生低共熔物，金属卤化物通常需要具有大约 300℃或更低的熔点。

这就是为什么诸如 $FeCl_3$（熔点为 308℃）[35]，$SnCl_2$（熔点为 247℃）[36] 和 $ZnCl_2$（熔点为 290℃）[36] 等金属卤化物会在环境温度下产生低共熔液体的原因。

Ⅱ型低共熔溶剂由水合金属卤化物和 HBD 组成。由于晶格能量的降低，金属盐的水合会导致其熔点低于相应的无水盐的熔点。第三类 DES 的凝固点取决于氢键相互作用和盐/HBD 的摩尔比。而Ⅳ型低共熔溶剂的凝固点在所有情况下均低于 10℃（表 1.2）。

表 1.2 DES 的凝固点（T_f）

类型	HBD	盐	盐/HBD（摩尔比）	T_f/℃	参考文献
Ⅰ	$ZnBr_2$	ChCl	1 : 2	38	[14]
	$ZnBr_2$	2-乙酰氧基-*N*,*N*,*N*-三甲基乙基氯化铵	1 : 2	48	[14]
	$SnCl_2$	ChCl	1 : 2	37	[14]
	$SnCl_2$	2-乙酰氧基-*N*,*N*,*N*-三甲基乙基氯化铵	1 : 2	20	[14]
	$SnCl_2$	*N*-（2-羟乙基）-*N*,*N*-二甲基苯胺氯化物	1 : 2	17	[14]
	$FeCl_3$	*N*-（2-羟乙基）-*N*,*N*-二甲基苯胺氯化物	1 : 2	21	[14]
	$ZnCl_2$	1-丁基-3-甲基咪唑鎓氯化物	1 : 1	-50	[15]
Ⅱ	$MgCl_2$，$6H_2O$	ChCl	1 : 1	16	[16]
Ⅲ	尿素	ChCl	1 : 2	12	[1]
	尿素	氟化胆碱	1 : 2	1	[1]
	尿素	硝酸胆碱	1 : 2	4	[17]
	尿素	醋酸胆碱	1 : 2	18	[1]
	尿素	四氟硼酸胆碱	1 : 2	67	[1]
	尿素	*N*-乙基-2-羟基-*N*,*N*-二甲基氯化铵	1 : 2	-38	[1]
	尿素	*N*-苄基-2-羟基-*N*,*N*-二甲基氯化铵	1 : 2	-35	[1]
	尿素	*N*,*N*,*N*-苄基三甲基氯化铵	1 : 2	26	[1]
	尿素	2-乙酰氧基-*N*,*N*,*N*-三甲基乙基氯化铵	1 : 2	-14	[1]
	尿素	2-氯-*N*,*N*,*N*-三甲基乙基氯化铵	1 : 2	15	[1]
	尿素	2-氟-*N*,*N*,*N*-三甲基乙基氯化铵	1 : 2	55	[1]
	尿素	*N*-苄基-2-羟基-*N*-(2-羟乙基)-*N*-甲基乙醇氯化铵	1 : 2	-6	[1]
	尿素	四乙基溴化铵	1 : 2	113	[1]

续表

类型	HBD	盐	盐/HBD（摩尔比）	T_f/℃	参考文献
	尿素	乙基氯化铵	1∶1.5	29	[18]
	1-甲基脲	ChCl	1∶2	29	[1]
	1-甲基脲	乙基氯化铵	1∶1.5	29	[18]
	1,3-二甲基脲	ChCl	1∶2	70	[1]
	1,1-二甲基脲	ChCl	1∶2	149	[1]
	硫脲	ChCl	1∶2	69	[1]
	1-三氟甲基脲	乙基氯化铵	1∶1.5	20	[18]
	乙酰胺	ChCl	1∶2	51	[1]
	2,2,2-三氟乙酰胺	ChCl	1∶2.5	-45	[19]
	2,2,2-三氟乙酰胺	甲基三苯基溴化磷	1∶2	91	[20]
	2,2,2-三氟乙酰胺	甲基三苯基溴化磷	1∶8	-69	[20]
	甘油	ChCl	1∶2	-40	[21, 22]
	甘油	醋酸胆碱	1∶1.5	13	[17]
	甘油	四丁基氯化铵	1∶5	-42.7	[23]
	甘油	*N*,*N*-二乙二醇氯化铵	1∶2	-1	[24]
	甘油	*N*,*N*-二乙二醇氯化铵	1∶3	1.7	[24]
	甘油	*N*,*N*-二乙二醇氯化铵	1∶4	2	[24]
	甘油	甲基三苯基溴化磷	1∶2	3-4	[25]
	甘油	甲基三苯基溴化磷	1∶3	-5.5	[25]
	甘油	甲基三苯基溴化磷	1∶4	15.6	[25]
	甘油	苄基三苯基氯化磷	1∶4	50	[20, 25]
	乙二醇	ChCl	1∶2	-66	[19]
	乙二醇	醋酸胆碱	1∶2	23	[17]
	乙二醇	四丁基氯化铵	1∶3	-31	[23]
	乙二醇	甲基三苯基溴化磷	1∶3	-46	[25]
	乙二醇	甲基三苯基溴化磷	1∶4	-50	[21, 25]
	乙二醇	甲基三苯基溴化磷	1∶5	-48	[25]
	乙二醇	苄基三苯基氯化磷	1∶3	47.9	[20]
	乙二醇	*N*,*N*-二乙二醇氯化铵	1∶2	-31	[26]
	乙二醇	*N*,*N*-二乙二醇氯化铵	1∶3	-22	[26]
	乙二醇	*N*,*N*-二乙二醇氯化铵	1∶4	-21	[26]
	乙二醇	四丙基氯化铵	1∶4	-23.4	[27]
	三甘醇	甲基三苯基溴化磷	1∶3	-8	[25]

续表

类型	HBD	盐	盐/HBD（摩尔比）	T_f/℃	参考文献
	三甘醇	甲基三苯基溴化磷	1：4	-19	[25]
	三甘醇	甲基三苯基溴化磷	1：5	-21	[25]
	三甘醇	*N*,*N*-二乙二醇氯化铵	1：2	0	[28]
	三甘醇	四丁基氯化铵	3：1	-12.7	[23]
	三甘醇	四丙基溴化铵	1：3	-19.2	[27]
	甘油	四丙基溴化铵	1：3	-16.1	[23]
	咪唑	ChCl	3：7	56	[29]
	咪唑	四丁基溴化铵	3：7	21	[29]
	咪唑	1-乙基-3-丁基苯并三唑溴化物	1：4	57	[29]
	苯甲酰胺	ChCl	1：2	92	[25]
	1,4-丁二醇	ChCl	1：3	-32	[28]
	己二酸	ChCl	1：1	85	[1]
	苯甲酸	ChCl	1：1	95	[1]
	咖啡酸	ChCl	1：1	67±3	[19]
	柠檬酸	ChCl	1：0.5	69	[1]
	反式肉桂酸	ChCl	1：1	93±3	[1]
	对香豆酸	ChCl	1：1	67±3	[30]
	没食子酸	ChCl	1：1	77±3	[30]
	4-羟基苯甲酸	ChCl	1：0.5	87±3	[30]
	衣康酸	ChCl	1：1	57±3	[30]
	乙酰丙酸	ChCl	1：1	57±3	[30]
	丙二酸	ChCl	1：1	室温下为液体	[1]
	草酸	ChCl	1：1	34	[1]
	苯乙酸	ChCl	1：1	25	[1]
	苯丙酸	ChCl	1：1	20	[1]
	辛二酸	ChCl	1：1	93±3	[30]
	琥珀酸	ChCl	1：1	71	[1]
	L-（+）-酒石酸	ChCl	1：1	47±3	[30]
	三羧酸	ChCl	1：1	90	[1]
	邻甲酚	ChCl	1：1	-23.7	[31]
	D-果糖	ChCl	1：3	10	[32]
	D-异山梨醇	ChCl	2：1	室温下为液体	[30]
	D-葡萄糖	ChCl	1：1	15	[33]

续表

类型	HBD	盐	盐/HBD（摩尔比）	T_f/℃	参考文献
	苯酚	ChCl	1∶2	-20	[31]
	间苯二酚	ChCl	2∶1	87	[34]
	D-山梨糖醇	ChCl	1∶1	室温下为液体	[30]
	二甲苯酚	ChCl	1∶1	室温下为液体	[30]
	木糖醇	ChCl	1∶1	室温下为液体	[30]
Ⅳ	尿素	$ZnCl_2$	1∶3.5	9	[25]
	乙酰胺	$ZnCl_2$	1∶4	-16	[25]
	乙二醇	$ZnCl_2$	1∶4	-30	[25]
	己二醇	$ZnCl_2$	1∶3	-23	[25]

1.3.2 密度

密度是一个有趣的热物理性质（表1.3）。在298.15K①时，大多数DES的密度在1.0~1.35g/cm^3，高于水的密度。但是，含有金属盐（如$ZnCl_2$）的DES的密度在1.3~1.6g/cm^{3}的范围内[16]。这种密度差异可以用空穴理论来解释，因为DES是由空穴或空洞组成的。例如，当将$ZnCl_2$与尿素混合时，与纯尿素相比，平均孔半径减小，导致DES的密度略有增加[11]。DES的密度及其温度变化与HBD的分子特性相关。由含有羟基的HBD组成的DES的密度随羟基数目的增加而增加（甘油的值高于乙二醇的值），而随着芳香族基团的引入而降低（苯酚和邻甲酚的值较低，表1.3）。需要注意到，在所有研究的化合物中，ChCl/苯酚和ChCl/邻甲酚是两种密度较低的DES（苯酚为1.092g/cm^3，邻甲酚为1.07g/cm^3）。可能影响DES密度的另一个参数是二元酸DES的链长。链长增加会导致密度降低。例如，对于草酸这样的C2-二元酸，密度为1.259g/cm^3，而对于戊二酸这样的C5-二元酸，密度在25℃下为1.188g/cm^3[37]。据报道，对于乙酰丙酸和戊二酸这两种C5-二元酸，乙酰丙酸的密度较高，因为由乙酰丙酸组成的DES组分中含酸量高于由戊二酸形成的DES。实际上，乙酰丙酸和ChCl合成DES所需的盐/HBD的摩尔比为1∶2，而由戊二酸合成DES的盐/HBD摩尔比为1∶1。如果用类似于酸化合物的链长进行比较，我们可以注意到二元酸基团的存在增加了密度，正如草酸和乙醇酸（分别为1.259和1.195g/cm^3）观察到的那样。DES的密度与空间效应（盐/HBD的摩尔比）以及HBD离子的强度和延伸度相关[26]。基于大量可能的盐-HBD组合，需要开发预测模型来确定DES的结构与性质之间的关系。Mjalli团队[26,38]进行了系统的研究工作，以测试几种理论方法在不同温度下预测DES密度的能力[39]。结果表明，所有测试的DES的相对百分比误差平均值为1.9%。

① 1K=-272.15℃。

表 1.3 在 25℃下选择的 DES 的密度

类型	HBD	盐	盐/HBD（摩尔比）	ρ/（g/cm^3）	参考文献
Ⅰ	$AlCl_3$	1-*n*-正丁基-3-甲基咪唑鎓氯化物		1.33	
Ⅲ	尿素	ChCl	1∶2	1.25	[18，19]
	尿素	醋酸胆碱	1∶2	1.206	[18]
	尿素	氯化乙铵	1∶1.5	1.140	[18]
	1-（三氟甲基）尿素	氯化乙铵	1∶1.5	1.273	[18]
	1-（三氟甲基）尿素	ChCl	1∶1.5	1.324	[18]
	乙酰胺	氯化乙铵	1∶1.5	1.041	[18]
	2,2,2-三氟乙酰胺	ChCl	1∶2.5	1.342	[1]
	2,2,2-三氟乙酰胺	甲基三苯基溴化磷	1∶8	1.39	[40]
	甘油	ChCl	1∶1	1.16	[26]
	甘油	ChCl	1∶2	1.18	[21，41]
	甘油	ChCl	1∶2	1.20	[41]
	甘油	*N*,*N*-二乙二醇氯化铵	1∶2	1.17	[26]
	甘油	*N*,*N*-二乙二醇氯化铵	1∶3	1.21	[26]
	甘油	*N*,*N*-二乙二醇氯化铵	1∶4	1.22	[26]
	甘油	甲基三苯基溴化磷	1∶2	1.31	[26]
	甘油	甲基三苯基溴化磷	1∶3	1.30	[26]
	甘油	甲基三苯基溴化磷	1∶4	1.30	[26]
	乙二醇	ChCl	1∶2	1.12	[26，41]
	乙二醇	ChCl	1∶3	1.12	[26，41]
	乙二醇	甲基三苯基溴化磷	1∶3	1.25	[26]
	乙二醇	甲基三苯基溴化磷	1∶4	1.23	[26]
	乙二醇	甲基三苯基溴化磷	1∶6	1.22	[26]
	乙二醇	*N*,*N*-二乙二醇氯化铵	1∶2	1.10	[26]
	乙二醇	*N*,*N*-二乙二醇氯化铵	1∶3	1.10	[26]
	乙二醇	*N*,*N*-二乙二醇氯化铵	1∶4	1.10	[26]
	草酸	ChCl	1∶1	1.259	[37]
	乙醇酸	ChCl	1∶1	1.195	[37]
	丙二酸	ChCl	1∶1	1.231	[37]
	戊二酸	ChCl	1∶1	1.188	[37]
	乙酰丙酸	ChCl	1∶2	1.138	[37]
	邻甲酚	ChCl	1∶3	1.07	[31]

续表

类型	HBD	盐	盐/HBD（摩尔比）	ρ/（g/cm³）	参考文献
	苯酚	ChCl	1∶3	1.092	[31]
Ⅳ	尿素	$ZnCl_2$	1∶3.5	1.63	[11]
	乙酰胺	$ZnCl_2$	1∶4	1.36	[11]
	乙二醇	$ZnCl_2$	1∶4	1.45	[11]
	己二醇	$ZnCl_2$	1∶3	1.38	[11]

1.3.3 黏度

DES 的黏度是一个需要重点研究的参数。如表 1.4 所示，DES 的黏度通常很高（>0.1Pa·s）。但是，由 ChCl 与乙二醇、1,4-丁二醇、邻甲酚或苯酚缔合而形成的 DES 在 20~30℃时的黏度低于 0.1Pa·s。通常，低共熔溶剂的黏度主要受 DES 组分的化学性质影响（盐和 HBD 的性质，盐/HBD 的摩尔比等）。例如，ChCl-DES 的黏度与 HBD 的性质密切相关。因此，ChCl/乙二醇（1∶4）DES 的黏度最低（20℃时为 0.019Pa·s），而 ChCl/$ZnCl_2$ 的黏度很高（25℃时为 8.5Pa·s）。同样，衍生糖（如木糖醇，山梨糖醇）或羧酸（例如丙二酸）作为 HBD 会导致 DES 表现出高黏度（例如，ChCl/山梨糖醇在 20℃下为 12.73Pa·s，ChCl/丙二酸在 25℃下为 1.124Pa·s）。这可归因于分子间氢键网络。对于由 ChCl 和甘油组成的 DES，黏度随着 ChCl 与甘油摩尔比的增加而降低。例如，在 20℃时，摩尔比为 1∶4、1∶3、1∶2 的 ChCl-甘油低共熔溶剂的黏度分别为 0.503、0.45 和 3.76Pa·s。甘油具有重要的分子间氢键网络，黏度随 ChCl 与甘油摩尔比的增加而降低是由于该氢键网络的部分断裂[21]。在 ChCl 与 1,4-丁二醇的低共熔溶剂中也观察到类似趋势。值得注意的是，在 ChCl 与乙二醇组合的情况下，在盐/HBD 摩尔比为 1∶3 和 1∶4（20℃时为 0.019Pa·s）之间未观察到黏度变化。总的来说，DES 的高黏度通常是由于组分之间的氢键相互作用，导致 DES 中游离物质的迁移率较低。DES 的高黏度还归因于①静电或范德华力相互作用，②大多数 DES 的大离子尺寸和非常小的空隙体积，以及③自由体积。如 Abbott 等所报道[18,41]，空穴理论表明黏度与流体中是否有供适当离子运动的孔相关。因此，尽管体系中存在强烈的分子间相互作用，但黏度仍主要由体积因子控制。所以，尽管离子与 HBD 之间的相互作用在 DES 的黏度中起重要作用，但应考虑空间效应。基于空穴理论，可以利用小阳离子或氟化的 HBDs 得到低黏度的 DES[18]。对于其他溶剂，黏度会随温度而变化，温度升高导致黏度降低。例如，随着温度从 25℃升高到 40℃，ChCl 与尿素混合物的黏度从 0.75Pa·s 降低到 0.169Pa·s。

必须指出的是，不同文献的同一 DES 的黏度存在许多差异，这可能是由于①实验方法，②DES 的合成，以及③水等杂质的存在。例如，根据 DES 的制备方法（传统的加热法、搅拌法或研磨法），观察到 DES 的黏度数据之间存在 6.5%的差异[37]。另一个重要的参数是水分含量，它会影响 DES 的黏度，因为许多类型的 DES 具有高度吸湿性。因此，应提供含水量以比较文献中报道的数据，但是很少有文献会提供此指标。因此，Yadav 和 Pandey[39] 证明，ChCl/尿素（1∶2）的黏度从 0.53Pa·s（纯 DES）降低到 0.2Pa·s（水摩尔分数为 0.1

的 DES)。高黏性 DES，如 ChCl 和草酸（1∶1）能够从大气水分中捕获高达 19.40%（质量分数）的水，从而将黏度从 0.05363Pa·s 降至 0.04449Pa·s。这些结果表明，加入水分可以降低高黏度 DES 的黏度。但是，应谨慎控制加入的水分，因为这可能会影响 DES 的性质。

表 1.4　不同温度下的 DES 的黏度

类型	HBD	盐	盐/HBD（摩尔比）	黏度/（mPa·s）	参考文献
Ⅰ	$ZnCl_2$	ChCl	1∶2	85（25℃）	[42]
Ⅱ	$CrCl_3 \cdot 6H_2O$	ChCl		2.346（25℃）	[2]
Ⅲ	尿素	ChCl	1∶2	0.75（25℃）	[43]
	尿素	ChCl	1∶2	0.449（30℃）	[43]
	尿素	ChCl	1∶2	0.169（40℃）	[41]
	尿素	醋酸胆碱	1∶2	2.214（40℃）	[23]
	尿素	乙基氯化铵	1∶1.5	0.128（40℃）	[23]
	2,2,2-三氟乙酰胺	ChCl	1∶2	0.077（40℃）	[23]
	2,2,2-三氟乙酰胺	甲基三苯基溴化磷	1∶8	0.13615（25℃）	[20]
	甘油	ChCl	1∶2	0.376（20℃）	[41]
	甘油	ChCl	1∶2	0.259（25℃）	[43]
	甘油	ChCl	1∶2	0.24679（30℃）	[39]
	甘油	ChCl	1∶3	0.45（20℃）	[41]
	甘油	ChCl	1∶4	0.503（20℃）	[41]
	甘油	四丁基溴化铵	1∶3	0.4672（30℃）	[44]
	甘油	四丁基氯化铵	1∶4	0.4761（30℃）	[23]
	甘油	*N*,*N*-二乙二醇氯化铵	1∶2	0.351（30℃）	[45]
	甘油	苄基三甲基氯化铵	1∶5	0.5537（55℃）	[40]
	乙二醇	ChCl	1∶2	0.036（20℃）	[41]
	乙二醇	ChCl	1∶2	0.037（25℃）	[43]
	乙二醇	ChCl	1∶2	0.035（30℃）	[43]
	乙二醇	ChCl	1∶3	0.019（20℃）	[41]
	乙二醇	ChCl	1∶4	0.019（20℃）	[41]
	乙二醇	四丁基溴化铵	1∶3	0.077（30℃）	[44]
	乙二醇	四丁基氯化铵	1∶3	0.0569（30℃）	[23]
	乙二醇	四丙基溴化铵	1∶3	0.0582（30℃）	[27]
	乙二醇	甲基三苯基溴化磷	1∶4	0.1098（25℃）	[20]
	乙二醇	*N*,*N*-二乙二醇氯化铵	1∶2	0.04068（30℃）	[45]
	三甘醇	*N*,*N*-二乙二醇氯化铵	1∶3	0.0719（30℃）	[27]

续表

类型	HBD	盐	盐/HBD（摩尔比）	黏度/（mPa·s）	参考文献
	咪唑	ChCl	1 : 7	0.015（70℃）	[29]
	咪唑	四丁基溴化铵	1 : 7	0.81（20℃）	[29]
	咪唑	四丁基溴化铵	1 : 7	0.3145（30℃）	[29]
	1,4-丁二醇	ChCl	1 : 3	0.14（20℃）	[41]
	1,4-丁二醇	ChCl	1 : 4	0.088（20℃）	[41]
	乙醇酸	ChCl	1 : 1	0.3948（30℃）	[37]
	乙酰丙酸	ChCl	1 : 2	0.1645（30℃）	[37]
	丙二酸	ChCl	1 : 2	1.124（25℃）	[43]
	邻甲酚	ChCl	1 : 3	0.07765（25℃）	[31]
	苯酚	ChCl	1 : 3	0.03517（30℃）	[31]
	D-山梨醇	ChCl	1 : 1	12.73（30℃）	[19]
	木糖醇	ChCl	1 : 1	5.23（30℃）	[19]
Ⅳ	尿素	$ZnCl_2$	1 : 3.5	11.34（25℃）	[41]

1.3.4 离子电导率

DES的离子电导率相对较低，并且与DES的黏度相关。因此，大多数DES在室温下的离子电导率均低于1mS/cm[6]。仅有像乙二醇或咪唑和ChCl组成的低黏度DES，会表现出高离子电导率（在20℃下为7.61mS/cm、在60℃下为12mS/cm）。黏度和电导率之间的关系可以通过在对数-对数刻度（Walden图）上绘制电导率和流动性（黏度的倒数）来确定。将该曲线与从0.01mol/L KCl水溶液获得的理想线进行比较，该理想线的斜率等于1并经过坐标原点。基于此，发现低黏度的DES（例如，含乙二醇的DES）显示出较高的离子电导率，而非常黏稠的DES则更接近于理想线。离子电导率随温度的升高而升高，如表1.5所示。温度对电导率的影响通常根据Arrhenius型行为来描述[1,20,21,23,27,46]。也可以通过改变有机盐与HBD的摩尔比来调节离子电导率[1]。

Abbott等[41]对DES离子电导率的预测进行了研究，他们证明了合适空穴的可用性以及离子-HBD相互作用的类型和强度决定了离子迁移率，从而决定了电导率。此外，电导率随盐浓度的变化取决于盐的类型和HBD。这将引起两种体系，即电导率随盐浓度的增加而降低，或电导率-盐浓度趋势达到最大值。

表1.5 DES的电导率（χ）

类型	HBD	盐	盐/HBD（摩尔比）	χ/（mS/cm）	参考文献
Ⅰ	ZnC_2	ChCl	1 : 2	0.06（42℃）	[14]
Ⅱ	$CrCl_3 \cdot 6H_2O$	ChCl		0.37（25℃）	[2]

续表

类型	HBD	盐	盐/HBD（摩尔比）	χ/（mS/cm）	参考文献
Ⅲ	尿素	ChCl	1∶2	0.75（25℃）	[1]
	尿素	ChCl	1∶2	0.199（40℃）	[18]
	尿素	醋酸胆碱	1∶2	0.017（40℃）	[18]
	尿素	乙基氯化铵	1∶1.5	0.348（40℃）	[18]
	2,2,2-三氟乙酰胺	ChCl	1∶2	0.286（40℃）	[18]
	2,2,2-三氟乙酰胺	乙基氯化铵	1∶1.5	0.39（40℃）	[18]
	2,2,2-三氟乙酰胺	甲基三苯基溴化磷	1∶8	0.848（25℃）	[40]
	乙酰胺	乙基氯化铵	1∶1.5	0.688（40℃）	[18]
	甘油	ChCl	1∶2	1.05（20℃）	[41]
	甘油	ChCl	1∶2	1.18（25℃）	[1]
	甘油	甲基三苯基溴化磷	1∶1.75	0.165（25℃）	[40]
	甘油	苄基三苯基氯化铵	1∶4	0.163（55℃）	[40]
	乙二醇	ChCl	1∶2	7.61（20℃）	[41]
	乙二醇	甲基三苯基溴化磷	1∶4	0.788（25℃）	[40]
	乙二醇	苄基三苯基氯化铵	1∶3	0.485（55℃）	[40]
	咪唑	ChCl	3∶7	12（60℃）	[21]
	咪唑	四丁基溴化铵	3∶7	0.24（20℃）	[21]
	咪唑	四丁基溴化铵	3∶7	0.24（60℃）	[21]
	1,4-丁二醇	ChCl	1∶3	1.64（20℃）	[41]
	丙二酸	ChCl	1∶1	0.55（25℃）	[1]
	邻甲酚	ChCl	1∶3	1.21（25℃）	[31]
	苯酚	ChCl	1∶3	3.14（25℃）	[31]
Ⅳ	尿素	$ZnCl_2$	1∶3.5	0.18（42℃）	[14]

1.3.5 极性

尽管 DES 被认为是替代普通挥发性有机溶剂的环保溶剂，但文献中很少有关于 DES 极性的信息。然而，Abbott 等[21] 使用 Reichardt 染料标度［ET（30）参数］[47] 和 Kamlet-Taft 标度（π*、α 和 β 参数）[48]，以不同的盐与 HBD 的摩尔比（1∶1、1∶1∶5、1∶2 和 1∶3）表征了 ChCl 和甘油混合物的溶剂极性。ChCl 和甘油 DES 是极性流体，其极性在伯烷基铵离子液体和仲烷基铵离子液体的极性范围内[49]。Pandey 等其他研究者[50] 使用几种溶剂变色探针对 ChCl-DES 进行了大量实验研究。他们使用甜菜碱染料 33 来计算 ET（30）参数。他们证实了 ChCl/尿素（1∶2），ChCl/甘油（1∶2）和 ChCl/乙二醇是高极性液体，其极性甚至比短链醇和大多数常见离子液体更高。甘油基 DES 的 ET（30）值最大，其次是乙二醇和尿素 DES。这归因于 HBD 中的羟基数目。

1.3.6 表面张力

DES的表面张力非常高，并且强烈依赖于HBDs与相应盐之间的分子间作用力。如表1.6所示，ChCl/乙二醇和四烷基铵基DES具有较高的表面张力。此外，由于氢键的作用较大，ChCl/丙二酸和ChCl/果糖或葡萄糖具有较高的表面张力（分别为65.7、74.01和71.7mN/m）。阳离子的性质也会影响表面张力。含羟基的阳离子导致DES具有高表面张力，例如ChCl/甘油（56mN/m）。对于四烷基铵基DES，链长的增加会导致表面张力的增加。例如，四丙基溴化铵/甘油DES的表面张力为46mN/m，而四丁基氯化铵/甘油DES的表面张力为52.7mN/m。温度和盐的摩尔分数也对表面张力有影响。在所有已研究的DES中，由于HBD氢键作用减弱，表面张力随温度和盐摩尔分数的降低而增加[21,23,2,28,38]。Abbott等提供了与ChCl-DES和$ZnCl_2$-DES相关的表面张力数据[1]。研究表明，这些DES的表面张力值均高于大多数分子溶剂的表面张力，与咪唑鎓基离子液体和高温熔盐的表面张力相当，例如四氟硼酸1-丁基-3-甲基咪唑鎓盐（[BMIM] BF_4，63℃时为38.4mN/m）和KBr（900℃时为77.3mN/m）。他们还证明了黏度和表面张力之间存在关系。因此，由于甘油的氢键网络受到干扰，ChCl/甘油DES的表面张力随着ChCl浓度的增加而降低，正如先前关于黏度的讨论一样。此外，各种ChCl/甘油DES的表面张力与温度呈线性关系[21]。

表1.6 DES的表面张力（γ）

HBD	盐	盐/HBD（摩尔比）	γ/（mN/m）	参考文献
尿素	ChCl	1:2	52（25℃）	[43]
2,2,2-三氟乙酰胺	*N*,*N*-二乙二醇氯化铵	1:2	40.27（25℃）	[28]
甘油	ChCl	1:2	56（25℃）	[43]
甘油	ChCl	1:3	50.8（20℃）	[43]
甘油	四丙基溴化铵	1:3	46（30℃）	[23]
甘油	四丁基氯化铵	1:3	52.7（30℃）	[27]
甘油	*N*,*N*-二乙二醇氯化铵	1:4	59.35（25℃）	[28]
甘油	甲基三苯基溴化磷	1:3	58.94（25℃）	[28]
乙二醇	ChCl	1:2	48（25℃）	[43]
乙二醇	ChCl	1:3	45.4（20℃）	[41]
乙二醇	四丙基溴化铵	1:3	40.1（30℃）	[23]
乙二醇	四丁基氯化铵	1:3	46.2（30℃）	[27]
乙二醇	甲基三苯基溴化磷	1:4	51.29（25℃）	[28]
乙二醇	*N*,*N*-二乙二醇氯化铵	1:3	47.51（25℃）	[28]
三甘醇	甲基三苯基溴化磷	1:5	49.85（25℃）	[28]
三甘醇	四丁基氯化铵	3:1	46.2（30℃）	[27]
三甘醇	四丙基溴化铵	1:3	39.3（30℃）	[23]

续表

HBD	盐	盐/HBD（摩尔比）	γ/（mN/m）	参考文献
1,4-丁二醇	ChCl	1 : 3	47.17（25℃）	[28]
丙二酸	ChCl	1 : 1	65.7（25℃）	[43]
苯乙酸	ChCl	1 : 1	41.86（25℃）	[1]
D-果糖	ChCl	2 : 1	74.01（25℃）	[38]
D-葡萄糖	ChCl	2 : 1	71.7（25℃）	[33]
尿素	$ZnCl_2$	1 : 3.5	72（25℃）	[1]
乙酰胺	$ZnCl_2$	1 : 4	53（25℃）	[1]
乙二醇	$ZnCl_2$	1 : 4	56.9（25℃）	[1]
1,6-己二醇	$ZnCl_2$	1 : 3	19（25℃）	[1]

1.4 总结与结论

DES 易于制备，其性质与 HBD 的性质、盐的相互作用以及温度直接相关。DES 的合成方法对其热物理性质有影响，并且对其黏度的影响大于对密度的影响。需特别点明的一点，由于各成分的含水量等杂质的存在以及制备方法等原因，DES 与文献报道的数据之间可能存在差异。但是，可以通过改变盐和 HBD 的性质来调节 DES 的理化性质。DES 具有制备简单、100%的原子经济、合成所用盐和 HBD 的价格低廉等优点。此外，它们基本上无毒，特别是 ChCl-DES。所有这些优点均为广阔的工业应用中使用 DES 开辟可供选择的替代途径。还应注意的是，尽管 DES 的成分可能是活性化学成分，但它们通过氢键的自动缔合限制了它们的活性，从而使其可用于本书其他章节的许多研究领域。

参考文献

1 (a) Abbott, A. P., Capper, G., Davies, D. L. et al. (2001). *Chem. Commun.*: 2010- 2011. (b) Abbott, A. P., Capper, G., Davies, D. L. et al. (2003). *Chem. Commun.*: 70-71. (c) Abbott, A. P., Boothby, D., Capper, G. et al. (2004). *J. Am. Chem. Soc.* 126: 9142-9147.

2 Smith, E. L., Abbott, A. P., and Ryder, K. S. (2014). *Chem. Rev.* 114: 11060-11082.

3 Pincock, R. E. (1969). *Acc. Chem. Res.* 2: 97-103.

4 Rus, C. and Konig, B. (2012). *Green Chem.* 14: 2969-2982.

5 Francisco, M., van den Bruinhorst, A., and Kroon, M. C. (2013). *Angew. Chem. Int. Ed.* 52: 3074-3085.

6 Zhang, Q. H., De Oliveira Vigier, K., Royer, S., and Jérôme, F. (2012). *Chem. Soc. Rev.* 41: 7108-7146.

7 Deetlefs, M. and Seddon, K. R. (2010). *Green Chem.* 12: 17-30.

8 Gorke, J. T., Srienc, F., and Kazlauskas, R. J. (2010). *Ionic Liquid Applications: Pharmaceuticals, Therapeutics,*

and Biotechnology, ACS symposium series, 69–180. Oxford University Press.
9 Morrison, H. G., Sun, C. C., and Neervannan, S. (2009). *Int. J. Pharm.* 378: 136–139.
10 Singh, B. S., Lobo, H. R., and Shankarling, G. S. (2012). *Catal. Commun.* 24: 70–74.
11 Abbott, A. P., Barron, J. C., Ryder, K. S., and Wilson, D. (2007). *Chem. Eur. J.* 13: 6495–6501.
12 Abbott, A. P., Al–Barzinjy, A. A., Abbott, P. D. et al. (2014). *Phys. Chem. Chem. Phys.* 16: 9047–9055.
13 Alonso, D. A., Baeza, A., Chinchilla, R. et al. (2016). *Eur. J. Org. Chem.*: 612–632.
14 Abbott, A. P., Capper, G., Davies, D. L., and Rasheed, R. (2004). *Inorg. Chem.* 43: 3447–3452.
15 Liu, Y. T., Chen, Y. A., and Xing, Y. J. (2014). *Chin. Chem. Lett.* 25: 104–106.
16 Wang, H., Jing, Y., Wang, X. et al. (2011). *J. Mol. Liq.* 163: 77–82.
17 Zhao, H., Baker, G. A., and Holmes, S. (2011). *Org. Biomol. Chem.* 9: 1908–1916.
18 Abbott, A. P., Capper, G., and Gray, S. (2006). *ChemPhysChem* 7: 803–806.
19 Shabaz, K., Mjalli, F. S., Hashim, M. A., and Al–Nashef, I. M. (2010). *J. Appl. Sci.* 10: 3349–3354.
20 Kareem, M. A., Mjalli, F. S., Hashim, M. A., and Alnashef, I. M. (2010). *J. Chem. Eng. Data* 55: 4632–4637.
21 Abbott, A. P., Harris, R. C., Ryder, K. S. et al. (2011). *Green Chem.* 13: 82–90.
22 Hayyan, M., Mjalli, F. S., Hashim, M. A., and AlNashef, I. M. (2010). *Fuel Process. Technol.* 91: 116–120.
23 Mjalli, F. S., Naser, J., Jibril, B. et al. (2014). *J. Chem. Eng. Data* 59: 2242–2251.
24 Petkovic, M., Seddon, K. R., Rebelo, L. P. N., and Silva–Pereira, C. (2011). *Chem. Soc. Rev.* 40: 1383–1403.
25 Shahbaz, K., Mjalli, F. S., Hashim, M. A., and AlNashef, I. M. (2011). *Energy Fuels* 25: 2671–2678.
26 Shahbaz, K., Baroutian, S., Mjalli, F. S. et al. (2012). *Thermochim. Acta* 527: 59–66.
27 Jibril, B., Mjalli, F., Naser, J., and Gano, Z. (2014). *J. Mol. Liq.* 199: 462–469.
28 Ventura, S. P. M., Silva, F., Goncalves, A. M. M. et al. (2014). *Ecotoxicol. Environ. Saf.* 102: 48–54.
29 Hou, Y., Gu, Y., Zhang, S. et al. (2008). *J. Mol. Liq.* 143: 154–159.
30 Maugeri, Z. and Domínguez de María, P. (2012). *RSC Adv.* 2: 421–425.
31 Guo, W., Hou, Y., Ren, S. et al. (2013). *J. Chem. Eng. Data* 58: 866–872.
32 Hayyan, A., Mjalli, F. S., AlNashef, I. M. et al. (2012). *Thermochim. Acta* 541: 70–75.
33 Hayyan, A., Mjalli, F. S., AlNashef, I. M. et al. (2013). *J. Mol. Liq.* 178: 137–141.
34 Carriazo, D., Gutiérrez, M. C., Ferrer, M. L., and del Monte, F. (2010). *Chem. Mater.* 22: 6146–6152.
35 Sitze, M. S., Schreiter, E. R., Patterson, E. V., and Freeman, R. G. (2001). *Inorg. Chem.* 40: 2298–2304.
36 Scheffler, T. B. and Thomson, M. (1990). *Seventh International Conference on Molten Salts*, 281–289. Montreal: The Electrochemical Society.
37 (a) Smith, R. and Tanford, C. (1973). *Proc. Natl. Acad. Sci. U. S. A.* 70: 289–293. (b) Florindo, C., Oliveira, F. S., Rebelo, L. P. N. et al. (2014). *ACS Sustainable Chem. Eng.* 2: 2416–2425.
38 Mjalli, F. S., Vakili–Nezhaad, G., Shahbaz, K., and AlNashef, I. M. (2014). *Thermochim. Acta* 575: 40–44.
39 Yadav, A., Trivedi, S., Rai, R., and Pandey, S. (2014). *Fluid Phase Equilib.* 367: 135–142.
40 Shahbaz, K., Mjalli, F. S., Hashim, M. A., and AlNashef, I. M. (2012). *Fluid Phase Equilib.* 319: 48–54.
41 Abbott, A. P., Harris, R. C., and Ryder, K. S. (2007). *J. Phys. Chem. B* 111: 4910–4913.
42 Borse, B. N., Shukla, S. R., Sonawane, Y. A., and Shankarling, G. S. (2013). *Synth. Commun.* 43: 865–876.
43 D'Agostino, C., Harris, R. C., Abbott, A. P. et al. (2011). *Phys. Chem. Chem. Phys.* 13: 21383–21391.
44 Yusof, R., Abdulmalek, E., Sirat, K. et al. (2014). *Molecules* 19: 8011–8026.
45 Siongco, K., Leron, R. B., and Li, M. H. (2013). *J. Chem. Thermodyn.* 65: 65–72.
46 Bahadori, L., Chakrabarti, M. H., Mjalli, F. S. et al. (2013). *Electrochim. Acta* 113: 205–211.
47 Reichardt, C. (1994). *Chem. Rev.* 94: 2319–2358.

48 Kamlet, M. J. and Taft, R. W. (1976). *J. Am. Chem. Soc.* 98:377-383.
49 Reichardt, C. (2005). *Green Chem.* 7:339-351.
50 Pandey, A., Rai, R., Pal, M., and Pandey, S. (2014). *Phys. Chem. Chem. Phys.* 16:1559-1568.

2 结构与意义

Oliver S. Hammond 和 Karen J. Edler
University of Bath, Centre for Sustainable Chemical Technologies, Department of Chemistry, Claverton Down, Bath, BA27AY, UK

2.1 引言

低共熔溶剂（DES）常被认为是由两种组分（大多数为固体）在所需温度下以指定的比例混合形成的二元液体混合物。因此，DES 必然是混合体系，并且根据已报道的一些例子可知，DES 的成分组合可以产生离子型、部分离子型或非离子型的液体。作为一类溶剂，DES 具有重要意义：相比分子液体（MLs）或离子液体（ILs），DES 的组成范围更广，具有广泛的特性及相应的复杂性，并且能够深入地应用到不同学科的研究中。这正如已发现的 ILs 一样，DES 溶剂的结构决定其性质，并且所有可能的缔结混合物、氢键化合物的目录覆盖了已知化合物库中的很大部分，远比可以用来构建 ILs 的离子化合物目录要大得多。然而，即使排除混合物，单是 ILs 的潜在数量也高达 10^{18}[1]，这为潜在的 DES 数量提供了认知概念，也为寻求明确识别其架构的研究者提供了探索问题的尺度。

由于 DES 的可设计数量规模和其依赖于组分的问题，在此背景下似乎难以回答"DES 的结构是什么?"这类问题。此外，现阶段对 DES 结构的基本认识还处于初级状态，迄今为止的报道通常只研究了最常见的 DES 混合物［即氯化胆碱（ChCl）与尿素、甘油或乙二醇的混合物］的结构，尚未涵盖所有可用的表征技术。目前关于 DES 应用研究的报道呈指数级快速增长，因此需要对溶剂结构及其意义有更深入的了解，然而目前该部分的研究还处于形成阶段。因此，本章目的是回顾近期与 DES 结构相关基础知识的研究，重点介绍最流行的氯化胆碱体系。本章将探讨该领域的最初定义，并批判性地探讨这一观点是如何随时间而改变的。本章的目的是对于 DES 的性质提供更加细致入微的认识，如果可以确定不同 DES 的结构以及组分相互作用的共性问题，那么就能够按先前认识的纯 ILs 和 MLs 方法回答上述关于 DES 其他未解决的问题。

2.2 DES 的纳米结构

2.2.1 复杂的离子模式

莱斯特大学 Andrew P. Abbott 团队的研究将 DES 引入前沿研究热点，该团队当时正在研究金属盐与季铵盐形成共熔混合物，并发现了共晶混合物所提供的令人惊讶的熔点显著下降，这些共熔混合物包含了具有相对低阶对称性的阳离子，如（胆碱）$^{+}$[2]。随后，在 2003 年，Andrew P. Abbott 团队在论文中介绍了由氯化胆碱和尿素以 1：2 共熔比例制成的 DES［图 2.1（1）］，以及一系列以尿素衍生物分子作为第二组分的 DES，并首次真正提出"低共熔溶剂"概念。因此，氯化胆碱-尿素（通常称为"reline"）被认为是 DES 的初始模型。这项研究之所以占有重要地位是因为除了发现氯化胆碱-尿素 DES 之外，还引入了 DES 的初始"络离子"模型结构［图 2.1（2）］。溶剂的基本结构及其性质归因于氯离子对尿素存在显著电荷离域，形成一个络合离子。^{1}H—^{19}F 异核 Overhauser 效应谱（HOESY）二维核磁共振波谱间接证明了该络合离子模型。结果显示氟化胆碱-尿素 DES 模型中氟化物和尿素质子之间具有强动态关联。负离子模式快速原子轰击（FAB）-MS光谱在质荷比（m/z）为95和155处的特征进一步证实了该假设，分别归属为螯合阴离子簇合物［Cl（CO（NH_2）$_2$）］$^-$和［Cl（CO（NH_2）$_2$）$_2$］$^-$，即尿素：Cl^-=1：1尿素：Cl=2：1。

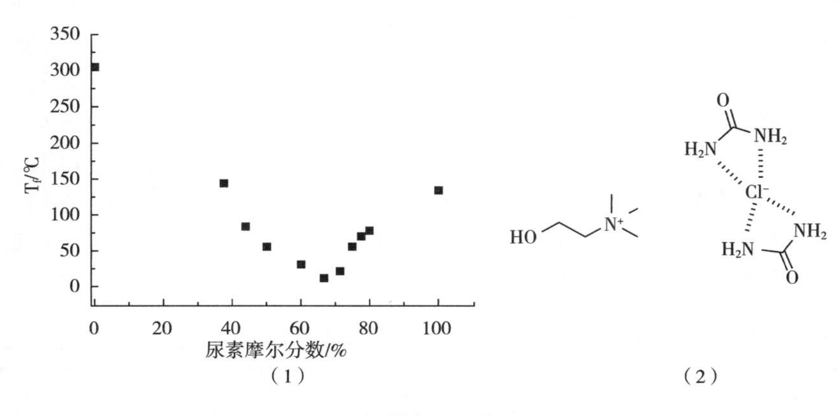

图2.1 氯化胆碱/尿素低共熔溶剂共晶相图

Andrew P. Abbott团队的推论为现有术语引入做足了后续工作，DES的主要组分（通常是卤化盐，如氯离子）可作为“氢键受体”（HBA），作为络合剂，第二组分（通常是中性分子，如尿素）可作为“氢键供体”（HBD）。所提出的含HBA和HBD的溶剂结构的络合离子模型与金属盐共熔的结构密切相关。值得注意的是，由于DES相对于大多数纯有机离子液体的纳米结构分类较远，DES通常被认为是ILs的扩展或亚型[6]。D′Agostino团队首次基于^{1}H脉冲场梯度核磁共振波谱试图详细地描述DES的纳米级相互作用[7]。该技术受到核磁共振对氯原子以及氯原子四极核相互作用敏感性较低的限制，因此数据分析假设HBD和氯化物完全结合。HBD-氯化物组分与胆碱的扩散系数存在显著差异，中性HBD（如甘油）的远距离扩散系数要快于胆碱。然而，在摩尔比1：1的氯化胆碱与丙二酸DES中发现HBD比胆碱扩散更慢，导致这种例外的原因是该模型中存在丙二酸齐聚现象。

2.2.2 扩展的氢键网络模型：“字母汤”

上述工作为广义的DES领域奠定了基础，他们还根据DES的体相结构的复杂离子模型定义了对DES纳米结构的基本认识。因此，迄今为止，目前大多数主要的综述继续从复杂离子模型的角度描述DES的结构和性质，在复杂离子模型中可以看到大量的电荷从阴离子到HBD的离域，并启发式地使用了更大的氢键网络概念[8-11]。本章按时间顺序回顾DES的结构研究工作以及对DES理解的逐渐演变过程。对于DES的结构研究倾向于使用高级分析技术，或者本质上是计算性的，甚至会将两种方法结合使用。高级分析和模拟，如分子动力学（MD）或密度泛函理论（DFT）可以为这种难以理顺的复合溶剂体系提供相关性和相互作用的见解，就像以前在ILs领域看到的那样[6]。

Rimsza和René Corrales首次利用量子化学计算评估ChCl-尿素中离子团簇的相对稳定性，以及质子从尿素转移到氯离子，形成HCl和阴离子尿素的可行性[12]。研究发现，溶剂形成尿素阴离子的倾向较低，溶剂体系大部分含有中性尿素分子。此外，还发现胆碱-氯化物-尿素-尿素的电荷中性化学计量复合物具有较高的稳定性。Sun 等采用 MD 模拟对 ChCl-尿素混合物及该 DES 进行研究[13]，结果显示了一组复杂的卷积径向分布函数（RDFs）。令人惊讶的是，对 RDFs 和氢键寿命的分析表明（表 2.1），在 ChCl-尿素混合物中最强且寿命最长的氢键是胆碱 O—H…Cl 相互作用，且该键长度最短，其寿命大约是尿素 N—H…Cl 氢键的 5 倍。此外，将整体的相互作用能分解为每个组分的贡献时发现，当胆碱过量时，阳离子-阴离子相互作用占主导优势，如结晶的氯化胆碱；而当尿素过量时，反之亦然。但在共熔比例下，阳离子-阴离子和阴离子-尿素的相互作用能是几乎保持平衡。因此，这是第一次显示出比复杂离子模型更复杂的情况，因为除了强烈的胆碱-氯化物相互作用之外，还观察到尿素和氯化物之间的强烈的氢键作用，同时胆碱-尿素也存在相互作用，而这些相互作用之间的平衡似乎对形成 DES 是必要的。

表 2.1 不同尿素含量下氯化胆碱-尿素的氢键生命周期计算值（尿素以摩尔分数计）

氢键	$t_{0\%尿素}$/ps	$t_{25\%尿素}$/ps	$t_{50\%尿素}$/ps	$t_{67\%尿素}$/ps	$t_{75\%尿素}$/ps
O—H…Cl	18.800	18.443	12.319	12.574	16.346
N—H…Cl	—	4.547	2.810	2.397	4.062
N—H…O	—	14.658	3.947	2.952	4.300

注：H…Cl 和 H…O 相互作用的受体-供体距离分别为 0.295nm 和 0.272nm，氢键的角度接受度设为 0~30°。

资料来源：经 Sun 等许可转载[13]。版权归 Springer（2013）所有。

Perkins 等使用一系列力场对 ChCl-尿素 DES 进行 MD 模拟，并与红外光谱进行对比，以阐明混合物中的相互作用[14]。这项研究着重揭示 N—H…Cl 氢键模式的重要性。研究发现，尿素-氯化物的相互作用有利于尿素质子形成分支几何结构，使得尿素可以向羰基转化，从而有利于最大化提高氢键强度，有趣的是在红外测量中似乎导致 NH_2 变形和 C═O 拉伸模式合并。随后采用同样的方法揭示了氯化胆碱-甘油、氯化胆碱-乙二醇、氯化胆碱-丙二酸的氢键相互作用。所有被研究的 DES 体系都显示出非常相似的组分种类相关长度，这很可能是 DES 一个可确定的特征：只有阴离子-HBD 作为功能组分时，它的距离波动显著。氯化胆碱-尿素用于氢键贡献的计算具有其特殊性，因为它是唯一一个 HBD—H…Cl 氢键不占主导地位的体系。相较于 N—H…Cl 氢键，尿素-尿素 N—H…O═C 氢键显得更加重要。在氯化胆碱-甘油、氯化胆碱-乙二醇、氯化胆碱-丙二酸体系中，O—H…Cl 是主要的氢键类型，同时 HBD-HBD 相互作用也具有重要的意义。整体而言，尽管目前所有的分子间相互作用都有复杂的贡献，但由于报道 HBD—Cl 氢键的比例高，这些数据被认为最符合某种形式的配合离子的观点。但值得注意的是，尽管采用类似的实验方法，以上的氢键寿命与 Sun 等报道的结果不一致[13]。

García 等通过 DFT 计算，分析各种 DES 的电子密度分布，将 DES 的结构与熔点降低联系起来[16]。根据 DES 组分分子簇的共晶比建立模型，并对其几何结构进行优化。一些优化的结构如图 2.2 所示，通过观察临界点（CCPs）的电子密度来解释结果，即 Bader 的“分子中的原子”（AIM）理论。值得注意的是，该结构模型将 DES 组分加入到化学计量团簇中，发现 CCP 的电子密度与溶剂的物理性质（如熔点）之间有很强的线性关系。低电子密度的 DES 簇的熔点最低，电荷离域效应则最强。这表明 DES 的结构发现具有另一层复杂性：

低共熔溶剂中存在的团簇将同时使之前发现的强氯化物与 HBD 和阳离子强结合氢键合理化，并有助于解释共熔点降低。

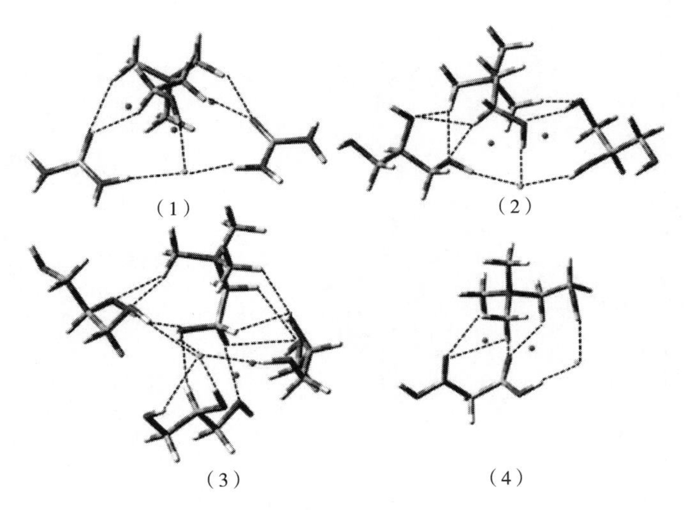

图 2.2 溶剂分子间氢键（虚线）和笼状临界点（紫色球体）显示的一些能量优化的簇几何形状
（1）氯化胆碱：尿素摩尔比为 1：2；（2）氯化胆碱：甘油摩尔比为 1：2；（3）氯化胆碱：甘油摩尔比为 1：1；（4）氯化胆碱：丙二酸摩尔比为 1：1。

资料来源：经 Garcia 等许可转载[16]，版权归 Elservier（2015）所有。

准弹性中子散射（QENS）是一种先进的中子能谱技术，提供了分子间扩散动力学的信息，对质子运动具有高敏感性，精确分析样品运动的时间尺度为皮秒级到纳秒级，分辨运动距离为纳米级和亚纳米级。尽管 D'Agostino 等的 NMR 实验表明，最大阳离子胆碱的长范围平移扩散最慢[7]，但是 Wagle 等利用准弹性中子散射技术详细地研究了氯化胆碱-甘油 DES 分子运动动力学，得出不一样的结果[17]。QENS 数据显示胆碱实际上在短长度范围内扩散最快（即 0.1~1nm），氯离子的扩散最慢，而甘油分子的扩散速度在二者之间，但更接近氯离子。这种现象合理地解释是胆碱和甘油竞争氯离子形成氢键组成短期结构动态笼子，但甘油较胆碱形成更多和更强的氢键作用，因此甘油受到更强的瞬态约束作用，而胆碱能够自由地扩散，同时也突出了氯原子在氢键网络中扮演关键角色。

Hammond 等首次采用多学科的方法在 303 K 条件下对氘代氯化胆碱-尿素的结构进行液相中子衍射直接测量，根据检测数据使用原子建模优化结构[18]。数据结果证实了以往大部分研究所描述的尿素-氯离子相关性。然而，研究也指出胆碱-氯化物 O—H···Cl 氢键是相对作用较强且稳定，而该键与尿素 N—H···Cl 氢键以及尿素 N—H···O 氢键的相互作用决定了体系的结构。事实上，120 个独立的 RDFs（参数化）所描述的强、弱氢键和库仑力间存在协同作用。测量的平均体积结构可以看作是一个以氯原子为中心的动态笼，尿素和胆碱竞争性的与氯原子形成氢键，该动态笼的三维空间密度函数（SDF）如图 2.3 所示。从静电学和氢键的平衡角度分析发现氯原子优先位于胆碱羟基和氨基之间的区域，由于氯离子在胆碱正电荷位置出现二次分布导致氯化胆碱径向分布函数（RDF）呈双峰型。同时，尿素通过其近端和远端质子与氯离子成键，并形成清晰的尿素-尿素网络。所提出的结构结合了之前讨论的电荷离域和复合离子形成的观点，认为是氯离子和不同组分之间竞争性氢键起关键作用。

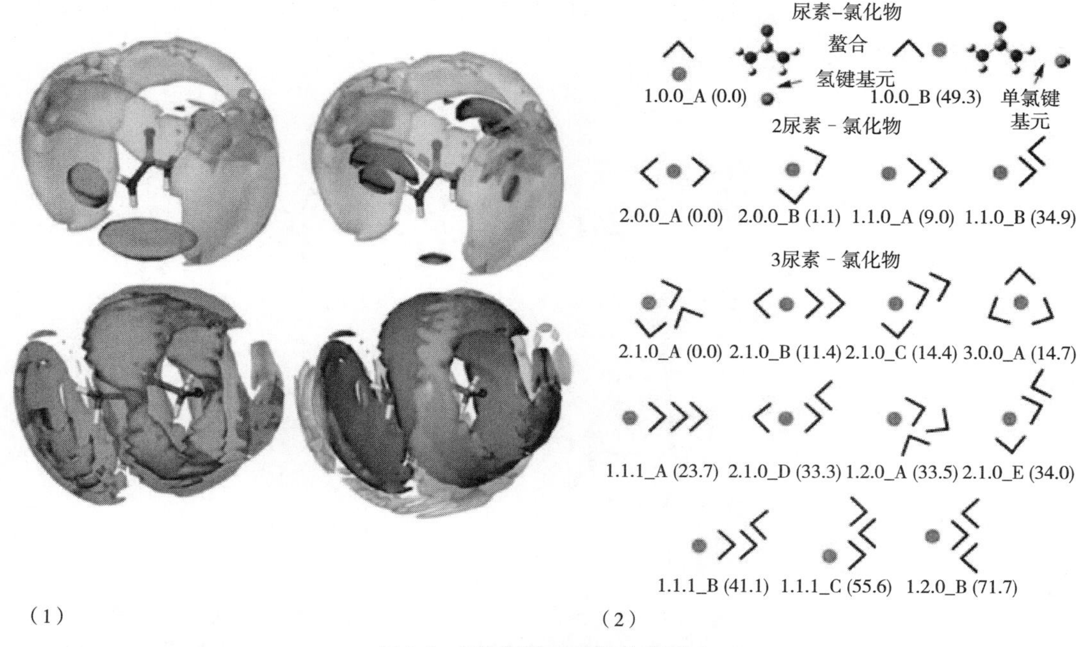

图 2.3 氯化胆碱-尿素结构关系图

(1) SDF 显示了氯化胆碱-尿素分子相互之间的典型配位：由中子衍射测量和模拟确定的氯化胆碱/尿素体系；常值表面的水平占比为 7.5%，代表氯离子（绿色）、胆碱（黄色）、尿素（紫色），周围由尿素（顶部）和胆碱（底部）围绕。

资料来源：经 Hammond 等许可转载[18]，版权归英国皇家化学学会（2016）所有。

(2) 尿素-氯化物团簇的简化表示，其中每个箭头代表尿素的 N—C—N 主链，绿色的圆圈代表氯离子。相对能量在括号内以 kJ/mol 为单位表示。

资料来源：经 Ashworth 等许可转载[19]，版权归 PCCP Owner Societies（2016）所有。

不久之后，Ashworth 等采用量子化学计算对氯化胆碱-尿素的可能结构进行报道分析[19]。根据 DES-DES 相互作用即胆碱-尿素、尿素-尿素、氯-胆碱和氯-尿素存在的 172 个单独氢键，通过优化计算二聚体、三聚体和作用簇的能量，得到了以下几个重要的结论：首先，在混合物中发现了许多可能的相互作用，由于是竞争性的作用关系，因而没有真正的主导模式。事实上，对假设的尿素-氯化物团簇（图 2.3）分析表明，主要是因为来自于尿素-［胆碱］$^+$离子的竞争性形成最强的阳离子胆碱-尿素 OH…O═C 氢键，从而使得它们在结构上并不占优势。尿素-尿素和胆碱-胆碱的相互作用也有其他的贡献，它们比氯-氢键的平均氢键强度更高。由于所有组分中存在适当的氢键倾向导致产生广泛地低能量竞争结构，因此使体系总熵非常高。更重要的是，基于对电荷离域的评估，结果显示氯离子向其他物质的转移有限，并强调尿素既能提供氢键也能接收氢键，尿素可以作为一个电荷库，动态接受或提供所需的少量电子密度。这表明尿素［Cl］$^-$、尿素［Ch］$^+$是有利电荷扩散的络合物，与之前 Hammond[18] 和 Wagle 等[17] 的中子实验以及 García[16] 等的密度函数理论（DFT）计算研究结果一致。因此，本章首次创造“字母汤”这个术语来阐释这个最近才开始描述的结构模型，即所有组分之间存在一个非常异质的氢键环境，包括非离子的、单离子的或双离子的氢键。该模型中存在局部可见短生命周期的团簇结构，但整体结构是高度无序的。

Zahn 等通过从头算分子动力学模拟进一步研究了氯化胆碱-甘油、氯化胆碱-尿素和氯化胆碱-草酸中的电荷分布[20]。当离子电荷减少时，从氯离子向尿素扩散的电荷可以忽略不计，而 Ashworth 等[19] 研究发现在氯化胆碱-尿素中，由于强氢键作用，电荷主要分布在阳离子上。氢键分析结果表明，在草酸体系中，最强氯离子中间转移与两组分间的最强氢键作用相对应，但也降低了正电荷的扩散。因此，这项研究为更复杂的溶剂结构模型提供了进一步的证据，并且表明低共熔熔点不是由电荷转移、氯-尿素络合物引起的，而是由溶剂结构中强烈无序氢键作用引起的。同时，由于所考察的电荷再分配具有强成分依赖性，使得 DES 电场的发展迈出了关键的一步。而另一个重要 DES 计算研究由 Stefanovic 等完成，他们采用量子力学分子动力学模拟（QM-MD）研究了氯化胆碱-尿素、氯化胆碱-乙二醇和氯化胆碱-甘油体系的纳米结构，并用实验黏度趋势来证实[21]。氯化胆碱-尿素的结构与最近的研究结果基本一致，观察到了胆碱-氯氢键不是形成 DES 的主要因素。该 DES 通过近端尿素质子形成尿素-氯氢键，并与其他相互作用存在明显竞争性。有趣的是，Ashworths 簇模型强调的一些更强的相互作用如尿素-尿素相互作用，并未在批量建模中出现。Stefanovic 等通过尿素远端质子确实观察到明显的尿素聚簇，但发现尿素-氯化物的结合更显著[21]。氯化胆碱-乙二醇和氯化胆碱-甘油的 DES 结构具有相似性，并与氯化胆碱-尿素关联，但是乙二醇或甘油自身具有更强的相互作用，促使多元醇 DES 中存在更强的阳离子-阴离子相互作用。将阳离子-阴离子分配到一个嵌入能力较低的氯化胆碱晶格，虽然酰胺和羟基具有相似的氢键酸度，但羟基只能形成线性氢键，而酰胺可以形成非线性氢键。此外，甘油中性自缔合性更强；如果氯离子与所有可用的羟基位点配位，则氯离子会被乙二醇协调饱和。而当使用甘油时，甘油中过量的羟基位点则允许更多的甘油和甘油相互作用。氯化胆碱-尿素、氯化胆碱-甘油和氯化胆碱-乙二醇的氢键密度分别为 13.8、10.8 和 9.4 键/nm^3，假设单位体积有相似的净吸引静电力，则溶剂黏度的趋势可以在纳米尺度上合理化。该研究具有十分重要的地位，其表明广泛应用的空穴理论假设并不是解释 DES 黏度的必要条件[22-24]，而中子分析中指出的 DES 缺乏外在孔隙率也暗示了这一点[18]。

Zahn 随后采用从头算分子动力学模拟来研究氯化胆碱-尿素的结构和动力学，目的是确认 DES 是否可以简单地用“相似相溶”的概念来描述[25]。他们的重点放在假设存在长生命周期簇，和长生命周期簇在整体中的扩散。而这些假设被证明基本不存在，因为动力学结果更接近 Wagle 等采用中子散射研究的离子液体[17]。确实，径向分布函数（RDFs）和空间密度函数（SDFs）计算在最近邻距离和优先构象方面也可以看到与最新研究具有相似之处[17-19,21]。据推测，低共熔溶剂熔点凹陷的深度是由胆碱、尿素氧原子和氯离子之间的相互作用平衡产生的，从而获得了一系列的最小值势能并促进了熵值。胆碱羟基质子是强 HBD，但作为 HBA 较差；氢键周期特别长，意味着具有窄角分布的相对刚性氢键，可以看到 O—H…Cl（氯化胆碱，10.3ps）和 O—H…O_U（胆碱-尿素，6.4ps）相互作用。显然，这与 Sun 等[13] 的研究发现和通过中子衍射测量的局部胆碱-氯结构的发现一致，但它一再被指出显示相反的结果，可能是对模型的误解引起的。事实上，在 SDFs 中显示了胆碱周围的一条宽的潜在的氯离子带[18]，但这是由邻近的乙基自由旋转引起的，而不是 O—H…Cl 氢键本身，后者在这些介质中似乎是作用较强、周期较长且接近线性[13,18,21]。

Mainberger 等采用不同力场对一系列的 DES 进行了筛选，以评估 MD 对筛选现存电位 DES 的适应性。研究的溶剂体系有氯化胆碱-甘油、氯化胆碱-1,4 丁二醇、氯化胆碱-乙酰丙酸以及甜菜碱-乙酰丙酸混合物[26]。最后一种混合物体系由于使用了甜菜碱而引起了人们的兴趣，甜菜碱是两性离子，不含氯离子，但可替代类似结构的氯化胆碱。尽管甜菜碱-乙酰丙酸和氯化胆碱-乙酰丙酸体系存在明显的结构差异，但是两者表现相似，都存在明显无序的、近距离的类似笼状的氢键结构，特别是在羧酸和羟基之间尤为明显，甜菜碱与胆碱的距离相似（0.6nm）。在氯化胆碱-甘油体系中，有45%胆碱羟基与氯离子结合，与甘油有33%~54%的结合成氢键（取决于选择的电位），而由阳离子甲基质子结合作用形成的弱氢键也被认为是一种稳定的相互作用。与先前报道的多元醇DES一样，研究发现1,4-丁二醇与中性物质有很强的自联作用，而乙酰丙酸也与氯离子和胆碱有很强的密切接触。因此可以得出下列结论，这些研究对确定DES的可行性和组分构成意义不大，首要原因是力场的选择偏向于结果，同时在各种测量变量如径向分布函数计算（RDFs）和相互作用势能中观察到连续趋势，而在共熔点并未观察到特别的地方。

Araujo等首次采用非弹性中子谱和基于分子团簇模型的周期从头计算来研究和分配氯化胆碱-尿素体系的振动模式[27]。与计算和实验很一致的相互作用最小单位是（摩尔比氯化胆碱：尿素为2：4）的团簇，如图2.4所示，它捕获了液体中大多数重要的相互作用。低频模式（<500 cm^{-1}）分析表明溶剂晶体秩序完全破坏并存在最突出的特征，这与在频率252cm^{-1}胆碱甲基扭转有关。它被指定为与氯化胆碱晶体相关的甲基扭转红移，由于与尿素的氢键竞争，氯离子被从胆碱的正电荷位置“拖走”，使胆碱甲基扭转障碍较低。该研究的第二个重要发现是尿素的特殊构象。在气相中，尿素氮原子处有锥体sp^3杂化，而在晶体相中，碳氧双键的顺序因尿素的HBA相对分子质量而降低，酰胺基团穿过sp^2几何形状并形成平面导致电子离域。因此，尿素的几何结构代表氢键环境；在水溶液中，尿素是接近平面结构的中间体，而在氯化胆碱-尿素体系中观察到尿素明显呈金字塔状（图2.4）。由于高度有序的尿素晶格被破坏，这种剧烈的结构变化显示了DES中可能存在各种各样的氢键模式，其无序程度如此之高，以至于它更接近气相结构。由于尿素独特的柔韧性和各种分子间相互作用以及键强度，该研究结论明显与早期一些关于DES研究的结论相反，该研究认为低共熔行为是一个典型的完美平衡协同效应行为，假若是这样，低共熔溶剂的理论数目应该特别少。

有文献提出假说，天然低共熔溶剂（natural deep eutectic solvents，NADES）在植物中以玻璃态防止其遭受冻害，并通过锁住水分避免其干燥[28]。为验证这个假设，研究人员选取氯化胆碱-苹果酸体系DES作为研究对象，采用类似之前分析氯化胆碱-尿素的中子散射和原子建模方法[18]。另外还对含有2mol水（质量分数约为11.6%）的弱水化DES进行了研究，也采用中子散射测量无水和水合氯化胆碱-苹果酸，以探测溶剂的动态相变化。Hammond等研究发现氯化胆碱和苹果酸以摩尔比1：1形成低共熔溶剂，其结构与氯化胆碱-尿素体系有一定相关性，而两者的差异容易通过分子更大、结构更丰富的苹果酸进行合理化解释。在与苹果酸的竞争中，氯离子显然从胆碱的氨端转移并趋向于与羟基形成氢键，分子在该DES簇中动态地“作响”，仿佛更紧密地联系在一起。有趣的是，在氯化胆碱-苹果酸溶剂中加入2mol（摩尔分数为50%）水几乎不影响溶剂体系的结构，因为水只是占据了间隙位置，并使破坏力最小化。使用准弹性中子散射（QENS）对冷却后的相变进行分析，结果显示质子运动逐渐减少，并最终停止，没有阶跃变化，证明了DES的相变更可能是玻璃化转变而非存在明确的凝固点。总的来说，上述研究为天然糖基型DES和氨基酸型DES作为植物保鲜剂的应用前景提供了依据。

现有报道的大多数实验和模拟都是在环境条件下进行的。研究人员对DES的热合成越来越感兴趣[30-32]，因此了解纳米结构的温度依赖性也很重要，Gilmore等首先报道了高温条

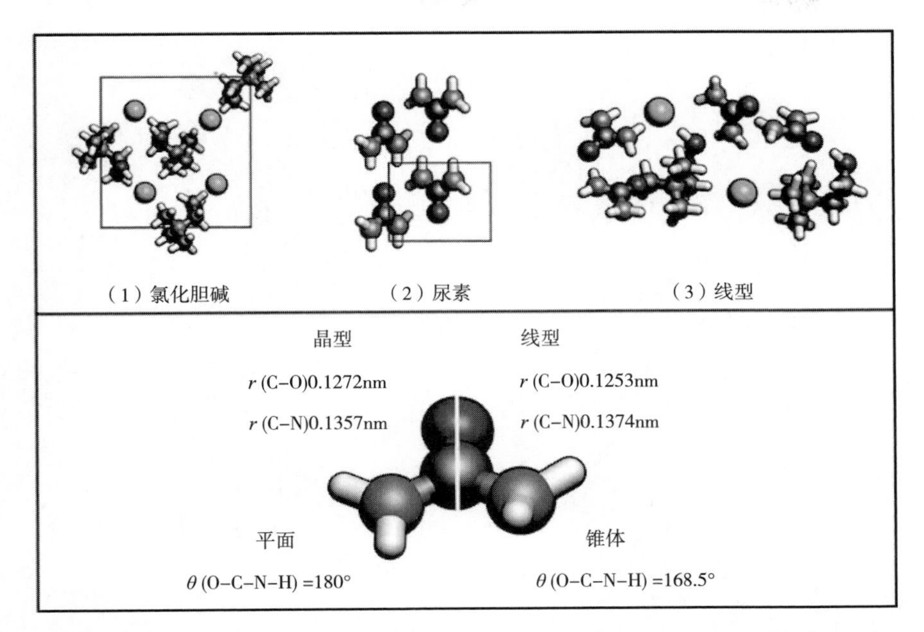

图 2.4 （1）氯化胆碱、（2）尿素和（3）优化氯化胆碱：尿素溶剂几何结构的晶格，下层图示沿着氯化胆碱的 *c* 轴和尿素的 *b* 轴，氯化胆碱和尿素的单元构成。（底部）晶型尿素和氯化胆碱：尿素 DES 中尿素的平面和锥形构型比较。由于模型对每个分子具有不同的参数，因此给出了 DES 的平均值。键长和扭转角由计算确定（CASTEP）。

资料来源：经 Araujo 等许可转载[27]，版权归英国皇家化学学会（2017）所有。

件下氯化胆碱-尿素和氯化胆碱-草酸的结构[33]。在 338K 条件下采用中子衍射和经验势结构细化（EPSR）测量结果表明，氯化胆碱-尿素在高温下发生了重新排列。短程胆碱 O—H…Cl 结合距离从 0.21nm 延长到 0.28nm，因此相互作用明显减弱。与此同时，尿素 N—H…N 键合方式成为主导，而当温度降到 303K 时，尽管这种键合似乎存在，但 N—H…O 键作用更强。随着氯离子-胆碱相互作用减弱，溶剂重组改变了尿素-尿素的自相关性，而使尿素相互作用整体失去了顺序方向，图 2.5 所示为这种顺序变化的空间密度函数图（SDF）。氯化胆碱-草酸计算数据显示与氯化胆碱-苹果酸的结构相比较，草酸和氯离子的关联更强，并且羧基上氢键位点的数目比含尿素的羧基上氢键位点的数目少。然而，在相同的温度依赖性时，观察到 O—H…Cl 氢键的减弱和延长[29]。有研究报道了草酸的自我相互作用能力，也有报道了丙二酸链形成[7]，但在模型中很少看到酸与酸的相互作用。

Faraone 等基于之前利用 QENS 对氯化胆碱-甘油的研究，采用中子自旋回波结合介电谱明晰了氯化胆碱-甘油的微观动力学[34]。有趣的是，在氯化胆碱-甘油体系中，局部氢键动力学完全由甘油决定，而不是由氯离子决定。该 DES 可以描述为氢键连接的甘油分子高度相关的网络，这些分子被 ChCl 离子增塑，在网络结构中占据空隙形成离子域。纯甘油的中子自旋回波（NSE）和介电弛豫时间尺度相比氯化胆碱-甘油更接近，此外，在 1.26nm 处可观察到甘油和胆碱分子之间的纳米结构，与分子尺度的相互作用相比，更符合［胆碱$^+$·Cl^-·（甘油）$_2$］实体结构，因此可以认为这代表了平均离子-分子结构域的分离。通过计算组合相关函数，证实胆碱离子与甘油网络存在解耦联关系，相对于分子区域而言，表明解耦联是富集胆碱区域动力学，并伴随显示大量离子区域内的不相关动态波动。

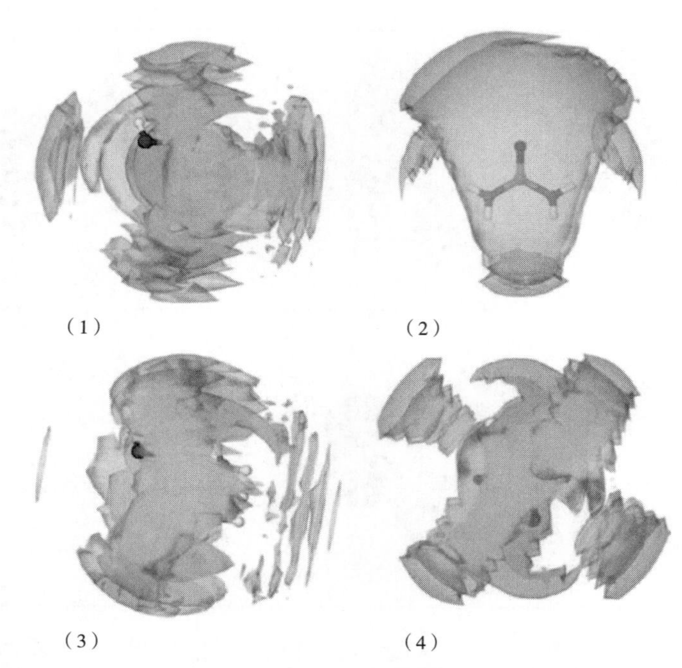

图 2.5 SDF 图显示氯化胆碱：尿素（1），（2）和氯化胆碱：草酸（3），（4）在高温下的相关性（第一列的中心分子是胆碱，第二列为 HBD，黄色等值面代表胆碱，青色代表 HBD，绿色代表氯离子。表面计算到 15%的概率水平）。

资料来源：经 Gilmore 等许可转载[33]，版权归 AIP 出版社所有。

2.2.3 非胆碱类 DES

Kaur 等通过 MD 模拟高氯酸锂与烷基酰胺的混合物（乙酰胺和丙酰胺），对非胆碱 DES 进行了为数不多的结构研究[35]。这种锂离子体系很可能代表着 DES 正发展为能源应用的有用材料。这些溶剂是第一个被发现明确分离和形成独特的疏水（烷基）以及带电区域的 DES，其中区域大小和发生规模与烷基链长度相关。从这些模型中，我们预测了 X 射线和中子散射函数，从而确定电解质的存在对于这些有序区域的形成至关重要，因为电解质对 S（q）中的前峰有显著的结构贡献。高电荷密度促使 $Li^+\cdots ClO_4^-$ 静电相互作用占主导地位，形成了离子富集区域与烷基非极性域共存的双域纳米结构。Cui 和 Kuroda 使用了二维傅里叶红外光谱（FTIR）和 MD 模拟相结合的方法来研究系列三氟乙酰胺（TFAm）DES 纳米尺度异质性，其中盐离子组成有胆碱、三甲基乙基铵、四甲基铵、四乙基铵、苄基三乙基铵。FTIR 结果表明，尽管阳离子的结构和对称程度多变，但 TFAm 酰胺带的变化并不明显[36]。分配的两组分只在分离纳米结构域之间的界面上相互作用。酰胺类（~ 1*ps*）在不同溶剂中快速热致氢键的形成和断裂的时间尺度是相似的，并与典型的 ML 在水或甲醇中的氢键寿命相关。这种效应与依赖于 HBA 的慢动态组分同时发生，而慢动态组分与反向胶束效应有关，即界面水分子减缓了溶剂动力学，从而进一步证明了聚集物的存在。IR 实验和 MD 模拟的 RDFs 分析是一致的，因此证实了混合物在纳米尺度上的不均匀性。

McDonald 等对由溴乙铵、溴丙铵、溴丁铵和甘油组成的热点 DES 进行了研究[37]。如图 2.6 所示，该研究首次使用中子衍射和 EPSR 在 DES 中观察到两亲性纳米结构。该研究强调了阳离子必须具有足够的两亲性，才能驱动分割成疏水和极性域。迄今为止，胆碱基 DES 还没有明显表现出两亲性纳米结构，因为胆碱末端的羟基破坏了溶剂疏水效应[38]。而简单地去除胆碱末端的羟基似乎就足以推动疏水结构域的形成，特别是以甘油单独形成主导网络结构的系统中[34] 以及在极端情况下延长烷基链（或者以烷基酰胺作为 DES 组分[35,36]）会使溶剂疏水效应更加明显。烷基链形成双层连续结构与前人研究的离子液体自隔离有关，其差异与多样化的组成成分有关，如不带电荷的种类、电荷密度和形成氢键倾向的阴离子。与 Faraone 等的工作一样，研究发现，甘油可以形成一个相对不受中性组分干扰的连续氢键网络[34]，通过允许非极性域在网络空隙空间内渗透促进了疏水溶剂的自组装过程。因此需要强调的是，疏水溶剂分离纳米结构是可获得的，并对 DES 应用具有潜在意义，例如在优化提取性能方面，但距离实现该应用需要更谨慎的设计。

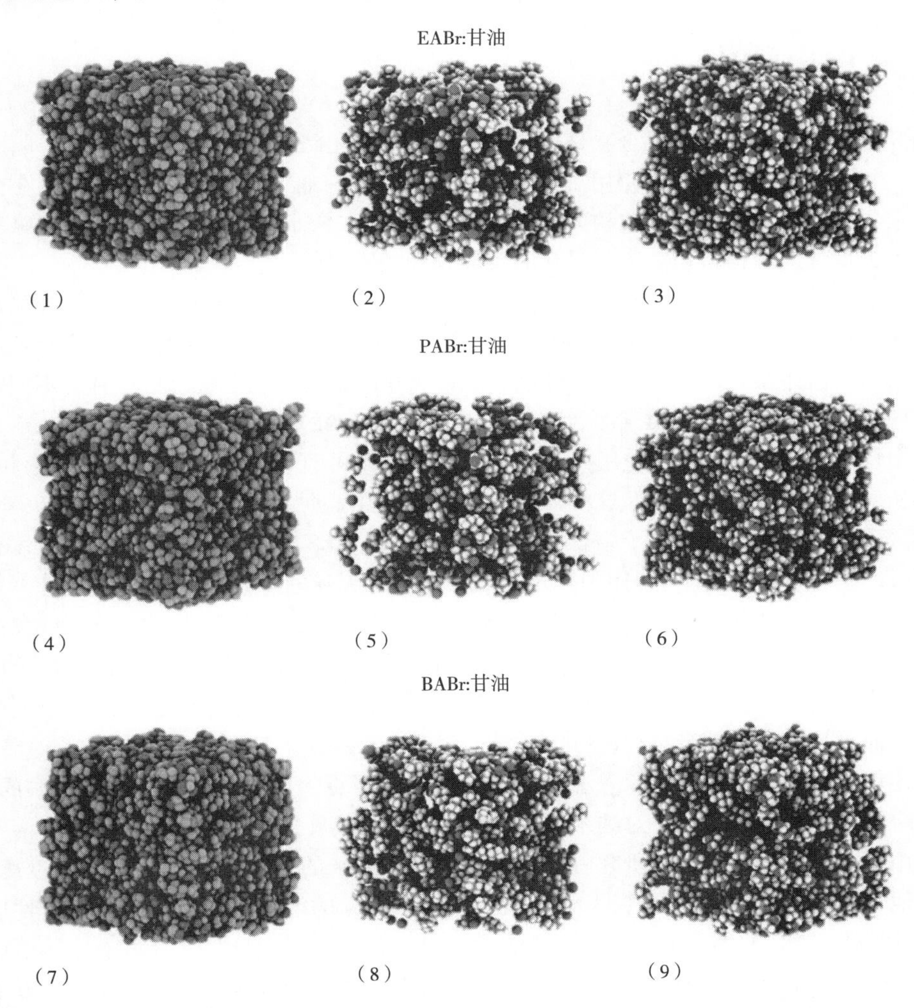

图 2.6 烷基溴化铵-甘油 DES 模拟盒快照（300K）第一列显示了模拟中的所有原子的颜色，以帮助可视化；甘油 OH（红色）和 CH_2（黄色），阳离子烷基（灰色）和铵（蓝色），Br^-（栗色）。第二列只显示离子（烷基铵和 Br^-），最后一列只显示甘油。后两列用的是常规颜色。这些快照有助于分离结构的可视化。

资料来源：经 McDonald 等许可转载[37]，版权归美国化学协会（2018）所有。

Van denBruinhorst 等利用 MD 模拟研究了脯氨酸-乙醇酸和脯氨酸-苹果酸 DES 体系的物理化学性质和氢键作用[39]。该研究的一个重要发现是溶剂组分在一定条件下会发生酯化反应。组分的低聚化程度与物理性质如黏度直接相关。这些研究发现突出了 Florindo 等之前探讨过的有趣观点[40]，DES 通常被认为是纯组分混合，但是简单的加热和搅拌制备可能会导致其降解[41]。同时，MD 模拟分析表明，将脯氨酸引入对应的酸组分中会促进有限酸二聚体的形成，但在这种情况下，由于破坏了酸组分的自我缔合，而组分间（脯氨酸-乙醇酸、脯氨酸-苹果酸）氢键是形成溶剂液体结构的主要贡献者。RDFs 计算结果也显示了该体系一些相对“长距离”结构>1nm，因此充分证明了组分中细微的变化如何完全改变纳米结构的性质。

2.3 结论和意义

DES 最初被认为是一种复合物离子液体，该复合物由［阳离子］$^{+}$和［中性：阴离子］$^{-}$组成[3]。越来越多的研究开始使用了系列的技术探索这一假设，研究了 DES 中存在的离子配对、聚集、电荷离域、结构和动力学以及无序现象。本研究为“Ⅲ型”氯化胆碱基 DES 提供了更为细致的结构认识，说明最初的质谱解释是错误的。

各种模拟和中子散射研究充分表明，在 DES 体系中存在一些有限的聚集，将其称为纳米级的多相性（从结构角度）或在瞬时的“笼”中“变化”（从动态角度）可能是对此最恰当的描述。但体系总体上是一种无序的、熵最大化的状态，包含数以百计具有不同特征和局部有序区域的潜在的强和弱氢键。该模型可描述为扩展的氢键网络或是“字母汤”，这与混合了中性物质的 ILs 的结构研究一致。上述研究发现可直接得出几个基本的结论和启示：首先，从最纯粹的意义上而言，这种类型的 DES 显然不满足“真正的”ILs 的定义，因为它们不包含离散的阳离子和阴离子络合物[1]。由此可见，DES 并不是 ILs 混合物，因此有理由质疑现行的基于“氢键供体”（HBD）定义 DES 的分类系统（“Ⅰ~Ⅳ类”）；此外，复合离子模型最初给出了“HBD”和“HBA”的术语。有研究指出胆碱作为 HBD 能力相对较弱，可能不是主要的决定性因素，但 HBA 在一定程度上可以起到 HBD 的作用，它有助于 DES 的形成和稳定。当然，将这些结论应用于设计不同的 DES 存在一定的困难，因为分子结构的简单变化似乎足以产生纳米结构的巨大差异，就像 ILs 一样[6]。

上述仅为语义上的含义，深入了解 DES 结构将获得更大启示。正如一开始强调的那样，DES 是一个相对较新的领域，对纳米结构的基本理解的发展速度远远慢于寻找新的溶剂及其潜在应用。在过去的几年中，研究者对以氯化胆碱为基础的“Ⅲ型”DES 的认识迅速发展，但对其他类型 DES 的认识远远不足。值得注意的是，ILs 的纳米结构决定了其显著性质，而且比分子液体（MLs）复杂得多[6]。显而易见的是，DES 的多组分、部分离子性质增加了这种复杂性的另一个维度。因此，对 DES 基础认识的浅薄代表着该领域错失了重大机会[42]。对 DES 结构的进一步认识不仅会带来新的、令人兴奋的和未被发现的潜在应用，而且还将是实现 DES 作为设计溶剂的必要条件。在此过程中，有必要清楚 DES 是否可以通过丰富多样的氢键合成（理论上可行），从而产生数十亿种化合物的目录，或者必要的结合只能在少数情况下实现。一旦科学家们有了广泛适用于各种 DES 体系的结构认识，将可能设计出

DES的纳米结构，使溶剂的具体优化适用于所有的学科。DES的应用范围可以从分离到治疗，并在效率、经济和环境可持续性方面带来前所未有的收获。在这些结果导向的溶液得以实现之前，DES科学将继续迭代地前进，但是它们所代表的巨大的合成可能性会阻碍它们的潜力。此外，值得注意的是，该领域正开始与其他领域交叉，如DES与助溶剂、溶质（如表面活性剂和金属离子）、固体和液体界面的相互作用。目前，这些研究还不成熟，也不属于本综述的范围，但随着DES发展至实现工业应用时，这些研究将发挥重要作用[43]。

参考文献

1 Rogers, R. D. and Seddon, K. R. (2003). Science 302:792–793.

2 Abbott, A. P., Capper, G., Davies, D. L. et al. (2001). Chem. Commun. 19:2010–2011.

3 Abbott, A. P., Capper, G., Davies, D. L. et al. (2003). Chem. Commun. :70–71.

4 Meng, X., Ballerat-Busserolles, K., Husson, P., and Andanson, J. –M. (2016). New J. Chem. :4492–4499.

5 Abbott, A. P., Boothby, D., Capper, G. et al. (2004). J. Am. Chem. Soc. 126:9142–9147.

6 Hayes, R., Warr, G. G., and Atkin, R. (2015). Chem. Rev. :6357–6426.

7 D'Agostino, C., Harris, R. C., Abbott, A. P. et al. (2011). Phys. Chem. Chem. Phys. 13:21383–21391.

8 Smith, E. L., Abbott, A. P., and Ryder, K. S. (2014). Chem. Rev. 114:11060–11082.

9 Paiva, A., Craveiro, R., Aroso, I. et al. (2014). ACS Sustainable Chem. Eng. 2:1063–1071.

10 Francisco, M., Van Den Bruinhorst, A., and Kroon, M. C. (2013). Angew. Chem. Int. Ed. 52:3074–3085.

11 Tang, B. and Row, K. H. (2013). Monatsh. Chem. 144:1427–1454.

12 Rimsza, J. M. and Corrales, L. R. (2012). Comput. Theor. Chem. 987:57–61.

13 Sun, H., Li, Y., Wu, X., and Li, G. (2013). J. Mol. Model. 19:2433–2441.

14 Perkins, S. L., Painter, P., and Colina, C. M. (2013). J. Phys. Chem. B 117:10250–10260.

15 Perkins, S. L., Painter, P., and Colina, C. M. (2014). J. Chem. Eng. Data 59:3652–3662.

16 García, G., Atilhan, M., and Aparicio, S. (2015). Chem. Phys. Lett. 634:151–155.

17 Wagle, D. V., Baker, G. A., and Mamontov, E. (2015). J. Phys. Chem. Lett. 6:2924–2928.

18 Hammond, O. S., Bowron, D. T., and Edler, K. J. (2016). Green Chem. 18:2736–2744.

19 Ashworth, C. R., Matthews, R. P., Welton, T., and Hunt, P. A. (2016). Phys. Chem. Chem. Phys. 18:18145–18160.

20 Zahn, S., Kirchner, B., and Mollenhauer, D. (2016). ChemPhysChem 17:3354–3358.

21 Stefanovic, R., Ludwig, M., Webber, G. B. et al. (2017). Phys. Chem. Chem. Phys. 19:3297–3306.

22 Abbott, A. P., Capper, G., and Gray, S. (2006). ChemPhysChem 7:803–806.

23 Abbott, A. P., Harris, R. C., and Ryder, K. S. (2007). J. Phys. Chem. B 111:4910–4913.

24 Abbott, A. P. (2004). ChemPhysChem 5:1242–1246.

25 Zahn, S. Phys. Chem. Chem. Phys. 2017:4041–4047.

26 Mainberger, S., Kindlein, M., Bezold, F. et al. (2017). Mol. Phys. 115:1309–1321.

27 Araujo, C. F., Coutinho, J. A. P., Nolasco, M. M. et al. (2017). Phys. Chem. Chem. Phys. 19:17998–18009.

28 Choi, Y. H., van Spronsen, J., Dai, Y. et al. (2011). Plant Physiol. 156:1701–1705.

29 Hammond, O. S., Bowron, D. T., Jackson, A. J. et al. (2017). J. Phys. Chem. B 121:7473–7483.

30 Drylie, E. A., Wragg, D. S., Parnham, E. R. et al. (2007). Angew. Chem. Int. Ed. 46:7839–7843.

31 Hammond, O. S. , Edler, K. J. , Bowron, D. T. , and Torrente-Murciano, L. (2017). Nat. Commun. 8: 14150.
32 Hammond, O. S. , Eslava, S. , Smith, A. J. et al. (2017). J. Mater. Chem. A 5: 16189-16199.
33 Gilmore, M. , Moura, L. M. , Turner, A. H. et al. (2018). J. Chem. Phys. 148: 193823.
34 Faraone, A. , Wagle, D. V. , Baker, G. A. et al. (2018). J. Phys. Chem. B 122: 1261-1267.
35 Kaur, S. , Gupta, A. , and Kashyap, H. K. (2016). J. Phys. Chem. B 120: 6712-6720.
36 Cui, Y. and Kuroda, D. G. (2018). J. Phys. Chem. A 122: 1185-1193.
37 McDonald, S. , Murphy, T. , Imberti, S. et al. (2018). J. Phys. Chem. Lett. 9: 3922-3927.
38 Jiang, H. J. , Atkin, R. , and Warr, G. G. (2018). Curr. Opin. Green Sustain. Chem. 12: 27-32.
39 van den Bruinhorst, A. , Spyriouni, T. , Hill, J. -R. , and Kroon, M. C. (2018). J. Phys. Chem. B 122: 369-379.
40 Florindo, C. , Oliveira, F. S. , Rebelo, L. P. N. et al. (2014). ACS Sustainable Chem. Eng. 2: 2416-2425.
41 Crawford, D. E. , Wright, L. A. , James, S. L. , and Abbott, A. P. (2016). Chem. Commun. 52: 4215 4218.
42 Coutinho, J. A. P. and Pinho, S. P. (2017). Fluid Phase Equilib. 448: 1.
43 Paiva, A. , Matias, A. A. , and Duarte, A. R. C. (2018). Curr. Opin. Green Sustainable Chem. 11: 81-85.

3 低共熔溶剂和天然低共熔溶剂的毒性与生物降解性

Zhen Yang

Shenzhen University, College of Life Sciences and Oceanography, 1066 Xue Yuan Avenue, Nan Shan District, Shenzhen, 518055, Guangdong, China

3.1 引言

低共熔溶剂（DES）和天然低共熔溶剂（NADES）是一类衍生于离子液体（ILs）的新型非水溶剂。近年来，它们被认为是绿色化学领域最有前景的发现之一。2003年，Abbott团队首次提出了DES[1]，它是由氢键受体（HBAs，通常是胆碱、甜菜碱等季铵盐）和氢键供体（HBDs，如尿素、甘油）组成的低共熔混合物，该混合物熔点低于任意组成组分。DES通常被认为是由氢键供体和盐阴离子通过氢键相互作用形成，整个溶剂中存在大量的氢键网络。NADES是DES的一种新型衍生物，Choi等发现许多植物的初级代谢产物，如胆碱、糖和氨基酸，在以某种组合混合时可以形成类DES的液体，于是将其命名为天然低共熔溶剂（NADES）。必须指出的是，这两类溶剂之间没有明确的界限。一些由天然代谢产物制备的低共熔混合物，如氯化胆碱（ChCl）/葡萄糖，可认为既是DES又是NADES。由于DES和NADES具有廉价、可持续性、生物相容性、环境友好性、非凡的溶解力和可设计性等优点，自出现以来，这些新型溶剂在有机和生物催化剂合成、提取过程、电化学、纳米材料、生物医学等方面的应用受到了广泛关注[3-6]。

绿色化学的一个关键问题是使用对环境无害的溶剂。理想的"绿色"溶剂应满足如图3.1所示的要求。DES和NADES通常被认定为"绿色"，仅是因为它们的制备过程中所涉及的成分通常是自然界中大量存在的环境友好成分。例如，胆碱是广泛分布在生物圈中的一种必需营养素[7]。然而，目前还缺乏对这些新溶剂的毒理学和生物降解评估。必须先解决生物安全问题，然后我们才能判断它们是否真正"绿色"，从而将它们应用于工业。"低共熔溶剂是良性的还是有毒的？"Hayyan团队首次提出了这个问题[8]。从那时起，越来越多的人认识到研究DES的毒理学和生物降解特性是评价其安全性、健康和环境影响的必要措施。在本章中，我们对DES和NADES毒性和生物降解性的最新研究进展进行了综述。

图3.1 理想的绿色溶剂

3.2 对微生物的毒性

3.2.1 对细菌的毒性

Hayyan 团队首次测试了 DES 的细菌毒性。他们使用同一组 HBDs [甘油（G）、乙二醇（EG）和三甘醇（TEG）] 制备了 4 种胆碱基[8] 和 3 种磷基 DES[9]，用于研究对两种革兰阳性菌（枯草芽孢杆菌和金黄色葡萄球菌）和两种革兰阴性菌（大肠杆菌和铜绿假单胞菌）的毒性[8]。胆碱基 DES 对四种细菌均无毒，而磷基 DES 对四种细菌均有不同程度的抑制作用，具有抗菌活性。这表明，盐（即 HBA）在决定 DES 是否有毒方面起着重要作用。

与此同时，de Morais 等[10] 使用微毒测试试验评估了四种 ChCl-DES 对海洋细菌费氏弧菌的生态毒性。选择了醋酸（AA）、乳酸（LA）、柠檬酸（CA）和乙醇酸（GA）作为 HBD 制备 DES。随着酸含量的增加，四种 DES 都表现出轻微的毒性，按从小到大排序为：ChCl≪ChCl/酸（2∶1）<ChCl/酸（1∶1）<ChCl/酸（1∶2）<酸。就酸的种类而言，DES 表现的毒性大小顺序为 ChCl/AA<ChCl/LA<ChCl/GA<ChCl/CA，这与酸的亲脂性递减顺序高度一致（对于 AA、LA、GA 和 CA，水分配系数分别为-0.22、-0.44、-1.04、-1.32）。这些结果表明，除了作为 HBA 的盐外，作为 HBD 的酸在 DES 的毒性中也起主导作用。事实上，四种 DES 都表现出与它们对应的有机酸相似的毒性，说明酸的作用是相对突出的。根据作者的观点，DES 很可能穿过细胞膜在细胞质中发挥其毒性，主要是由于酸性物质破坏了细胞质的 pH 和阴离子池，从而影响了细胞的活性。有趣的是，四种 DES 的毒性比对应的 ILs 更强 [即乙酸胆碱（ChAc）、乳酸胆碱（ChLa）、柠檬酸胆碱（ChCit）和羧基乙酸胆碱（ChGly）]，这可能因为胆碱盐的阴离子和 DES 的 HBD 形成的氢键产生了电荷离域，而带离域电荷的化学物质通常比带定域电荷的化学物质毒性更大[11,12]。

Zhao 等[13] 证实了有机酸作为 HBD 制备 DES 对其毒性有增强作用。他们制备了 20 种 ChCl-DES，并检测了它们与四种不同细菌的生物相容性，这些细菌分别为：两种革兰阳性细菌（金黄色葡萄球菌和单增李斯特菌）和两种革兰阴性细菌（大肠杆菌和肠炎沙门菌）。只有以有机酸作为 HBD 制备的 7 种 DES 对细菌生长具有较强的抑制作用，该研究既证实了有机酸引起的毒性，又显示了 DES 潜在的抗菌活性。

Wilkene 等[14] 也报道两种含有机酸的 NADES，即柠檬酸/蔗糖（1∶1）和苹果酸/果糖/葡萄糖（1∶1∶1）对四种细菌菌株的抗菌效果，这四种菌株包括一种革兰阳性菌（金黄色葡萄球菌）和三种革兰阴性菌（大肠杆菌、铜绿假单胞菌、肺炎克雷伯菌）。

在 Huang 等[15] 的另一项研究中，除精氨酸/甘油（4.5∶1）外，所测试的 13 种 NADES 均未抑制四种菌株的生长（四种菌株依旧是两种革兰阳性菌和两种革兰阴性菌），同时这些 NADES 在制备过程中都不添加酸。

然而，我们实验室研究制备的 24 种胆碱基 DES 均表现出抗大肠杆菌（一种革兰阴性细菌）活性[16]。该 DES 的 HBA 是两种胆碱盐（氯化胆碱和乙酰胆碱），HBD 是尿素、乙酰胺、甘油、乙二醇。说明 DES 的毒性不仅取决于 DES 的浓度，还取决于盐阴离子和 HBD。据推测，DES 是通过与细胞膜相互作用来抑制细菌的生长。研究发现，DES 对细菌的危害远大于它们的单个成分（图3.2），这支持了电荷离域导致更高毒性的观点。

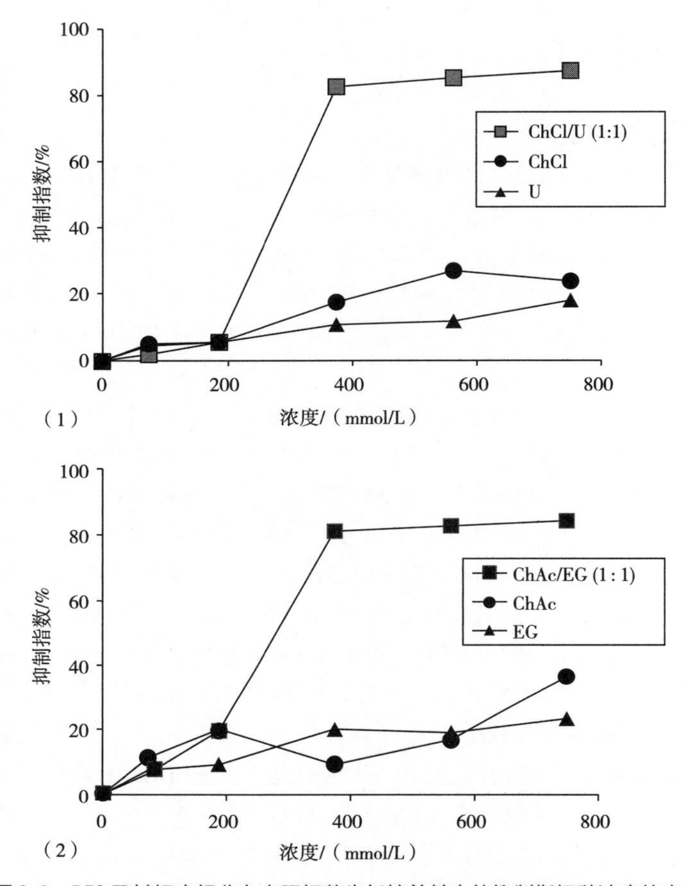

图3.2 DES及其相应组分在大肠杆菌生长培养基中的抑制指标随浓度的变化

(1) ChCl/U (1:1)和 (2) ChAc/EG (1:1)。ChCl：氯化胆碱；ChAc：乙酸胆碱；U：尿素；EG：乙二醇。

资料来源：Wen等[16]，经Elsevier许可转载。

我们最近的研究[17]证实了DES的抑制作用是通过与细菌细胞膜的相互作用实现的。我们研究了24种DES和21种NADES作为添加剂或助溶剂对异丁香酚生物转化为香兰素的影响，该反应的催化剂为革兰阳性菌产己酸菌纺锤芽孢杆菌细胞。通过激光扫描共聚焦显微镜、流式细胞仪检测、分光光度法测定260nm和280nm处的吸光度结果，我们证实了DES的加入在一定程度上破坏了细胞膜，影响细胞膜的完整性，进而影响细胞膜的通透性，最终导致细胞死亡。有趣的是，这些结果与生物转化数据有很好的相关性，表明添加DES或NADES可能有利于通过增强细胞膜的通透性来促进整个细胞的生物催化。

因此，上述我们实验室的两份研究报告成功证实了DES和NADES都是通过作用于革兰阴性菌（大肠杆菌）[16]和革兰阳性菌（L. 梭杆菌属）[17]的细胞壁发挥抗菌活性。事实上，考虑到细菌的细胞壁结构，这种相互作用是可以理解的。正如以上两篇文章深入讨论过的，Hofmeister效应[18]也许在这些相互作用中起着重要作用。

Radošević等的最新研究也证实了NADES具备抗菌活性[19]。他们通过圆盘扩散法，测试了10种NADES对5种细菌的毒性，这5种细菌包括1种革兰阳性菌（金黄色葡萄球菌）和4种革兰阴性菌（大肠杆菌、奇异变形杆菌、伤寒沙门菌、铜绿假单胞菌）。除了ChCl/木糖醇（5∶2）、ChCl/山梨醇（2∶3）、甜菜碱/葡萄糖（5∶2）外，其他NADES均抑制了这些菌株的生长。含酸的NADES因为pH降低，抑制作用更强。并且水分含量越高，抑制效果越弱，可能是因为稀释会破坏NADES的结构，从而降低毒性。每种NADES的抗菌活性与菌株是革兰阳性还是革兰阴性并没有很大关系。这有些出乎意料，因为革兰阴性菌在细胞壁上有一个额外的脂多糖，人们总认为它不易受到伤害。

DES和NADES具有良好的抗菌性能，可应用于两方面：NADES可作为抗微生物光动力疗法（aPDT）的溶剂，可显著提高抗菌素的光毒性[14,20,21]；DES还可以应用于牙科树脂复合材料，从而为开发具有更好的生物相容性和更长寿命，同时又不牺牲复合材料结构固有力学性能的抗菌牙科材料提供新策略[22]。

3.2.2 对其他微生物的毒性

Juneidi等使用氯化胆碱（ChCl）和*N*,*N*-二乙基乙醇氯化铵（EAC）作为铵盐，乙二醇（EG）、甘油（G）、尿素（U）、丙二酸（MA）、氯化锌（$ZnCl_2$）和六水合硝酸锌（ZnN）作为HBD，制备了8种不同的DES[23]。通过琼脂扩散试验观察抑制区及肉汤稀释试验确定最小抑制浓度（MIC），分别评估无水DES和水溶液DES对一种真菌（黑曲霉）的毒性。在琼脂扩散实验中，除含锌和苹果酸外，不同剂量的纯DES对琼脂均无抑制作用。用10种ChCl-DES以同样的方法对4种真菌进行毒理学评估，也得到了类似的结果。然而，根据Juneidi等通过肉汤稀释实验获得的最小抑菌浓度数据可知，所有DES均对真菌有毒（EAC-DES>ChCl-DES）[23]。与这两类DES相比，含锌和苹果酸的DES都具有极高的毒性，这与琼脂扩散实验的结果一致。虽然单独存在的两种铵盐对真菌毒性较低，但由它们制备的DES都有较强的抑制作用，相比于对应的HBDs，其抗真菌活性可能略高（EAC-DES）或较低（ChCl-DES）。

Cardellini等制备了几种新型DES。一种是由两性离子甜菜碱和高熔点羧酸形成[25]，另一种由（1S）-（+）-10-樟脑磺酸（CSA）和带有脂肪族、芳香族和两亲性基团的两性离子磺酸甜菜碱（SBs）形成[26]。通过对酿酒酵母细胞的傅里叶变换红外光谱（FTIR）的生物测定来评估这些DES的毒性。将细胞暴露于DES几分钟后，会观察到细胞活力迅速下降，意味着这些DES对细胞有很高的毒性。酵母细胞经DES处理后的标准化FTIR与用$CaCl_2$（一种众所周知的无毒脱水剂）处理的几乎相同，因此允许我们将这些DES的功能定义为模型细胞的脱水剂：高浓度的DES会导致细胞中的水分迅速排出，因此细胞立即失活。

Zakrewsky等[27]报道了一种新型DES，即胆碱和香叶酸盐（CAGE），它是胆碱碳酸氢盐和香叶酸的低共熔混合物，该DES表现出对47种不同的细菌、真菌和病毒具有广谱抗菌活性，其中包括一些耐药菌株。CAGE对哺乳动物细胞几乎没有毒性，与目前使用的防腐剂相比，其功效/毒性比可提高180~14000倍。已通过CAGE在体内治疗痤疮丙酸杆菌感染的能力证实了其还能深入真皮，治疗位于皮肤深层的病原体。综上所述，这项研究明确地提出了一系列令人信服的证据，表明CAGE有望成为一种用于预防和治疗的前瞻性防腐剂。

3.3 动物的毒性

3.3.1 脊椎动物和无脊椎动物的体外毒性试验

Hayyan 等[8] 在首次研究 DES 对盐水虾（丰年虾）影响的过程中发现四种 DES，即 ChCl/G、ChCl/EG、ChCl/TEG 和 ChCl/U，都表现出较强的毒性，且该毒性远远高于它们单独的成分或在水中的简单混合，毒性程度为 DES>HBD>ChCl。用相同方法测试三个磷基 DES 也观察到类似的结果[9]。这两种实验结果表明，相比单独的组成成分，盐水虾更容易受 DES 的影响。

然而，当我们探究 DES 对水螅生长的影响时，却发现了相反的结果[16]。水螅是一种进化较为原始的无脊椎动物，对生态毒性筛选非常敏感。我们制备的 24 种胆碱基 DES 均对水螅有毒，但是在单组分（尤其是胆盐）存在的情况下它们的存活时间大大缩短，并且加入低共熔溶剂组分（盐+HBD）的混合物并不能减少盐造成的有害影响（图 3.3）。因此，这个实验表明，DES 对水螅表现出毒性可能主要是由于胆盐的存在。但在盐形成低共熔混合物的过程中，内在的强氢键作用对降低盐毒性具有积极作用。

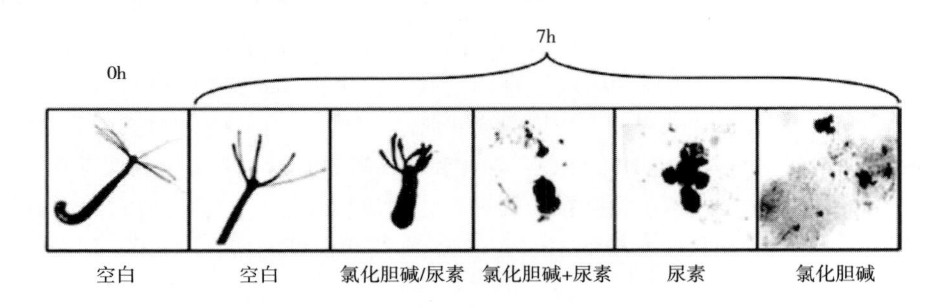

图 3.3 DES 及其组分对水螅生长的影响

在含 ChCl/U（摩尔比 1∶1）DES 的水溶液中孵育 7h 后，水螅存活；但在氯化胆碱（ChCl）、尿素（U）以及 ChCl 和 U 的混合物（摩尔比为 1∶1）的存在下，水螅会分解。

资料来源：Yang and Wen 2015[28]，经 John Wiley and Sons 许可转载。

Juneidi 等的研究支持了我们的观点[23,24]，他们通过评估鲤鱼在 50%DES（LC_{50}）的致死浓度，进行了急性毒性试验。鲤鱼是一种常见的淡水鱼，也是一种著名的用于测试急性毒性的模型脊椎动物。所研究的水溶性 DES 从轻微毒性（LC_{50} = 10～100mg/L）到相对无害（LC_{50}≥1000mg/L）不等。大多数 DES 的 LC_{50} 值都略高于 DES 组分或其混合物，再次表明 DES 的毒性较其组分低。

3.3.2 细胞毒性

研究人员利用不同的细胞系进行了细胞毒性试验（表 3.1）。那些利用人类细胞系进行的试验，有利于从细胞水平上分析 DES 的毒性作用机制，同时为评估人体暴露在 DES 中的潜在影响方面提供了有用的信息。

表 3.1 用于细胞毒性试验的 DES 和细胞系

细胞系		DES/NADES	毒性	参考文献
L929	人成纤维细胞样细胞系	11 种 NADES，2 种 ILs	有毒，四种酸性物质毒性最大	[4]
PC3 A375	人前列腺癌细胞系 人恶性黑色素瘤细胞系	a：ChCl/G（1：3） b：ChCl/EG（1：3） c：ChCl/TEG（1：3） d：ChCl/U（1：3）	有毒，毒性 c>a>b>d 细胞收缩并凋亡	[29]
HepG2 HT29 MCF-7 H413 OKF6 HeLaS3 B16F10 MCF-7 CaOV3	人肝癌细胞系 人结肠癌细胞系 人乳腺癌细胞系 癌源性人口腔角质形成细胞 人口腔角质细胞系 人宫颈癌细胞系 小鼠皮肤癌细胞系 人乳腺癌细胞系 人卵巢癌细胞系	a：ChCl/Fru/H_2O（5：2：5） b：ChCl/Glc/H_2O（5：2：5） c：ChCl/Suc/H_2O（4：1：4） d：ChCl/G/H_2O（1：2：1） e：ChCl/MA（1：1）	有毒，毒性 e>c>a>b>d 有毒，毒性 e>c>b>a>d	[30]
HeLaS3	人卵巢癌细胞系	a：ChCl/Fru（2：1） b：ChCl/Glc（2：1） c：DAC/TEG（1：3）	有毒，毒性 c>b>a	[31]
A375 AGS WRL-68 MCF-7 PC3 CCO MCF-7	人恶性黑色素瘤细胞系 人胃癌细胞系 人正常肝细胞系 人乳腺癌细胞系 人前列腺癌细胞系 鱼细胞系 人乳腺癌细胞系	a：ChCl/Glc（2：1） b：ChCl/G（1：2） c：ChCl/OA（1：1）	a,b 有毒：毒性低 c 有毒：毒性轻微	[28]
HeLa MCF-7	人宫颈癌细胞系 人乳腺癌细胞系	ChCl/Glc（2：1） ChCl/Fru（1.9：1） ChCl/Xyl（2：1） ChCl/G（1：2） ChCl/MA（1：1）	毒性低	[32]
HeLa MCF-7	人宫颈癌细胞系 人乳腺癌细胞系	10 种 NADES	除了 ChCl/OA（1：1）和 ChCl/U（1:2）具有轻微毒性，其余都是低毒的	[19]

续表

细胞系		DES/NADES	毒性	参考文献
HEK293T	人胚肾细胞系			

注：ChCl：氯化胆碱；U：尿素；G：甘油；EG：乙二醇；TEG：三甘醇；Glc：葡萄糖；Fru：果糖；Suc：蔗糖；Xyl：木糖；MA：苹果酸；OA：草酸：DAC：*N*,*N*-二乙基乙醇氯化铵。

Paiva 等[4] 首次报道了（NA）DES 的细胞毒性测试。他们选择 L929 小鼠成纤维类细胞作为模型细胞系。相比于暴露在两种咪唑基 ILs 中，细胞暴露于 11 种不同 NADES 中的生存能力发生了变化。该实验未观察到有关细胞毒性活性和 NADES 成分的明显趋势。例如，尽管 NADES 都由柠檬酸组成，但是细胞在［柠檬酸/蔗糖（1∶1）和氯化胆碱/柠檬酸（1∶1）］两种 NADES 中表现出高的生存能力（分别接近 110%和 70%），而在其他两种 NADES［柠檬酸/葡萄糖（1∶1）和氯化胆碱/柠檬酸（2∶1）］的细胞生存能力值相当低（<10%），与在 2 种 ILs 中表现出同样低的生存能力值。

Radošević等两次评估了 ChCl-（NA）DES 对 1 种鱼类细胞系和 2 种人类细胞系的毒性[29,32]。结果表明，除 ChCl/草酸（1∶1）外，其他 NADES 对所有细胞系均表现出低细胞毒性（EC_{50}>2000mg/L）。ChCl/草酸这种 NADES 表现出的中度的细胞毒性可能与电荷离域、酸引起的 pH 下降及光学显微镜下观察到的草酸钙晶体的形成有关[32]。

最近，Radoševic 等[19] 进一步研究了 10 种 NADES 对 3 种人类细胞系（肿瘤海拉和 MCF-7 细胞和正常的 HEK293T 细胞）的效果，10 种 NADES 的 HBA 为氯化胆碱、甜菜碱和柠檬酸。在 10 种 NADES 的测试中，只有 2 种 NADES 对肿瘤细胞表现出明显的毒性：ChCl/草酸（1∶1）对肿瘤海拉细胞和 MCF-7 细胞系表现出明显毒性，ChCl/尿素（1∶2）只对 MCF-7 细胞表现出明显毒性。这些 NADES 对肿瘤细胞毒性作用强于正常细胞，可能因为肿瘤细胞能量需求更高而吸收更多的 NADES 成分。有趣的是，虽然 ChCl/草酸（1∶1）被认为有很高的毒性，但由柠檬酸组成的 3 种 NADES 却表现出低的细胞毒性（EC_{50}>2000mg/L）。

Hayyan 等[30] 研究了四种 ChCl-DES（HBD 为甘油、乙二醇、三甘醇和尿素）对 7 种人类细胞系的细胞毒性，这些细胞系有 6 种来自癌细胞，1 种来自正常细胞（如表 3.1 所示）。通过 MTT 细胞活力实验、细胞凋亡实验、细胞膜通透性实验和乳酸脱氢酶（LDH）释放实验，证实了 4 种 DES 对 7 种细胞系均有毒性，会导致细胞凋亡和细胞膜损伤。DES 不会造成 DNA 损伤，但可促进活性氧（ROS）的产生，其顺序为 ChCl/TEG>ChCl/G>ChCl/EG~ChCl/U>空白。活性氧的产生顺序与 DES 的毒性顺序相当一致（ChCl/TEG<ChCl/G<ChCl/EG<ChCl/U），说明 DES 引起细胞毒性的另一个机制是通过负载超氧化物歧化酶（SOD），这是一种负责清除活性氧产生的自由基的抗氧化酶。四种 DES 的 LC_{50} 值均高于或低于其单独组分（氯化胆碱盐或 HBD）或两种组分的混合物（图 3.4），表明 DES 的细胞毒性不仅取决于细胞系，还取决于其组成。

Hayyan 等[33] 在后期对 NADES 细胞毒性的研究中，以葡萄糖、果糖、蔗糖、甘油和丙二酸（MA）为 HBD 制备了 5 种 ChCl-NADES，并测试了它们对 3 种人类和 1 种小鼠癌细胞系的细胞毒性（表 3.1）。5 种 NADES 对细胞也表现出毒性，同样取决于细胞系和 NADES 的组成。细胞毒性可能与以下因素有关：

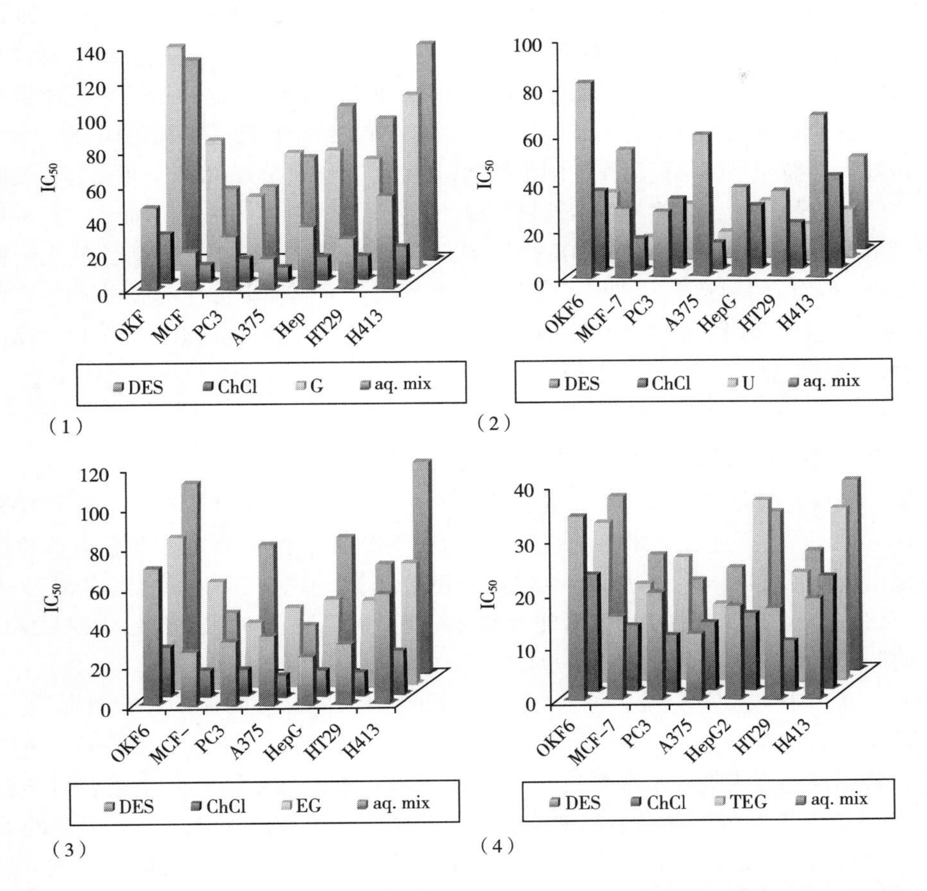

图 3.4 DES 及其组分（ChCl 和 HBD）和组分混合物（aq. mix）对各种癌细胞和正常细胞的细胞毒性活性

（1）ChCl/G；（2）ChCl/U；（3）ChCl/EG；（4）ChCl/TEG。ChCl：氯化胆碱；G：甘油； U：尿素；EG：乙二醇；TEG：三甘醇。

资料来源：摘自 Hayyan et al. 2015 [30]。https：//creativecommons。org/licenses/by/4. 0/。获得 CC BY 4. 0 许可。

（1）pH　ChCl/MA 是五种 NADES 中毒性最强的，其中一个主要原因是有机酸降低了 pH。

（2）细胞的新陈代谢　由胆碱、糖和甘油组成的 NADES 毒性较小，可能是因为这些成分是细胞新陈代谢所必需的，因此细胞对它们有较高的耐受性。同时，ChCl/MA 表现出高细胞毒性的另一个原因可能是 MA 会抑制柠檬酸循环等代谢途径。

（3）NADES 的物理性质，尤其是黏度　人们认为，高黏度通常与致死率的增加有关。在五种被测 NADES 中，ChCl/甘油/H_2O（1∶2∶1）对 4 种细胞系的毒性最小，巧合的是其黏度也最低。

（4）NADES 与细胞膜的相互作用　作者采用真实溶剂的类导体筛选模型（COSMORS）模拟来解释 NADES 的细胞毒性。该模型表明 NADES 与细胞膜上的一些官能团之间存在强烈的相互作用，导致它们穿透细胞或在细胞表面积累和聚集，从而可能决定了它们的细胞毒性。

去年，Hayyan 团队[31] 利用 6 种人类癌细胞系进一步评估了两种 NADES 和一种 DES 的细胞毒性（表 3.1）。通过比较它们的 EC_{50} 值，在所有的 6 种癌细胞系中，细胞毒性的顺序是 NADES2<NADES1<DES1，从而证明 NADES 的毒性比 DES 小，也暗示了它们作为抗癌药物的潜力。这个实验也进一步说明了上述四个因素在阐明细胞毒性作用机制中的重要性。特别是，虽然葡萄糖和果糖都可以作为细胞的能量来源，但它们的高摄入量可能会促使晚期糖基化终产物合成的增加，最终导致活性氧合成的增加。对于果糖和癌细胞而言，这种情况更为严重。氧化应激的评估证实，经 DES 或 NADES 处理后，细胞会产生活性氧，但相比之下，NADES 处理后的细胞产生活性氧的强度较低。另一方面，膜透性实验也证实了 DES 和 NADES 都有穿透细胞膜的能力，DES 的破坏性更大。这也可能与细胞需求有关。NADES 穿过细胞膜时保持完整。

3.3.3 体内急性毒性试验和药代动力学研究

目前，很少有研究通过体内试验来评估 DES 的毒性。Hayyan 等[30] 对口服了 DES 的印迹控制区（ICR）小鼠进行了体内急性毒性试验。他们测试的 4 种 DES 与各自单独组分相比，呈现出较低的 LD_{50} 值，说明毒性较高。血液测试结果显示：血清天冬氨酸转氨酶（AST）水平显著升高，而血清丙氨酸转氨酶（ALT）水平波动不大，导致 AST/ALT 比值升高，说明肝脏或肌肉可能受损。

随后，同一个实验室使用 2 种 NADES 和 1 种 DES 进行了同样的体内评估[31]。根据 LD_{50} 值，毒性大小顺序为 DES1<NADES1<NADES2，与他们在 6 种人类细胞系体外试验中呈现的趋势相反。当未经过水稀释的溶剂用在小鼠身上，毒性趋势发生逆转可能是由于 NADES 的黏度高于 DES，导致 NADES 可能无法在小鼠体内正常循环，甚至阻断血液流动。血液测试与之前的结果相似[30]，AST/ALT 比值大于 5 ∶ 1，再次表明肝细胞或肌细胞的衰竭。

Chen 等[34] 报道了 DES 作为药物载体的药代动力学研究。他们选择丹参酚酸 B（SAB）作为模型药物，通过评价 DES 在体内的毒性以及对 SAB 在小鼠体内药代动力学的影响，研究了 ChCl/甘油（1 ∶ 2）DES 作为口服药物载体的可行性。对小鼠进行急性口服毒性试验，半致死剂量（LD_{50}）为 7733mg/kg，证明了该 DES 无毒。比较溶解在 DES 与水中的 SAB 的药代动力学参数（图 3.5），发现 DES 作为药物载体可以使血浆峰值浓度（C_{max}）从 0.28mg/L 轻微升高至 0.31mg/L，达到 C_{max}（T_{max}）的时间从 30min 显著减少到 20min，消除半衰期（$t_{1/2}$）从 30min 延长至 35min，因此具有吸收快、半衰期长、消除快等优点。快速吸收的原因可以用前面提到的事实来解释：DES 能够穿透细胞膜，从而增强了药物的细胞膜渗透能力。根据作者建立的敏感超高效液相色谱-质谱（UPLC-MS）方法测定，口服溶解于 DES 或水中的 SAB 在其代谢物方面没有显著差异。事实上，在另外两项药代动力学研究中也得到了类似的结果，这表明 NADES 可以作为增溶剂和配方剂，提高生物利用度较差的天然产物如芦丁[35] 和生物碱小檗碱[36] 的生物利用度，从而表明将 NADES 引入药物和营养制剂具备可行性。

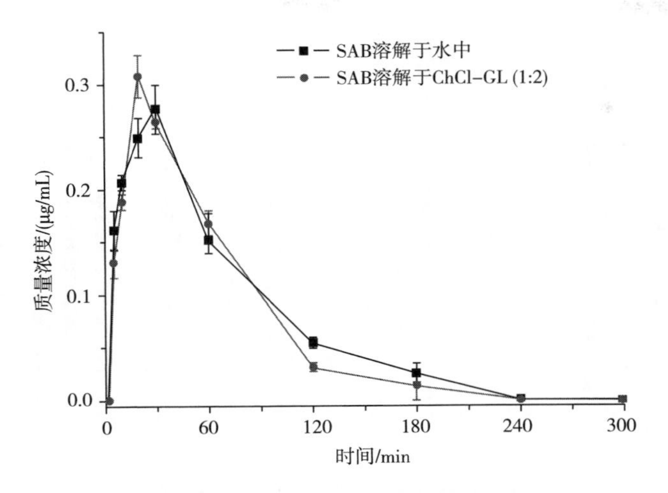

图 3.5 口服 100mg/kg 丹参酚酸 B（SAB）后的血浆浓度-时间分布图（$x\pm SD$，$n=6$）

资料来源：Chen 等，2017[34]，经 Elsevier 许可转载。

3.4 对植物的毒性

迄今为止，学术界只发表了两篇关于 DES 植物毒性试验的论文。Radošević 等[32] 在 2015 年的研究中已经评估了 3 种 ChCl-DES 对小麦种子生长的影响。3 种 DES 均不抑制种子萌发，EC_{50} 值均高于 5000mg/L，但对芽和根生长均有一定的毒性，毒性大小依次为 ChCl/草酸>ChCl/葡萄糖>ChCl/甘油。该实验探讨了 DES 诱导的生长抑制与丙二醛（MDA）含量增加、叶绿素含量下降和抗氧化酶活性变化的相关性。MDA 是 ROS 水平升高引起的脂质过氧化指标，抗氧化物酶包括超氧化物歧化酶（SOD）、愈创木酚过氧化物酶（GPX）、过氧化氢酶（CAT）、抗坏血酸过氧化物酶（APX）等。

本课题组[16] 以大蒜（*Allium sativum*）为模型植物，通过测定根的长度和观察根尖细胞的异常情况，研究了 DES 及其组分的植物毒性。用 DES 或其组分处理大蒜后，确实会影响根的生长。有趣的是，尽管 ChCl 和甘油似乎都强烈地抑制大蒜根的生长，但它们组成的 DES（ChCl/甘油）能使根的长度恢复到正常水平（图 3.6）。若不考虑单独由 HBD 引起的抑制作用，这种情况也发生在其他四种 ChAc-DES 上，这就提供了另一个例子来说明 DES 的毒性比其单独组分的毒性要低。正如电子显微镜所观察到的那样，DES 对植物的毒性还反映在其对根尖细胞的损伤上，从而导致结构变形、解体甚至崩塌。

3.5 生物降解能力

Radošević团队[32] 首次评估了 DES 的生物降解能力。采用密闭瓶法测定了 3 种 DES 的好氧生物降解能力。根据 OECD 301 D 指导方针，3 种 DES 均可被称为“易于生物降解”，

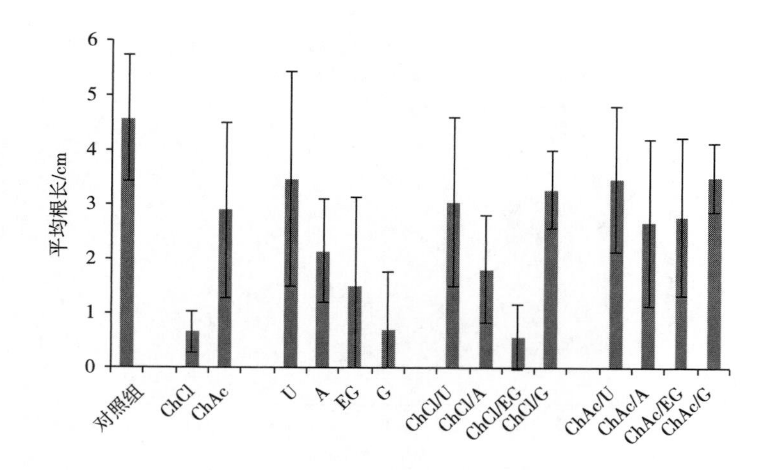

图 3.6 不同 DES 或其组分存在下大蒜根系的生长

对于图中所示的所有 8 种 DES，盐/HBD 摩尔比为 1∶1。ChCl，氯化胆碱；ChAc，乙酸胆碱；U，尿素；A，乙酰胺；G，甘油；EG，乙二醇。

资料来源：Wen 等2015[16]，经 Elsevier 许可转载。

其降解顺序为 ChCl/甘油>ChCl/葡萄糖>ChCl/草酸。Juneidi 等[23] 对 8 种铵-DES 进行了同样的密闭瓶试验，其中以氯化胆碱（ChCl）或 *N*,*N*-二乙基乙醇氯化铵（EAC）作为铵盐。作者还发现，所选的 DES 都可以被认为是可生物降解的，生物降解的结果取决于盐和 HBD：就盐而言，ChCl-DES>EAC-DES 适用于所有 HBD；就 HBD 而言，两组 DES 的 HBD 均为 G>EG。

Zhao 等[13] 也使用密闭瓶法评估了 20 种 ChCl-DES 的生物降解能力。这些 DES 被认为是“可生物降解”的，且降解能力大于传统的 ILs，再次证明 DES 具有作为生物可降解溶剂的潜力。这些 DES 的生物降解能力值似乎也由 HBD 决定，它们的大小顺序为胺基 DES~糖基 DES>醇基 DES>酸基 DES。化合物穿过细胞壁的能力可用于解释 DES 的生物降解能力，因此，3 种 DES 的生物降解能力大小依次为 ChCl/TEG<ChCl/EG<ChCl/G，因为长链物质不易跨膜运输。人们认为，所有测试的 DES 的高生物降解能力归因于合成 DES 的组分是可生物降解的，如氯化胆碱、尿素和甘油。

Huang 等[15] 报道，根据 OECD 的指导方针，他们制备的 13 种 NADES 都可以被认为是“可生物降解的”。

然而，与此形成鲜明对比的是，我们对 8 种 DES 进行了生物降解能力测试，发现结果与上述报道完全不一致[16]。这些 DES 以 ChCl 和 ChAc 为盐，尿素（U）、乙酰胺（A）、甘油（G）、乙二醇（EG）为 HBD，按 1∶1 摩尔比形成。结果表明，除 ChCl/U（1∶1）和 ChCl/A（1∶1）外，其余 DES 均不易生物降解。与上述数据相比，我们的研究获得的生物降解能力较低，可能是由于测试的条件不同，如反应条件、废水微生物来源、DES 的浓度以及盐/HBD 的摩尔比。相比之下，ChCl-DES 相比 ChAc-DES 更易于被生物降解，而以尿素和乙酰胺为 HBD 的 DES 比以甘油和乙二醇为 HBD 的 DES 更容易被生物降解。事实上，含甘油的 DES 比含乙二醇的 DES 可生物降解能力更强，这与之前三项研究的结果完全一致[13,23,32]。

3.6 总结与结论

本章介绍了迄今为止已知的DES和NADES的毒理学和生物降解概况。需要注意下列三点：

（1）经水稀释的DES或NADES是否能保留其低共熔结构的争论仍未得到解决。核磁共振研究表明，在稀释过程中（0%~50%），DES[37] 和NADES[38] 中的氢键会逐渐断裂，表明超分子网络受到破坏。然而，比较DES或NADES与组成成分以及这些组分混合物的毒性[8-10,16,24,30]、物理性质[14,38] 及酶学性能[39,40]，会发现溶解于水中的（NA）DES在一定程度上保留了其网络结构。Mbous等[31] 也指出NADES在穿过细胞膜时保持完整。这可能有助于我们了解DES和NADES的毒性，并阐明其机制。

（2）本章回顾了DES和NADES对微生物、植物和动物等不同复杂生物体的毒性。产生的差异性不仅取决于（NA）DES的浓度，还取决于参与其形成的组分。这两类溶剂被发现具有很强的抗菌活性。然而，目前对其毒理学机制的了解仍然非常有限。总之，这可能与下列几个方面有关：

①DES和NADES与细胞膜的相互作用。它们可能会渗透到细胞内，甚至在细胞表面积累/聚集，促使细胞壁破裂，从而破坏细胞内的蛋白质和酶，最终导致细胞死亡[30,31,33]。正如我们在两篇论文中所深入讨论的那样[16,17]，Hofmeister效应[18] 与亲水性匹配[41] 的概念相结合，为胆盐及其DES与来自不同生物的细胞膜的相互作用提供了令人信服的解释。电荷离域导致较高毒性的观点可以被视为一种合理的解释，可以说明相比较其组成成分，（NA）DES表现出较高毒性。

②代谢需求。当组成DES和NADES的组分是参与细胞代谢的必要成分时，它们的毒性通常较低[19,31,33]。

③pH的影响。发现许多含酸的DES和NADES具有很高的毒性，仅是因为酸引起的pH降低[4,10,13,14,24,32,33]。此外，ChCl/草酸DES具有高毒性的部分原因可能与草酸钙晶体的形成有关[32]。

④脱水。DES和NADES可作为脱水剂，使水分从细胞中迅速排出，导致细胞立即失活[23,25,26]。

⑤产生ROS。DES或NADES可能会触发ROS积累，导致细胞凋亡[30-33]。

（3）DES和NADES生物降解的机制尚不清晰，这可能部分与它们的成分能够穿过细胞壁的能力[13] 和/或自身降解的能力有关[23]。

总之，尽管DES或NADES被认为是迄今为止最环保的非水溶剂，但许多研究表明，根据其制备所选成分，它们也具有一定程度的毒性，并且其中一些不能简单地认为是“容易生物降解的”。因此，为了充分利用这些新型溶剂并拓宽其应用范围，十分有必要研究DES或NADES在生物毒性和生物降解中的作用机制，寻找更多具有优良生物安全性和生物相容性的成分，并根据这些成分的毒性和生物降解性创建一个环境友好的DES或NADES数据库。

参考文献

1 Abbott, A. P. , Capper, G. , Davies, D. L. et al. (2003). Chem. Commun. 7:70-71.

2 Choi, Y. H. , van Spronsen, J. , Dai, Y. et al. (2011). Plant Physiol. 156:1701-1705.

3 Smith, E. L. , Abbott, A. P. , and Ryder, K. S. (2014). Chem. Rev. 114:11060-11082.

4 Paiva, A. , Craveiro, R. , Aroso, I. et al. (2014). ACS Sustainable Chem. Eng. 2:1063-1071.

5 Mbous, Y. P. , Hayyan, M. , Hayyan, A. et al. (2017). Biotechnol. Adv. 35:105-134.

6 Yang, Z. (2018). Adv. Biochem. Eng. Biotechnol. 1-29. Berlin, Heidelberg: Springer. https://doi. org/10. 1007/10_2018_67.

7 Zeisel, S. H. and da Costa, K. A. (2009). Nutr. Rev. 67:615-623.

8 Hayyan, M. , Hashim, M. A. , Hayyan, A. et al. (2013). Chemosphere 90:2193-2195.

9 Hayyan, M. , Hashim, M. A. , Al-Saadi, M. A. et al. (2013). Chemosphere 93:455-459.

10 de Morais, P. , Gonca, lves, F. , Coutinho, J. A. P. , and Ventura, S. P. M. (2015). ACS Sustainable Chem. Eng. 3: 3398-3404.

11 Clements, R. G. , Nabholz, J. V. , and Zeeman, M. (1994). Estimating toxicity of industrial chemicals to aquatic organisms using structure-activity relationships. In: Environmental Effects Branch, Health and Environmental Review Division, Office of Pollution Prevention and Toxics, 2e. Washington, DC: U. S. Environmental Protection Agency.

12 Modica-Napolitano, J. S. and Aprille, J. R. (2001). Adv. Drug Delivery Rev. 49:63-70.

13 Zhao, B. -Y. , Xu, P. , Yan, F. -X. et al. (2015). ACS Sustainable Chem. Eng. 3:2746-2755.

14 Wikene, K. O. , Rukke, H. V. , Bruzell, E. , and T ønnesen, H. H. (2017). J. Photochem. Photobiol. B 171: 27-33.

15 Huang, Y. , Feng, F. , Jiang, J. et al. (2017). Food Chem. 221:1400-1405.

16 Wen, Q. , Chen, J. -X. , Tang, Y. -L. et al. (2015). Chemosphere 132:63-69.

17 Yang, T. -X. , Zhao, L. -Q. , Wang, J. et al. (2017). ACS Sustainable Chem. Eng. 5:5713-5722.

18 Hofmeister, F. (1888). Arch. Exp. Pathol. Pharmakol. 24:247-260.

19 Radošević, K. , Čanak, I. , Panić, M. et al. (2018). Environ. Sci. Pollut. Res. 25:14188-14196.

20 Wikene, K. O. , Bruzell, E. , and T ønnesen, H. H. (2015). J. Photochem. Photobiol. B 148:188-196.

21 Wikene, K. O. , Rukke, H. V. , Bruzell, E. , and T ønnesen, H. H. (2016). Eur. J. Pharm. Biopharm. 105:75-84.

22 Wang, J. , Dong, X. , Yu, Q. et al. (2017). Dent. Mater. 33:1445-1455.

23 Juneidi, I. , Hayyan, M. , and Hashim, M. A. (2015). RSC Adv. 5:83636-83647.

24 Juneidi, I. , Hayyan, M. , and Ali, O. M. (2016). Environ. Sci. Pollut. Res. 23:7648-7659.

25 Cardellini, F. , Tiecco, M. , Germani, R. et al. (2014). RSC Adv. 4:55990-56002.

26 Cardellini, F. , Germani, R. , Cardinali, G. et al. (2015). RSC Adv. 5:31772-31786.

27 Zakrewsky, M. , Banerjee, A. , Apte, S. et al. (2016). Adv. Healthcare Mater. 5:1282-1289.

28 Yang, Z. and Wen, Q. (2015). Ionic Liquid based Surfactant Science: Formulation, Characterization and Applications (eds. B. K. Paul and S. P. Moulik), 517-531. Hoboken, NJ: Wiley.

29 Radošević, K. , Curko, N. , SrČek, V. G. et al. (2016). L WT Food Sci. Technol. 73:45-51.

30 Hayyan, M. , Looi, C. Y. , Hayyan, A. et al. (2015). PLoS One 10:e0117934.

31 Mbous, Y. P., Hayyan, M., Wong, W. F. et al. (2017). Sci. Rep. 7:41257.
32 Radošević, K., Bubalo, M. C., SrČek, V. G. et al. (2015). Ecotoxicol. Environ. Saf. 112:46–53.
33 Hayyan, M., Mbous, Y. P., Looi, C. Y. et al. (2016). Natural deep eutectic solvents: cytotoxic profile. SpringerPlus 5:913.
34 Chen, J., Wang, Q., Liu, M., and Zhang, L. (2017). J. Chromatogr. B 1063:60–66.
35 Faggian, M., Sut, S., Perissutti, B. et al. (2016). Molecules 21:1531.
36 Sut, S., Faggian, M., Baldan, V. et al. (2017). Molecules 22:1921.
37 Gutiérrez, M. C., Ferrer, M. L., Mateo, C. R., and del Monte, F. (2009). Langmuir 25:5509–5515.
38 Dai, Y., Witkamp, G. -J., Verpoorte, R., and Choi, Y. H. (2015). Food Chem. 187:14–19.
39 Huang, Z. -L., Wu, B.., Wen, Q. et al. (2014). J. Chem. Technol. Biotechnol. 89:1975–1981.
40 Wu, B. -P., Wen, Q., Xu, H., and Yang, Z. (2014). J. Mol. Catal. B: Enzym. 101:101–107.
41 Collins, K. D. (2004). Methods 34:300–311.

4 天然低共熔溶剂：从发现到应用

Henni Vanda[1,2]，Robert Verpoorte[1]，Peter G. L. Klinkhamer[3]，and Young H. Choi[1,4]

[1] Leiden University，Institute of Biology，Natural Products Laboratory，Sylviusweg 72，2333 BE，Leiden，The Netherlands

[2] Syiah Kuala University，Faculty of Veterinary Medicine，Department of Pharmacology，Banda Aceh，20111，Indonesia

[3] Leiden University，Institute of Biology，Plant Ecology and Phytochemistry，Sylviusweg 72，2333 BE，Leiden，The Netherlands

[4] Kyung Hee University，College of Pharmacy，Department of Oriental Pharmaceutical Science，02447，Seoul，Republic of Korea

4.1 引言

天然低共熔溶剂（natural deep eutectic solvents，NADES）是继离子液体（ILs）和低共熔溶剂（DES）之后的又一代新型溶剂。NADES并不单纯地指代其物理化学现象，还包括它们在自然界中潜在的生物学功能。NADES在各种生物中扮演着不同的角色[1,2]。尽管与传统的ILs或DES具有相似的物理化学特征，但是NADES的特征受其与水分子之间相互作用的影响，使生物体能够以各种方式利用它们。在应用方面，与第一代合成ILs相比，NADES具有无毒、低燃点、低腐蚀性和对环境无害等优点。上述这些符合绿色化学范畴的特点，使得NADES有望成为有机溶剂的替代溶剂，从而避免使用有机溶剂带来的危害。

和ILs或者DES类似，NADES由两种或多种组分构成，但是这些组分均为天然来源，包括糖类、糖醇、多元醇、氨基酸、有机酸和有机碱。这些化合物中的两种或多种与水按照一定的摩尔比混合后会形成一种共熔液体。核磁共振波谱（NMR）分析表明，NADES的形成过程涉及到氢键相互作用[1-3]。NADES可以根据其组分的不同分成几个类别（表4.1）。除了上述对环境无害这个特点外，NADES作为溶剂使用时还具有一些非常实用的物理化学性质，如熔点非常低、黏度可调控、蒸气压极低并且闪点非常高。作为溶剂，它们对极性化合物的溶解度非常高，而且具有很高的选择性[2,3]。

表4.1 NADES的分类及其典型例子

类别	组分
酸-碱	苹果酸-氯化胆碱 柠檬酸-甜菜碱
多元醇-酸	木糖醇-柠檬酸 D-山梨醇-苹果酸
多元醇-氨基酸	D-山梨醇-脯氨酸
多元醇-碱	D-山梨醇-甜菜碱
糖-酸	蔗糖-苹果酸 葡萄糖-柠檬酸
糖-氨基酸	蔗糖-脯氨酸 葡萄糖-脯氨酸
糖-糖	葡萄糖-果糖-蔗糖

由于NADES的无毒性质，自其概念被提出[1]并于2011年获得专利[4]以来，NADES在食品、农药、化妆品和医药中的应用迅速上升。例如，NADES可以用于提取药用植物中的活性成分[5-7]、增溶药物[8-12]、生产植物提取物并将其作为化妆品成分[13]、农药[14]以及作为食品调味剂[15]。

除了作为萃取剂使用外，NADES还有许多其他用途有望被开发出来。对于一些酶法催化或者化学合成反应，常会涉及一些水溶性或脂溶性较差的化合物，NADES 可以作为良好的溶剂使用。研究表明，将 NADES 用于这些反应时，效果非常显著。基于我们认定 NADES 是生物体内的第三种液相的假说，这些应用其实是有迹可循的。自然界中存在的许多初级和次级代谢产物，它们的水溶性都比较差。例如，紫杉醇的生物合成涉及许多步骤，其中的非水溶性中间体必须从一种酶转移到另一种酶，这些现象在水相中很难发生。但是，如果这些现象发生在含有 NADES 的囊泡或者代谢区室中，非水溶性化合物就非常容易溶解，一些大分子代谢物包括纤维素和木质素等的生物合成就很容易解释。此外，NADES 还可用作酶促反应的介质[16-19]、生物大分子的增溶溶剂[20,21] 以及用于提取和保存脱氧核糖核酸（DNA）和核糖核酸（RNA）[22,23]。

本章对 NADES 作为萃取溶剂的内容仅做简要介绍，将重点阐述它在酶促反应、大分子化合物和作为防腐剂中的应用。

4.2 天然低共熔溶剂的理化特性及生物学功能

自从 NADES 被提出以来，科学家对 DES 的定义和命名意见不一，如低熔点混合物[24]、低过渡温度混合物[25] 以及生物离子液体[26]。这些名字都是严格根据理化特征提出的。然而 NADES 涉及的内容远不止这些，还包含了它在自然界中的生物学功能。就此而言，水分对 NADES 的影响受到了广泛关注。

当 NADES 被提出时，它被认为是生物体内除水分和脂质以外的第三种液相，并且在各种生物学功能中发挥着至关重要的作用[1]。这种液相可以为生物体内非水溶性化合物的生物合成提供可能。Yuliana 等[27] 采用综合提取法对植物样本进行了提取，并用 NMR 对提取物进行了分析，结果表明，提取物中的化合物可以分为三类：亲水组分、中度亲水组分和亲脂组分。这说明细胞内其实存在着三种不同的液相或溶剂。

NADES 作为一种溶剂，主要有以下用途：储存和溶解低水溶性化合物（大多数次级代谢产物）[5,8,13,28,29]；作为生物体内酶促反应的介质[16-18]；转运代谢产物[30-31]；储存 DNA、RNA 或蛋白质等生物大分子（对于生长在极端环境中的复苏植物、仙人掌和地衣的生存至关重要）[22,23,32]；作为渗出液、乳胶或汁液中的介质[33]。

水分和脂质作为生物体内仅有的“液体”，对绝大多数次级代谢产物的溶解度都较差。因此，自然界中一定存在由特定成分构成的 ILs 或 DES，即 NADES，这些组分均可根据基于^{1}H NMR 的代谢组学数据库来确定。由^{1}H NMR 图谱可知，NADES 的绝大多数组分为糖、糖醇、有机酸（例如，苹果酸、柠檬酸、琥珀酸和乳酸）、碱（例如，胆碱和甜菜碱）和氨基酸（例如，脯氨酸和丙氨酸）。这些组分通常以特定的摩尔比存在，其含量可以根据 NMR 的信号进行定量计算[1]。图 4.1 所示为几种由糖和苹果酸组成的 NADES[1]。目前，在植物的组织和汁液中均发现了 NADES，例如，花蜜、枫糖浆和大麦种子糊粉。

我们猜想 NADES 可能对于植物的生存至关重要。例如，在极端干旱的条件下，当复苏植物脱水时，NADES 仍然可以保存少量的水分。酶可以稳定地溶解在 NADES 中，但此时酶没有活性。当 NADES 与一定含量的水分混合时，酶的活性可以恢复。与糖形成的玻璃态不同，糖结晶时不会保留水分[1,32]。在低温条件下用于保存植物细胞所添加的冷冻保护剂就是

图 4.1 典型的天然低共熔溶剂（NADES）
1—蔗糖； 2—果糖； 3—葡萄糖； 4—苹果酸； 5—蔗糖-果糖-葡萄糖（1∶1∶1，摩尔比）；
6—蔗糖-苹果酸（1∶1，摩尔比）[1]。

典型的 NADES[34]。

在自然界中，若生物体内不会发生固相合成，那么一定存在一种介质，在其中可以发生酶介导的反应，生成不溶于水的小分子和聚合物，例如，纤维素、直链淀粉和木质素。对于大分子而言，亲水性的中间产物和酶一定存在于同一相中，并且底物和产物均溶解在该相中。目前已经发现，一些 NADES 可以溶解淀粉，在其中加入水分后，多糖可以发生沉淀[1]。

如前文所述，细胞中还存在黄酮类化合物及其相关化合物，它们在水中的溶解度不高，但存在的量却相对较高。鉴于它们的低溶解度，不仅它们的生物合成令人费解，而且它们在某些组织或细胞的溶液中的储存量也非常高。一些情况下，在特定的细胞或组织内合成的化合物，会被转移至其他区室或者细胞中。囊泡在次级代谢产物的胞内运输过程中发挥着重要作用。例如，在筛管中合成的生物碱类化合物会被转运至乳汁管后保存在一些大的胞质囊泡内，囊泡由磷脂双分子层包围的液体组成，其成分和 NADES 的组分极为相似[30]。内质网等细胞器可能也由 NADES 组成，酶和中等极性的物质均溶解在其中，并且内质网可以从细胞质的水相中萃取这些物质[1]。Markham 等[31] 发现，花色苷体和花色苷液泡包涵体极有可能由 NADES 和磷脂组成，所以黄酮类化合物和花青素在其中的浓度远远高于在水中的溶解度。此外，植物的液泡同样由 NADES 组成，其中除了水分以外，主要是蔗糖和苹果酸[35]。这些植物液泡的一大功能就是存储抗毒物质，一些水溶性较差的化合物通常会沉淀析出。因此，NADES 有利于增加化合物的溶解度，或在液泡膜上形成一层内膜，或与有毒化合物形成络合物以增加其溶解度。

芦丁（占槐花干重的 30%）作为自然界中最常见的黄酮类化合物，其在 NADES 中的溶解度比水中高 50~100 倍[1]。NADES 的这种高溶解度有利于增加活性物质如抗氧化剂[28] 和黄连素（一种季铵类生物碱）[29] 的生物利用度。

起初，科学家仅发现 50 种由表 4.1 中所示成分的组合可以形成 NADES[1,3]，但后来又发现许多其他的组合。这些 NADES 由两种或两种以上的化合物组成，例如，糖、多元醇、氨基酸、有机酸、氯化胆碱和甜菜碱[1-3]。这些新发现的 NADES 如表 4.2 所示。随着科学家对绿色化学研究兴趣的日益增高，新型的 NADES 将不断涌现出来[6,8-10,19,36]。

表 4.2 不同组合形成的天然低共熔溶剂样例

组分 1	组分 2	组分 3	摩尔比
氯化胆碱	乳酸		1 : 1
氯化胆碱	丙二酸		1 : 1
氯化胆碱	马来酸		1 : 1，2 : 1
氯化胆碱	DL-苹果酸		1 : 1，1.5 : 1
氯化胆碱	柠檬酸		1 : 1，2 : 1
氯化胆碱	D-甘露糖		5 : 2
氯化胆碱	D-(+)-半乳糖		5 : 2
氯化胆碱	蔗糖		4 : 1，1 : 1
氯化胆碱	脯氨酸	DL-苹果酸	1 : 1 : 1
氯化胆碱	木糖醇	DL-苹果酸	1 : 1 : 1
甜菜碱	蔗糖		2 : 1
甜菜碱	D-(+)-海藻糖		4 : 1
甜菜碱	D-(+)-葡萄糖	脯氨酸	1 : 1 : 1
甜菜碱	DL-苹果酸	D-(+)-葡萄糖	1 : 1 : 1
甜菜碱	DL-苹果酸	脯氨酸	1 : 1 : 1
DL-苹果酸	蔗糖		1 : 1
DL-苹果酸	D-甘露糖		1 : 1
DL-苹果酸	D-山梨醇		1 : 1
DL-苹果酸	D-(+)-葡萄糖	D-(-)-果糖	1 : 1 : 1
DL-苹果酸	D-(+)-葡萄糖	甘油	1 : 1 : 1
DL-苹果酸	蔗糖	甘油	1 : 1 : 2
DL-脯氨酸	D-山梨醇		1 : 1
DL-脯氨酸	乳酸		1 : 1
DL-脯氨酸	DL-苹果酸		1 : 1
D-脯氨酸	D-(+)-葡萄糖		5 : 3
L-脯氨酸	D-(+)-葡萄糖		5 : 3
D-(+)-葡萄糖	DL-苹果酸		1 : 1
D-(+)-葡萄糖	柠檬酸		1 : 1
D-(+)-葡萄糖	L-(+)-酒石酸		1 : 1
D-(+)-葡萄糖	D-(-)-果糖	蔗糖	1 : 1 : 1
β-丙氨酸	柠檬酸		1 : 1

资料来源：整理自 Choi 等，2011 [1] 和 Dai 等，2013 [3]。

4.3 非水溶性代谢物的提取和增溶

自从“NADES”这个概念被提出以来，它在提取和溶解非水溶性代谢物方面的应用研究日益增多[2,3,5,7,11,36,37]。

许多次级代谢产物（例如：紫杉醇、银杏内酯和芦丁）在 NADES 中的溶解度比在水中高[1,3,28]。槲皮素是自然界中普遍存在的黄酮类化合物，其在 NADES 中的溶解度比在缓冲溶液中高 380%[38]。

我们研究了 NADES 在提取方面的几种应用，包括从红花（*Carthamus tinctorius* L.）中提取酚类化合物[5]、从香荚兰（*Vanilla planifolia*）的豆荚中提取香草醛[15]、从长春花（*Catharanthus roseus*）中提取花青素[7]，并将这几种提取技术申请了专利。后来，利用新开发的基于高效薄层色谱的代谢组学方法，使用 NADES 从银杏中选择性地提取银杏内酯、酚类化合物和银杏果酸以及从人参中选择性地提取人参皂苷。该方法对于研究这些提取物非常有前景[39]，不仅有助于计算提取率，还可以有效改善提取物（例如，红花籽中的红花苷）的稳定性[40]。

最近，Nam 等[41] 利用 NADES 对我国药用植物槐花中的黄酮类化合物进行了提取。结果表明，利用超声波辅助提取法（UAE），由 *L*-脯氨酸和甘油组成的 NADES 可以有效地提取槲皮素、山柰酚和异鼠李素苷等成分，提取率明显高于传统的有机溶剂提取法和固相微萃取法（SPE）。

Wei 等[42] 比较了 14 种 NADES 对木豆叶中酚类化合物的提取效果。结果表明，与传统的溶剂相比，氯化胆碱-麦芽糖（1∶2，摩尔比）对极性和弱极性化合物的提取率最高，且线性相关程度和回收率都很高。

NADES 还可以用于提取一些亲脂性化合物，例如，植物挥发物和香料[15,43]。NADES 还可以用于提取香料。有研究比较了常见的香精化合物香兰素在不同 NADES 的溶解度，并将溶解度最高的 NADES 用于提取香草豆荚中的香料成分，其提取率明显高于传统的有机溶剂和水。研究表明，NADES 对香兰素的提取率与溶解度具有高度的相关性。此外，这些 NADES 的提取物还可用于调味，并且允许在市场上销售[15]。

NADES 在天然产品提取中的成功应用说明了其在大规模工业提取中取代有毒有机溶剂的潜力。然而，NADES 的商业化仍然面临许多问题。首先，NADES 的蒸气压几乎为零，因此，不能通过蒸发 NADES 来回收提取物。另一方面，将 NADES 的提取物应用于食品添加剂或者化妆品配方时，它的不挥发性却是一种优势。甜菜碱-甘油-葡萄糖（4∶20∶1）NADES 无毒且价格低廉，在化妆品行业中，可用于 UAE 提取绿茶（*Camellia sinensis*）中的强抗氧化剂没食子儿茶素-3-没食子酸酯（EGCG）[13]，提取率明显高于其他方法，并且 EGCG 在至少三周的储存期内具有更高的稳定性。

在这些领域，科学家对 NADES 的研究兴趣日益高涨，并且首批商业产品已经面市。嘉法狮（Gattefosse，法国里昂的一款产品）和脂质赋形剂可以有效增加水溶性差的药物的溶解度，进而维持其在皮肤上的缓释效果。这些亲脂相由甘油和聚乙二醇的混合物与脂肪酸构成，表面活性剂由甘油、聚乙二醇和辛酸组成，助表面活性剂则为多元醇与脂肪酸形成的酯。这些嘉法狮药物特别适用于皮肤的局部用药，可以显著增加皮肤的渗透性[44]。这些产品的作用机制类似于 NADES。

毒理学评估是应用前的必要步骤。目前，科学家已经开展了多项关于 NADES 细胞毒性的研究。Mbous 等[45] 利用 HelaS3、PC3、A375、AGS、MCF-7 和 WRL-68 等肝细胞系比较了两种 NADES［氯化胆碱-葡萄糖（2：1，摩尔比）、氯化胆碱-果糖（2：1，摩尔比）］和一种 DES［*N*,*N*-二乙基乙醇氯化铵-三乙二醇（1：3，摩尔比）］的细胞毒性。结果表明，NADES 的 EC_{50} 值为 98～516mmol/L，而 DES 的毒性明显更强（EC_{50} 值为 34～120mmol/L）。由于葡萄糖和果糖的代谢通路不同，含有葡萄糖的 NADES 的细胞毒性低于含有果糖的 NADES。Hayyan 等[46] 评估了含有氯化胆碱的 NADES 的细胞毒性。研究人员利用两种革兰阳性菌（枯草芽孢杆菌和金黄色葡萄球菌）和两种革兰阴性菌（大肠杆菌和铜绿假单胞菌）研究了上述 NADES 的抗菌效果，利用卤虫评估了其细胞毒性。这些细菌没有表现出生长抑制现象，表明这些 NADES 对细菌既无益也无害。然而，它们对卤虫的幼虫有一定的细胞毒性。研究人员认为，应当进一步研究其在化疗中的潜在效果。Paiva 等[19] 也对一些 NADES 的细胞毒性进行了研究。结果表明，含有胆碱的 NADES 没有细胞毒性，而当含有酒石酸的 NADES 给予剂量为 25mg/mL 时，L929 成纤维样细胞的代谢活性就会受到影响。

氯化胆碱-酒石酸-水（1：1：2）和氯化胆碱-木糖醇-水（5：2：5）NADES 可以用于去除米粉中的镉，去除率可达 51%～96%[6]。向上述 NADES 中加入 1%（质量分数）的表面活性剂皂苷水溶液后，可以使镉的去除率达到 99%，而且米粉的化学组分不会受到任何影响。

由氯化胆碱、甜菜碱、甘油、蔗糖、苹果酸、葡萄糖和尿素等组成的 NADES 可用于合成食品级美拉德型增味剂，进而有效减少使用盐、糖和味精。Kranz 等[47] 证实，与缓冲溶液相比，以 NADES 作为反应介质时，在 80～100℃的条件下反应 2h 后，可以将 1-脱氧-D-果糖基-*N*-*β*-丙氨酰基-l-组氨酸、*N*-(1-甲基-4-氧代咪唑啉丁-2-基)氨基丙酸和 N^2-(1-羧乙基）鸟苷-5′-单磷酸酯等增味剂的得率分别提高至 49%、54% 和 22%。因此，NADES 在烹饪化学中有着良好的应用前景。此外，NADES 还可用于烹调食品的上色。

纵览 NADES 应用领域的相关文献，会发现大多数 NADES 的用途需要通过反复试验来确定。显然，目前我们仍然缺乏一定的理论背景来预测某种 NADES 的最合适用途。实际上，我们已经观察到，一种植物提取物的溶解度并不代表其对该化合物的萃取能力。例如，NADES 对香草中香草醛的最高提取率并不与香草醛在其中的最大溶解度一致。由此看来，基质的存在会对提取率造成影响。毫无疑问，氢键是形成 NADES 的关键因素，同时可能也是影响化合物溶解能力的关键因素。而且，水分在 NADES 中的作用非常微妙，少量的水即可显著降低提取物的黏度，但对化合物溶解度的影响尚无法预测。因此，十分有必要根据应用领域优化 NADES 中的水分百分比。

4.4 适用于大分子的溶剂

4.4.1 ILs 和 DES 对大分子的适用性

众所周知，大分子化合物的溶解度一般较差。然而，多糖、DNA、RNA 或蛋白（包括酶）却可以溶解在一些特定的 NADES 中。因此，在植物生理学中，NADES 的潜在功能可能与其溶解度息息相关。例如，在种子的休眠期，NADES 可能作为储存介质阻止 DNA 或 RNA 变性，直至发芽[1]。此外，作为一些植物分泌物（例如，食肉植物的汁液）的主要成分，糖和糖醇均是 NADES 的典型组分。这些食肉植物分泌物中存在的酶主要用于消化捕捉到的昆虫，而含有糖的 NADES 则充当这些酶的介质。对于多糖，NADES 可能参与其生物合成。多糖生物合成的生理学途径尚有待研究之处，特别是单糖的链延伸，多糖必须在结晶或沉淀之前溶解。NADES 中包含了链延伸所需要的酶和前体化合物，其组分的微小变化有可能导致多糖的合成受阻。

科学家对聚合物在 ILs 和 DES 中的溶解性进行了大量的研究。纤维素作为自然界最为常见和丰富的聚合物，不溶于水和大多数其他溶剂。因此，纤维素在 ILs 和 DES 中的溶解性就成了大多数研究的探索焦点。据报道，纤维素可以溶解在合成的 ILs，1-丁基-3-甲基氯化咪唑和 1-烯丙基-3-甲基氯化咪唑中，且不需要发生衍生化。在其中加入水、乙醇或丙酮后，还可以重新获得其中的纤维素[49]。对于另一种自然界中大量存在的天然聚合物木质素，工业上常通过一种环境不友好的反应从木质纤维素中提取。为了改善这一工艺，ILs 常被用作预处理溶剂，以提供合适的条件，增强木屑中木质素的提取能力[50]。

此外，科学家还研究了一些 DES 对核苷的溶解性。Mamajanov 等[23] 发现，在无水 DES 氯化胆碱-尿素（1∶2，摩尔比）中，核酸可以形成至少四种不同的二级结构，这项研究揭示了序列相关的稳定性和二级结构的差异。这些发现有可能为催化核酸活性以及酶-核酸复合物的应用带来新思路。Zhang 等[51] 利用 PEG 和季铵盐合成了一种 DES，并结合双水相系统，优化了 RNA 的提取方法。结果表明，当 DES 由低浓度的低分子质量 PEG 和较长烷基侧链（C4）的季铵盐组成时，RNA 的回收率较高。Mondal 等[22] 研究发现，由氯化胆碱、甘油和乙二醇组成的 DES 对 DNA 的溶解度较高，并且 DNA 在其中的稳定性较好。

继合成的 ILs 和 DES 应用于溶解聚合物之后，NADES 也用来增溶或稳定蛋白质。例如，小麦、大麦或燕麦的麸质是一种不溶于水的致敏蛋白，该蛋白可以利用稀释的柠檬酸-果糖进行提取，然后利用酶联免疫吸附测定（ELISA）进行分析。除了有助于溶解谷蛋白，NADES 还可以有效阻止其氧化[21]。

Li 等[52] 采用甜菜碱-尿素 DES 并结合双水相系统来提取蛋白质。在最优条件下，甜菜碱-尿素对蛋白质的提取率高达 99.8%。紫外-可见（UV-Vis）光谱、傅里叶变换红外（FTIR）光谱和圆二色光谱（CD）分析结果表明，蛋白质的构象在提取过程中维持不变。

4.4.2 NADES 对 DNA、RNA 及蛋白质的适用性

NADES 除了可以用于溶解小分子和提取生物材料外，还可以用来处理 DNA、RNA 和蛋白质。如前文所述，ILs 和 DES 在该领域内应用广泛。目前，NADES 已被普遍应用于酶促反应及溶解大分子化合物，然而涉及 DNA 和 RNA 应用的研究却鲜有报道。

细胞中含有大量的 NADES 组分，这些组分可能在细胞的各种生理和生化功能中发挥着重要作用。例如，NADES 可以为非水溶性化合物的生物合成提供基础，还可以用于在极端条件下保存生物大分子。

一篇博士论文的部分章节研究了 DNA 和 RNA 在 NADES 中的保存效果，本节对部分结果进行了总结。该研究人员将果蝇尸体保存在五种不同的 NADES 中，这些 NADES 的组分均

是细胞中的常见化合物，以此来测试 DNA 和 RNA 的稳定性。三个月后，分别提取果蝇的 DNA 和 RNA。这五种 NADES 分别是 N1（蔗糖-氯化胆碱-水，1∶4∶4，摩尔比）、N2（果糖-葡萄糖-蔗糖-水，1∶1∶1∶11，摩尔比）、N3（肌醇-蔗糖-$CaCl_2 \cdot 2H_2O$-水，1∶2∶3∶5，摩尔比）、N4（苹果酸-氯化胆碱-水，1∶1∶5，摩尔比）和 N5（蔗糖-甜菜碱-水，1∶2∶5，摩尔比）。对照实验则将果蝇尸体在室温下分别储存在 70%乙醇（体积分数）和水中，且暴露于光照条件下。在为期一年的研究中，每隔三个月进行一次聚合酶链式反应分析。结果表明，果蝇的 DNA 在 N1、N2 和 N5 中至少可以保存一年（图 4.2）。

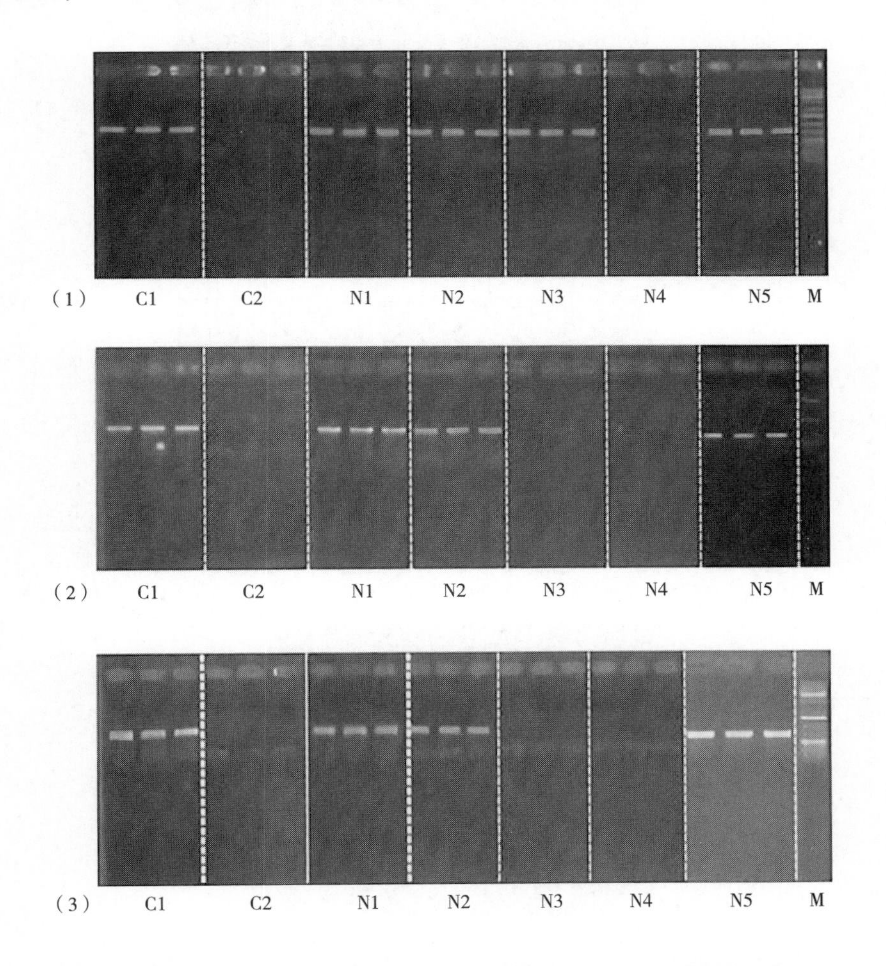

图 4.2 果蝇的 DNA 在 5 种 NADES 和两种对照溶剂中保存一定时间后的 PCR 结果

（1） 3 个月（2） 9 个月（3） 12 个月。N1（蔗糖-氯化胆碱-水，1: 4: 4，摩尔比）；N2（果糖-葡萄糖-蔗糖-水，1: 1: 1: 11，摩尔比）；N3（肌醇-蔗糖-$CaCl_2 \cdot 2H_2O$-水，1: 2: 3: 5，摩尔比）；N4（苹果酸-氯化胆碱-水，1: 1: 5，摩尔比）；N5（蔗糖-甜菜碱-水，1: 2: 5，摩尔比）；C1（70%乙醇）；C2，H_2O；M，对照。

果蝇粉末的 DNA 可以在 NADES N1 和 N2 中保存长达一年之久。此外，这些果蝇的 DNA 还可以保存在含有 40%（质量分数）水分的改良 NADES N2 中，并且 9 个月内不会发生任何变化（图 4.3）。

传统的DNA提取方法均是将DNA溶解在缓冲溶液中后，将其保存在-20℃或-80℃环境中。为了开发替代方法，按照常规方法将果蝇的DNA提取出来后，在室温条件下将其存储在五种NADES中，并暴露于日光下3天。第3天，将NADES除去后进行PCR分析。结果表明，保存在NADES N1和N5中的DNA没有发生任何变化（图4.4）。因此，在室温下，某些NADES至少可以在3天内维持DNA的稳定性。

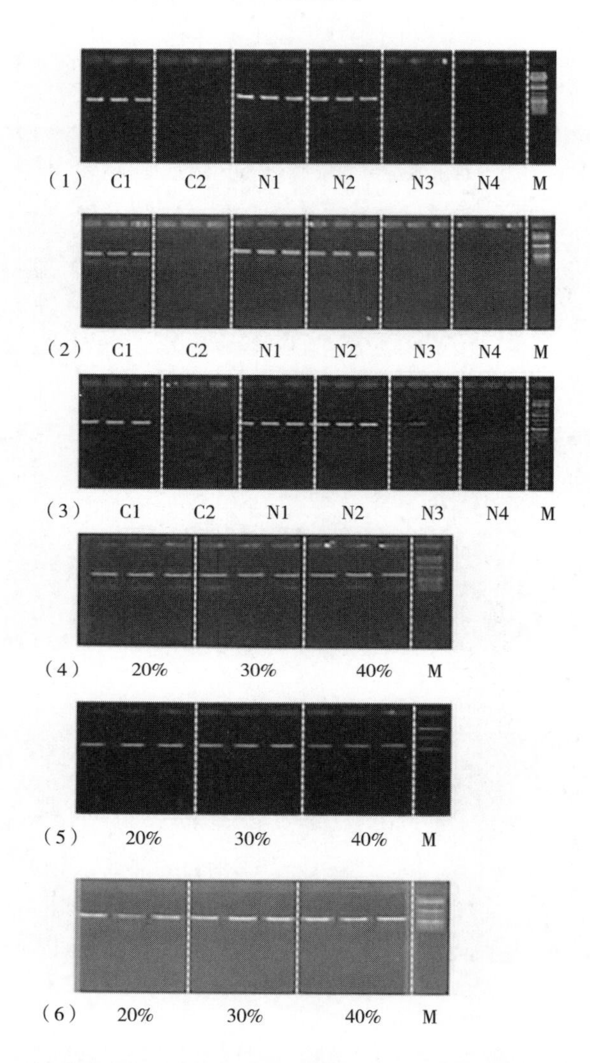

图4.3 果蝇干粉在4种NADES、不同含水量（20%、30%和40%，质量分数）的NADES和两种对照溶剂中存储一定时间后的PCR结果

（1）和（4）：3个月；（2）和（5）：9个月；（3）和（6）：12个月。N1（蔗糖-氯化胆碱-水，1:4:4，摩尔比）；N2（果糖-葡萄糖-蔗糖-水，1:1:1:11，摩尔比）；N3（肌醇-蔗糖-$CaCl_2 \cdot 2H_2O$-水，1:2:3:5，摩尔比）；N4（苹果酸-氯化胆碱-水，1:1:5，摩尔比）；C1，70%乙醇；C2，H_2O；加水后的NADES N2（果糖-葡萄糖-蔗糖，1:1:1，加水量为20%、30%和40%，质量分数）；M，对照。

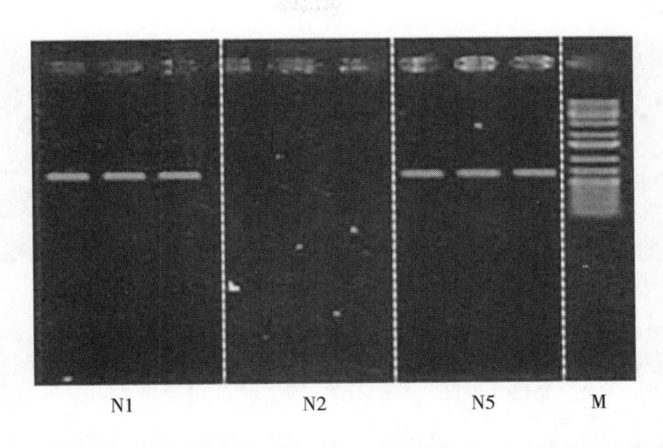

图 4.4　果蝇的 DNA 在 3 种 NADES 中于室温条件下储存 3 天后的 PCR 结果

N1（蔗糖-氯化胆碱-水，1∶4∶4，摩尔比）；N2（果糖-葡萄糖-蔗糖-水，1∶1∶1∶11，摩尔比）；N5（蔗糖-甜菜碱-水，1∶2∶5，摩尔比）；M，对照。

在避光和室温条件下，NADES N5 对 RNA 的保存效果最佳，RNA 在其中至少可以保存 6 个月（图 4.5）。上述结果证实，NADES 作为 DNA 和 RNA 的储存介质，具有非常大的应用潜力。然而，在不同条件下的稳定性试验研究仍有待开展，以进一步确定 DNA 和 RNA 的长期稳定性，从而将 NADES 用于储存不同浓度的 DNA 和 RNA 样本（即生物样本和 DNA 或 RNA 提取物）。还有一些研究报道了蛋白质在 ILs、DES 和 NADES 中的储存效果，以及将这些溶剂作为酶促反应介质的效果（详见 4.4.1）。研究发现，植物中的酶（如漆酶）易溶于 NADES，然而此时没有活性。在 NADES 中加入 50%（质量分数）的水分后可以重新激活漆酶。这种现象可能间接说明，NADES 对于复苏植物种子的储存具有非常重要的意义[1]。

食肉植物常以捕食昆虫和小动物并通过蛋白水解酶的作用来获取营养。例如，茅膏菜属植物通过触角腺毛中分泌的黏液来捕获猎物和分泌的蛋白酶来消化猎物。这种黏液主要由糖和有机酸组成[33]。本课题组对 7 种茅膏菜属植物的渗出液进行了^{1}H NMR 分析。结果表明，这些渗出液由乙酰乙酸、乙酸、柠檬酸、乙醇、乳酸、肌醇、葡萄糖、蔗糖和苹果酸组成。这些化合物作为 NADES 的组分，不仅有助于猎物的消化，而且有助于在光照和高温条件下维持酶的稳定性。

科学家在改良的 NADES N6（甘露糖-葡萄糖-氯化胆碱，1∶2∶1，摩尔比）、N2（果糖-蔗糖-葡萄糖，1∶1∶1，摩尔比）、N5（蔗糖-甜菜碱，1∶2，摩尔比）中加入不同比例（30%、40%、50%，质量分数）的水分后，对蛋白酶在其中的稳定性进行了为期两周的研究[53]。结果表明，在室温条件下，蛋白酶在其中储存两周后依然具有活性（图 4.6）。

这些关于 DNA、RNA 和酶的储存实验表明，含有糖的天然低共熔溶剂可以有效储存大分子化合物。

4.5　天然低共熔溶剂在酶促反应的应用

生物体内的许多次级代谢产物及其前体化合物在水中的溶解性均较差。因此，一些中间

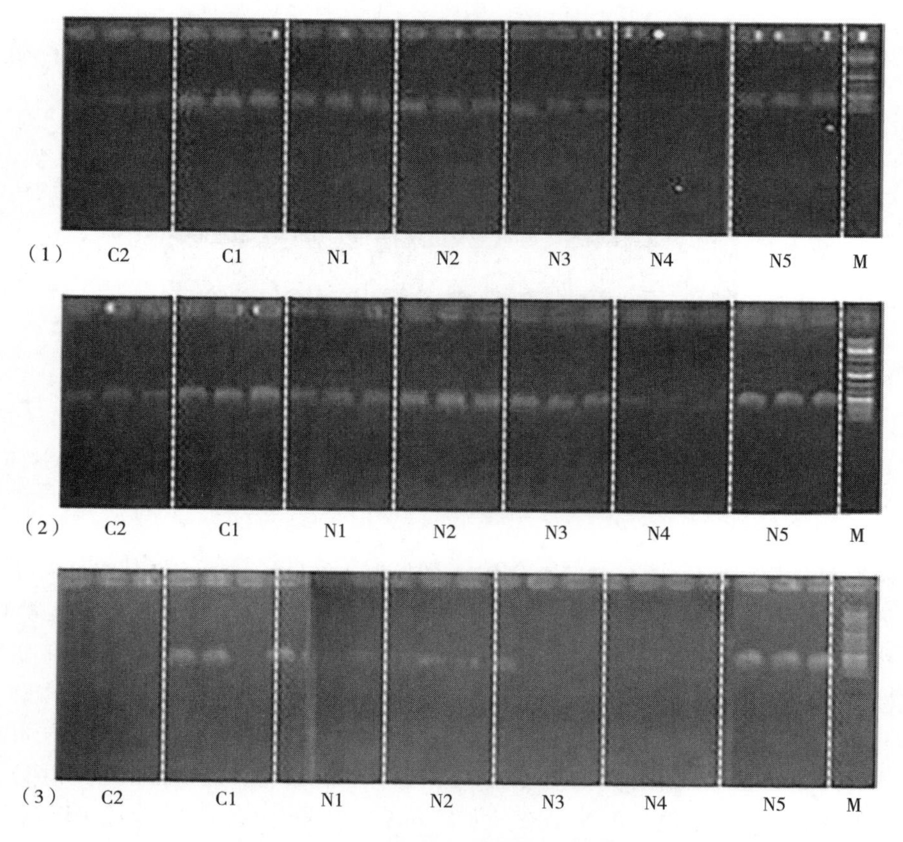

图 4.5 果蝇的 RNA 在 5 种 NADES 中保存一定时间后的 PCR 结果

(1) 1个月 (2) 3个月 (3) 6个月。N1(蔗糖-氯化胆碱-水，1:4:4，摩尔比)；N2(果糖-葡萄糖-蔗糖-水，1:1:1:11，摩尔比)；N3(肌醇-蔗糖-$CaCl_2 \cdot 2H_2O$-水，1:2:3:5，摩尔比)；N4(苹果酸-氯化胆碱-水，1:1:5，摩尔比)；N5(蔗糖-甜菜碱-水，1:2:5，摩尔比)，C1，70%乙醇；C2，H_2O；M，对照。

体或者前体化合物的运输过程很难解释。代谢区室作为一系列酶的集合体，可以催化一个合成通路中的各个步骤[54]。然而，只有当前体物质充分溶解后，才能从一个酶分子转移至另外一个酶分子。因此，我们猜想 NADES 可能充当了一种溶解前体物质和酶分子的液体介质。尽管内质网、囊泡和细胞膜上似乎很明显地附着了一层 NADES，证明这种液体在细胞内的原位存在性却是极其困难的。目前已经证实，NADES 可以充当酶促反应的一种介质。

ILs 和一些 DES 是酶促反应的常用介质。作为生产生物乙醇的可再生有机聚合物，木质素和纤维素在被分解为简单的还原糖并进行进一步加工之前，需要进行特殊处理。采用一种可以溶解木质纤维素生物质的亲水性 ILs（1-乙基-3-甲基咪唑鎓二乙基磷酸酯）对棕榈叶进行预处理时，可以增加木质素的酶促脱除效率。这种处理可以将木质素的含量从 24.0% 降低至 8.5%（质量分数）[55]。目前，已经有一系列含有胆碱的 ILs 被用于草木质纤维素和桉树的预处理。这些处理可以显著增加葡萄糖的得率。精氨酸胆碱易于回收，重复使用八个循环后总回收率高达 75%。此外，稻草经回收的 ILs 预处理后仍具有很高的可消化率，酶法水解后，葡萄糖得率高达 63%~75%[56]。

乳酸-氯化胆碱和乳酸-甜菜碱 NADES 可以用于木质素的高纯度（>90%）提取，且得

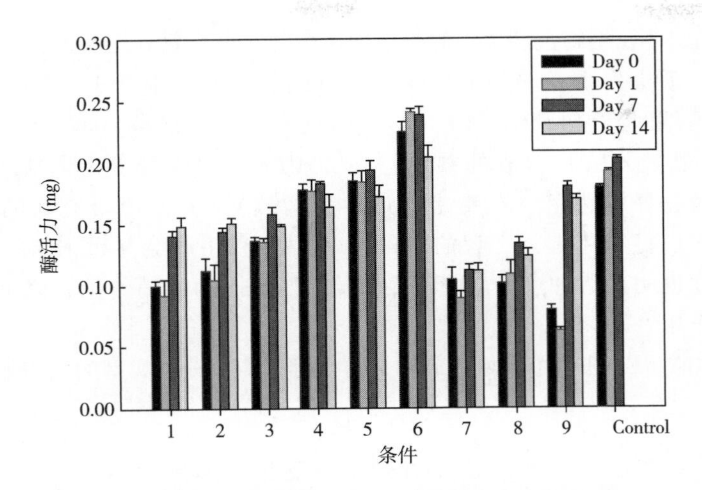

图 4.6 3 种 NADES 中的水分对其蛋白酶储存效果的影响

1-9，对照；1-3，N6（甘露糖-葡萄糖-氯化胆碱，1∶2∶1，摩尔比），分别添加 30%、40%和 50%（质量分数）的水分；4-6，N2（果糖-葡萄糖-蔗糖，1∶1∶1，摩尔比），分别添加 30%、40%和 50%（质量分数）的水分；7-9，N5（蔗糖-甜菜碱，1∶2，摩尔比），分别添加 30%、40%和 50%（质量分数）的水分。

率非常高，分离效果可达 60%±5%（质量分数）。高效液相色谱（HPLC）和 FTIR 分析结果显示，在上述 NADES 加入 5.0%（体积分数）的水分后，可以显著提高总木质素的提取率[20]。Yang 等[18] 发现，采用 NADES 作为助溶剂时，利用全细胞催化法可以显著提高立乳杆菌中异丁香酚生成香兰素的催化效率。NADES 可以显著改善立乳杆菌细胞膜的通透性。

Milano 等[57] 报道了含有氯化胆碱的 NADES 在光合酶反应中心（RCs）上的一些应用。衰减全反射-傅里叶变换红外光谱（ATR-FTIR）分析结果表明，从球形红细菌（*Rhodobacter sphaeroides*）中提取的复杂膜蛋白（如，反应中心）可以在低共熔混合物中发挥正常功能。

NADES 可以有效提高酶的稳定性。Daneshjou 等[58] 研究发现，甘油-氯化胆碱（2∶1，摩尔比）和甘油-甜菜碱（2∶1，摩尔比）有助于提高软骨素酶 ABCI（一种治疗脊柱病变的临床酶）的稳定性。在-20.4℃和 37℃条件下，该酶在 NADES 中的稳定性显著高于在缓冲溶液中的稳定性。稳定性测试结果表明，该酶在 NADES 中保存 120min 后，其活力约为起始活力的 82%；保存 15 d 后，其活力约为起始活力的 80%。然而，当没有 NADES 时，该酶 5d 后就会失活。因此，NADES 是酶促反应的良好溶剂。

4.6 天然低共熔溶剂在制药中的应用

在制药领域，药物开发过程面临的一大问题就是选择安全、无毒、相容性好的溶剂以适当的剂量溶解药物。鉴于 NADES 对植物体内水溶性差的化合物具有较好的溶解性，采用 NADES 开发新型的药物增溶辅剂具备优良前景。

Liu 等[59] 将脂溶性分子溶解在 NADES 甘露糖-二甲基脲-水中后，将其装载至水凝胶中。给药时，水凝胶和 NADES 可以自发分离。在胃肠道内，这些亲脂性化合物就会从水凝胶中释放出来，然后被吸收。这种递送机制可能普遍存在于自然界中，从而有利于改善脂溶性代谢物（例如，涉及植物抗病虫害的脂溶性代谢物）的生物利用度。

Aroso 等[60] 研究发现，一些生物活性物质或药物分子本身也可以形成 NADES。淀粉-聚-ϵ-己内酯聚合物（SPCL 30∶70）与薄荷醇-布洛芬（3∶1）在不同比例下（10%和 20%，质量分数）形成的共混物在 20MPa 和 50℃下进行超临界流体烧结后，显示出较快的药物释放性能（主要是通过扩散释放）。另一项研究表明，利用 NADES 对芦丁和黄连素进行给药时，二者的溶解度和生物利用度会显著升高，并且在血浆中的含量和持久性也明显增加[28,29]。因此，由于 NADES 的协同作用，降低剂量便可以达到相同的药理作用。

本课题组对 NADES 在各个领域的应用进行了综述[2]，一些典型的应用如表 4.3 和表 4.4 所示。

表 4.3 NADES 在酶促反应中的应用

NADES（摩尔比）	酶	底物	参考文献
苹果酸-氯化胆碱（1∶1）	漆酶		[1]
乳酸-氯化胆碱（5∶1）	纤维素酶	木质纤维素	[20]
氯化胆碱-酒石酸（1∶1） 氯化胆碱-山梨醇（5∶2） 氯化胆碱-乳糖（4∶1）	梭状芽孢杆菌全细胞	*N*-乙酰基-*L*-苯丙氨酸乙酯和 1-丙醇	[18]
氯化胆碱基 NADES	红类球细菌的反应中心	醌	[57]
甘油-氯化胆碱（2∶1） 甘油-甜菜碱（2∶1）	软骨素酶 ABCI 型	硫酸软骨素	[58]
甘露糖-葡萄糖-氯化胆碱（1∶2∶1） 果糖-蔗糖-葡萄糖（1∶1∶1） 蔗糖-甜菜碱（1∶2）	蛋白酶	牛血清白蛋白	—
甘露糖-葡萄糖-氯化胆碱（1∶2∶1） 果糖-蔗糖-葡萄糖（1∶1∶1） 蔗糖-甜菜碱（1∶2）	菠萝蛋白酶	牛血清白蛋白	—

表 4.4 NADES 在制药中的应用

NADES（摩尔比）	目标化合物	应用	参考文献
脯氨酸-谷氨酸（2: 1） 脯氨酸-氯化胆碱（1: 1） 脯氨酸-苹果酸（1: 2）	芦丁	提高溶解性和生物利用度	[28]
脯氨酸-尿素（2: 1） 乳酸-脯氨酸-苹果酸-水（0.3: 1: 0.2: 0.5）	黄连素	提高溶解性和生物利用度	[29]
甘露糖-二甲基脲-水（2: 5: 5）	五味子的果实提取物	提高戈米菌素 A、戈米菌素 J 和当归酰基果糖素 H 的生物利用度	[59]
聚-εϵ-己内酯聚合物共混物（SPCL 30∶70）	薄荷醇-布洛芬（3∶1）	加快缓释性能	[60]

续表

NADES（摩尔比）	目标化合物	应用	参考文献
氯化胆碱-草酸（1:1）	葡萄皮酚类化合物	抗氧化、抗肿瘤	[61]
1,2-丙二醇-氯化胆碱-水（1:1:1）	双水杨酯	诱导棕色脂肪组织	[11]
氯化胆碱-苹果酸（1:1）	葡萄皮提取物	抗氧化、抗肿瘤	[62]

4.7 展望

在过去的几年中，NADES 在化妆品领域受到了广泛关注。NADES 可用于萃取许多新型的生物活性成分，使其能够被用于护肤品中。可以预见，NADES 在化妆品领域还会有许多新的应用。

NADES 也广泛应用于食品领域，尤其在香辛香料中，这些成分的水溶性通常较差。NADES 可用于提取调味料和芳香化合物，以用作食品添加剂。NADES 应用于化妆品和食品领域的一大优点是它可以有效提高化合物的稳定性，从而可以避免使用防腐剂。

尽管 NADES 可以改善药物的生物利用度，但它在制药领域的应用并不常见，仍有待进一步研究。药物在 NADES 中的溶解度增加，可以扩大该药物的线性测定范围。这也可以为新型制剂的开发提供基础。例如，将 NADES 作为水溶性差的药物的载体。这些应用均是针对那些水溶性差且具有特殊性质的小分子化合物。

NADES 可能在细胞和生物体内的各个过程中都发挥着重要作用，这些现象有助于开发 NADES 的潜在用途。其中，NADES 对大分子化合物的溶解性是其最吸引人的特征之一。首先，作为自然界中的一种天然介质，NADES 为各种水不溶性前体物质的生物合成过程提供了重要条件。因此，NADES 可以应用于涉及多种酶参与的生物转化过程。如上所述，一些酶促反应可以发生在合成的 ILs 中。本课题研究发现，NADES 有助于促进酶的稳定性，在其中加入水分（例如，50%）后，酶分子可以被激活。许多研究都将聚焦在这个方向上，当酶促反应的前体物质的浓度很高时，酶促动力学可能会有所不同。

DNA 和 RNA 也可以溶解在 NADES 中，不过，溶液的稳定性因 NADES 的不同而不同[1]。在一些 NADES 中，稳定性会提高；而在其他 NADES 中，稳定性则会下降。因此，细胞内 DNA 和 RNA 与 NADES 的相互作用关系仍有待进一步研究。目前，将 NADES 用于在室温下储存 DNA 和 RNA 的可行性较高。就生物学应用而言，NADES 还可以应用于冷冻保存，因为一些常用的冷冻保护剂糖（例如，海藻糖）和糖醇（例如，甘露醇和脯氨酸）可以形成 NADES。

目前，关于 NADES 可能是细胞内的第三种介质这一假设，仍缺乏直接的证据；其次，对于不同的组织和细胞区室，证实不同的 NADES 的存在同样面临诸多挑战。

迄今为止，科学家对 NADES 的认识主要是它的物理化学性质，大多数关于 NADES 的应用都是基于反复试验。因此，需要进一步深入研究 NADES 与溶质的相互作用关系。此类研究可以参照活细胞内的现象先在体外开展。

参考文献

1 Choi, Y. H., van Spronsen, J., Dai, Y. et al. (2011). *Plant Physiol.* 156:1701-1705.

2 Vanda, H., Dai, Y., Wilson, E. G. et al. (2018). *C. R. Chim.* 21:628-638.

3 Dai, Y., van Spronsen, J., Witkamp, G. -J. et al. (2013). *Anal. Chim. Acta* 766:61-68.

4 van Spronsen, J., Witkamp, G. J., and Hollman, F. et al. (2016). Universiteit Leiden. US Patent 9,441,146, filed 7 June 2011 and issued 15 December 2011.

5 Dai, Y., Witkamp, G. -J., Verpoorte, R., and Choi, Y. H. (2013). *Anal. Chem.* 85:6272-6278.

6 Huang, Y., Feng, F., Chen, Z. -G. et al. (2018). *Food Chem.* 244:260-265.

7 Dai, Y., Rozema, E., Verpoorte, R., and Choi, Y. H. (2016). *J. Chromatogr. A* 1434:50-56.

8 Bakirtzi, C., Triantafyllidou, K., and Makris, D. P. (2016). *J. Appl. Res. Med. Aromat. Plants* 3:120-127.

9 Wikene, K. O., Bruzell, E., and Tønnesen, H. H. (2015). *J. Photochem. Photobiol.*, *B* 148:188-196.

10 Wikene, K. O., Rukke, H. V., Bruzell, E., and Tønnesen, H. H. (2017). *J. Photochem. Photobiol.*, *B* 171:27-33.

11 Rozema, E., Van Dam, A. D., Sips, H. C. M. et al. (2015). *RSC Adv.* 5:61398-61401.

12 Shamseddin, A., Crauste, C., Durand, E. et al. (2017). *Eur. J. Lipid Sci. Technol.* 119:1700171.

13 Jeong, K. M., Ko, J., Zhao, J. et al. (2017). *J. Cleaner Prod.* 151:87-95.

14 Zahrina, I., Nasikin, M., Krisanti, E., and Mulia, K. (2018). *Food Chem.* 240:490-495.

15 González, C. G., Mustafa, N. R., Wilson, E. G. et al. (2018). *Flavour Fragance J.* 33:91-96.

16 Zhao, H., Baker, G. A., and Holmes, S. (2011). *J. Mol. Catal. B: Enzym.* 72:163-167.

17 Khodaverdian, S., Dabirmanesh, B., Heydari, A. et al. (2018). *Int. J. Biol. Macromol.* 107:2574-2579.

18 Yang, T. -X., Zhao, L. -Q., Wang, J. et al. (2017). *ACS Sustainable Chem. Eng.* 5:5713-5722.

19 Paiva, A., Craveiro, R., Aroso, I. et al. (2014). *ACS Sustainable Chem. Eng.* 2:1063-1071.

20 Kumar, A. K., Parikh, B. S., and Pravakar, M. (2016). *Environ. Sci. Pollut. Res.* 23:9265-9275.

21 Lores, H., Romero, V., Costas, I. et al. (2017). *Talanta* 162:453-459.

22 Mondal, D., Sharma, M., Mukesh, C. et al. (2013). *Chem. Commun.* 49:9606-9608.

23 Mamajanov, I., Engelhart, A. E., Bean, H. D., and Hud, N. V. (2010). *Angew. Chem. Int. Ed.* 49:6310-6314.

24 Ruß, C. and König, B. (2012). *Green Chem.* 14:2969-2982.

25 Francisco, M., van den Bruinhorst, A., and Kroon, M. C. (2013). *Angew. Chem. Int. Ed.* 52:3074-3085.

26 Fukaya, Y., Iizuka, Y., Sekikawa, K., and Ohno, H. (2007). *Green Chem.* 9:1155-1157.

27 Yuliana, N. D., Khatib, A., Verpoorte, R., and Choi, Y. H. (2011). *Anal. Chem.* 83:6902-6906.

28 Faggian, M., Sut, S., Perissutti, B. et al. (2016). *Molecules* 21:1531-1542.

29 Sut, S., Faggian, M., Baldan, V. et al. (2017). *Molecules* 22:1921-1932.

30 Beaudoin, G. A. and Facchini, P. J. (2014). *Planta* 240:19-32.

31 Markham, K. R., Gould, K. S., Winefield, C. S. et al. (2000). *Phytochemistry* 55:327-336.

32 Hoekstra, F. A., Golovina, E. A., and Buitink, J. (2001). *Trends Plant Sci.* 6:431-438.

33 Gowda, D. C., Reuter, G., and Schauer, R. (1983). *Carbohydr. Res.* 113:113-124.

34 Mustafa, N. R., de Winter, W., van Iren, F., and Verpoorte, R. (2011). *Nat. Protoc.* 6:715-742.

35 Yamaki, S. (1984). *Plant Cell Physiol.* 25:151-166.

36 Espino, M. , de los Ángeles Fernández, M. , Gomez, F. J. V. , and Silva, M. F. (2016). *TrAC, Trends Anal. Chem.* 76:126-136.
37 Dai, Y. , van Spronsen, J. , Witkamp, G. -J. et al. (2013). J. Nat. Prod. 76:2162-2173.
38 Gomez, F. J. V. , Espino, M. , de los Angeles Fernandez, M. et al. (2016). *Anal. Chim. Acta* 936:91-96.
39 Liu, X. , Ahlgren, S. , Korthout, H. A. A. J. et al. (2018). *J. Chromatogr. A* 1532:198-207.
40 Dai, Y. , Verpoorte, R. , and Choi, Y. H. (2014). *Food Chem.* 159:116-121.
41 Nam, M. W. , Zhao, J. , Lee, M. S. et al. (2015). *Green Chem.* 17:1718-1727.
42 Wei, Z. , Qi, X. , Li, T. et al. (2015). *Sep. Purif. Technol.* 149:237-244.
43 Křížek, T. , Bursová, M. , Horsley, R. et al. (2018). *J. Cleaner Prod.* 193:391-396.
44 Morales, J. O. , Valdés, K. , Morales, J. , and Oyarzun-Ampuero, F. (2015). *Nanomedicine* 10:253-269.
45 Mbous, Y. P. , Hayyan, M. , Wong, W. F. et al. (2017). *Sci. Rep.* 7:41257.
46 Hayyan, M. , Hashim, M. A. , Hayyan, A. et al. (2013). *Chemosphere* 90:2193-2195.
47 Kranz, M. and Hofmann, T. (2018). *Molecules* 23:261-273.
48 Dai, Y. , Witkamp, G. J. , Verpoorte, R. , and Choi, Y. H. (2015). *Food Chem.* 187:14-19.
49 Zhu, S. , Wu, Y. , Chen, Q. et al. (2006). *Green Chem.* 8:325-327.
50 Lee, S. H. , Doherty, T. V. , Linhardt, R. J. , and Dordick, J. S. (2009). *Biotechnol. Bioeng.* 102:1368-1376.
51 Zhang, H. , Wang, Y. , Zhou, Y. et al. (2017). *Talanta* 170:266-274.
52 Li, N. , Wang, Y. , Xu, K. et al. (2016). *Talanta* 152:23-32.
53 Matušíková, I. , Salaj, J. , Moravčíková, J. et al. (2005). *Planta* 222:1020-1027.
54 Jøgensen, K. , Rasmussen, A. V. , Morant, M. et al. (2005). *Curr. Opin. Plant Biol.* 8:280-291.
55 Financie, R. , Moniruzzaman, M. , and Uemura, Y. (2016). *Biochem. Eng. J.* 110:1-7.
56 An, Y. X. , Zong, M. H. , Wu, H. , and Li, N. (2015). *Bioresour. Technol.* 192:165-171.
57 Milano, F. , Giotta, L. , Guascito, M. R. et al. (2017). *ACS Sustainable Chem. Eng.* 5:7768-7776.
58 Daneshjou, S. , Khodaverdian, S. , Dabirmanesh, B. et al. (2017). *J. Mol. Liq.* 227:21-25.
59 Liu, Y. , Zhang, Y. , Chen, S. N. et al. (2018). *Fitoterapia*:212-219.
60 Aroso, I. M. , Craveiro, R. , Rocha, A. et al. (2015). *Int. J. Pharm.* 492:73-79.
61 Bubalo, M. C. , Curko, N. , Tomasevic, M. et al. (2016). *Food Chem.* 200:159-166.
62 Radošević, K. ,Ćurko, N. , Srček, V. G. et al. (2016). *LWT Food Sci. Technol.* 73:45-51.

5 疏水性低共熔溶剂

Samah E. E. Warrag 和 Maaike C. Kroon
Khalifa University of Science and Technology，The Chemical Engineering Department，
SAN Campus，Sas Al- Nakhal，P. O. Box 2533，Abu Dhabi，United Arab Emirates

5.1 引言

随着人们越来越关注溶剂对全球变暖、气候变化和能源消耗的影响，寻找“绿色”和可持续的溶剂已成为科学界一项有吸引力的研究课题。液体溶剂如甲苯、苯、已烷、二氯甲烷、乙腈、甲醇、乙醇以及其他通常被称为“挥发性有机化合物”（VOCs）的溶剂已在工业中使用了数十年。尽管效率高，但溶剂损失却造成了严重的污染，而溶剂回收在过程能耗方面也仍然具有挑战性。因此，当前的研究问题不仅涉及溶剂效率，而且追求发现一种高效溶剂的同时要能够显著降低其经济和环境影响。为了实现这些研究目标，在过去的几十年中，科学家们已经提出并开发了几种“绿色”或更可持续的溶剂，例如设计溶剂系列：离子液体（ILs）和低共熔溶剂（DES）。读到这里，读者应该已经对 DES 的概念有所了解。然而，由于 DES 是由组分间的氢键作用合成的，因此，文献中描述的大多数 DES 都能与具有较大氢键能力的水混溶，也就不足为奇了。直到最近，才发现了疏水性 DES，本章在此将对其做专门讨论。

2015 年，疏水性 DES 首次被报道[1]。疏水性是属于 DES 可调属性中的一种内在特性。因此，可以通过精巧选择具有极低水溶性并且能够形成氢键的 DES 成分氢键供体（HBD）和氢键受体（HBA）来制备疏水性 DES。氢键相互作用是疏水性 DES 的低蒸气压的主要贡献者。其他物理化学性质，包括密度、黏度和热稳定性，也可以根据预期的应用来进行调整。

DES 的疏水性可以通过以下方法测试：①在与水混合前后测定 DES 的含水量[1-4]，②目视观察与水接触时与水不混溶的明显分层的形成[5]，③使用光谱技术检测两者混合后水相中的 DES 成分[6,7]。

通过 NMR 光谱，Forindo 等[7] 推断，DES 成分“HBA”和“HBD”的疏水性是保证 DES 在水中保持稳定的必要因素，即成分之一或两者都不会迁移到水相中。然而，一些疏水性 DES，如薄荷醇：乳酸（1：2）[2]，即使乳酸可溶于水（100mg/mL），与水混合后也显示出非常低的含水量。当成分之一可溶或微溶于水时，DES 仍然表现出疏水性（含水量非常低），并且可以用作效果良好的水不混溶溶剂。但是，由于其完整性的丧失，DES 无法以同样的效率实现重用/可回收性。

疏水性 DES 特别适用于双水相体系，例如作为从水相中提取产物的提取剂。它们可以非常有效地从水相中回收这些（通常）低浓度的产物。但是截至目前，溶剂回收（从 DES 相中去除产物）获得的关注还很少，这可能是其应用中最具挑战性的步骤。

本章概述了已知的疏水性 DES 及其理化性质。在此基础上，还综述了疏水性 DES 在提取脂肪酸[1]、低级醇[8] 和生物大分子[2] 方面的应用。此外，还重点提及了去除金属离子[3]、疏水 DES 在膜中浸渍提取糠醛（FF）和羟甲基糠醛（HMF）[4]、去除水中的杀虫剂[7] 和二氧化碳捕集[9] 等方面。最后，重点介绍了使用扰动链统计缔合流体理论（PC-SAFT）模型对疏水性 DES 体系的相行为进行建模。

5.2 疏水性 DES 的理化性质

文献中描述的疏水性 DES 由具有低水混溶性的 HBD 和 HBA 组成。最常见的 HBD 是长链酸（如癸酸或十二烷酸）和萜烯（如百里酚和薄荷醇）。最常见的 HBA 是长链四烷基铵盐和萜烯（例如，百里酚可以同时充当 HBD 和 HBA）。通常通过加热混合两种成分来形成这些疏水性 DES，然后将 DES 冷却回室温，并在室温下保持稳定的液体状态。在下文中，概述了所有已知疏水性 DES 的理化性质和热稳定性。

5.2.1 密度

密度（ρ）是选择合适溶剂的关键性质。DES 的密度与其组分的分子堆积有关。表 5.1 所示为文献中可用的疏水性 DES 的密度数据。可以看出，疏水性 DES 的密度在 0.88~1.1g/cm^3，由于疏水性 DES 中存在密度较小的长烷基链，因此其密度比常规亲水性 DES 略低。因此，对于相同的 HBD 和摩尔比，疏水性 DES 的密度随着 HBA 的烷基链长度的增加而降低也就不足为奇了。例如，观察摩尔比为（HBD：HBA）2：1 的癸酸基 DES 的密度，可以发现以下顺序：DecAc：N4444-Cl>DecAc：N7777-Cl>DecAc：N8888-Cl。此外，还可以推断出 DES 的密度与其成分的密度成正比。以 Thy：Men（1：1）和 Thy：Lid（1：1）DES 为例，由于利多卡因的密度较高，后者的密度比前者高。此外，DES 密度随温度线性下降[2]。然而，由于使用了不同的摩尔比，所以还不能明确地建立一个直观的比较。

表 5.1 疏水性 DES 在温度（T）下的密度（ρ）和黏度（η）

DES	摩尔比	ρ /（kg/m^3）	η /（mPa·s）	T/℃	参考文献
DecAc：N4444-Cl	2：1	0.9168	265.3	25	[1]
DecAc：N8881-Cl	2：1	0.8964	783.4	25	[1]
DecAc：N7777×Cl	2：1	0.8907	172.9	25	[1]
DecAc：N8888+Cl	2：1	0.8889	472.6	25	[1]
DecAc：N8881-Br	2：1	0.9422	576.5	25	[1]
DecAc：N8888-Br	2：1	0.9298	636.4	25	[1]
DecAc：Thy	1：1	0.9318	15.0	20	[4]
DecAc：Men	1：1	0.9011	20.0	20	[4]
DecAc：Lid	2：1	0.9613	360.6	20	[10]
DecAc：Atr	2：1	1.0265	5985.0	20	[10]
DecAc：Men	1：2	0.8995	27.7	20	[10]
DodeAc：Lid	2：1	0.9495	370.6	20	[10]
DodeAc：Atr	2：1	1.0088	5599.5	20	[10]
DodeAc：OctAc	1：3	0.9040	8.2	25	[6]

续表

DES	摩尔比	ρ / (kg/m^3)	η / (mPa·s)	T/℃	参考文献
DodeAc：NonAc	1：3	0.9010	10.1	25	[6]
DodeAc：DecAc	1：2	0.8980	12.9	25	[6]
Thy：Cou	2：1	1.0505	31.4	20	[10]
Thy：Men	1：1	0.9366	53.1	20	[10]
Thy：Lid	1：1	0.9931	177.2	20	[10]
Thy：Lid	2：1	0.9891	122.0	20	[4]
Thy：Cou	1：1	1.0918	29.2	20	[10]
Thy：Men	1：2	0.9238	67.9	20	[10]
1-tdc：Men	1：2	0.8721	43.9	20	[10]
1,2-dcd：Th	1：2	0.9523	64.3	20	[10]
1-Nap：Men	1：2	0.9711	120.9	20	[10]
Atr：Thy	1：2	1.0623	86 800.0	20	[10]
Men：Lid	2：1	0.9392	68.1	20	[10]
Men：AcetAc	1：1	0.9350	11.3	20	[2]
Men：PyrAc	1：2	0.9990	44.6	20	[2]
Men：LacAc	1：2	1.0380	370.9	20	[2]
Men：LauAc	2：1	0.8970	33.1	20	[2]

5.2.2 黏度

众所周知，溶剂（如 ILs 和一些亲水性 DES）表现出高黏度（η）~>100mPa·s，特别是与有机溶剂相比时。DES 中氢键的存在限制了其组分的流动性，导致高溶剂黏度。同样，其他因素（如静电和/或范德华相互作用）也可能导致 DES 的黏度较高。表 5.1 所示为一些疏水性 DES 的黏度数据。有趣的是，疏水性 DES 的黏度低至 8mPa·s［DodeAc：OctAc（1：3）］。但是，据报道，Atr：Thy（1：2）的黏度为 86800.0mPa·s。原则上，疏水性 DES 的黏度主要受①DES 组分的化学性质（HBD，HBA 和摩尔比）和②温度的影响，因为观察到黏度随着温度的变化而显著变化。黏度-温度曲线通常遵循类似于阿伦尼乌斯（Arrhenius）的行为。随着温度的升高，黏度急剧降低[2]。DES 的黏度还取决于自由体积。例如，DodeAc：OctAc，DodeAc：NonAc 和 DodeAc：DecAc DES 的黏度在 8~12mPa·s，随着烷基链长度的增加而增加，因此，其自由体积较大。

5.3 热稳定性期

DES 中最明显的特性是，它们是由两种或两种以上高熔点组分混合而成的，可以通过氢键相互作用合成液相，其熔点远低于其各自组分的熔点。表 5.2 所示为文献中报道的疏水性

DES 的熔融温度（T_m）。可以看出，所研究的所有疏水性 DES 的熔点都远低于室温。某些 DES（即 Men：PyrAc 和 Men：Lauc）具有两个熔点；不过，这两个温度都远低于其成分的熔点。从表 5.2 中很难就低共熔混合物中组成组分的化学结构与各自熔点之间的关系得出相关结论。熔点在很大程度上取决于 HBD 和 HBA 之间相互作用的性质和强度。DES 的熔点是指溶剂在不凝固的情况下可以液态使用的最低温度，也就是 DES 的最低操作温度。最高工作温度通常以降解温度（T_d）为特征，因为大多数 DES 在达到沸点之前就会分解。综上所述，热稳定性窗期/范围可以定义为从 T_m 到 T_d。疏水性 DES 的降解温度见表 5.3。由表 5.3 可知，疏水 DES 的降解温度在 90~232℃ 范围内。

表 5.2　疏水性 DES 的熔点

DES	摩尔比	T_m/℃	参考文献
DecAc：N4444-Cl	2：1	-11.95	[1]
DecAc：N8881-Cl	2：1	-0.05	[1]
DecAc：N7777×Cl	2：1	-16.65	[1]
DecAc：N8888+Cl	2：1	1.95	[1]
DecAc：N8881-Br	2：1	8.95	[1]
DecAc：N8888-Br	2：1	8.95	[1]
Men：AcetAc	1：1	-7.81	[2]
Men：PyrAc	1：2	-58.8，-6.78	[2]
Men：LacAc	1：2	-61.14	[2]
Men：LauAc	2：1	7.13，13.84	[2]
DodeA：OctAc	1：3	9.00	[6]
DodeA：NonAc	1：3	9.00	[6]
DodeA：decAc	1：2	18.00	[6]

表 5.3　疏水性 DES 的降解温度

DES	摩尔比	T_d/℃	参考文献
DecA：N4444-Cl	2：1	194.64	[1]
DecA：N8881-Cl	2：1	199.26	[1]
DecA：N7777×Cl	2：1	199.22	[1]
DecA：N8888+Cl	2：1	207.66	[1]
DecA：N8881-Br	2：1	186.16	[1]
DecA：N8888-Br	2：1	192.09	[1]
DecA：Lid	2：1	169.90	[10]
DecA：Atr	2：1	171.60	[10]
DecA：Men	1：1	137.00	[10]
DecA：Men	1：2	109.70	[10]

续表

DES	摩尔比	T_d/℃	参考文献
DodeE：Lid	2：1	186.65	[10]
DodeE：Atr	2：1	203.80	[10]
Men：Lid	2：1	90.40	[10]
Thy：Lid	2：1	139.70	[10]
Thy：Cou	2：1	117.60	[10]
Thy：Men	1：1	108.70	[10]
Thy：Lid	1：1	151.20	[10]
Thy：Cou	1：1	119.70	[10]
Thy：Men	1：2	105.50	[10]
1-tdc：Men	1：2	113.10	[10]
1,2-dcd：Th	1：2	122.50	[10]
1-Nap：Men	1：2	115.30	[10]
Atr：Thy	1：2	156.40	[10]
Men：AcetAc	1：1	200.79	[2]
Men：PyrAc	1：2	218.50	[2]
Men：LacAc	1：2	228.89	[2]
Men：LauAc	2：1	231.49	[2]

5.4 疏水性 DES 的应用

5.4.1 从水中提取脂肪酸和生物分子

据报道，废水中油（即脂肪酸）浓度的增加会对生态产生不利影响。传统上，胺基萃取剂可高效萃取脂肪酸，然而，由于胺的挥发性和毒性，需要寻找有效且对环境友好的方法。为了提高效率和降低环境影响，van Osch 等提出了疏水性 DES[1]。四种由季铵盐和癸酸组成的疏水 DES 被用于从稀释的水溶液中提取脂肪酸（乙酸、丙酸和丁酸），并进行了评价（表 5.4）。结果表明 DecAc：N7777 Br（2：1）对丁酸的提取率可达 90%[1]，疏水性 DES 对三种酸的萃取效率远高于传统的胺基萃取剂。

此外，Ribeiro 等[2] 报道了使用薄荷醇基疏水性 DES 可以成功地从水中提取咖啡因、四环素、色氨酸和香草酸等生物分子（表 5.4）。每个生物分子的分配系数（K）计算为“它们在 DES 富集相与水富集相中的浓度之比。”所获得的所有生物分子的分配系数均大于 1，表明分离的可行性。研究还表明，溶液的 pH 不会影响对生物分子的提取。

此外，低级醇（如乙醇、1-丙醇和 1-丁醇基燃料）作为潜在的可再生能源，满足能源的可持续性和可再生要求。这些生物燃料主要通过“丙酮-丁醇-乙醇（ABE）”发酵生产，其中“醇”产品作为恒沸物存在于水富集相中。因此，从水相中提取醇是至关重要的步骤。

科学家研究了薄荷醇基 DES 利用液-液萃取从水相中萃取乙醇、1-丙醇和 1-丁醇（表 5.4）。结果表明，用 DES 对低级醇的萃取效率一般为：1-丁醇（约 90%）>1-丙醇（约 80%）>乙醇（约 50%）。分配系数遵循相同的顺序，而在所有情况下观察到的选择性均大于 1[8]。值得注意的是，^{1}H NMR 谱证明了萃余相中不含有 DES。

表 5.4 疏水性 DES 在提取脂肪酸、生物分子和低级醇中的应用

溶质	疏水性 DES	参考文献
乙酸、丙酸和丁酸	DecAc：N8881-Cl（2：1） DecAc：N7777-Cl（2：1） DecAc：N8888-Cl（2：1） DecAc：N8881-Br（2：1） DecAc：N8888-Br（2：1）	[1]
咖啡因、四环素、色氨酸和香草酸	Men：AcetAc（1：1） Men：PyrAc（1：2） Men：LacAc（1：2） Men：LauAc（2：1）	[2]
乙醇、丙醇和丁醇	Men：LauAc（2：1）	[8]

5.4.2 从水中去除过渡金属离子

van Osch 等[3] 将疏水性 DES 应用于从无缓冲的水环境中提取金属氯化物盐。作者测量了金属盐氯化钴（$CoCl_2$）、氯化镍（$NiCl_2$）、氯化铁（$FeCl_2$）、氯化锰（$MnCl_2$）、氯化锌（$ZnCl_2$）、氯化铜（$CuCl_2$）、氯化钠（NaCl）、氯化钾（KCl）和氯化锂（LiCl）的离子分布系数（D）。所选择的 DES 是 DecAc：Lid（2：1）、DecAc：Lid（3：1）和 DecAc：Li（4：1）。他们将分布系数（D）定义为水相中金属离子的浓度变化与其初始浓度的比值。所有测试的金属离子的分布系数均>1，表明金属离子更倾向于转移至 DES 相。特别值得一提的是钴离子几乎完全从水相转移到了 DES 相。作者认为发生了离子交换过程，其中带正电荷的金属离子很可能与部分带正电荷的利多卡因（来自 DES）交换。还发现在剧烈摇动后 5s 内发生了金属离子的转移。最后，研究证明可以使用 $Na_2C_2O_4$ 再生 DES。尽管如此，由于癸酸转移到水相，DES 的可回收性只有在癸酸与利多卡因的摩尔比更高的情况下才能实现（如 3：1 和 4：1）。

5.4.3 膜中的浸渍

科学家们还研究了疏水性 DES 在聚合物膜中的浸渍[4]。与传统的液-液萃取相比，通过在膜中浸渍，所需的 DES 量要低得多，并且从 DES 中回收产品也要容易得多。Dietz 等[4] 在三种不同的聚合物膜上浸渍了四种疏水性 DES（DecAc：N8888-Br、DecAc：Thy、DescAc：Men 和 Thy：Lid），并在 25℃下成功地将这些膜用于去除水中的糠醛（FF）和羟甲基糠醛（HMF）。当使用低黏度 DES（如 Thy：Lid）时，水杂质（FF 和 HMF）的扩散增强。此外，研究发现水杂质通过膜的扩散受 DES 与 FF 或 HMF 之间的分子相互作用强度影响。值得注意的是，支撑液膜的稳定性是妨碍其应用的主要限制之一。因此，在预期应用之前验证液膜的稳定性非常重要。Dietz 等[4] 通过在空气和水中称重来测试浸渍液膜的稳定性。如

预期的那样，液膜在水中的重量损失大于在空气中，在水中浸泡 24h 后液膜最大重量损失约为 30%。值得注意的是，经过 24h 的扩散实验后，在含有百里酚的支撑液膜中，水相中只检测到 2%的百里酚。

5.4.4 去除水中的杀虫剂

Florindo 等[7] 报道了疏水性 DES 从水中提取吡虫啉、啶虫脒、烯啶虫胺和噻虫嗪等新烟碱类杀虫剂污染物。他们在 25℃条件下评估了疏水性 DES 的萃取性能：Men : OctAc （1 : 1），Men：DecAc （1 : 1） 和 Men：DodeAc （2 : 1）。四种不同 DES 萃取杀虫剂的效率为：吡虫啉（约 80%） >啶虫脒 （约 75%） >噻虫嗪 （约 40%） >烯啶虫胺 （约 35%）。有趣的是，研究人员观察到溶质的疏水性越强，萃取效率越好。该研究还将 DES 性能与疏水性 ILs 进行了比较。结果发现，使用疏水性 DES 获得的提取结果略低于疏水性 ILs。此外，研究人员还评估了 DES 在四个连续循环中提取吡虫啉的可重复使用性。他们观察到随着所用 DES 循环次数的增加，DES 的提取能力下降。这可能是由于杀虫剂在 DES 中的可溶性所致。

5.4.5 CO_2 捕获

全球变暖和气候变化的威胁已经促使全世界科研人员致力于研究降低大气中二氧化碳（CO_2） 的浓度。CO_2 捕获被认为是实现 CO_2 减排目标的关键策略。有研究报道了 CO_2 在疏水性季铵盐基 DES 中的溶解度[9]。研究人员在 25、35 和 50℃以及压力达到 2MPa 条件下分别评估了 DecAc : N8881-Cl （2 : 1）、DecAc : N8881-Br （2 : 1）、DecAc : N4444-Cl （2 : 1）、DecAc : N8888-Br （2 : 1）、DecA : N8888-Cl （1.5 : 1） 和 DecA : N8888-Cl （2 : 1） 的 CO_2 捕获能力。研究结果发现压力增加和温度降低能够提高 CO_2 溶解度。同样，由于 DES 的自由体积增加，增加烷基链长度可以提高 CO_2 溶解度。但是，将盐的阴离子从 Cl^- 换成 Br^- 对 CO_2 的溶解度没有明显影响。值得注意的是，DES 在 35℃减压条件下成功回收，而效率没有损失。此外，在连续 10 个循环中测试了回收 DES 的可重复性。发现 DES 可以重复使用且不会损失样品质量或效率。应该指出的是，截至目前，与文献[9] 中报道的任何其他 DES 相比，这些疏水性 DES 表现出最高的 CO_2 溶解度。

5.5 疏水性 DES 的相行为预测

PC-SAFT 的使用

在 5.4 中介绍了疏水性 DES 在多个应用例子中表现出良好结果。然而，疏水性 DES 的研究还处于早期阶段，可能还有许多疏水 DES 尚未被发现和应用。由于对包含疏水性 DES 系统的相行为进行实验筛选非常耗时，因此寻找合适的、具有合理预测能力的热力学模型具有重要意义。

PC-SAFT 被用于建立 CO_2 在疏水性 DES 中的溶解度模型[11]。PC-SAFT[12] 是 SAFT 的改进版本，用于硬链参考基系统计算系统剩余亥姆霍兹能量。使用该模型能够考虑到对硬链系统的各种干扰。系统的残余亥姆霍兹能量 a^{res} 由硬链参考贡献 a^{hc} 以及由色散引起的 a^{disp} 和

a^{assoc} 组成，PC-SAFT 公式显示为[12]：

$$a^{res}=a^{hc}+a^{disp}+a^{assoc} \tag{5.1}$$

分子被认为是包含若干个等直径 σ_i 的 m_i^{seg} 球形段的链。弥散吸引力的特征在于弥散能量参数 u_i/k_B，其中 k_B 是玻尔兹曼常数。如果该组件能够通过氢键的缔合吸引力进行相互作用，则需要另外两个参数，缔合能量参数 $\varepsilon^{A_iB_i}/k_B$ 和缔合体积参数 $\kappa^{A_iB_i}$。除了这五个纯组分参数外，还必须估计可形成氢键的缔合位点 C_P^E 的数量，这通常是根据组分的分子结构来计算的。

在 Dietz 等的工作中[11]，疏水性 DES 被认为是假纯化合物（而不是混合物），其纯组分参数是通过拟合疏水性 DES 随温度变化的密度而发现的。使用 2B 关联方案将关联参数设置为常数，而未应用二进制交互参数（=0）。结果发现，PC-SAFT 模型可以以 2%~12%的绝对平均相对偏差（AARD）预测溶解度数据；尽管如此，溶解度变化趋势还是得到了正确的预测。这些研究结果为筛选疏水性 DES 和预测 CO_2 在其中的溶解度提供了一个平台。

5.6 展望与建议

疏水性 DES 是一种新兴的定制溶剂，由低成本、水不溶性的天然组分制备而成。疏水性 DES 的性质可以根据预期应用要求设计，目前已被证明可以有效应用于多种分离应用中。为了建立定量的结构-性质关系，应进一步研究疏水性 DES 的理化性质、相行为以及对内部分子相互作用的理解。在各种应用中也都应研究疏水性 DES 与水接触的稳定性。目前有关 DES 的再生/可回收性的报道很少，就该方面还需做进一步的研究。疏水 DES 作为一种可持续溶剂，有望在未来发挥重要作用。疏水性 DES 的经济价值、效率、清洁性和可再生性等特性都有利于其在（废）水处理领域进行大规模应用。

参考文献

1 van Osch, D. J. G. P. , Zubeir, L. F. , van den Bruinhorst, A. et al. (2015). *Green Chem.* 17:4518-4521.

2 Ribeiro, B. D. , Florindo, C. , Iff, L. C. et al. (2015). *ACS Sustainable Chem. Eng.* 3:2469-2477.

3 van Osch, D. J. G. P. , Parmentier, D. , Dietz, C. H. J. T. et al. (2016). *Chem. Commun.* :11987-11990.

4 Dietz, C. H. J. T. , Kroon, M. C. , Di Stefano, M. et al. (2018). *Faraday Discuss.* 206:77-92.

5 Cao, J. , Yang, M. , Cao, F. et al. (2017). *J. Cleaner Prod.* 152:399-405.

6 Florindo, C. , Romero, L. , Rintoul, I. et al. (2018). *ACS Sustainable Chem. Eng.* 6:3888-3895.

7 Florindo, C. , Branco, L. C. , and Marrucho, I. M. (2017). *Fluid Phase Equilib.* 448:135-142.

8 Verma, R. and Banerjee, T. (2018). *Ind. Eng. Chem. Res.* 57:3371-3381.

9 Zubeir, L. F. , van Osch, D. J. G. P. , Rocha, M. A. A. et al. (2018). *J. Chem. Eng. Data* 63:913-919.

10 van Osch, D. J. G. P. , Dietz, C. H. J. T. , van Spronsen, J. et al. (2019). *ACS Sustainable Chem. Eng.* 7:2933-2942.

11 Dietz, C. H. J. T. , vanOsch, D. J. G. P. , Kroon, M. C. et al. (2017). *Fluid Phase Equilib.* 448:94-98.

12 Gross, J. and Sadowski, G. (2001). *Ind. Eng. Chem. Res.* 40:1244-1260.

6 低共熔溶剂：探索它们在自然界中的作用

Rita Craveiro，Francisca Mano，Alexandre Paiva 和 Ana Rita C. Duarte
Universidade NOVA de Lisboa，LAQV-REQUIMTE，Departamento de Quimica，
Faculdade de Ciências e Tecnologia，2829-516，Caparica，Portugal

6.1 自然界中的DES

化学和生物学科一直对理解自然现象充满兴趣。科学家们也一直在自然界寻求灵感，以构建和发展类似于自然发生的过程。例如，模仿人工日光存储的方法是从植物中汲取灵感，某些合成聚合物的结构也是受到生物材料的启发。自然科学不同领域之间的交流促进了知识的互联，这可以促使自然发生的系统转化为技术[1]。低共熔溶剂（deep eutectic solvents，DES）就是这种情况。

共熔溶剂早已为人们所知，并在最近几十年重新引起了人们的兴趣[2-6]。材料化学和工程领域对于共熔体系并不陌生，但共熔体系向生物化学或绿色化学等领域的发展则说明其具备广泛的应用性。2003年，Abbott等提出了DES这一概念，并发现了该溶剂的应用领域与有机溶剂和离子液体相似，如金属加工、材料合成或生物转化[7]。的简单性和低生产成本推动了它们在这些领域的应用。

当人们发现使用自然界和动植物中大量存在的化合物可以获得DES时，一种替代溶剂领域的新方法开始了它的发展进程[8]。使用自然衍生资源进行反应和转化是科学家们的最终目标。同时他们也致力于复制大自然自身的机制和过程，以开发用于我们日常生活的产品和技术。

2013年，Dai等提出了一个假设，认为DES的成分是自然存在的物质，并将其命名为天然低共熔溶剂（natural deep eutectic solvents，NADES）[9]。该假设基于以下观察结果：几种植物样本的成分中都含有很高水平的常见细胞代谢产物，如糖类、氨基酸、有机酸、多元醇以及胆碱和甜菜碱。这些代谢产物以如此不常见的高水平出现，导致人们认为它们不仅在细胞中积累和储存，而且在生物体内发生的生化过程中也可以发挥不同且关键的作用。他们通过将代谢产物（通常为固态物质）以不同的摩尔比进行组合，从而获得了各种NADES[8]。这些NADES由蔗糖、氨基酸（如脯氨酸或丙氨酸）或有机酸（如琥珀酸和乳酸）以不同的摩尔比组合而成[8]。作者认为NADES是由这些代谢物组成的超分子液体，它们通过分子间相互作用（主要是氢键）结合[10,11]。

Dai等开创性研究认为，NADES存在于活的生物细胞中，并假定它们是替代性的细胞液体介质，具有介于水和脂质领域之间的特征，并可在其中发生若干代谢过程。NADES可能参与细胞代谢产物的合成、运输和储存，这些代谢产物通常不溶于水，但仍存在于细胞中。NADES可作为代谢反应中底物溶解的理想介质[4]。

另一个支持NADES在自然界和生物系统中重要性的证据是，这些溶剂可以促使酶在其中参与某些催化反应且反应活性提高[4,12,13]。还有一些研究报道DES和NADES如何使酶即使在水很少的情况下能够维持构象完整性以及活性。目前的研究认为NADES组分和酶之间通过氢键作用提高酶的稳定性。这些静电相互作用不具有破坏功能构象的能力，可防止其变性。一个有趣的事实是，在含水量低的DES中，酶表现出较低的活性，而在水合的NADES中，酶表现出最佳的活性[14]。这可能与蛋白质周围水合壳的存在有关，该水合壳允许蛋白质移动，而这又与活性增加直接相关。NADES根据其组成的不同，可能具有很高的黏性，高黏度可能会阻止溶剂中某些反应的发生，从这个意义上讲，水分的加入能降低黏度并使各物质在 NADES 中更自由地流动[15,16]。

最近，一些研究人员将 DNA 和 RNA 复制和信息传递的过程与生物体内 NADES 的存在联系起来。He 等[17] 提出名为 Glycholine 的 NADES（甘油和氯化胆碱以 4 : 1 的摩尔比混合）可能会促进模板导向的核酸合成机制，主要也是由于 NADES 的黏度会影响核酸的流动性和动力学过程。这种模板导向的合成机制极其重要，因为它关系到生命早期的核信息如何传递。这些过程是在酶存在的情况下发生的，但在编码酶存在之前，人们认为信息传递是根据这种机制发生的。自然形成的 Glycholine 被认为是一种共熔混合物，它形成于这些物质池中，地球早期发生的温度循环可能导致水的蒸发或积累，从而调节了形成共熔混合物的组分[17]。这些作者还研究了 DNA 在 Glycholine 中的组装，结果表明 DNA 在这种介质中呈现稳定性，并且通过调节 NADES 中水分含量，还可以调节 DNA 组装的动力学，避免了在水性溶剂中可能发生的蛋白质折叠动力学障碍[18]。

近年来，人们认为 NADES 是一些动植物能够承受极端环境，如极端寒冷、极端干旱或高盐度的环境而生存下来的原因[4,11,19,20]。例如，在干旱条件下，某些植物具有保留水分子的能力。可以设想，这是通过 NADES 的形成而发生的，因为水作为 NADES 的一部分不易蒸发，同时又因为水被保留在介质中，从而无法进行完全干燥。NADES 还可对生物体具有生物活性或必需的分子起到稳定作用，如植物中的酚类化合物。与水相比，酚类化合物如植物色素在 NADES 中的稳定性及溶解度都比较高[21,22]。

考虑到所有关于 NADES 的现有知识，以及有证据表明它们可以在生物转化如酶过程和代谢稳定等方面发挥作用，NADES 可能存在于大自然中并不令人惊讶。在 6.2~6.5 中，我们提供了各种生物系统中被假定为天然存在的 DES 的示例（图 6.1），以及它们在自然界的作用和可能的应用。

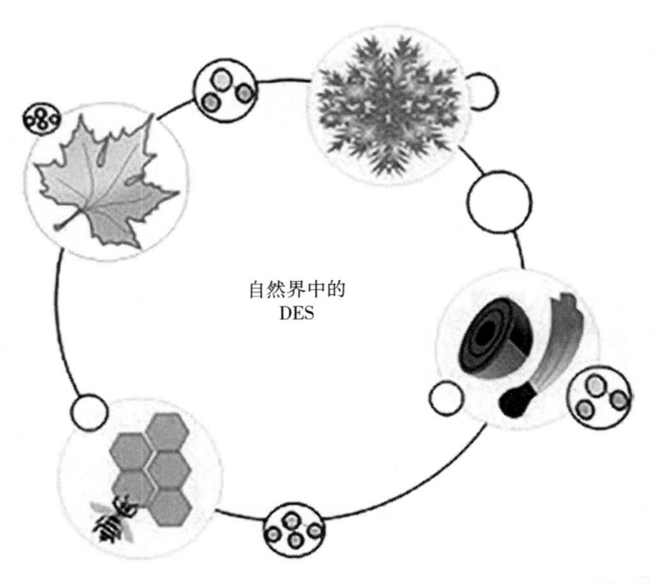

图 6.1 本章探讨的自然界中 DES 实例的示意图：蜂蜜、枫糖浆、复苏植物和甜菜

6.2 蜂蜜

蜂蜜是通过存在于花中的花蜜产生的，主要由不同浓度的糖类（葡萄糖、果糖和蔗糖）组成。其特征取决于花，因为花蜜的组成很大程度上取决于地区或花的类型[23,24]。

由于其含糖量高及天然产品的特征，蜂蜜是世界上最受欢迎的甜味剂之一。对这种产品的研究表明，由于其功能特性，蜂蜜可应用于健康领域。尽管其天然来源解释了“NADES”中的“NA”，但为什么蜂蜜被归类为 DES 呢?

6.2.1 蜂巢背后：蜂蜜是如何生产的?

花蜜是由称为蜜腺的专门细胞产生的，实际上除根部外，几乎在任何植物器官中都能产生花蜜[24]。花蜜的化学成分是可变的。如，糖的质量分数可能在 5%~80%，其中完整的花蜜组成还包括水和氨基酸[24,25]。虽然浓度很低，但其他化合物如生物碱、游离脂肪酸、糖苷、酚类物质、维生素等也存在于花蜜中[24,26]。这些化合物的作用是给花蜜窃贼带来一种不快的味道，甚至可以防止食草动物的攻击、防止微生物感染，并为传粉者提供补充营养[24,26]。图 6.2 所示为从花蜜中提取蜂蜜的过程。

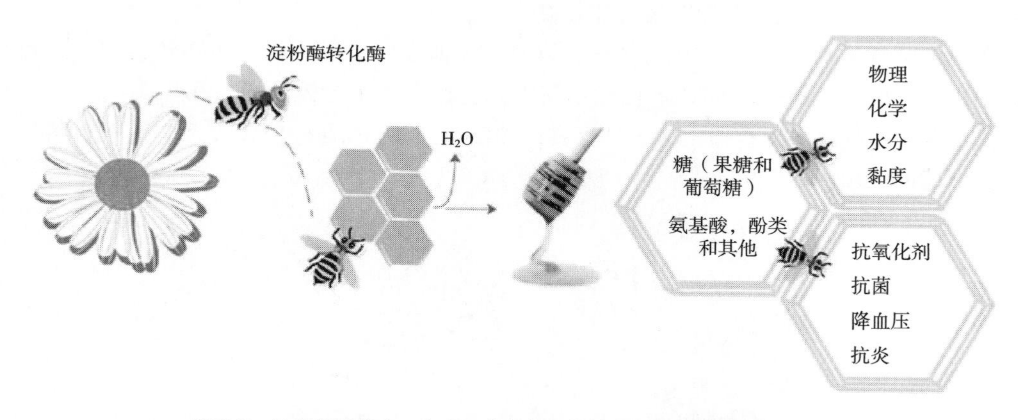

图 6.2 从花蜜到蜂蜜：宏观元素如何干扰蜂蜜的理化特性和功能特性

为了产蜜，工蜂收集花蜜（约 25mg），将其保存在食道的底部，通常称为蜜囊[25]。在蜜囊的分泌物中，花蜜与两个腺体的分泌物混合在一起。随后，花蜜开始在两种酶的作用下发生化学变化，这两种酶分别是淀粉糖化酶和果糖苷酶，通过蜜蜂的唾液和下咽腺[25] 分离出来。这些酶启动分解过程，把较大的糖分解成单糖[25,27]。另外，由于蜂蜜中含有葡萄糖酸，所以有人推测分泌物中也含有葡萄糖氧化酶[25]。在采集花蜜和生产蜂蜜的过程中，通过蜂翅的持续扇动可以除去水分，使水分含量由 80%左右降低到 20%以下。

6.2.2 蜂蜜及其性质

蜂蜜的组成直接取决于花蜜的来源和蜜蜂的分泌物[25,27]。糖是主要的化合物，但氨基酸、芳香化合物、酚类物质、维生素、有机酸、矿物质、色素、蜡和花粉颗粒也存在于蜂蜜中[27,28]。这些因素决定了蜂蜜的理化性质和功能特性。众所周知，蜂蜜中干物质的95%由糖类组成，总蛋白质含量可达2%，有机酸（主要是葡萄糖酸）占干重的0.5%，矿物质含量最高可达总干重的1%[28]。

如前文所述，在花蜜生产过程中，蜂蜜的含水量降低。蜂蜜的含水量一般在13%~25%，17%为最佳值[28,29]。蜂蜜中的水分含量是一个基本参数，不仅是为了防止蜂蜜发酵，而且也是为了防止潜在的病原微生物的生长[25,28,29]。一般认为在食品中，病原菌生长的理想水活度为0.9左右，酵母为0.8，霉菌为0.7。在蜂蜜中，水分活度通常在0.49~0.65，从而防止了微生物的增殖[28]。蜂蜜中的水分通过氢键固定在葡萄糖和果糖上。然而，与葡萄糖相比，果糖的氢键更弱[29]。

密度和黏度等特性会受到糖成分的影响[28]。由于糖浓度高，在20℃时蜂蜜的密度在1.4~1.44mg/mL变化[28]。相对于黏度，蜂蜜通常被认为是牛顿流体。然而，某些蜂蜜的组成成分中有高分子质量糊精或高含量的蛋白质[28]。因此，黏度发生了变化，蜂蜜呈现出假塑性或胀塑性行为（非牛顿流体）[28]。

果糖是导致蜂蜜高吸湿性的主要糖类，这也会影响蜂蜜的理化性质，使蜂蜜更容易发酵。另一方面，由于高渗透压和酸性pH，蜂蜜可以平衡细菌的生长。

6.2.3 蜂蜜被认为是第一种治疗性低共熔溶剂

治疗性低共熔溶剂（therapeutic deep eutectic solvent，THEDES）是指具有治疗活性的共熔溶剂，蜂蜜可以假设为一种自然存在的THEDES。蜂蜜中的一些成分可以改善人体健康。例如，摄入蜂蜜可以改善钙的吸收，帮助减少骨质流失。其中，蜂蜜还含有胆碱，这是维持心血管和大脑正常功能必要的营养素[28]。

众所周知，蜂蜜具有出色的抗氧化性能，因为它有助于减少活性氧的影响，也被证明可以有效防止脂质氧化[28]。由于蜂蜜具有抗菌作用，我们的祖先早就开始使用蜂蜜，自19世纪末[28]，蜂蜜就被称为具有抗菌活性的食物。如今，由于对抗生素有抗药性的菌株的生长，蜂蜜被视为一种潜在的抗生素替代品[28]。其他研究也证明蜂蜜具有良好的ACE抑制活性[28,30]，可以减少炎症[28,31,32]，并能够刺激小肠乳杆菌种群的增长[28,33]。

一般来说，蜂蜜的功能特性可以概括为抗氧化、抗菌、抗高血压和抗炎等活性，甚至可以将蜂蜜视为具有益生菌和益生元特性的产品。

6.3 枫糖浆：如何生产枫糖浆?

枫糖浆是一种天然的甜味剂，完全由糖枫树（*Acer saccharum*）的汁液制成，是消费量最大的天然植物产品。它的制作方法很简单：将无色的糖枫树汁液通过蒸发浓缩，直到得到黄色或棕色的糖浆[34]。

夏季，树根吸收水分和矿物质，通过光合作用转化来自太阳和二氧化碳的能量，产生葡萄糖并转化为淀粉作为树木储存的能量。

秋天，糖枫树慢慢地开始落叶，进入休眠状态，一直持续到第二年春天，当气温开始上升时，储存的淀粉转化为糖。

2月至4月是糖枫树汁液收获的季节，此时白天的温度高于冰点，而夜间的温度低于冰点，从而在树内产生压力变化。夜间，当温度降至冰点以下时，就会形成茎真空，从而产生向上的树液流，并通过糖枫树的根部从土壤中吸收水分。白天，随着温度升高，会产生正的茎压促使汁液向下流动[35]。

枫糖浆只在北美东北部生产，加拿大是世界上最大的枫糖浆生产国。最主要的枫糖浆生产地区如图6.3所示。

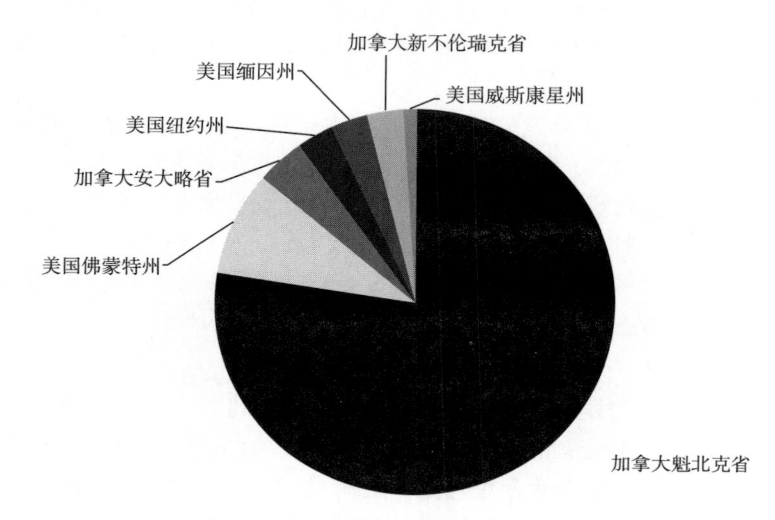

图6.3 枫糖浆主要生产地区

加拿大魁北克省枫糖浆生产联合会（FPAQ）的数据指出，魁北克省的枫糖浆产量占世界产量的75%以上，2018年该省枫糖浆产量达到0.5亿kg。

糖枫树汁的主要成分是水（约98%）和约2%的蔗糖。其他次要成分包括酚类化合物、肽、氨基酸和葡萄糖[36]。蒸发后得到的枫糖浆仍然含有大约30%的水分。表6.1列出了组成枫糖浆的主要成分的平均组成。

表6.1 枫糖浆的平均组分[36]

组分	质量分数/%	组分	质量分数/%
蔗糖	68.0	水	31.7
葡萄糖	0.43	苹果酸	0.47
果糖	0.30	富马酸	0.0004

6.3.1 枫糖浆的营养价值

枫糖浆被认为是具有营养价值的天然甜味剂，可列入健康食品行列。其含有的多酚类化合物，如香豆素、黄酮类化合物、木脂素、苯甲酸、二苯乙烯等，赋予它重要的抗氧化活性，可防止细胞氧化和衰老[36]。此外，枫糖浆还富含多种对健康有益的化合物，如维生素、矿物质、氨基酸和有机酸[36]。枫糖浆的酚类化合物还能够抑制α-淀粉酶和α-葡萄糖苷酶，这些酶负责将复杂的碳水化合物水解为与2型碳水化合物管理相关的单糖[37]。枫糖浆含有丰富的矿物质，如对大脑功能和免疫系统至关重要的锌和锰，以及对预防高血压至关重要的锰、钙和钾。

枫糖浆是由水在高温下蒸发而产生的，这意味着在此过程中会发生化学反应。因此，糖和氨基酸之间的美拉德反应将是生成非天然化合物的主要途径，该途径会形成聚碳酸酯化合物[34]。

枫糖浆除具有上述营养价值外，Liya Li 等还发现枫糖浆对人体一系列癌细胞的增殖有抑制作用[38]。

总之，枫糖浆归因于其内在的化合物组成，这些化合物使其成为健康的天然甜味剂。

6.3.2 枫糖浆和 NADES 的联系

从表 6.1 可以看出，枫糖浆的主要成分蔗糖、葡萄糖和苹果酸同时也是 NADES 的组成成分[9]。所有这些组分在环境温度下均为固态，其熔化温度在 130℃以上[9]。此外，室温下蔗糖在水中的溶解度低于枫糖浆中存在的蔗糖含量，这意味着枫糖浆应呈现沉淀或悬浮液，而不是枫糖浆典型的半透明褐色液体。为了使蔗糖在水中的溶解度达到 68%（质量分数），枫糖浆应保持在高于 28℃的温度。这远高于北美主要消费枫糖浆的主要地区的平均室温。这意味着形成枫糖浆的组分之间的相互作用导致熔化温度降低。Choi 等对此进行了进一步研究，方法是将构成枫糖浆的几种组分以不同的摩尔比混合，并蒸发所有水分直到仅剩残余水为止［<1%（质量分数）］。作者发现，所有组合均在室温下变为液体。这归因于枫树糖浆的组分形成了 NADES[9]。

6.4 甜菜

除了甘蔗，甜菜（*Beta vulgaris*）根也是世界范围内生产糖的主要植物来源之一。根据联合国粮食及农业组织的数据，2016 年全球共生产 2.75 亿 t，其中生产大部分集中在欧洲（图 6.4）。

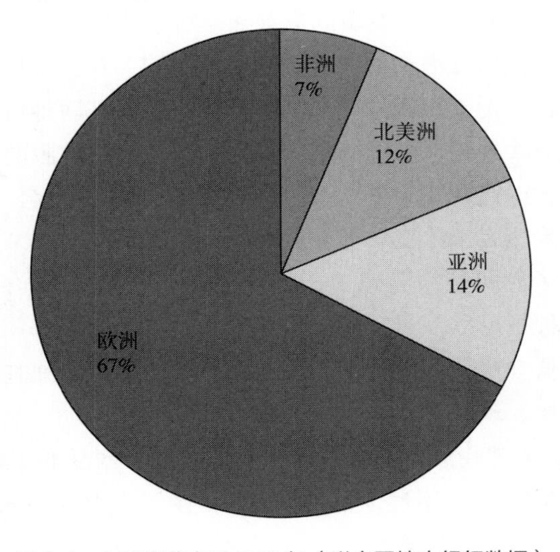

图 6.4 全球甜菜产量 2016 年（联合国粮农组织数据）

甜菜是天然低共熔体系的一个例子，在植物适应和生存中起着至关重要的作用。与甘蔗不一样的是，甜菜具有惊人的适应干旱和盐分压力的能力。甜菜具有在短暂干旱胁迫后恢复的能力，并具有较高水平的耐盐性[39,40]。近年来，代谢组学研究帮助阐明了这类植物的生存机制[41]。特别是从细胞水平上分析代谢物可以确定促使这种特殊行为的成分。

干旱条件下，甜菜具备在细胞膜中积累渗透压而生存的机制。Wedeking 等研究表明，压力下，甜菜（*B. vulgaris*）的茎部和根中长达 17d 可以发现此类渗透物的存在[39]。他们观察到细胞中代谢物的情况如图 6.5 所示。作者认为，代谢调节主要发生在 PⅡ 中度应激阶段和 PⅢ 重度应激阶段，分别对应 3~9d 和 PⅢ9~17d 的实验。

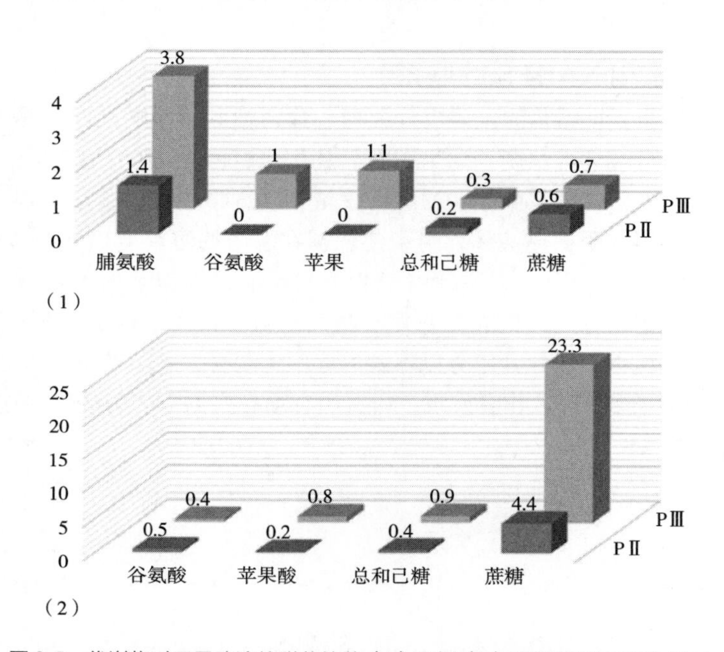

图 6.5 代谢物对干旱胁迫的甜菜的茎（1）和根（2）渗透调节的贡献（%）

可以观察到，茎部和根的代谢产物分布有显著差异。事实证明，不同代谢物的产生和积累是不同的。因此，可以推测其潜在的适应机制是不同的。在茎部中，从 PⅡ 到 PⅢ 积累了脯氨酸和苹果酸，而在根部则主要积累了蔗糖。但是，植物在两种情况下都在试图寻找一种平衡状态，使其能够应对水的缺乏。脯氨酸和蔗糖的存在与细胞膜的稳定有关，从而避免了膜的破坏。这些代谢产物因此被认为是信号分子而不是渗透保护剂（图 6.6）。此外，研究还表明，植物复水后，渗透因子浓度下降并恢复到初始值。

该作者后续又报道了甘氨酸甜菜碱（GB）的作用，这是一种存在于细胞质中的溶质，干旱后期的严重胁迫条件下可以积累，而且茎部的积累情况比根部明显[42]。GB 和蔗糖之间的相互作用防止了其在低含水量下的结晶，从而提供了一种稳定细胞的液体介质。这种液体介质既不是水也不是脂质，现在被称为 NADES。

尽管 GB 是最重要的天然物质之一，它使生物系统能够耐受非生物胁迫，但目前还不清楚溶质在系统中的具体位置[43]。不过，目前已知 GB 在细胞中的积累与生物暴露于盐胁迫、干旱或寒冷的暴露有关。

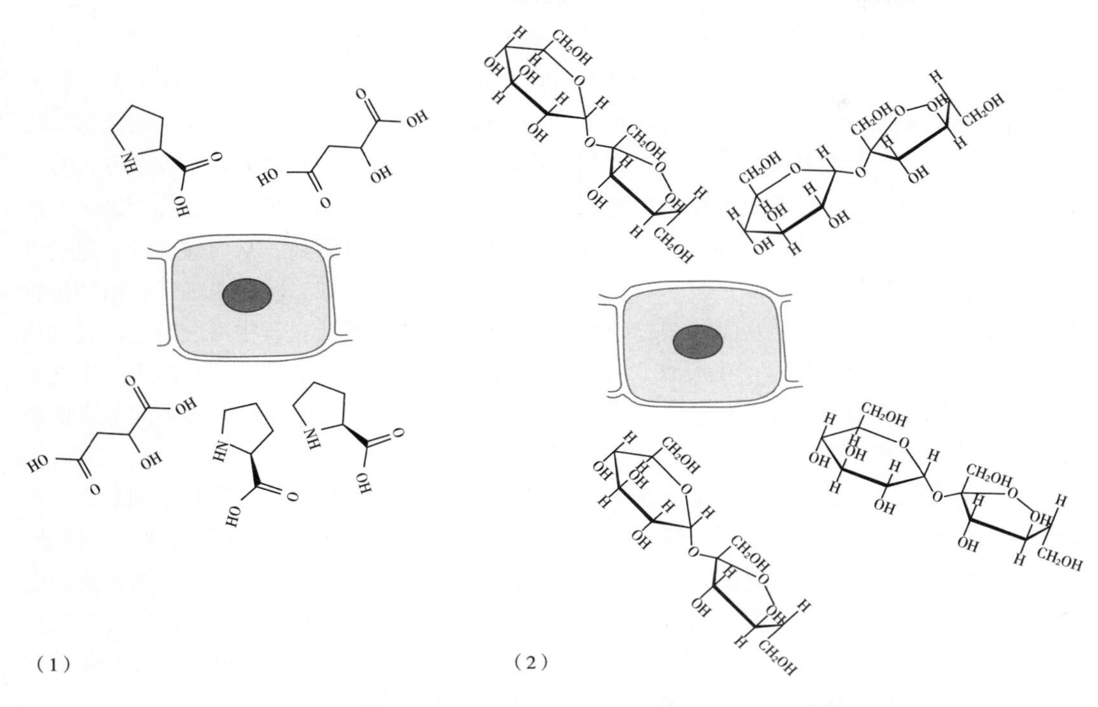

图 6.6 甜菜碱和蔗糖中初级代谢产物如脯氨酸（1）和蔗糖（2）对细胞膜的保护作用

在盐渍土壤中种植农作物会导致农作物遭受非生物胁迫，尤其是脱水、氧化和盐胁迫[40]。甜菜以及其他一些农作物已经通过改善细胞反应的特定溶质代谢而适应了这些环境条件。这些代谢物是氨基酸和糖，如脯氨酸、阿拉伯糖或甘露醇。这些溶质在叶绿体外空间的积累是增加盐胁迫下碳和氮利用率的一种方法。如，这些发现促使甜菜提取物被作为作物的生物刺激剂，用以缓解干旱对种子萌发的不利影响[44]。

甜菜汁已被研究作为可持续除冰剂，可替代普通的盐[45,46]。已经发现，道路盐的使用可能对环境有潜在危害，土壤盐度的增加，会污染淡水流，并对一些生态系统造成负面影响[46]。Tuan 评估了甜菜汁的性能，认为该系统的高黏度会限制其在高浓度下的使用。他们的研究工作报道果汁和盐以不同的比例组合，可以提高从车道上除去冰的能力。使用甜菜汁的优势在于它是一种液体除冰剂，它的黏性能够增加盐与冰的接触时间，从而提高冰的融化能力[45]。

在 NADES 的发展中，GB 是一种非常有趣的分子，它是一种可持续的两性离子组分，可以作为氢键供体或氢键受体[47,48]。基于 GB 体系的研究与报道仍然相当稀少。文献中报道的 NADES 是甜菜碱与芳香族和脂肪族酸的组合[47-49]，并且已经进行了测试。例如，气体溶解度研究[49] 或酶促反应[50]。

6.5 复苏植物

生物体的适应性使它们有可能在不同的环境中持续生存。嗜极植物是指能在非生物胁迫环境中生存的植物，如极端温度、高紫外线辐射、极端 pH 环境、高盐度或严重干旱[51]。复苏植物是指可以忍受环境几乎完全干燥的植物（无水）。大多数开花植物（被子植物）的生存需要高于85%的水，并且当含水量在30%~60%时不能存活[52]。但是复苏植物能够承受极端的干燥条件，并在补液后恢复其正常的代谢活性[53]。复活草（*Selaginella lepidophylla*），又称耶利哥的玫瑰，可能是复苏植物的最好例子之一。它来自美国和墨西哥的荒芜地区，能够在几乎完全干燥的环境下生存。在干燥状态下，植物会卷曲其树枝，从而保护种子免受处于休眠状态的不利条件的影响。复水后，植物会解开其树枝的卷曲，释放出种子，新的植物芽将从中出现。除此机械响应外，植物的卷曲还保护种子免受干燥过程中可能发生的轻度伤害（这是由于活性氧的过量产生所致），从而抑制了光合作用。在此期间，植物还产生并积累多酚类物质（具有抗氧化活性，能够防止紫外线损害）以及渗透压和渗透保护剂，使植物保持其分子结构[53]。

人们通常认为植物细胞中的水分流失具有剧烈且不可逆的作用，从而导致细胞死亡。水分的流失会导致细胞质中含水量下降，从而变成越来越黏稠的介质，最终使细胞过度拥挤。蛋白质开始变性、膜失去完整性，造成细胞组织丧失和细胞死亡。目前认为，在耐干燥的生物体中，通过能够稳定物质和细胞器的溶质代替水以及建立可能在脱水期间丢失的氢键可以预防这种细胞拥挤[54]。这些溶质被认为对细胞质中的大分子有稳定作用，使它们即使在没有水的情况下也能保持其天然构象，这也被称为水替代机制。

这些负责稳定和替代水分的渗透剂包括蔗糖、海藻糖、甘露醇、甘氨酸甜菜碱和脯氨酸等[53]。随着越来越多关于制备 NADES 的报道，现在众所周知可以将这些化合物以不同的摩尔比结合起来（体外）获得 NADES，并且它们会产生黏性液体。因此，干燥期间复苏植物中存在的胞质培养基可能由 NADES 组成。复苏植物组织中积累的主要代谢产物也是 NADES 成分。一些研究人员收集了在水合状态和干燥状态下几种不同的复苏植物中积累的糖和醇的信息[52]。例如，车前草（*Craterostigma plantagineum*）中积累了2-辛酮糖，当植物处于水合状态时，在一些复苏植物中可以发现2-辛酮糖；而当植物干燥时，则可以发现蔗糖的大量积累[55]。另一种耐干燥植物的研究表明，黏旱生植物（*Xerophyta viscosa*）的代谢物如半乳糖醇和肌醇在水化阶段积累，在脱水阶段则积累蔗糖和棉籽糖[55]。以鳞藻（*S. lepidophylla*）为例，水化和脱水阶段都以海藻糖、蔗糖和葡萄糖的积累为主，尽管在水化阶段糖醇和糖酸更为丰富，而在脱水阶段中胆碱磷酸盐更为丰富[55]。植物体内主要糖的含量在干旱时期没有变化，但在糖醇、糖酸和多元醇的含量方面，可以观察到在水合状态时它们的含量更为丰富。这与这些代谢物具有渗透保护作用，防止蛋白质在脱水期间变性有关[56]。

尽管仍然很难观察到植物细胞和组织中存在 NADES 的直接证据，但是由于生命系统的复杂性，仍有一些间接证据支持这些植物中存在 NADES。对各种 NADES 进行的体外研究表明，即使水分含量很低，某些酶也能够保持其活性[53]。也有一些研究指出抗氧化剂物质在低含水量 NADES 中具有稳定性[21]。

复苏植物是一个非常有趣的模型，可用于研究在气候变化导致的极端环境下如何维持植物的生产力。水资源短缺和极端干旱可能成为现实，而 NADES 可能在保护植物有机体方面发挥作用，为生存机制提供了线索。

6.6 总结和结论

本章，我们已经证明了生物体中存在NADES绝不仅仅是一种可能性，因为已经有充分的证据表明这种替代液体介质确实存在。就蜂蜜而言，这是由蜜蜂形成的一种储存食物的方式。以枫糖浆、甜菜和复苏植物为例，NADES在不同环境的适应机制中起着重要的作用。通过模仿自然界中的NADES形成，可以寻求新的解决方案以应用于现代技术，并对我们的社会产生影响。这可以应用于制药、生物医学、营养保健或食品工业。NADES具有稳定生物活性化合物、延长其保质期的能力，并且还有助于调节生物过程。

致谢

作者感谢FCT项目“天然低共熔溶剂中设计酶-生物催化分离对映体”（PTDC/BBB EBB/1676/2014）的资金支持。本研究已获得欧盟2020年地平线项目的资助，资助协议号为ERC-2016-CoG 725034（ERC Consolidator Grant Des. solve）。这项工作还得到了绿色化学联合实验室（LAQV）的支持，该实验室由FCTTMCTES（UIDDQUII5000662013）的国家资金资助，并且根据PT2020合作伙伴协议（POCI-01-0145-FEDER-007265）由ERDF共同资助。

参考文献

1 Paiva, A., Craveiro, R., Aroso, I. et al. (2014). *ACS Sustainable Chem. Eng.* 2(5): 1063-1072.
2 Zhang, Q., De OliveiraVigier, K., Royer, S., and Jérôme, F. (2012). *Chem. Soc. Rev.* 41(21): 7108-7146.
3 Vanda, H., Dai, Y., Wilson, E. G. et al. (2018). *C. R. Chim.* 21(6): 628-638.
4 Durand, E., Lecomte, J., and Villeneuve, P. (2016). *Biochimie* 120: 119-123.
5 Francisco, M., van denBruinhorst, A., and Kroon, M. C. (2013). *Angew. Chem. Int. Ed.* 52(11): 3074-3085.
6 Abbott, A. P., Harris, R. C., Ryder, K. S. et al. (2011). *Green Chem.* 13(1): 82-90.
7 Smith, E. L., Abbott, A. P., and Ryder, K. S. (2014). *Chem. Rev.* 114(21): 11060-11082.
8 Dai, Y., vanSpronsen, J., Witkamp, G. J. et al. (2013). *Anal. Chim. Acta* 766: 61-68.
9 Choi, Y. H., vanSpronsen, J., Dai, Y. et al. (2011). *Plant Physiol.* 156(4): 1701-1705.
10 Dai, Y. (2013). Natural deep eutectic solvents and their application in natural product research and development. PhD thesis. https://openaccess.leidenuniv.nl/handle/1887/21787.
11 Liu, Y., Friesen, J. B., McAlpine, J. B. et al. (2018). *J. Nat. Prod.* 81(3): 679-690.
12 Huang, Z. L., Wu, B. P., Wen, Q. et al. (2014). *J. Chem. Technol. Biotechnol.* 89(12): 1975-1981.
13 Guajardo, N., Domínguez de María, H. P., Ahumada, K. et al. (2017). *ChemCatChem* 9(8): 1393-1396.
14 Sanchez-Fernandez, A., Edler, K. J., Arnold, T. et al. (2017). *Phys. Chem. Chem. Phys.* 19(13): 8667-8670.

15 Dai, Y., Witkamp, G. J., Verpoorte, R., and Choi, Y. H. (2015). *Food Chem.* 187:14–19.
16 Craveiro, R., Aroso, I., Flammia, V. et al. (2016). *J. Mol. Liq.* 215(March):534–540.
17 He, C., Gállego, I., Laughlin, B. et al. (2017). *Nat. Chem.* 9(4):318–324.
18 Gállego, I., Grover, M. A., and Hud, N. V. F. (2015). *Angew. Chem. Int. Ed.* 54(23):6765–6769.
19 Panić, M., Elenkov, M. M., Roje, M. et al. (2018). *Process Biochem.* 66(October 2017):133–139.
20 Gertrudes, A., Craveiro, R., Eltayari, Z. et al. (2017). *ACS Sustainable Chem. Eng.* 5(11):9542–9553.
21 Dai, Y., Verpoorte, R., and Choi, Y. H. (2014). *Food Chem.* 159:116–121.
22 Mouden, S., Klinkhamer, P. G. L., Choi, Y. H., and Leiss, K. A. (2017). *Phytochem. Rev.* 16(5):935–951.
23 Chalcoff, V. R., Aizen, M. A., and Galetto, L. (2006). *Ann. Bot.* 97(3):413–421.
24 Heil, M. (2011). *Trends Plant Sci.* 16(4):191–200.
25 Ball, D. W. (2007). *J. Chem. Educ.* 84(10):1643–1646.
26 Kram, B. W. and Carter, C. J. (2009). *Sex. Plant Reprod.* 22(4):235–246.
27 Solayman, M., Islam, M. A., Paul, S. et al. (2016). *Compr. Rev. Food Sci. Food Saf.* 15(1):219–233.
28 Machado De–Melo, A. A., de Almeida–Muradian, L. B., Sancho, M. T., and Pascual–Maté, A. (2017). *J. Apic. Res.* 57(1):1–33.
29 Gleiter, R., Horn, H., and Isengard, H. I. (2006). *Food Chem.* 96(3):441–445.
30 León–Ruiz, V., González–Porto, A. V., Al–Habsi, N. et al. (2013). *Food Funct.* 4(11):1617–1624.
31 Kassim, M., Achoui, M., Mansor, M., and Yusoff, K. M. (2010). *Fitoterapia* 81(8):1196–1201.
32 Kassim, M., Achoui, M., Mustafa, M. R. et al. (2010). *Nutr. Res.* 30(9):650–659.
33 Shamala, T. R., Shri Jyothi, Y., and Saibaba, P. (2000). *Lett. Appl. Microbiol.* 30(6):453–455.
34 Lamuela–Raventos, R. M., Medina–Remón, A., Tresserra–Rimbau, A., and Estruch, R. (2012). *ACS Symp. Ser.* 1093:443–461.
35 Graf, I., Ceseri, M., and Stockie, J. M. (2015). *J. R. Soc. Interface* 12:20150665.
36 Ball, D. W. (2007). *J. Chem. Educ.* 84(10):1647–1650.
37 Apostolidis, E., Li, L., Lee, C., and Seeram, N. P. (2011). *J. Funct. Foods* 3(2):100–106.
38 Li, L. and Seeram, N. P. (2010). *J. Agric. Food. Chem.* 58(22):11673–11679.
39 Wedeking, R., Mahlein, A. –K., Steiner, U. et al. (2017). *Funct. Plant Biol.* 44(1):119–133.
40 Hossain, M. S., Persicke, M., Elsayed, A. I. et al. (2017). *J. Exp. Bot.* 68(21):5961–5976.
41 Shulaev, V., Cortes, D., Miller, G., and Mittler, R. (2008). *Physiol. Plant.* :199–208.
42 Deborde, C., Moing, A., Wedeking, R. et al. (2018). *Funct. Plant Biol.* :1–21.
43 Chen, T. H. H. and Murata, N. (2011). *Plant Cell Environ.* :1–20.
44 Noman, A., Ali, Q., Naseem, J. et al. (2018). *Acta Physiol. Plant.* 40:110–137.
45 Tuan, C. Y. (2012). *J. Test. Eval.* 40:104460.
46 Schuler, M. S., Hintz, W. D., Jones, D. K. et al. (2017). *J. Appl. Ecol.* :1353–1361.
47 Cardellini, F., Tiecco, M., Germani, R. et al. (2014). *RSC Adv.* 4:55990–56002.
48 Aroso, I. M., Paiva, A., Reis, R. L., and Duarte, A. R. C. (2017). *J. Mol. Liq.* 241:654–661.
49 Altamash, T., Nasser, M. S., Elhamarnah, Y. et al. (2018). *J. Mol. Liq.* 256:286–295.
50 Qi, C. Z. S., Bo, R. X., and Wang, Y. Y. (2015). *Bioprocess. Biosyst. Eng.* 38(11):2053–2061.
51 Oh, D. H., Dassanayake, M., Bohnert, H. J., and Cheeseman, J. M. (2012). *Genome Biol.* 13(3):1–9.
52 Dinakar, C. and Bartels, D. (2013). *Front. Plant Sci.* 4:1–14.
53 Rafsanjani, A., Brulé, V., Western, T. L., andPasini, D. H. (2015). *Sci. Rep.* 5:8064–8071.
54 Farrant, J. M., Cooper, K., Dace, H. J. W. et al. (2017). *Plant Stress Physiology*, 2e (ed. S. Shabala). Boston,

MA:CABI.

55 Bianchi,G. ,Gamba,A. ,Murelli,C. et al. (1991). Novel carbohydrate metabolism in the resurrection plant Craterostigma plantagineum. *Plant J.* 1(3):355-359.

56 Yobi,A. ,Wone,B. W. M. ,Xu,W. et al. (2013). *Mol. Plant* 6(2):369-385.

7 低共熔溶剂中的有机合成

Filippo M. Perna，Paola Vitale 和 Vito Capriati
Università di Bari “Aldo Moro”，Consorzio C. I. N. M. P. I. S.，Dipartimento di Farmacia- Scienze del Farmaco，Via E. Orabona，4，70125，Bari，Italy

7.1 引言

低共熔溶剂（DES）是由不同的路易斯或布朗斯特酸和碱组成的流体，由于自缔合作用，其熔点远低于任何单个组分的熔点。已知细胞中许多初级代谢物会形成 DES，这些初级代谢产物在所有活细胞中的高浓度表明其在细胞代谢中起关键作用（详见第 4 章）。2001 年 Abbott 等发表了第一篇关于 DES 的论文[1]，他们主要的研究工作集中于 DES 技术在工业中的潜在适用性，如电解抛光和电沉积工艺以及金属和金属氧化物的溶解[2]。不过，近年来涌现出大量 DES 应用于其他领域的优秀论文和综述评论，这些论文主要内容为使用 DES 作为对环境友好的反应介质（详见第 3 章和第 4 章）来代替有毒有害的挥发性有机化合物（volatile organic compounds，VOCs）进行合成转化[3]。DES 的一个突出优点是它们不仅可以作为溶剂，还可以作为催化剂，在某些情况下还可以作为反应物。特别是 DES 组分促进的氢键催化作用，使得无数的亲核加成和取代反应以及杂环脱水过程可以在更温和且环境友好的条件下进行。这些特殊的方面将在第 8 章中深入讲解，除了与本章讨论的主题相关的一些精选示例外，这里将不再进一步详述。考虑到这本书的结构，本章的主要目的是介绍 DES 在有机合成中的最新研究进展，内容主要分为四个部分，并分为四个小标题，分别论述了①DES 在有机催化中的应用；②DES 在杂环合成中的应用；③DES 在多组分反应（MCR）中的应用；以及④DES 在各种转换中的应用。

本章并非一个全面的回顾，而是对过去十年发表在学术期刊上的一些精选文章进行重点强调和讨论。因此，本章内容可能会带有作者的一些主观偏好性。

7.2 DES 在有机催化中的应用

DES 的物理化学性质具有广泛的可调节性，因此它们既可以作为溶剂，也可以根据氢键供体（HBD）的性质，在酸或碱催化过程中用作催化剂。另一方面，“外部”手性有机催化剂在 DES 混合物中的应用仍处于初级阶段[4]。有研究者首次尝试在基于肉碱-尿素的低共熔溶剂中使用 *L*-脯氨酸作为有机催化剂进行对映选择性有机催化 Diels-Alder 反应，但失败了[5]。第一个成功的对映选择性交叉羟醛缩合反应是由 Domínguez de María 等于 2014 年在氯化胆碱-甘油（1∶2）低共熔溶剂中将酶催化与有机催化结合起来完成的[6]。在基准反应中，对硝基苯甲醛（1）与原位生成的乙醛（2）在固定化南极假丝酵母脂肪酶 B（*Candida antarctica*，CAL-B）催化下进行酯交换反应。当使用三氟取代的脯氨醇（3）作为手性、非外消旋有机催化剂（摩尔分数 20%），然后用 EtOAc 萃取并用硼氢化钠还原时，从对映体富集的丁间醇醛（4）中直接形成有价值的 1，3-二醇（5），总收率为 70%，对映体过量（ee）为 95%（图 7.1）。DES 和 CAL-B 可以成功地重复使用 6 个循环，且酶不会损失活性并呈现出良好的对映选择性，通过使用不同的芳香醛底物来评估所提出方案的可行性，所得 1,3-二醇产物通常以高产率和高对映选择性得到纯化分离。

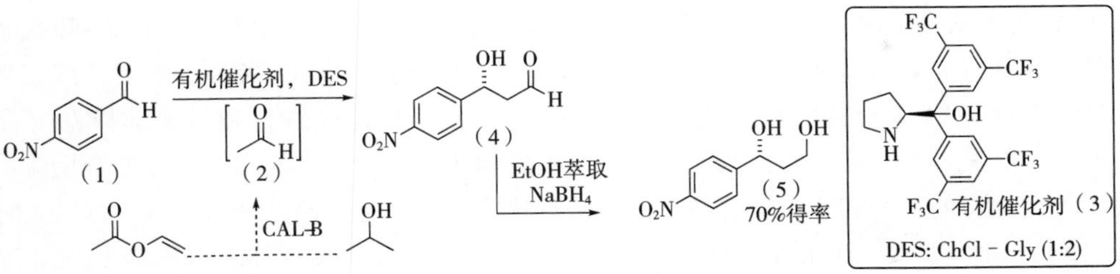

图 7.1 通过酶和 DES 中的有机催化剂串联进行交叉羟醛缩合反应

该作者还论证了有机催化剂的合理设计对优化集成工艺装置具有重要作用。事实上，额外的 HBD 基团的加入促使了更高的 DES-有机催化剂相互作用，同时使产率和对映选择性保持在同一水平[7]。Benaglia 公司的 Capriati 等已经成功地使用手性一级氨基-金鸡纳衍生物，通过不同的机械途径（烯胺和亚胺离子形成，以及二烯胺活化），在三种不同的 ChCl 基低共熔溶剂中促进了第一次立体选择性 Michael 加成反应，与在传统的 VOCs（如甲苯）中获得的立体和对映选择性相同[8]。在 DES 中观察到在较短的反应时间，特别是在较高摩尔浓度（0.1~1.0mol/L）的溶液中，DES 体系与手性催化剂在促进转化过程中的正向、密切协同作用是一致的。特别是在 ChCl-果糖-H_2O（1∶1∶1）低共熔溶剂中向 β-硝基苯乙烯（7）添加异丁醛（6），在 25℃下由金鸡纳衍生物（8）催化，得到硝基加合物（9），该产物分离产率为 89%，ee 为 95% [图 7.2（1）]。纯化回收是通过用 7/3 己烷/二异丙醚混合物洗涤原油来实现的，该混合物允许定量提取产物，将催化剂留在 DES 混合物中。然后，在添加新的试剂后，低共熔溶剂可以成功地重新用于进一步的反应。同一方案还适用于①向苯甲丙酮（11）中添加 E-硝基丙烯酸酯（10），其产物为高功能化的环己酮衍生物（12），其非对映选择性高达 76/24，顺式加合物的对映选择性高达 97% [图 7.2（2）] 和②向（11）添加 4-羟基香豆素（13），以合成抗凝药物华法林（14），产率为 70%，ee 为 87% [图 7.2（3）]。

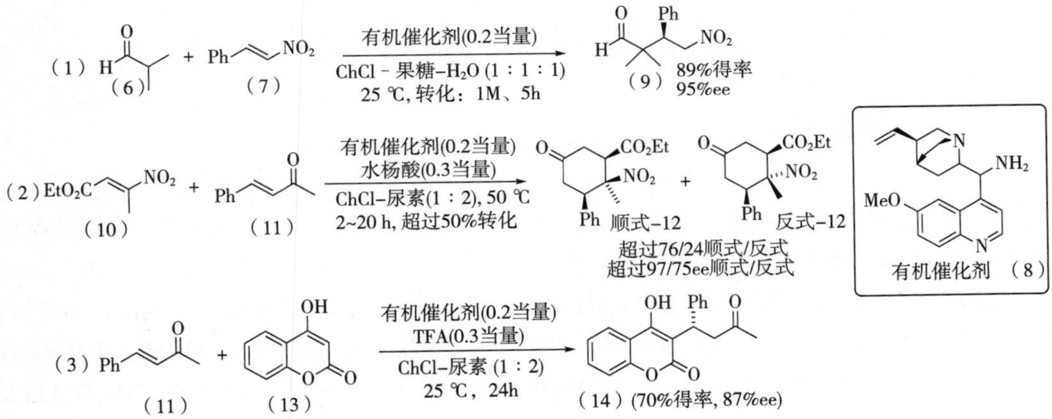

图 7.2 在 DES 中通过不同途径进行的立体选择性有机催化反应：（1）烯胺合成，（2）二烯胺活化和（3）亚胺离子合成

Ramón 等独立地确定和证明了由 *D*-葡萄糖和外消旋苹果酸形成的天然低共熔溶剂（NADES）（详见第 4 章）是一种合适且有效的反应介质，可以触发对映选择性 *L*-脯氨酸催化的烯醇化酮（15）和醛类（16）之间的羟醛反应，反应时间 48h，相应的醛类（17）具有良好的非对映［高达 85%的非对映体过量（de）有利于反异构体］和对映选择性（高达 94% ee）（图 7.3）[9]。该实验方案还可扩伸至丙醛和非烯醇化醛之间的交叉醛缩合反应，可获得中等至优良的产率和非对映选择性，但是对映选择性显著（高达 99% ee），且反应时间更长（5d）。有趣的是，在没有 VOCs 的情况下进行回收研究，发现加入水稀释 DES 和通过重结晶纯化最终产品，经过三次循环可得到相似的转化率和对映选择性。

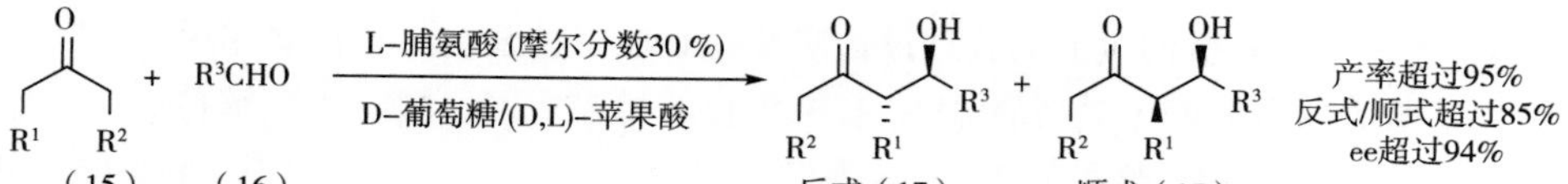

O
R^1 R^2 （15） + R^3CHO （16）
L-脯氨酸 (摩尔分数30 %)
D-葡萄糖/(D,L)-苹果酸
O OH R^2 R^1 R^3 反式（17） + O OH R^2 R^1 R^3 顺式（17）
产率超过95%
反式/顺式超过85%
ee超过94%

图 7.3 NADES 中可烯醇化酮与醛类之间的对映选择性交叉醛缩合反应

Benaglia 等通过测试不同的实验装置和使用易于组装的普通玻璃器皿的自制系统，首次研究并成功开发了对映体富集的羟醛醇的连续有机催化合成反应[10]。L-脯氨酸催化下，环己酮（18）与各种芳香醛（19）之间进行交叉羟醛缩合反应，得到预期的醛醇（20），收率高达 99%，立体选择性和对映选择性高达 97% ee（图 7.4）。有趣的是，使用两种不同的二元和三元低共熔溶剂，可以调整该过程的非对映选择性，以便在不同的实验条件下获得具有非常高对映选择性的同分异构体和反异构体（反式：高达 97% ee；顺式：高达 94% ee）。将过量的环己酮回收再利用，在不使用任何 VOC 的情况下，可以进行反应并分离产物。反应介质的性质对反应速率和立体选择性的显著影响表明，DES 体系独特的立体结构深刻地影响了 L-脯氨酸引发的催化循环中不同物种的反应性。

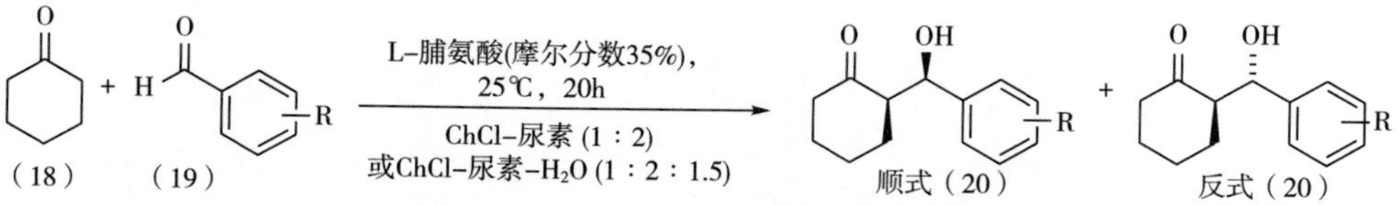

O （18） + H O R （19）
L-脯氨酸(摩尔分数35%)，
25℃，20h
ChCl-尿素 (1∶2)
或ChCl-尿素-H_2O (1∶2∶1.5)
O OH R 顺式（20） + O OH R 反式（20）
产率超过99%；反式超过97%ee；顺式超过94%ee

图 7.4 不同 DES 中连续流动条件下的羟醛反应

在 20℃、10 当量水存在的条件下，天然存在且价格低廉的初级氨基酸 *L*-异亮氨酸（21）已被证明是高效促进环己酮（18）与各种（杂）芳香醛（22）在 ChCl-乙二醇（EG）（1∶2，c=0.25mol/L）低共熔溶剂中进行交叉羟醛反应的有机催化体系。剧烈搅拌 90h 后，羟醛产物（23）分离后产率可高达 82%，并具有良好的非对映选择性（高达 93∶7 反式/顺式）、优异的对映选择性（高达 99%）和良好的底物范围（图 7.5）[11]。以纯 EG 为溶剂进行反应可以确保 DES 与手性催化剂之间产生协同增效：在极低的转化率下生成相应的羟醛缩合产物，并具有适度的非对映选择性和对映选择性。手性氨基酸和低共熔溶剂可成功回收至少 5 次，并且回收过程不会有底物残留，从而允许用同一催化剂-DES 反应试剂盒连续制备不同的羟醛产品。

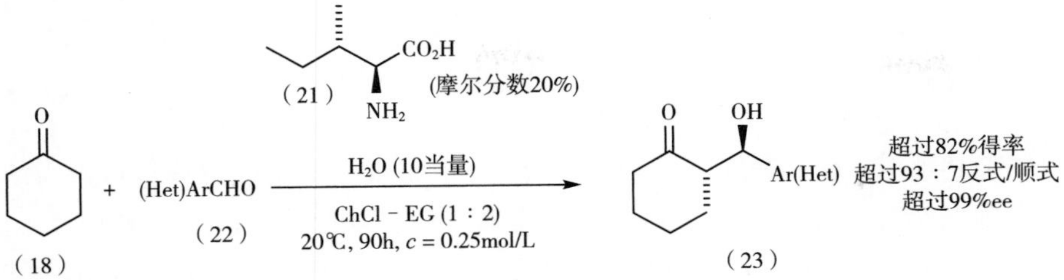

图 7.5 在 ChCl-EG（1∶2）低共熔溶剂中，*L*-异亮氨酸催化环己酮和（杂）芳醛之间的交叉羟醛反应

研究发现，手性2-氨基苯并咪唑衍生物（24）（摩尔分数 10%）能有效催化丙二酸二烷基酯（25）与对硝基苯乙烯（26）的对映选择性共轭加成反应，该反应是在 ChCl-Gly（1∶2）组成的 DES 中以 0℃条件反应 4d。若不考虑芳香族取代基的电子性质，该反应的预期产物 γ-硝基加合物（27）产率和对映选择性高达 91%（图 7.6）。苯并咪唑环的两个强吸电子硝基似乎是提高（24）的氢键能力，从而与 DES 组分有效相互作用的关键。在最适反应条件下，对称的 1，3-二羰基化合物的加合物产率达中等至优良（46%～91%）同时对映选择性为中等（高达 77%），而非对称 1,3-二酮具有低至中等的非对映选择性和对映选择性[12]。

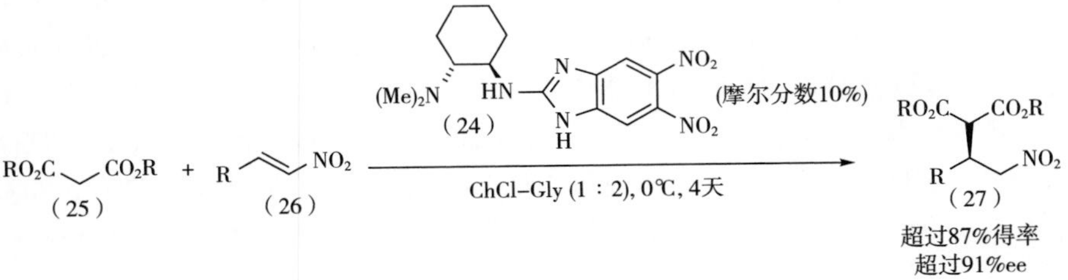

图 7.6 在 ChCl-Gly 低共熔溶剂中 1,3-二烷基丙二酸对硝基烯烃的对映选择性共轭加成

氨基甲酸酯单保护反式环己烷-1，2-二胺（28）（摩尔分数 10%）在 Ph_3MePBr-Gly（1∶2）合成的 DES 中高效催化 α，α-二取代醛（29）对映选择性共轭加成 *N*-取代马来酰亚胺（30），以高收率（高达 97%）和高达 94%ee 经取代对映体富集的 *R*-构形琥珀酰亚胺（31）。在室温（RT）下，羧酸（摩尔分数 10%）作为添加剂，对加快反应速度、提高最终加合物的收率和对映选择性有显著作用。增加该添加剂还促使催化剂和溶剂能高效重复使用，最多可重复使用四次，同时保持在第一次运行中获得的对映体诱导（图 7.7）[13]。

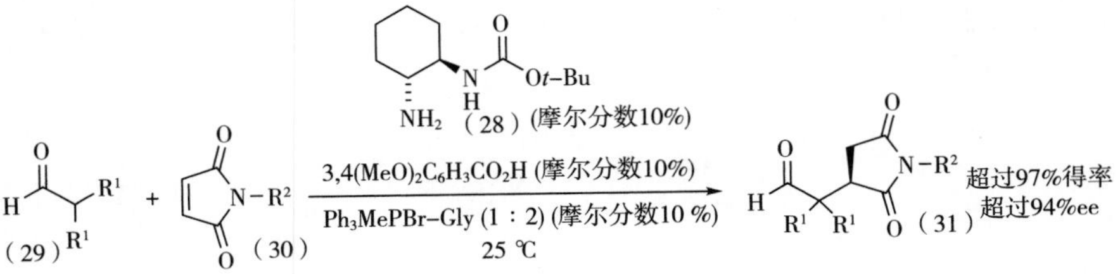

图 7.7 在 Ph_3MePBr-Gly（1∶2）合成的 DES 中，醛与马来酰亚胺的对映选择性有机催化共轭加成反应

7.3 杂环合成中的 DES

DES 已成功地用于环缩合反应（在某些情况下，低共熔溶剂的成分也可作为反应试剂参与反应）制备杂环，如二氢嘧啶酮[14]、喹唑啉[15]、二氢喹唑啉酮[16]、喹啉[17]、嘧啶并嘧啶醌[18] 和噁唑[19]。总而言之，这些开创性反应是非常有前景的，为 DES 介导的生物碱或药物的全合成开辟了新的方向。接下来将会讨论在 DES 中直接合成一些选定的杂环，以及这些近代溶剂作为反应促进剂所起的作用。

7.3.1 DES 中合成氮环或含氮环和含氧环化合物

近年来，在 DES 中已经建立了各种吡咯衍生物的合成方法，且产率很高[20]。某些情况下，路易斯酸组分被证明是反应成功的关键。因此，研究人员以摩尔分数 20% 的［ChCl］［$ZnCl_2$］$_3$ 低共熔介质作为反应介质，2,5-己二酮（32a）和几种伯胺为起始原料，水为唯一副产品，在室温和无溶剂超声波作用下进行吡咯（34）的 Paal-Knorr 合成（图 7.8）[21]。Chaskar 等还开发了一种绿色高效的 2,3,4-三取代 1*H*-吡咯的区域选择性合成方法（产率高达 90%），该方法是利用 2-异氰乙酸甲酯的 1,4-Michael 加成获得各种 α,β-不饱和芳香族和脂肪族酮，随后进行分子内环氧化反应。整个转化反应在室温和露天条件下进行，氢氧化胆碱作为有效碱和反应介质，同时用了高达摩尔分数 10% 的 CuI 作为催化剂[22]。Handy 和 Lavender 从几个二酮（32b）开始便交替完成了 Paal-Knorr 合成，产物为吡咯（33a）（高达 94%）和呋喃（33b）（高达 97%）。该反应在 ChCl-尿素低共熔溶剂中进行，80℃ 下反应 12~72h，反应分为有或没有添加伯胺的情况，最终 DES 可以有效循环使用 5 次（图 7.8）[20]。

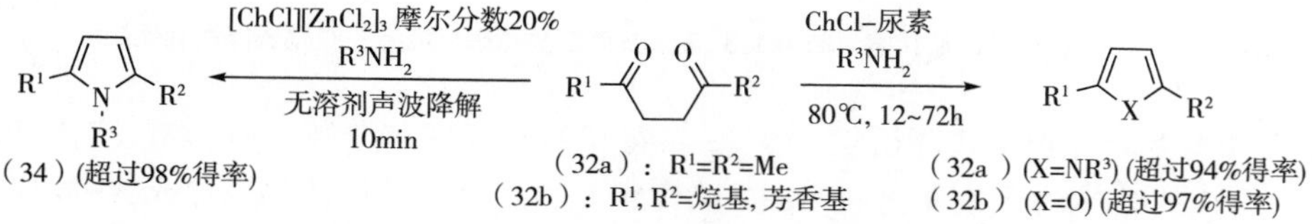

[ChCl][$ZnCl_2$]$_3$ 摩尔分数20%　R^3NH_2　无溶剂声波降解　10min
ChCl–尿素　R^3NH_2　80℃, 12~72h
（34）(超过98%得率)
（32a）：$R^1=R^2=Me$
（32b）：R^1, R^2=烷基, 芳香基
（32a）($X=NR^3$) (超过94%得率)
（32b）(X=O) (超过97%得率)

图 7.8 二酮在各种低共熔溶剂中合成吡咯和呋喃

廉价且可生物降解的 L-（+）-酒石酸（TA）-ChCl 低共熔溶剂被认为是促进各种 *N*-取代吡咯（37）合成的高效介质，该反应的底物为芳香胺（35）和 2,5-二甲氧基四氢呋喃（36），温和的反应条件下可获得优异的产率（高达 95%）。该反应路径的优点是可以在 50mmol 的规模上扩大反应规模，回收的绿色介质高达 5 倍，且产量一致（图 7.9）[23]。

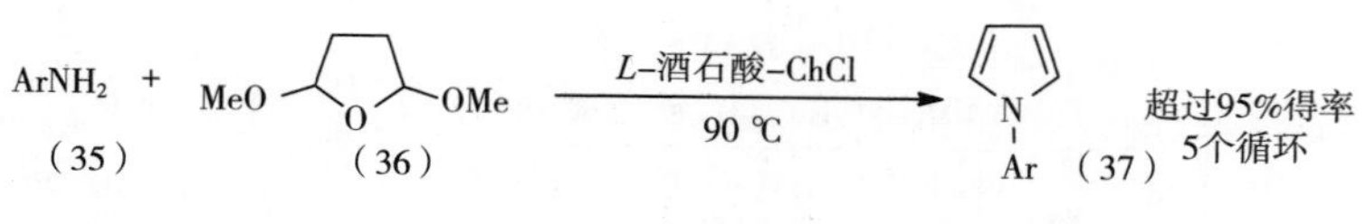

$ArNH_2$（35）＋ MeO–（36）–OMe　*L*-酒石酸-ChCl　90 ℃　→（37）超过95%得率　5个循环

图 7.9 在 *L*-酒石酸-ChCl DES 中合成吡咯

在 ChCl-Gly（1∶2）低共熔溶剂中可以直接通过一锅两步法高效合成高产率（70%～85%）的 2-氨基咪唑（40）。该反应是在 Et_3N 存在下，α-氯酮（38）和胍衍生物（39）之间进行空气杂环脱水。值得注意的是，按照上述反应路径，有毒 VOCs 和氩气环境下进行同样的转化通常需要 10～12h，而在 DES 中进行该反应仅需要 4～6h，时间显著缩短。用三芳基取代咪唑时，还建立了以 ChCl-尿素（1∶2）DES 为溶剂的简单过滤结晶工艺，该工艺产率高达 88%，且低共熔溶剂最终可有效回收（图 7.10）[24]。

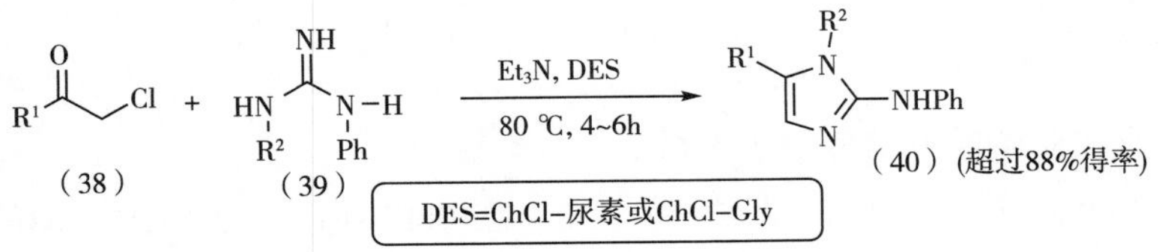

图 7.10　在 ChCl 基 DES 中合成 2-氨基咪唑

研究人员在盐酸甜菜碱/尿素的低转化温度混合物（LTTM）中将等摩尔的 *N*-乙酰乙酰苯胺衍生物（41）和几种醛类（42）在 80℃条件下合成二氢嘧啶-5-卡酰胺（43）。该反应是一种环境友好的合成方法，15min 内便可获得 94%产率。该 LTTM 在反应中同时作为催化剂、溶剂和反应物（图 7.11）[25]。

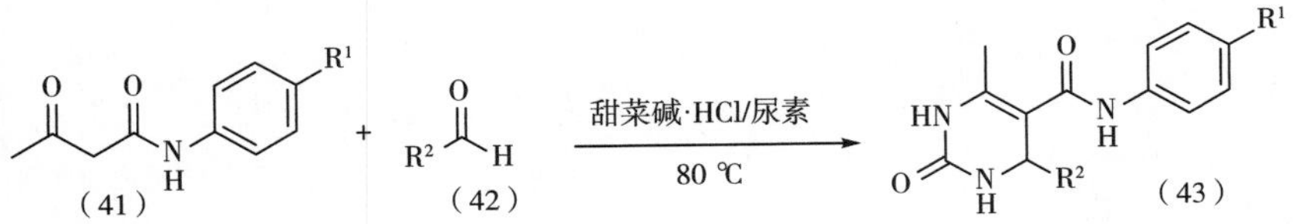

图 7.11　在 LTTM 中 *N*-乙酰乙酰苯胺和各种醛合成二氢嘧啶-5-羧基酰胺

研究人员在 ChCl-Gly（1：2）低共熔溶剂中将芳香族 α-氯肟（44）与脂肪族伯胺（45）偶联合成 1-烷基-3,5-三元取代 2（1*H*）-吡嗪酮类化合物（如拟肽类化合物），该反应是一个可持续且直接的环缩合反应，ChCl-Gly（1∶2）DES 在该反应中充当具有特殊能力且成本效益高的反应介质。该 DES 可以在温和的反应条件下代替有害的 VOCs（图 7.12）[26]。

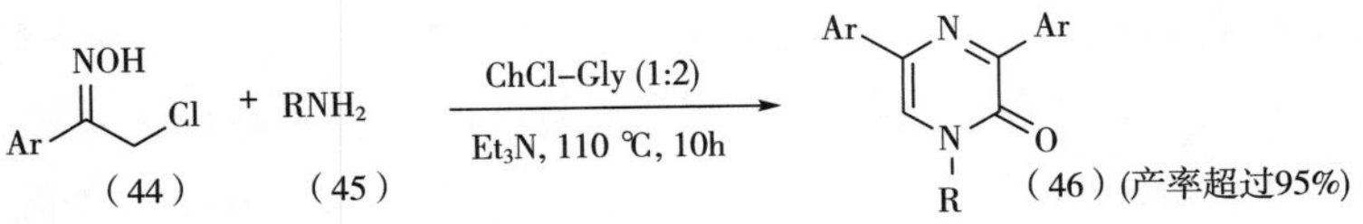

图 7.12　芳香族 α-氯肟和脂肪胺在 DES 中合成三元取代吡嗪酮

超声辐照（US）由于空化塌陷，能够激活许多有机反应。DES［ChCl-尿素（1∶2）］与 US 的有效结合能清洁有效地将各种苯环溴化衍生物（47）与取代酰胺（48）反应合成 1,3-噁唑（49）。该反应仅需 12～17min，产率便可高达 90%。而 DES 与常规加热结合的合成方式需反应数小时，相比较下，US 结合 DES 能使 DES 体系回收再利用 4 次，且节能达 85%以上（图 7.13）。作者认为，DES 的尿素组分可能在氢键催化环缩合反应中起关键作用[19]。反应中未加入酰胺时，上述低共熔溶剂中的尿素组分可以充当反应试剂，在35℃，US条件下与苯环溴化衍生物（47）反应生成2-氨基-1，3-噁唑，产率高达90%[27]。

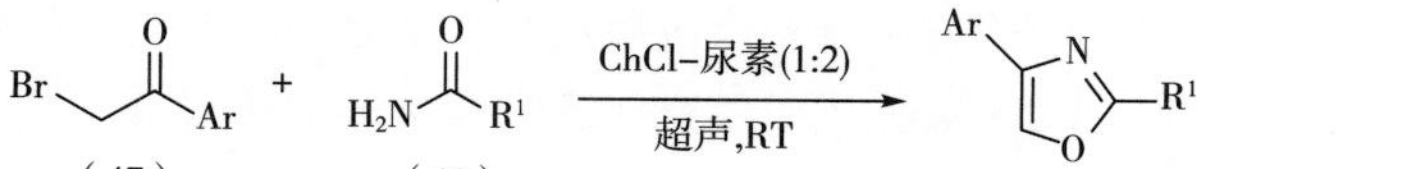

图7.13 超声波照射下，苯酰溴化物和酰胺在ChCl基DES中结合形成1,3-噁唑

7.3.2 DES中合成噻吩类化合物

Mancuso等报道了1-巯基-3-炔-2-醇（50）在ChCl-DES中发生的有趣的杂环脱水和碘环化反应合成。这两个反应过程可在50℃下的PdI_2/KI催化体系中反应8h或者室温下与I_2反应5h进行，生成功能化噻吩（51）或3-碘噻吩（52），产率高达80%，DES和催化剂可高效循环6次（图7.14）。有趣的是，起始炔基硫醇50可在相同的低共熔溶剂中通过将乙酰化锂直接亲核加成到相应的α-巯基酮上制得，该反应需在室温和空气中进行，且与原氨解竞争[28]。

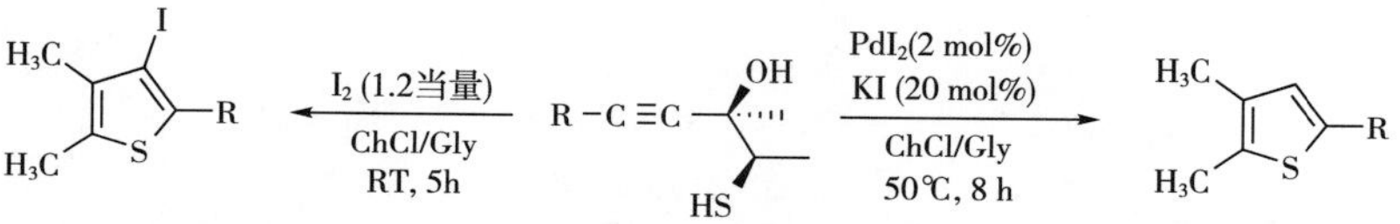

图7.14 不同反应条件下1-巯基-3-炔基-2-醇在ChCl-Gly中合成官能化噻吩

7.3.3 DES中合成苯并缩合环

甲基酮苯基在ChCl-$ZnCl_2$共熔混合物中发生分子内环化反应可以高产率地合成2,3-二取代吲哚。通过从DES混合物中升华可以获得简单分离产物，该反应介质可以高效循环三次[29]。在N,N'-二甲基脲（DMU）/l（+）-TA（7∶3）混合物中进行Fischer吲哚合成，已成功地应用于制备双吲哚[30]、大环二吲哚[31]或吲哚并咔唑，这些产物是紫杉醇和tjipanzoles等天然产物正式合成的关键中间体[32]。目前已有与这些合成方法相关的综述发表[33]。通过将1,4-二氮杂二环[2,2,2]辛烷（DABCO）与适当的HBD（如醇、碳水化合物或各种二醇）混合而制备的盐基DES已被证明可用于环己酮（18）和芳基肼盐酸盐（53）在75~80℃下加热合成咔唑衍生物（54）［产率高达84%，图7.15（1）］，或者可用于苄腈衍生物（55）和叠氮化钠（56）在80℃条件下合成1H-四唑（57）［图7.15（2）］[34]。

色胺（58）与各种醛类（59）可以在ChCl-尿素（1∶2）低共熔溶剂中进行皮克特-斯宾格勒反应，80℃条件下温和加热2~6h即可获得高达99%的四氢碳醇（60）。该反应可能是尿素通过强大的氢键相互作用激活醛类，起到了反硝化催化剂的作用（图7.16）[35]。

室温条件下，不同的吲哚（61）在草酸二水合物-脯氨酸LTTM中分别通过与含有取代

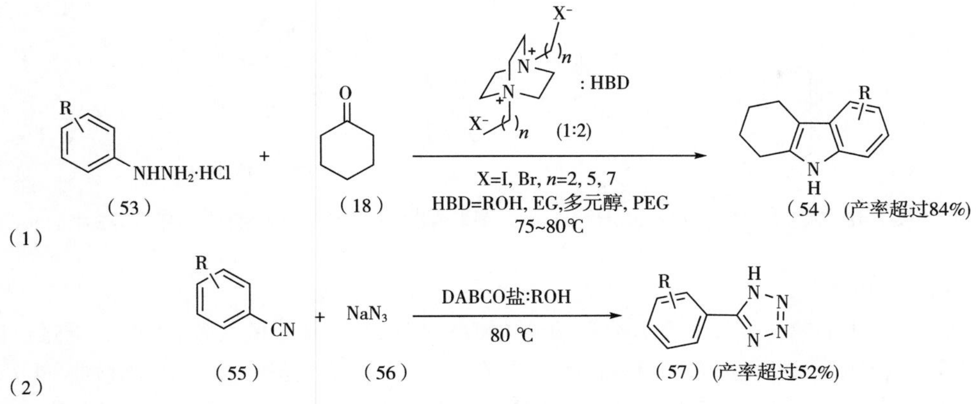

图 7.15 在 DABCO 盐基 DES 中制备（1）吲哚和（2）四唑

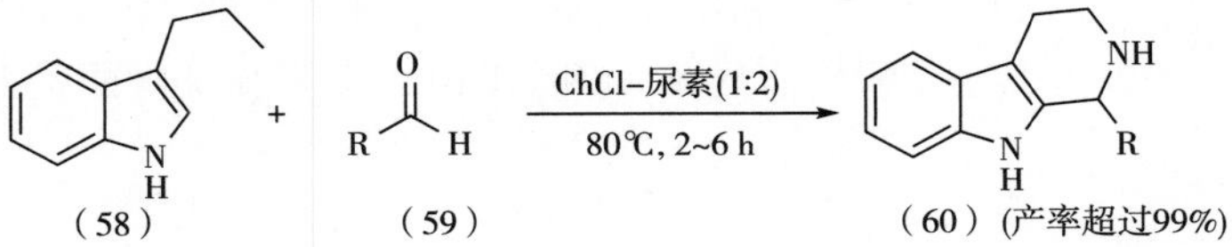

图 7.16 在 ChCl-尿素低共熔溶剂中合成四氢碳醇

的靛蓝（62）或 3-甲酰色酮（63）发生反应，合成 3,3-二芳基吲哚（64）和色酮基双(吲哚基）烷烃衍生物（65）（图 7.17）[36]。先前所引用的 LTTM 也可用于合成螺蒽和二巴比妥酸衍生物，如果异辛衍生物分别与双甲酮或（二甲基）巴比妥酸反应，则具有较高的原子经济性和反应效率[37]。

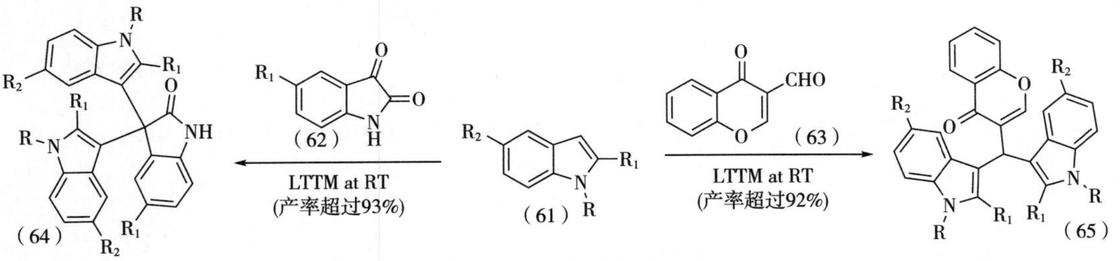

图 7.17 LTTMs 中合成 3,3-二芳基醇和色酮基双（吲哚基）烷烃

据报道，在 $ZnCl_2$-尿素（1 : 3.5）低共熔溶剂中，通过将吲哚（66）与不同的羰基衍生物（67）缩合，可以快速、清洁和高效地合成双（吲哚）甲烷衍生物（68）（产率高达 93%），该反应中 DES 可循环使用三次（图 7.18）[38]。

对甲苯磺酸（p-TSA）-ChCl 的组合使得 2-甲酰苯甲酸（69）可以在室温下与 2-氨基苯甲酰胺（70）、2-(1H-吡咯-1-基)苯胺类（72）或 2-(1H-吲哚-1-基)苯胺类（74）通过反应制备其他几种功能化苯并缩合杂环，例如异吲哚［2,1-a］喹唑啉（71）、异吲哚［2,1-a］吡咯［2,1c］喹啉酮（73）和吲哚［1,2a］异吲哚［1,2-c］喹喔啉酮

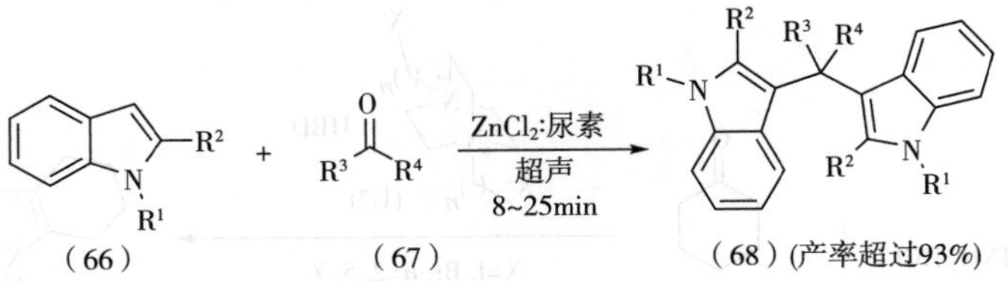

图 7.18 通过各种羰基化合物与吲哚在 $ZnCl_2$ 基混合物中反应合成双（吲哚基）甲烷衍生物

（75）（图 7.19）[39]。

邻氨基苯甲酸或 5-碘苯甲酸和合适的异硫氰酸盐在 ChCl-尿素低共熔溶剂中，通过一种快速、区域选择性和无催化剂方式制备获得一系列 3-取代-2-硫氧基-2,3-二氢喹唑啉-4（1*H*）酮。该产物最终产率较高，且易于分离，无需进一步纯化[40]。90℃下，在 L-（+）-TA-DMU（3∶7）低共熔溶剂中，通过处理取代/未取代的邻氨基苯胺（76）和各种醛类（77），科研人员开发了一种更便宜、更环保的合成取代和未取代喹唑啉酮（78）和二氢喹唑啉酮（79）的方法（图 7.20）。反应结果与醛的性质和反应时间有关。同样的方法被进一步用于合成几种天然生物碱和药物[41]，尤其是获得的青霉素 C 和 NU1025 双氢喹唑啉酮类药物的总产率分别为 37%和 51%[42]。

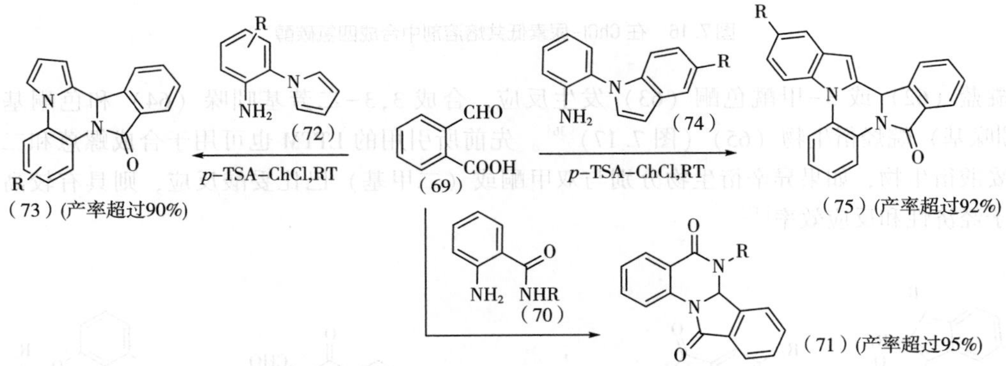

图 7.19 在 *p*-TSA/ChCl 低共熔溶剂中合成各种苯并缩合杂环

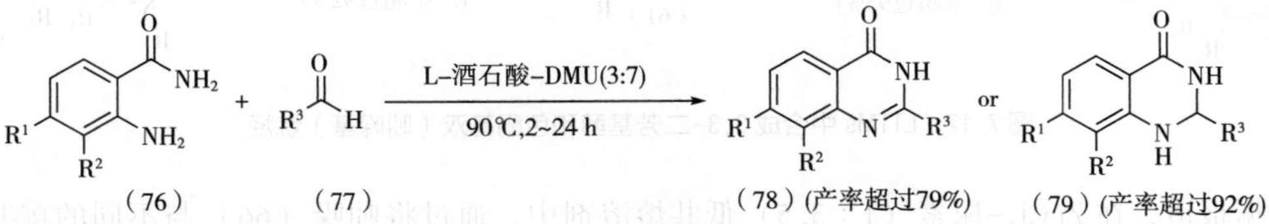

图 7.20 在 L-（+）-酒石酸中合成（未）取代（二氢）喹唑啉酮-DMU 混合物

尿素-丙二酸混合物被认为是合成 *N*-芳基苯酞衍生物芳香胺的高效反应介质。该反应以邻苯二甲酸酐和伯芳香胺为原料最终合成产率达到中高水平，与先前报道的合成方法相比具有重要优势：反应时间更短、催化剂/溶剂的可循环性好，至少连续循环五次[43]。Handy 等将 ChCl-尿素低共熔溶剂与微波加热（MW）相结合，在该条件下 30min 内将苯并呋喃-3(2*H*)-酮（80）与各种芳香醛（81）缩合反应高效合成橙酮衍生物（82）。与传统加热法和挥发性有机化合物相比，最终加合物的化学产率有了很大的提高。上述反应路径显示了广泛的底物范围，含硝基化合物可能是唯一的例外（图7.21）[44]。

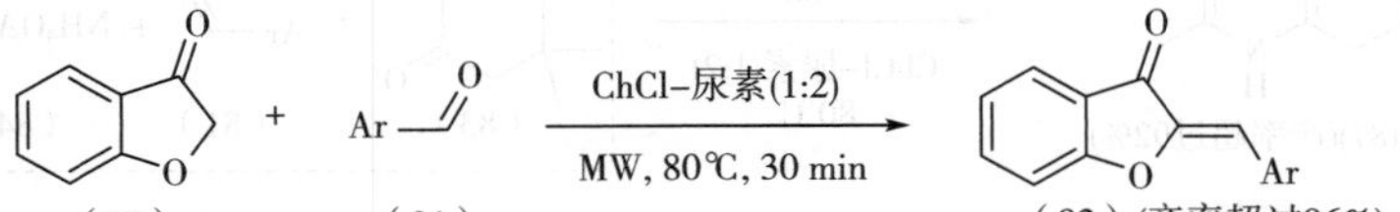

图7.21 中性条件下在ChCl-尿素DES中合成橙酮

7.4 DES中的多组分反应

多组分反应（multicomponent reactions，MCRs）是在三个或者三个以上试剂间建立化学键的一锅法过程，该过程通常产生包括原料原子在内的结构复杂分子[45]。MCRs连续多步合成的原子经济性和效率特别符合绿色化学观点；事实上，起始原料的大多数原子都在合成过程中嵌入产物中，从而避免了合成中间体的分离纯化。该过程的其他优点是操作简单，反应时间、成本和废物产生量最小化。近年来，人们致力于在更环保的溶剂（如DES）中开发MRCs，目的是设计对环境影响较小的合成方法。

7.4.1 杂环合成中的多组分反应

Hantzsch反应允许使用金属卤化物或三氟酸盐作为路易斯催化剂，从醛、1,3-二酮和氮源（如尿素、甲胺或乙酸铵）开始合成二氢吡啶衍生物[46]。Wang等提出可以在ChCl-尿素（1∶2）DES中高效合成聚氢吖啶（85）（PHAs）和聚对苯二酚（87）（PHQs）[47]。尤其可以将5,5-二甲基环己烷-1,3-二酮（83）（2当量①）与芳香醛（81）（1当量）和醋酸铵（84）混合，在80℃下加热制备得到PHA衍生物。在含有吸电子基团和供电子基团的芳香醛中，该反应顺利进行，产率高达92%。该合成方法还可扩展到使用乙酰乙酸乙酯（86）和醋酸铵（84）以及仅1当量的（83）来合成聚对苯二酚（87）（图7.22）。值得注意的是，betainium-DES在苯甲醛（83）和氮源之间的Hantzsch反应中表现出催化活性[48]。结果表明，使用甜菜碱阳离子和乳酸阴离子催化反应进行得最好。通过这种方法，可以由几种芳香醛、1,3-环己二酮衍生物和（84）或苯胺开始制备各种PHAs。

喹唑啉和缩合喹唑啉具有许多有趣的生物学特性，如镇痛、抗炎、抗癌、抗菌和抗高血压活性[49]。催化剂的存在和二甲基甲酰胺（DMF）等有害溶剂的使用几乎是制备这些化合物的必要条件。研究人员最近研发了一种在DES中进行无催化剂、一锅多组分合成苯并咪唑喹唑啉酮（90）的方法[50]。在ChCl-Gly中将1,3-环己二酮（88）、2-氨基苯并咪唑（89）和芳香醛（81）的混合物加热到80℃，20~45min内便能直接合成高达91%产率的加

① 当量：化学术语，用作物质相互作用时的质量比，与特定或俗成的数量相当的量。

合物（90）（图 7.23）。一些合成的化合物还表现出抗氧化活性。

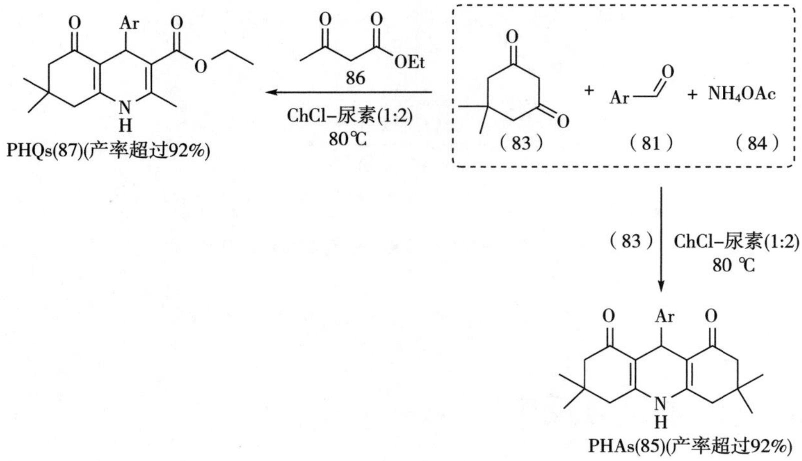

图 7.22 在 ChCl-尿素低共熔溶剂中合成聚氢吖啶（PHA）和聚对苯二酚（PHQ）

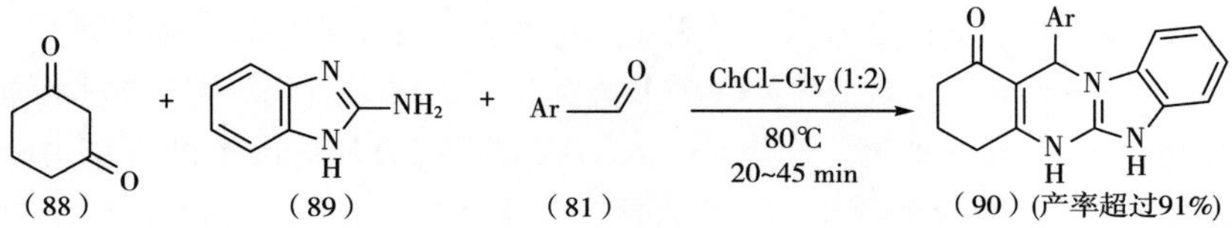

图 7.23 在 ChCl-Gly 低共熔溶剂中合成苯并咪唑喹唑啉酮衍生物

嘧啶［4,5-b］喹啉[51] 衍生物（93）可由 4-氯苯胺（91）、巴比妥酸（92）和芳香醛（81）在 LTTM 草酸二水合物-脯氨酸（1∶1）中反应完成（图 7.24）[52]。根据所提出的反应机制，第一步是（81）~（92）的 Knoevenagel 缩合，随后是通过（91）的氨基促进分子内亲核攻击而发生的 aza-Michael 加成和环化反应。最后，空气氧化可得到高达 92%产率和良好的底物范围生成加合物（93）。用 ChCl-尿素、ChCl-草酸或 EtOH 代替上述低共熔溶剂获得的产率较低。

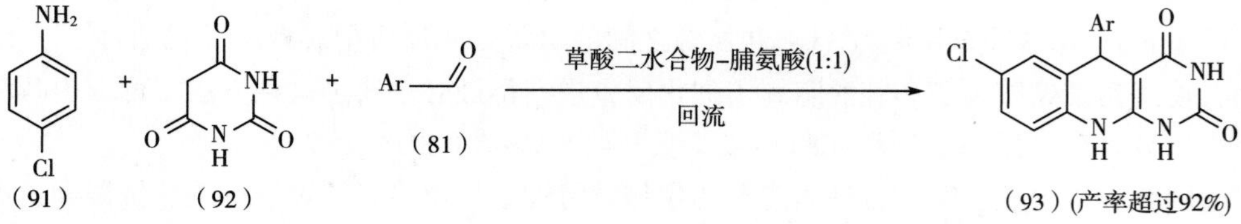

图 7.24 在草酸二水合物-脯氨酸（1∶1）形成的 LTTM 中合成嘧啶［4,5-b］喹啉二酮

在 ChCl-DES 中通过无催化剂 Groebke MCR 过程可合成咪唑并［1,2-a］吡啶（96）[53,54]。各种芳香族和杂芳醛（22）在 80℃下与 2-氨基吡啶（94）和环己基异氰化物（95）稳定反应，获得的预期加合物（96），产率非常高（高达 87%）（图 7.25）。DES 中的这种合成方法无需任何催化剂便可将反应时间缩短到 2~6h。

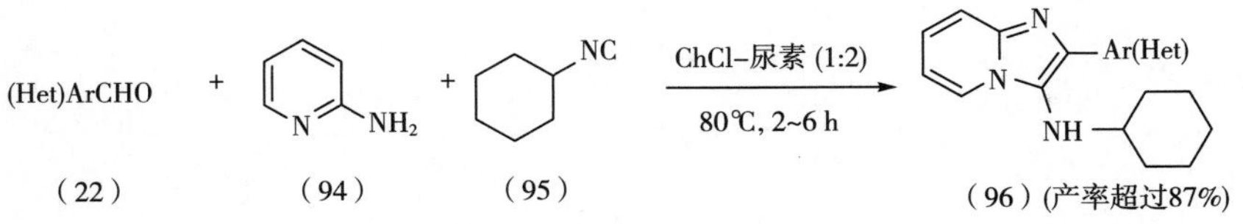

(Het)ArCHO (22) + (94) + (95) $\xrightarrow[80℃, 2\sim6\ h]{ChCl-尿素 (1:2)}$ (96)(产率超过87%)

图 7.25 在 ChCl-尿素低共熔溶剂中合成咪唑 [1，2-a] 吡啶

DMU-柠檬酸低共熔溶剂被用作合成 2-芳基-4,5-二苯基-1*H*-咪唑（98）的有效双催化剂和绿色反应介质[55]。100℃加热条件下，芳香醛（81）、苄基（97）和乙酸铵（84）（3 当量）之间的 MCR 可顺利进行（图 7.26），从而获得高达 92%产率的加合物（98）。该反应过程很简单：将水加入混合物中，过滤掉产生的沉淀物。产物通过重结晶纯化，减压下蒸发水相可以回收 DES，回收的 DES 最多可以重复使用三次。

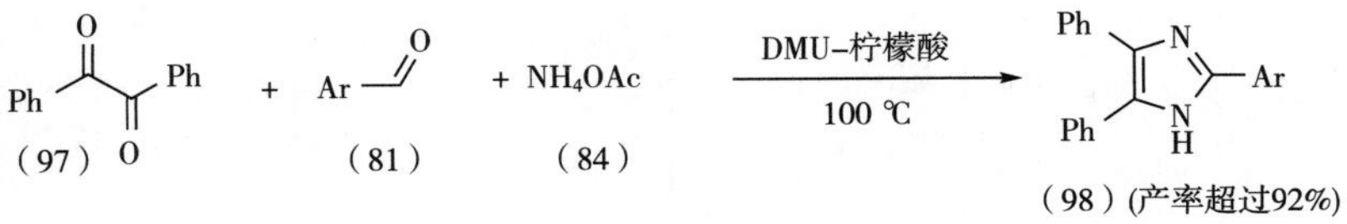

(97) + (81) + NH_4OAc (84) $\xrightarrow[100\ ℃]{DMU-柠檬酸}$ (98)(产率超过92%)

图 7.26 在 DMU 基低共熔溶剂中合成 2-芳基 Limidazoles

1,3-噻唑烷-4-酮（101）[56] 可以由取代苯胺（99）、芳香醛（81）和巯基乙酸（100）在 ChCl-Gly（1∶2）中通过一锅三组分环合反应合成，该反应加热温度为 85℃，产率高达 97%（图 7.27）[57]。该方法具有原子效率高、反应时间短、分离过程简单、反应条件温和、底物范围宽等优点，且 DES 连续循环 5 次无明显损失。

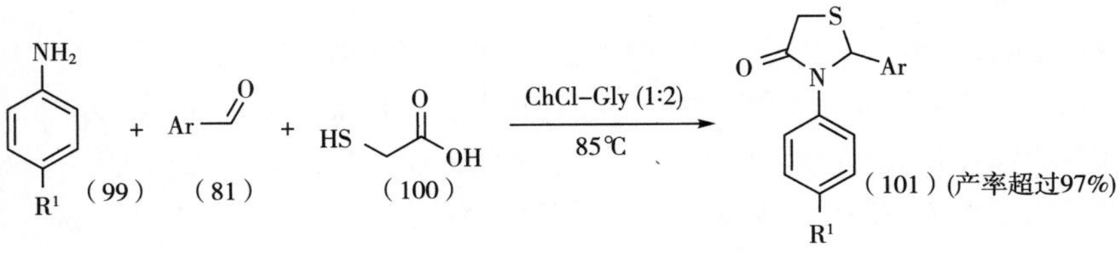

(99) + (81) + (100) $\xrightarrow[85℃]{ChCl-Gly (1:2)}$ (101)(产率超过97%)

图 7.27 在 ChCl-Gly 低共熔溶剂中合成 1,3-噻唑烷-4-酮

游离糖（102）（例如，D-葡萄糖、D-半乳糖、D-果糖、D-木糖）、芳胺（35）和 1,3-二酮（103）可在 ChCl-尿素（1∶2）低共熔溶剂中合成纯对映体糖环吡咯（图 7.28）[58]。从机制的角度来看，（35）与（103）反应产生一个中间产物烯胺基酮，尿素与端基羟基的氢键促进了该中间产物与（102）的缩合。得到的醛醇产品经过环脱水，然后芳构化得到纯对映糖环吡咯（104）。相比其他含丙二酸、乙二醇和草酸的 ChCl 基 DES，该反应的条件温和，不需要额外的布朗斯特或路易斯酸催化剂。

研究人员制备并表征了新型极性山梨醇-盐酸二甲双胍（MetHCl）低共熔溶体（4∶1 和 3∶1），通过 2-羟基-1,4-萘醌（105）与 β-硝基苯乙烯（106）和醋酸铵（84）在不同温度下的反应，为 2-氨基-3-芳基萘 [2,3-*b*] 呋喃-4,9-二酮（107）的三元一锅法合成提供了有效的反应介质[59]。该反应的最佳条件为 110℃，山梨糖醇和 MetHCl 熔体质量比为

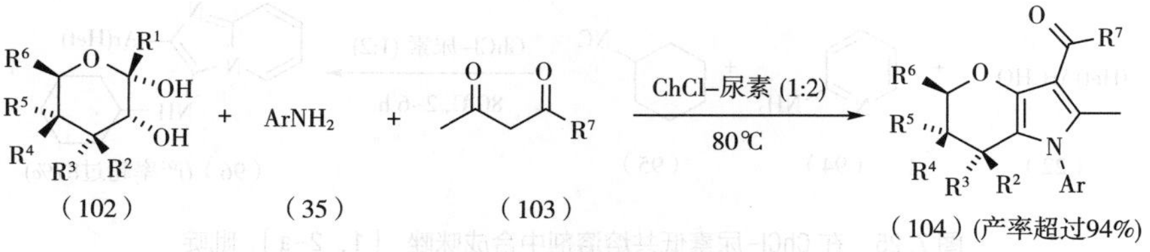

图 7.28 在 ChCl-尿素低共熔溶剂中合成对映纯糖环吡咯

3∶1 的熔体。由 MetHCl 促进的多重氢键相互作用可能使（105）和（106）更加接近。这一方面增强了（110）的亲电性质，另一方面，由于亲核性增加，更有利于迈克尔加成（105）（图 7.29）。蒸发用于冷却反应的水并过滤从反应混合物中析出的产物后，山梨糖醇-MetHCl 熔体可循环使用 6 次。

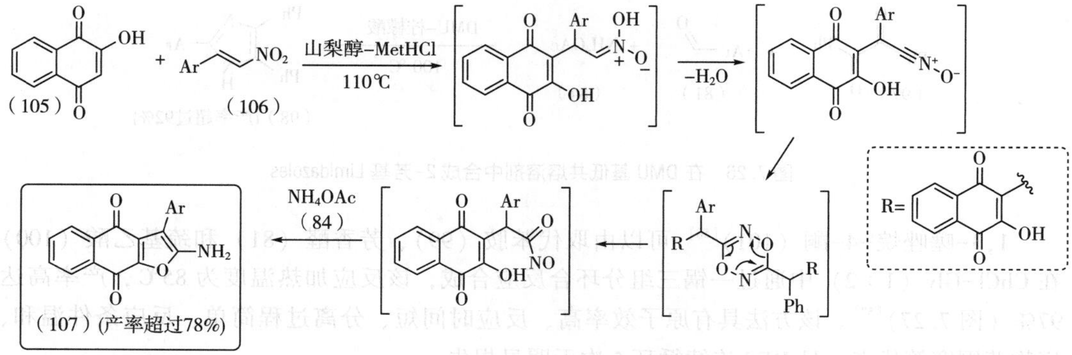

图 7.29 在山梨醇-盐酸二甲双胍熔体中合成 2-氨基-3-芳基萘并［2,3-*b*］呋喃-4,9-二酮

Pérez 和 Ramón 以醛（108）、炔烃或烯烃（109）以及羟基氯化铵（110）为原料，以 ChCl-尿素（1∶2）混合物为生物可再生 DES，在温和条件下成功地一锅三步合成高产率的区域选择性异噁唑和相关异噁唑啉（111）。若没有这种介质，反应无法进行，这可能是由于尿素氢键保证了离子中间体的稳定性。尽管存在高度亲电的中间产物（如亚氨基氯），该实验标准步骤允许使用高反应性试剂，如 *N*-氯丁二酰亚胺（NCS）。反应可以放大到克级，通过简单的倾析，DES 的回收率高达 5 倍（图 7.30）[60]。

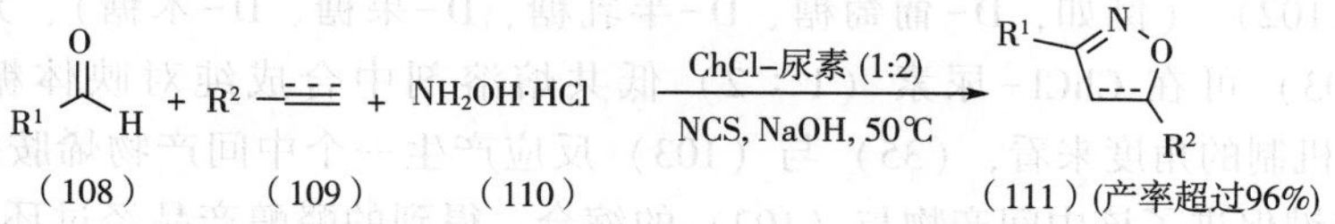

图 7.30 在 ChCl-尿素低共熔溶剂中合成异噁唑和异噁唑啉

7.4.2 DES 中合成贝蒂碱

氨基烷基萘酚（Betti 碱）（114）[61] 可由醛、氨或胺和 *β*-萘酚（113）通过一锅法 MCR 有效地制备。研究人员利用芳香醛（81）和仲胺（112）在 ChCl-尿素低共熔溶剂中成功地

进行了该反应（图 7.31）[62]。将加合物（114）分离出来，产率高达 96%，该反应中低共熔溶剂可至少回收使用 4 次。

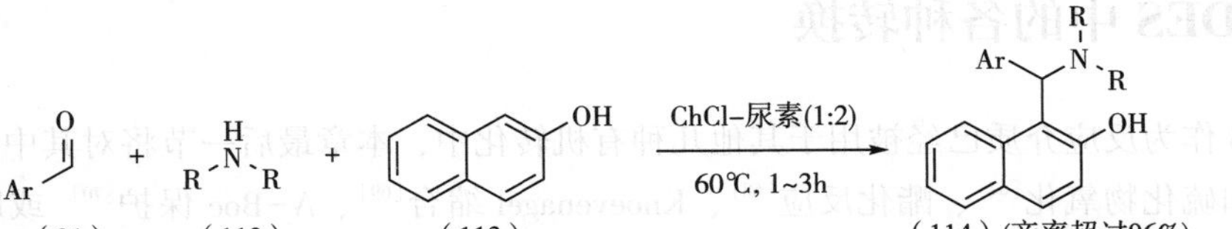

（81） （112） （113） （114）(产率超过96%)

图 7.31 在 ChCl-尿素低共熔溶剂中制备贝蒂碱

7.4.3 Ugi 和 Passerini 反应

所谓的 Ugi 反应允许通过醛、羧酸、胺和异氰酸盐的四组分缩合直接制备 α-氨基酰胺衍生物。最终产物是拟肽组分，可以用广泛的取代基官能化，因此该反应有助于组装化合物筛选库。VOCs 仍然代表 Ugi 反应的经典溶剂［如四氢呋喃（THF）、MeOH、CH_2Cl_2 和水或三氟乙醇］[63]。DES 只是最近才被提出作为替代的非常规溶剂。室温下，苯甲醛（115）、苯胺（116）、苯甲酸（117）和环己基异氰菊酯（95）在 ChCl-尿素（1∶2）低共熔溶剂中直接发生反应，预期的氨基酰胺衍生物（118）的产率为 90%（图 7.32）[64]。

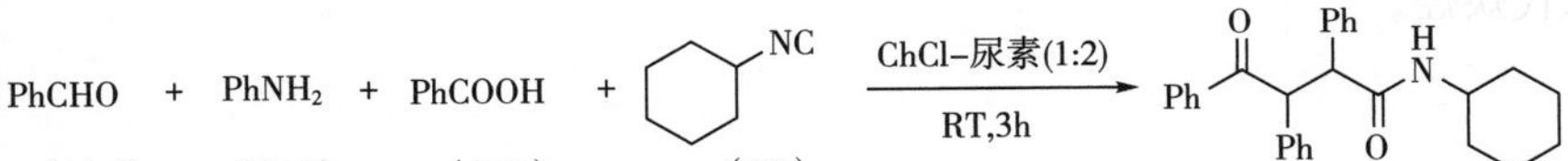

（115） （116） （117） （95） （118）(产率超过90%)

图 7.32 ChCl-尿素低共熔溶剂中的 Ugi 反应

实验过程和检查方法非常简单。该反应室温下 3h 完成，随后加水，过滤分离固体产物，再用水和乙醇洗涤。反应范围很广：在前面所述的条件下，各种醛和酮、芳香胺、取代苯甲酸和叔丁基或环己基异氰醚被证明是有效的配合物，能以非常高的产率（60%~92%）得到所需的产物。Passerini 反应是醛、羧酸和异氰化物间 α-酰氧基酰胺的三组分合成[65]。试验了不同的 ChCl-DES 作为该反应的溶剂，其中以 ChCl-尿素（1∶2）低共熔溶剂化学产率最高。与 Ugi 反应类似，DES 混合物中 Passerini 反应的范围很广，不考虑醛类（108），羧酸和异氰化物（120）的性质，分离出所需的酰氧基酰胺（121），产率高达 94%（图 7.33）[66]。

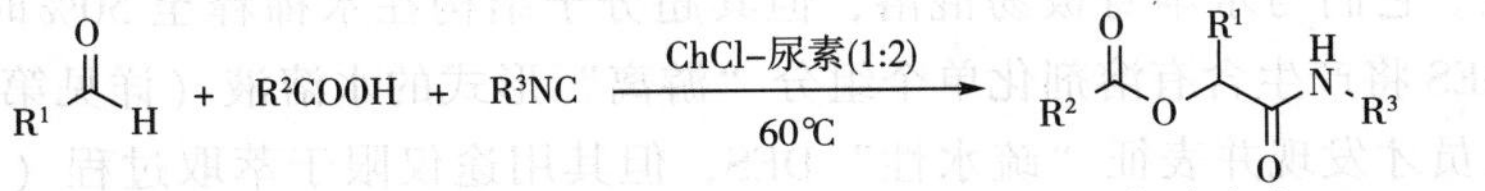

（108） （119） （120） （121）(产率达65%~94%)

图 7.33 ChCl-尿素低共熔溶剂中的 Passerini 反应

7.5 DES 中的各种转换

DES 作为反应介质已经被用于其他几种有机转化中，本章最后一节将对其中一部分进行分类。如硫化物氧化[67]、酯化反应[68]、Knoevenagel 缩合[69]、*N*-Boc 保护[70] 或胺的选择性 *N*-烷基化反应[71] 和酰胺制备[72]。DES 混合物中碳水化合物领域的其他重要转化包括通过 Ferrier 反应合成 2，3-不饱和糖苷[73]、*O*-异丙基和甲基 4，6-邻苄叉糖苷的制备[74]，以及从生物质中提取的糖的选择性精炼[75]，如从游离糖中制备全-*O*-乙酰化半缩醛[76]。微波辐射条件下，在 ChCl-尿素低共熔溶剂中通过醛与 NH_2OH/HCl 反应来合成腈类化合物，也值得参考。相比传统加热方法，该反应在化学产率和反应时间方面具有明显的优势[77]。Azizi 等描述了用 *N*-溴代琥珀酰亚胺（NBS）作为氧化剂氧化各种醇的有趣官能团转化方法。在温和的反应条件和较短的反应时间下（60℃ 反应 5min 或室温反应 40min），ChCl-Gly 或 ChCl-尿素低共熔溶剂中进行反应可获得优异产率的预期羰基化合物[78]。Lenardão 等在还原剂存在下首次从二硒醚和炔烃合成乙烯基硒化物的过程中探索了 ChCl-尿素作为溶剂的用途[79]。$NaBH_4$ 存在下，从末端炔烃和二硒化合物开始，在相应的 1，2-双苯基硒代烯烃中观察到良好的电子选择性，并且有可能以在其他绿色溶剂中无法复制的有效方式使用烷基和烯基单取代炔烃。

7.6 结论与展望

根据前面所述可知，由于使用了生物可再生溶剂，DES 不仅从“绿色”的角度重塑了几种“经典”有机转化；同时，根据 DES 的性质和成分，在更温和的实验条件下，会有更多的区域和立体选择性的过程，从而产生一些意想不到的结果。例如，在有机催化过程中，反应介质的性质对反应速率和立体选择性的显著影响似乎与 DES 体系独特的立体结构及其与手性催化剂的正协同作用有关。DES 必须同时作为溶剂和催化剂（在某些情况下也可作为试剂）通过（杂环）脱水过程或 MCRs 直接清洁的合成/官能化几种杂环结构，相比传统有机化合物反应时间更短、反应产率高和原子经济性好。DES 中的反应通常不需要添加额外的配体，加工过程更简单，一般基于产物的过滤和结晶，以及对 DES 的再循环和再利用进行额外的反应。未来 DES 又能带给我们什么惊喜呢？本章所描述的均为亲水性 DES，因此在水中不稳定。它们与水本身极易混溶，但其超分子结构在水稀释至 50% 时仍保持不变。进一步稀释 DES 将产生含有溶剂化单个组分“游离”形式的水溶液（详见第 2 章）。相反，近年来研究人员才发现并表征“疏水性”DES，但其用途仅限于萃取过程（详见第 5 章）。作为甲苯和其他非极性溶剂的模拟物，这些混合物可以有效地补充和扩展这些新溶剂在有机合成中的应用。此外，寻找可用于制备新的、结构受限的手性生物基低共熔介质的手性非外消旋组分，同时在分子水平上对 DES 组分与有机底物相互作用的认识和理解的深刻进步，可能为直接在近代溶剂和催化体系中建立前所未有的立体选择性有机转化铺平道路。正如希腊诗人 Heiod 曾说的，“如果你稍微前进一小步，并且经常这样做，很快便会积累成大成就！”

参考文献

1 Abbott, A. P., Capper, G., Davies, D. L. et al. (2001). Chem. Commun. 0:2010-2011.

2 Smith, E. L., Abbott, A. P., and Ryder, K. S. (2014). Chem. Rev. 114:11060-11082.

3 (a) Francisco, M., van den Bruinhorst, A., and Kroon, M. C. (2013). Angew. Chem. Int. Ed. 52:3074-3085. (b) Paiva, A., Craveiro, R., Aroso, I. et al. (2014). ACS Sustainable Chem. Eng. 2:1063-1071. (c) Liu, P., Hao, J.-W., Mo, L.-P., and Zhang, Z.-H. (2015). RSC Adv. 5:48675-48704. (d) Alonso, D. A., Baeza, A., Chinchilla, R. et al. (2016). Eur. J. Org. Chem. :612-632.

4 Guajardo, N., Müller, C. R., Schrebler, R. et al. (2016). ChemCatChem 8:1020-1027.

5 Ilgen, F. and König, B. (2009). Green Chem. 11:848-854.

6 Müller, C. R., Meiners, I., and Domínguez de María, P. (2014). RSC Adv. 4:46097-46101.

7 Müller, C. R., Rosen, A., and Domínguez de María, P. (2015). Sustainable Chem. Processes 3:1-8.

8 Massolo, E., Palmieri, S., Benaglia, M. et al. (2016). Green Chem. 18:792-797.

9 Martínez, R., Berbegal, L., Guillena, G., and Ramón, D. J. (2016). Green Chem. 18:1724-1730.

10 Brenna, D., Massolo, E., Puglisi, A. et al. (2016). Beilstein J. Org. Chem. 12:2620-2626.

11 Mosteirín, N. F., Concellón, C., and del Amo, V. (2016). Org. Lett. 18:4266-4269.

12 Ñíguez, D. R., Guillena, G., and Alonso, D. A. (2017). ACS Sustainable Chem. Eng. 5:10649-10656.

13 Flores-Ferrándiz, J. and Chinchilla, R. (2017). Tetrahedron: Asymmetry 28:302-306.

14 Gore, S., Baskaran, S., and König, B. (2011). Green Chem. 13:1009-1013.

15 Zhang, Z. H., Zhang, X. N., Mo, L. P. et al. (2012). Green Chem. 14:1502-1506.

16 Lobo, H. R., Singh, B. S., and Shankarling, G. S. (2012). Catal. Commun. 27:179-183.

17 Ma, F. P., Cheng, G. T., He, Z. G., and Zhang, Z. H. (2012). Aust. J. Chem. 65:409-416.

18 Gore, S., Baskaran, S., and König, B. (2012). Adv. Synth. Catal. 354:2368-2372.

19 Singh, B. S., Lobo, H. R., Pinjari, D. V. et al. (2013). Ultrason. Sonochem. 20:287-293.

20 Handy, S. and Lavender, K. (2013). Tetrahedron Lett. 54:4377-4379.

21 Nguyen, H. T., Nguyen Chaua, D.-K., and Tran, P. H. (2017). New J. Chem. 41:12481-12489.

22 Kalmode, H. P., Vadagaonkar, K. S., Murugan, K. et al. (2015). RSC Adv. 5:35166-35174.

23 Wang, P., Ma, F.-P., and Zhang, Z.-H. (2014). J. Mol. Liq. 198:259-262.

24 Capua, M., Perrone, S., Perna, F. M. et al. (2016). Molecules 21:924.

25 Liu, P., Hao, J., and Zhang, Z. (2016). Chin. J. Chem. 34:637-645.

26 Perrone, S., Capua, M., Messa, F. et al. (2017). Tetrahedron 73:6193-6198.

27 Singh, B. S., Lobo, H. R., Pinjari, D. V. et al. (2013). Ultrason. Sonochem. 20:633-639.

28 Mancuso, R., Maner, A., Cicco, L. et al. (2016). Tetrahedron 72:4239-4244.

29 Morales, R. C., Tambyrajah, V., Jenkins, P. R. et al. (2004). Chem. Commun. :158-159.

30 Kotha, S. and Chinnam, A. K. (2014). Synthesis:301-306.

31 (a) Kotha, S., Chinnam, A. K., and Ali, R. (2015). Beilstein J. Org. Chem. 11:1123-1128. (b) Kotha, S. and Mandal, K. (2009). Chem. Asian J. 4:354-362. (c) Kotha, S., Goyal, D., and Chavan, A. S.

(2013). J. Organomet. Chem. 78:12288-12313. (d) Kotha, S. and Chinnam, A. K. (2015). Heterocycles 90:690-697.
32 Kotha, S., Saifuddin, M., and Aswar, V. R. (2016). Org. Biomol. Chem. 14:9868-9873.
33 Kotha, S. and Chakkapalli, C. (2017). Chem. Rec. 17:1039-1058.
34 Ghumro, S. A., Alharthy, R. D., al-Rashida, M. et al. (2017). ACS Omega 2:2891-2900.
35 Handy, S. and Wright, M. (2014). Tetrahedron Lett. 55:3440-3442.
36 Chandam, D. R., Patravale, A. A., Jadhav, S. D., and Deshmukh, M. B. (2017). J. Mol. Liq. 240:98-105.
37 Chandam, D. R., Mulik, A. G., Patil, P. P. et al. (2015). J. Mol. Liq. 207:14-20.
38 Seyedi, N., Khabazzadeh, H., and Saeednia, S. (2015). Synth. React. Inorg. Met. -Org. Chem. 45:1501-1505.
39 Devi, R. V., Garande, A. M., and Bhate, P. M. (2016). Synlett 27:2807-2810.
40 Molnar, M., Klenkar, J., and Tarnai, T. (2017). Synth. Commun. 47:1040-1045.
41 Ghosh, S. K. and Nagarajan, R. (2016). RSC Adv. 6:27378-27387.
42 Ghosh, S. K. and Nagarajan, R. (2016). Tetrahedron Lett. 57:4277-4279.
43 Lobo, H. R., Singh, B. S., and Shankarling, G. S. (2012). Green Chem. Lett. Rev. 5:487-533.
44 Taylor, K. M., Taylor, Z. E., and Handy, S. T. (2017). Tetrahedron Lett. 58:240-241.
45 Dömling, A., Wang, W., and Wang, K. (2012). Chem. Rev. 112:3083-3135.
46 Yadav, S., Reddy, B. V. S., Basakand, A. K., and Narsaiah, A. V. (2003). Green Chem. 5:60-63.
47 Wang, L., Zhu, K. -Q., Chen, Q., and He, M. -Y. (2014). Green Process. Synth. 3:457-461.
48 Zhu, A., Liu, R., Dua, C., and Li, L. (2017). RSC Adv. 7:6679-6684.
49 (a) Hour, M. J., Huang, L. J., Kuo, S. C. et al. (2000). J. Med. Chem. 43:4479-4487. (b) Alagarsamy, V., Murugananthan, G., and Venkateshperumal, R. (2003). Biol. Pharm. Bull. 26: 1711-1714. (c) Alagarsamy, V. and Pathak, U. S. (2007). Bioorg. Med. Chem. 15:3457-3462.
50 Mahire, V. N., Patel, V. E., and Mahulikar, P. P. (2017). Res. Chem. Intermed. 43:1847-1861.
51 El-Gazzar, A. B. A., Youssef, M. M., Youssef, A. M. S. et al. (2009). Eur. J. Med. Chem. 44:609-624.
52 Mohire, P. P., Patil, R. B., Chandam, D. R. et al. (2017). Res. Chem. Intermed. 43:7013-7028.
53 Azizi, N. and Dezfooli, S. (2016). Environ. Chem. Lett. 14:201-206.
54 Shaabani, A. and Hooshmand, S. E. (2016). Tetrahedron Lett. 57:310-313.
55 Bafti, B. and Khabazzadeh, H. (2014). J. Chem. Sci. 126:881-887.
56 Jain, A. K., Vaidya, A., Ravichandran, V. et al. (2012). Bioorg. Med. Chem. 20:3378-3395.
57 Yedage, D. B. and Patil, D. V. (2018). ChemistrySelect 3:3611-3614.
58 Rokade, S. M., Garande, A. M., Ahmad, N. A. A., and Bhate, P. M. (2015). RSC Adv. 5:2281-2284.
59 Rad-Moghadam, K., Hassania, S. A. R. M., and Roudsari, S. T. (2016). RSC Adv. 6:13152-13159.
60 Pérez, J. M. and Ramón, D. J. (2015). ACS Sustainable Chem. Eng. 3:2343-2349.
61 (a) Betti, M. (1941). Organic Synth. 1: 381-383. (b) Cardellicchio, C., Ciccarella, G., Naso, F. et al. (1999). Tetrahedron 55:14685-14692.
62 Azizi, N. and Edrisi, M. (2017). Res. Chem. Intermed. 43:379-385.
63 Pirrung, M. C. and Sarma, K. D. (2004). J. Am. Chem. Soc. 126:444-445.
64 Azizi, N., Dezfooli, S., and Hashemi, M. M. (2013). C. R. Chim. 16:1098-1102.
65 Baker, R. H. and Stanonis, D. (1951). J. Am. Chem. Soc. 73:699-702.
66 Shaabani, A., Afshari, R., and Hooshmand, S. E. (2016). Res. Chem. Intermed. 42:5607-5616.
67 Dai, D. -Y., Wang, L., Chen, Q., and He, M. -Y. (2014). J. Chem. Res., Synop.: 183-185.
68 (a) De Santi, V., Cardellini, F., Brinchi, L., and Germani, R. (2012). Tetrahedron Lett. 53:5151-5155.

(b) Fischer, V., Touraud, D., and Kunz, W. (2016). Sustainable Chem. Pharm. 4:40–45.
69 Sonawane, Y. A., Phadtare, S. B., Borse, B. N. et al. (2010). Org. Lett. 12:1456–1459.
70 Azizi, N. and Shirdel, F. (2017). Monatsh. Chem. 148:1069–1074.
71 Singh, B., Lobo, H., and Shankarling, G. (2011). Catal. Lett. 141:178–182.
72 Messa, F., Perrone, S., Capua, M. et al. (2018). Chem. Commun. 54:8100–8103.
73 Rokade, S. M. and Bhate, P. M. (2015). Carbohydr. Res. 415:28–30.
74 Rokade, S. M. and Bhate, P. M. (2017). J. Carbohydr. Chem. 36:20–30.
75 Liu, F., Barrault, J., Vigier, K. D., and Jérôme, F. (2012). ChemSusChem 5:1223–1226.
76 Rokade, S. M. and Bhate, P. M. (2015). Carbohydr. Res. 416:21–23.
77 Patil, U. B., Shendage, S. S., and Nagarkar, J. M. (2013). Synthesis:3295–3299.
78 Azizi, N., Khajeh, M., and Alipour, M. (2014). Ind. Eng. Chem. Res. 53:15561–15565.
79 Lope, E. F., Gonçalves, L. C., Vinueza, J. C. G. et al. (2015). Tetrahedron Lett. 56:6890–6895.

8 低共熔溶剂作为催化剂

Mehran Shahiri-Haghayegh 和 Najmedin Azizi

Chemistry & Chemical Engineering Research Center of Iran, Faculty of Modern Technologies, Department of Green Chemistry, PO Box 14335-186, Danesh Street, Tehran, 1496813151, Iran

8.1 引言

催化作用是许多化学转化的核心。事实上，若没有催化剂，复杂的合成或工业化过程均很难实现。然而，高效的催化剂并不常见且不便宜，这是因为提供满足生产需求的合适催化剂通常是一项复杂的工作。特别是在发展中国家，高效催化剂的缺乏是商业增产的决定性瓶颈，也将造成利润、时间、精力和材料的损失。尽管几种新型有机和无机材料在催化应用方面具有令人兴奋的潜力，但在扩大生产方面仍然存在严重的困难。由于不稳定的生产流程导致每一批材料质量不同，因此材料最小变动值的重复性是另一个常见的问题。从另一个角度看，传统酸/碱或金属催化剂的局限性被忽视，几十年来一直造成严重的环境污染。考虑到该领域在经济、生产和生态等领域的限制，学术界和工业界的化学家面临的挑战是发明高效、可在商业规模上重复使用、对环境友好的催化剂。

大量的化学转化是由氢键和酸/碱或低共熔溶剂（DES）提供的配位相互作用催化，通常很容易提供这些相互作用[1-3]。DES因其多方面的优势而被广泛认可，如其制备简单且可重复利用、100%原子经济利用、成本低廉、低敏感性、易于长期维护、低毒性，以及环境友好等。

考虑到DES潜在的应用能力，本章倾向于阐明目前DES在催化应用的研究方向。主要是讨论了费舍尔吲哚合成和碳碳键形成的经典反应，包括Diels Alder和Perkin反应、β-羟基功能化化合物的合成，以及吲哚基、螺蒽和双巴比妥化合物的合成。此外，本章还讨论了合成吡咯的经典有机反应、纤维素合成葡萄糖酸的氧化反应以及酚类化合物和酮类化合物的合成。本章介绍了DES促进多组分反应（MCRs）中最重要的几类，如基于异氰化物的多组分反应（IMCRs）和Ugi反应以及氨基咪唑吡啶的合成与曼尼希（Mannich）、Petasis和Kabachnik Fields的曼尼希（Mannich）型反应。从Biginelli反应、色原烯、吡喃、螺旋吲哚衍生物的构建、吡咯和吡唑的合成、喹唑啉的合成、丙胺的A3偶联等方面评价DES对MCRs导电性能的影响催化范围。

在回顾了基本的有机合成之后，重点介绍DES在几个多学科过程的催化应用。本章也讨论了噻吩类化合物烷基化和有机硫杂质氧化萃取对汽油基燃料深度脱硫的影响。生产生物质是另一个有趣的研究方向，如甘油三酯的酯交换、酯化游离脂肪酸和稳定处理碳水化合物。化学固定二氧化碳以生产有用的环状碳酸盐，通过糖酵解循环再利用聚对苯二甲酸乙二醇酯（PET），使用路易斯酸DES交联环氧树脂，以及研究DES作为潜在催化剂生产作为超分子大环的支柱芳烃。

8.2 DES促进有机转化

8.2.1 费歇尔吲哚合成

由于吲哚环在药物化学和天然产物合成中的广泛应用，构建吲哚支架的合成路线得到了快速发展，受到越来越多研究团队的关注。制备吲哚的一个经典途径是费歇尔吲哚合成。同样，由于路易斯或布朗斯特酸性 DES 是密不可分的主题，因此在 DES 中催化吲哚合成一直是研究的焦点[4-6]。研究人员通过环境友好且可重复使用的双催化剂溶剂 ChCl/$ZnCl_2$ 实现了立体异构费歇尔吲哚反应（图 8.1）。采用 DES 可以避免使用挥发性有机溶剂和有害催化剂，且分离步骤只需直接从 DES 中升华。快速原子轰击（fast atom bombardment，FAB）质谱鉴定结果表明 ChCl/$ZnCl_2$ 溶剂中实际存在的组分在费歇尔吲哚合成中起着不同的作用[7]。

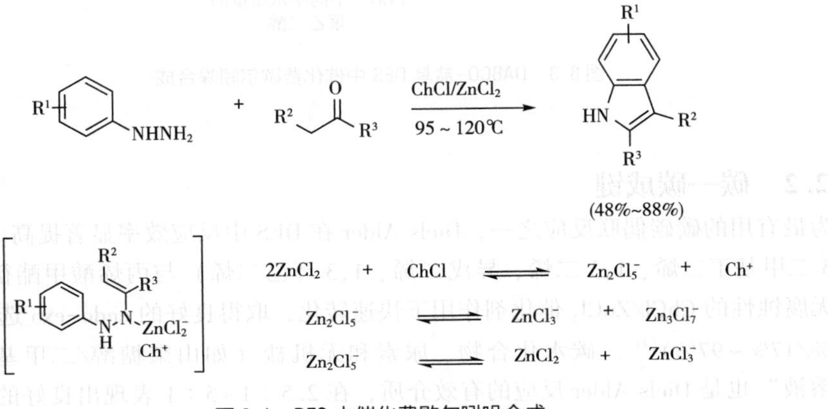

图 8.1 DES 中催化费歇尔吲哚合成

此外，酒石酸/尿素体系在温和条件下能够高效合成功能性吲哚。不同的底物可有效地实现产物分离以及高效的溶剂回收再利用（图 8.2）。本方法也适用于抗组胺剂和抗精神病药吡啶吲哚苯二氮卓、褪黑激素的制备[8]。

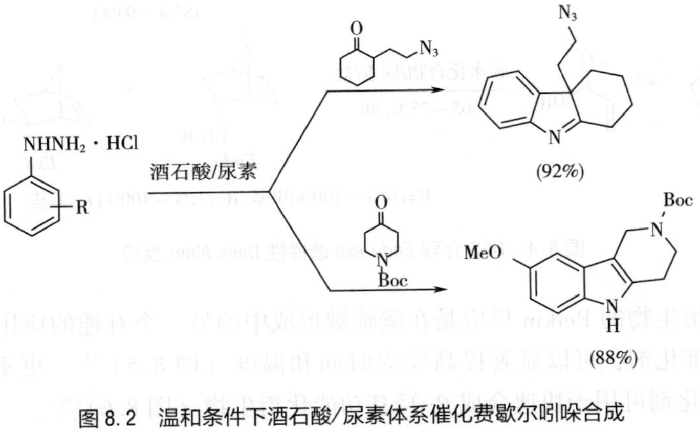

图 8.2 温和条件下酒石酸/尿素体系催化费歇尔吲哚合成

由聚乙二醇（PEG）和 1,4-重氮比氯-2.2.2-辛烷（DABCO）基盐组成的非常规 DES 也可以作为费歇尔吲哚合成的催化溶剂。使用烷基卤化物对 1,4-重氮比氯-2.2.2-辛烷进行氮烷基化，并随后与氢键供体（HBDs）混合，是获得这些新型 DES 的途径。图 8.3 介绍了吲哚化过程以及合成季铵盐的总体结构。Kotha 和 Chakkapal 发表的论文报道了 DES 在费歇尔吲哚化反应中的广泛应用[10]。

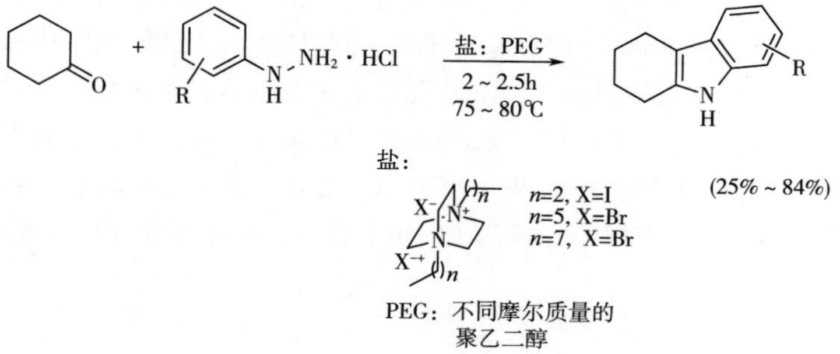

盐：PEG
2～2.5h
75～80℃
盐：
n=2, X=I
n=5, X=Br
n=7, X=Br
(25%～84%)
PEG：不同摩尔质量的聚乙二醇

图 8.3 DABCO-盐基 DES 中催化费歇尔吲哚合成

8.2.2 碳—碳成键

作为最有用的碳碳偶联反应之一，Diels Alder 在 DES 中反应效率显著提高。不同的二烯烃（2,3 二甲基丁二烯、1,3 二烯、异戊二烯、1,3 环己二烯）与丙烯酸甲酯衍生物在水不敏感、无腐蚀性的 $ChCl/ZnCl_2$ 催化剂作用下快速转化，取得良好的 endo-exo 选择性（endo/exo = 83%/17%～97%）[11]。碳水化合物、尿素和无机盐（如山梨糖醇/二甲基脲/氯化铵）等“甜溶液”也是 Diels Alder 反应的有效介质，在 2.5∶1～5∶1 表现出良好的 endo-exo 选择性（图 8.4）[12]。

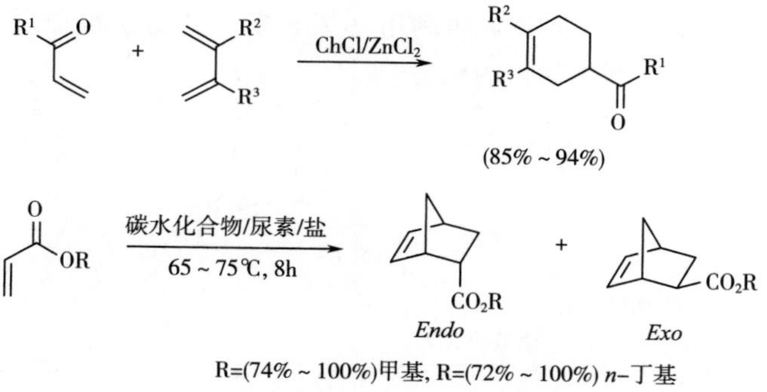

$ChCl/ZnCl_2$
(85%～94%)
碳水化合物/尿素/盐
65～75℃, 8h
Endo *Exo*
R=(74%～100%)甲基, R=(72%～100%) *n*-丁基

图 8.4 DES 介导 *Endo exo* 选择性 Diels Alder 反应

合成肉桂酸衍生物的 Perkin 反应是在碳碳键形成中的另一个有趣的应用，以 ChCl/尿素作为反应介质和催化剂，可以显著提高反应时间和温度（图 8.5）[13]。更重要的是，ChCl/尿素 DES 作为催化剂可用于快速合成β-羟基功能化衍生物（图 8.6）[14]。

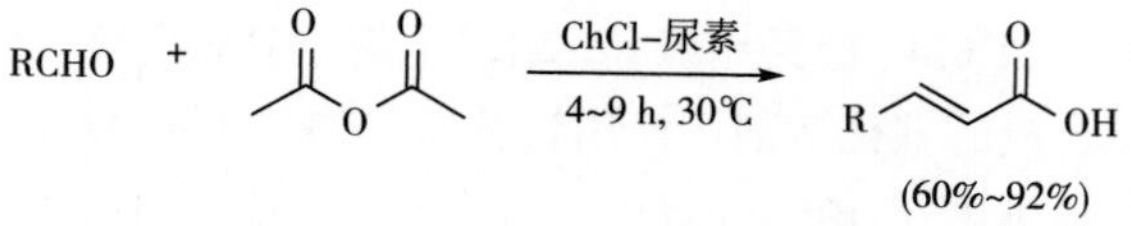

RCHO + ChCl-尿素 4~9 h, 30℃
(60%~92%)

图 8.5 ChCl/尿素介导 Perkin 反应

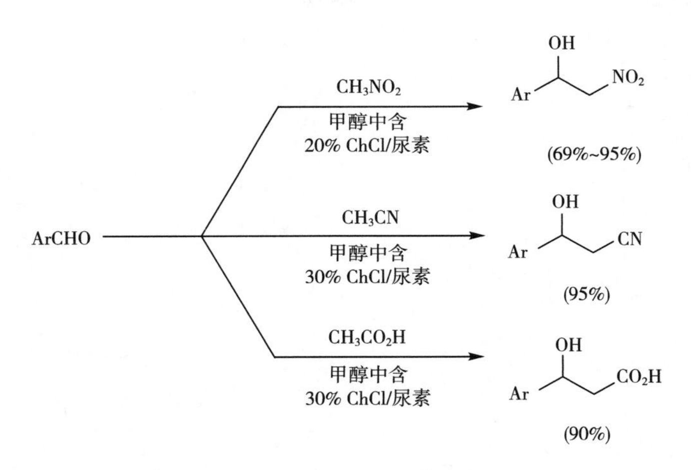

图 8.6 DES 催化合成 β-功能化酮衍生物

DES 是进行吲哚类反应的有趣催化剂，中性和酸性 DES 作为双催化剂-溶剂或仅作为催化剂，对羰基和迈克尔受体进行吲哚的亲核加成。PEG 中加入一种典型、经济、环保的 DES 催化剂 ChCl/$SnCl_2$，可催化羰基和吲哚衍生物反应合成双吲哚衍生物[15]。ChCl/草酸和 ChCl/尿素也能实现这类催化反应（图 8.7）[16,17]。

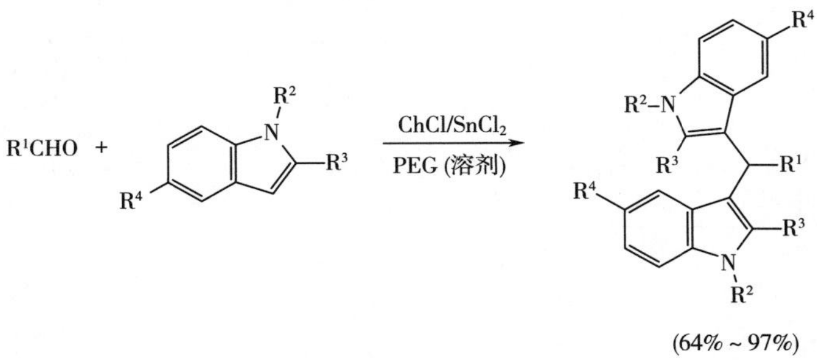

图 8.7 胆碱基 DES 催化合成双（吲哚基）甲烷

在以吲哚为基础的反应中，成功地通过 ChCl/草酸 DES 催化吲哚与 1,3-二羰基化合物的直接 C-3 烯基化/烷基化反应。产物分布取决于吲哚衍生物的取代基团，2 取代吲哚可获得 C-3 烯基化产物，而普通吲哚在相同的反应条件下合成双（吲哚）甲烷（图 8.8）[18]。

草酸二水合物/脯氨酸体系还可以环保又高效的催化合成各种螺环庚烯和双巴比妥酸衍生物（图 8.9）[19]。

8.2.3 吡咯合成

DES 是促进 Clauson-Kaas 和 Paal-Knorr 反应合成 *N* 取代吡咯的有效催化剂，可显著缩短反应时间和反应温度，同时提高产率（图 8.10）[20-23]。

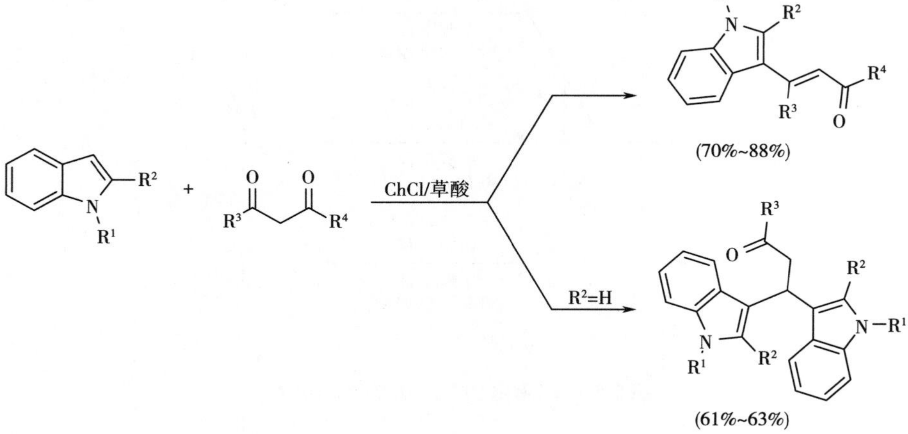

图 8.8 DES 介导吲哚的直接 C-3 烯基化/烷基化

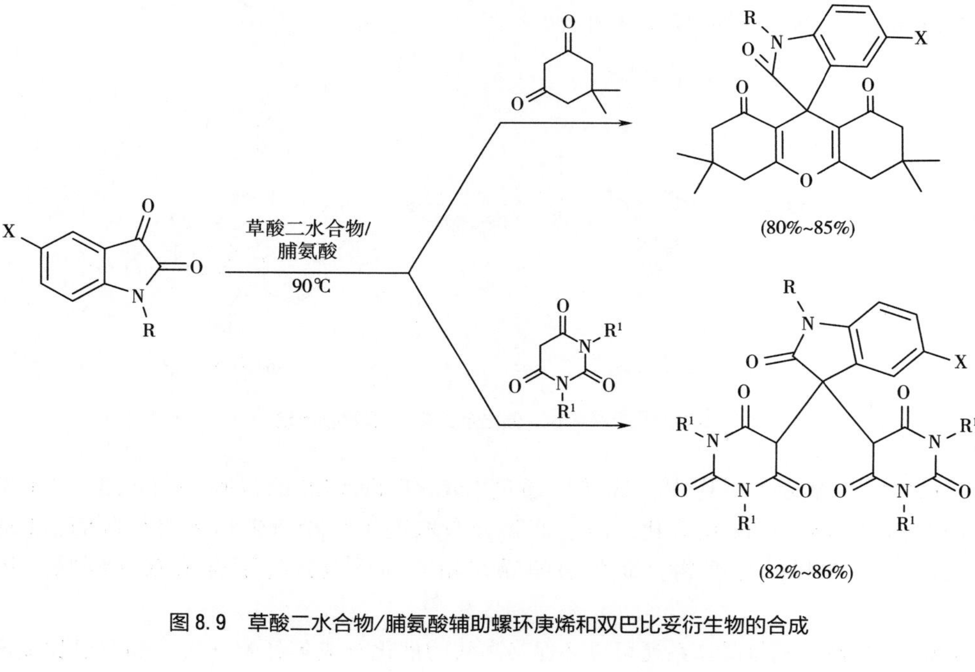

图 8.9 草酸二水合物/脯氨酸辅助螺环庚烯和双巴比妥衍生物的合成

8.2.4 氧化反应

氧化反应是生物体和人体中有机化学和生物化学的基本转化。将纤维素氧化为葡萄糖酸是从可再生木质纤维素生物质获得高附加值化学品的重要途径。利用具有催化剂和溶剂双重作用的 $FeCl_3 \cdot 6H_2O$/乙二醇（EG）DES 可以高效地、选择性地将纤维素转化为葡萄糖酸（图 8.11），反应机制为酸性 DES 将纤维素水解成葡萄糖，然后在空气中被 $FeCl_3$ 氧化。葡萄糖酸产品的另一个优点是可以进行自沉淀，减少了产品分离步骤[24]。

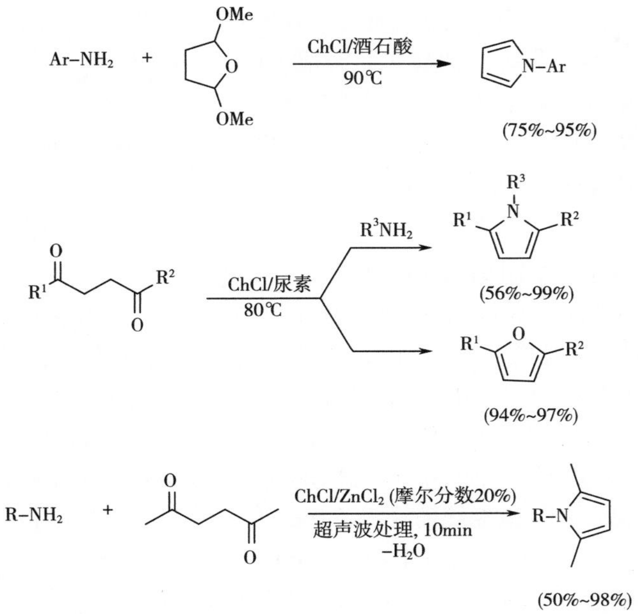

Ar–NH$_2$ + (2,5-二甲氧基四氢呋喃) $\xrightarrow[90℃]{\text{ChCl/酒石酸}}$ N-Ar吡咯 (75%~95%)

R^{1}COCH$_2$CH$_2$COR^2 $\xrightarrow[80℃]{\text{ChCl/尿素}}$ R^{3}NH$_2$ → 吡咯 (56%~99%)；→ 呋喃 (94%~97%)

R–NH$_2$ + 2,5-己二酮 $\xrightarrow[\text{超声波处理, 10min; }-H_2O]{\text{ChCl/ZnCl}_2\text{ (摩尔分数20\%)}}$ R–N吡咯 (50%~98%)

图 8.10 DES 介导 Clauson-Kaas 和 Paal-Knorr 反应合成取代吡咯

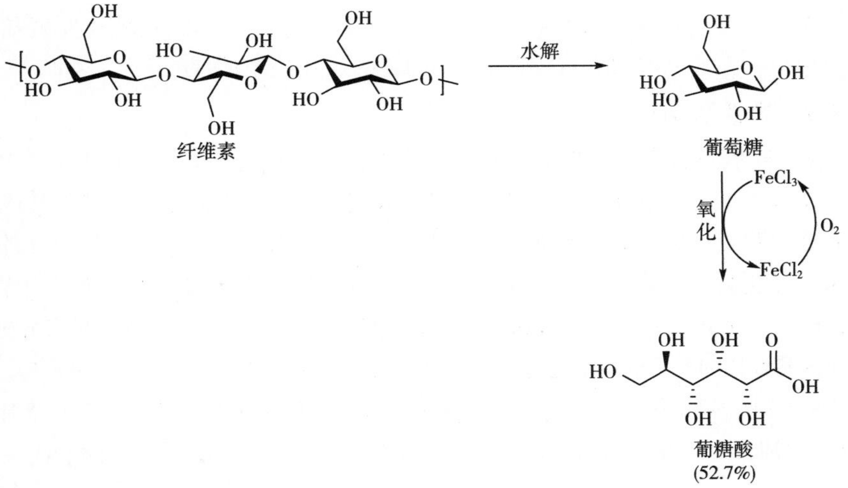

纤维素 $\xrightarrow{\text{水解}}$ 葡萄糖 $\xrightarrow[\text{FeCl}_3/\text{FeCl}_2,\ O_2]{\text{氧化}}$ 葡糖酸 (52.7%)

图 8.11 $FeCl_3 \cdot 6H_2O$/乙二醇 DES 催化纤维素转化葡萄糖酸

此外，在水溶剂中，ChCl/1,1,1,3,3,3-六氟-2-丙醇和传统的 ChCl/尿素 DES 可以快速催化硼酸衍生物以克级转化为酚类（图 8.12）[25,26]。

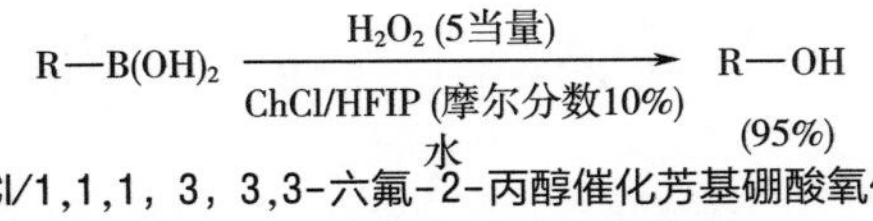

R—B(OH)$_2$ $\xrightarrow[\text{ChCl/HFIP (摩尔分数10\%), 水}]{H_2O_2\text{ (5当量)}}$ R—OH (95%)

图 8.12 ChCl/1,1,1，3，3,3-六氟-2-丙醇催化芳基硼酸氧化羟基化反应

同样条件下 ChCl/尿素可催化获得高达 96%产率。

香水、药品和有机中间体是由羰基化合物生产的众多批量和精细化学品之一[27]。采用低成本、环境友好的催化剂获得选择性、高收率的醇氧化合成方法，对羰基化合物的制备具有重要意义。在*N*-溴代琥珀酰亚胺（NBS）将醇快速氧化成醛和酮的过程中，典型的ChCl/尿素DES是一种高效催化溶剂（图8.13）[28]。

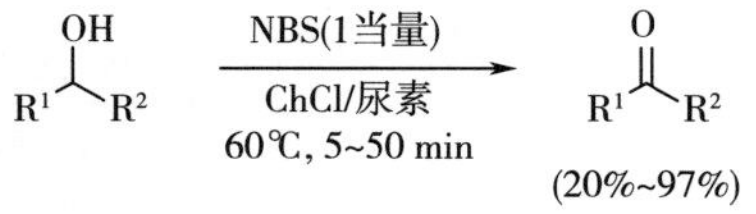

$$R^1CH(OH)R^2 \xrightarrow[\text{ChCl/尿素, 60℃, 5~50 min}]{\text{NBS(1当量)}} R^1C(=O)R^2 \quad (20\%\text{~}97\%)$$

图8.13 ChCl/尿素催化醇氧化

8.2.5 “绿色”多组分反应

绿色多组分反应（green multicomponent reactions，GMCRs）采用一步反应实现多键合成已成为理想有机合成的主要挑战之一。GMCRs相比传统反应更快更便宜，因为该反应只需将化合物混合在一起，无需分离任何中间产物。其他有利方面包括使用现成的原料、操作简单、易于自动化、资源效率、原子经济和生态友好性，同时能将反应时间和成本以及废物生产最小化。MCRs历史悠久，许多重要反应比如Strecker氨基酸合成（1850年）、Hantzsch二氢吡啶化合物合成（1882年）、Biginelli双二氢嘧啶的合成（1891年）、曼尼希反应（1912年）、异氰化物基Passerini反应（1921年）以及Ugi四组分反应（1959年）等，本质上均为多组分反应[29,30]。

在一个反应中融合两种或两种以上的绿色技术相比依赖于独立的单维反应，是实现可持续发展的更好方法。而在DES中开发新的MCRs可以实现该目标。在DES中设计有机反应是绿色化学中另一个有吸引力的领域。尽管MCRs对现代有机化学的发展做出了重大贡献，并在复杂有机合成中具有潜在的应用前景，但人们对其在DES领域的发展却鲜有人关注。本部分内容旨在展示有机合成中同时使用MCRs和DES的优点。

8.2.5.1 异氰基MCRs

MCRs有多种不同的类型，其中最有用的是异氰类多组分反应（IMCRs），该反应可以合成大量的基本支架。异氰化物在MCRs合成中表现出的巨大潜能主要是基于其成键过程的多样性、官能团耐受性以及高水平的化学选择性、区域选择性和立体选择性。此外，这种支架多数是由商品化材料组装而成，因此通过一类反应可以获得潜在的大量化合物库[31]。

过去，异氰化物MCRs如Ugi和Passerini反应，大多在质子醇溶剂，特别是甲醇中进行。本课题组在DES和经典的质子溶剂中进行了两个MCRs，Passerini[32]和Ugi[33]改良反应。与有机溶剂相比，DES中的反应结果非常令人惊讶。Ugi和Passerini反应在DES中的反应速度比有机溶剂中快100倍。反应在2~5个小时内完成，产物收率高，且易于过滤或提取（图8.14）。

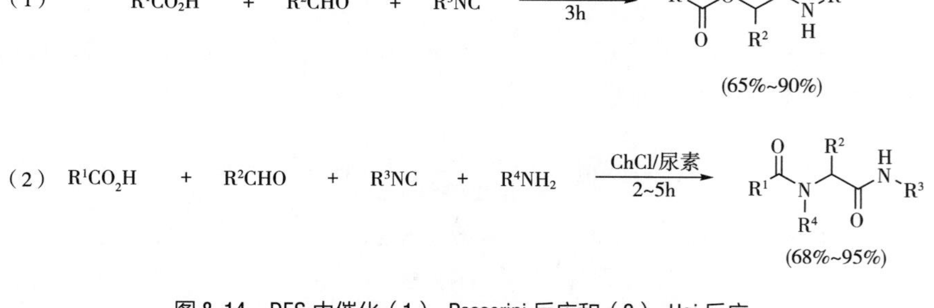

（1）$$R^1CO_2H + R^2CHO + R^3NC \xrightarrow[\text{3h}]{\text{ChCl/尿素}} R^1C(=O)OCH(R^2)C(=O)NHR^3 \quad (65\%\text{~}90\%)$$

（2）$$R^1CO_2H + R^2CHO + R^3NC + R^4NH_2 \xrightarrow[\text{2~5h}]{\text{ChCl/尿素}} R^1C(=O)N(R^4)CH(R^2)C(=O)NHR^3 \quad (68\%\text{~}95\%)$$

图8.14 DES中催化（1）Passerini反应和（2）Ugi反应

此外，本课题组还开发了一种环境友好的三组分一锅法合成 3-氨基咪唑-1,2a-吡啶，该反应中 DES 作为溶剂和催化剂催化 2-氨基吡啶、芳香醛和异氰化物反应（图 8.15）。

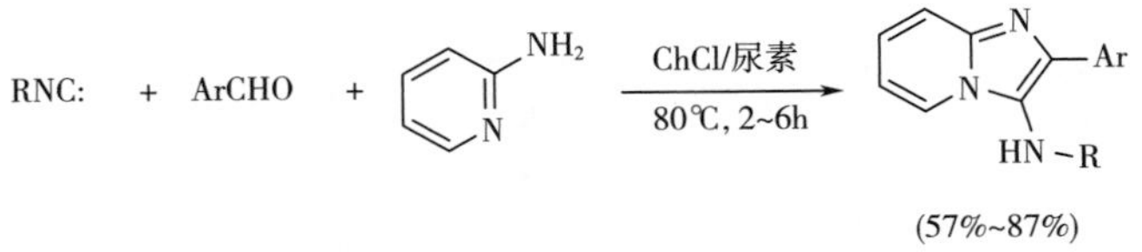

RNC: + ArCHO + 2-氨基吡啶 —ChCl/尿素, 80℃, 2~6h→ 3-氨基咪唑并吡啶 (57%~87%)

图 8.15 合成 3-氨基咪唑-［1,2-a］吡啶

DES 作为可重复使用的溶剂和催化剂，能使催化过程变得非常简单和绿色。典型的 DES 实验过程中如下，将 2-氨基吡啶（0.5mmol）、芳香醛（0.5mmol）和环己基异氰酸酯（0.51mmol）混合物倒入 DES（0.5 mL）中 80℃下搅拌 2~6h，随后将该多相反应混合物冷却至室温。加入水，抽滤分离 DES，并用丙酮或乙酸乙酯将残渣结晶得到收率较高的产物[34]。

8.2.5.2 曼尼希反应类型

1912 年，卡尔·曼尼希意外地发明了一种反应。多年来出版的大量书籍和综述表明，从那时起，曼尼希反应就引发了业界越来越多的关注。

曼尼希反应是一种用于构建含氮化合物的有效碳碳键形成过程，如 α 和 β 氨基酸衍生物，以及源于廉价和容易获得底物的各种天然产物。曼尼希反应也用于天然化合物的有机合成，如肽、核苷酸、抗生素和生物碱等[35]。

文献中有两条合成曼尼希碱的常规路线。在“直接”曼尼希反应中，醛、胺与酮的三组分一锅法反应生成 β-氨基羰基化合物［图 8.16（1）］。另一方面，“间接”的曼尼希反应包括 C 亲核试剂与由起始醛和胺制备的预成亚胺的亲核加成［图 8.16（2）］。

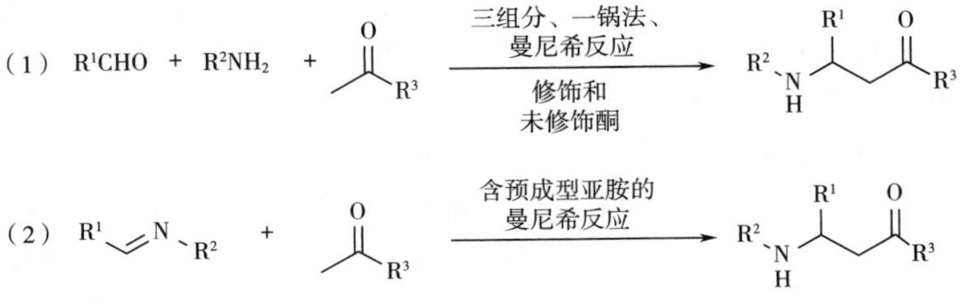

（1） R^1CHO + R^2NH_2 + 酮(R^3) —三组分、一锅法、曼尼希反应；修饰和未修饰酮→ R^2NH-$CH(R^1)$-CH_2-$C(O)R^3$

（2） $R^1CH{=}NR^2$ + 酮(R^3) —含预成型亚胺的曼尼希反应→ R^2NH-$CH(R^1)$-CH_2-$C(O)R^3$

图 8.16 直接（1）或间接（2）曼尼希反应

据报道，各种路易斯酸、路易斯碱和金属盐可作为该反应的催化剂。考虑到目前我们所面临的环境问题，不使用任何有害有机溶剂的情况下，在绿色溶剂如水、聚乙二醇和离子液体中进行三组分一锅法曼尼希反应显得十分重要。在此背景下，研究新型催化剂促使在更绿色的条件下进行三组分一锅法曼尼希型反应尤为重要[36]。

本课题组将 DES 固定于介孔二氧化硅 SBA-15 上，作为一种高效的多相离子催化剂，用于芳香醛、芳香胺和苯乙酮的三组分一锅法曼尼希反应。通过测定苯甲醛、苯胺和苯乙酮反应模型中的几种溶剂，发现 DES/SBA 15 在乙醇中能有效地催化该反应（图 8.17）[37]。

Keshavarzipour 和 Tavakol 在 $ChCl/ZnCl_2$DES 催化剂的作用下，于水中进行了醛、芳香胺

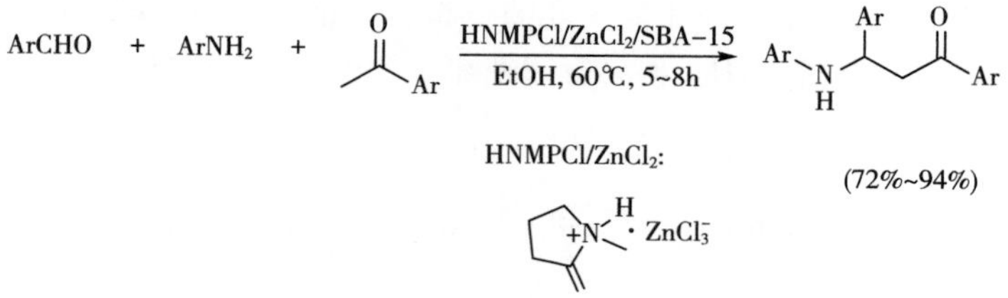

ArCHO + $ArNH_2$ + 苯乙酮类 $\xrightarrow[\text{EtOH, 60℃, 5~8h}]{\text{HNMPCl/ZnCl}_2\text{/SBA-15}}$ β-氨基酮 (72%~94%)

$HNMPCl/ZnCl_2$: $ZnCl_3^-$

图 8.17 SBA-15 负载 DES 催化曼尼希反应

和酮的三元曼尼希反应，该反应适用于不同的醛、芳胺和酮，并且以良好的产率获得了各种β-氨基酮（图 8.18）。在该反应中，$[ZnCl_3]^-$起实际催化作用，而氯化胆碱有效的增强氯化锌的催化性能[38]。

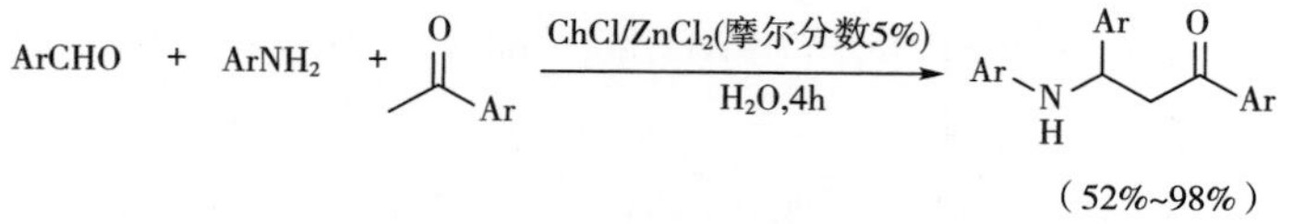

ArCHO + $ArNH_2$ + 苯乙酮类 $\xrightarrow[\text{H}_2\text{O,4h}]{\text{ChCl/ZnCl}_2\text{(摩尔分数5\%)}}$ β-氨基酮 (52%~98%)

图 8.18 由 $ChCl/ZnCl_2$ DES 催化的曼尼希反应

Petasis 反应是一种改良的三元一锅法曼尼希缩合反应，由醛（大部分是不可烯醇化的，都含有一个官能团或 α-或邻位杂原子）、胺和硼酸三组分反应制备胺和 α-氨基酸[39]。Petasis 反应也被称为硼酸曼尼希反应（Boronic-Mannich reaction），因为它通过亚胺进行的，硼酸作为亲核试剂，在原曼尼希反应中类似于可烯化酮的作用。Petasis 反应的反应条件是在室温下，将反应置于常见的有机溶剂（如二氯甲烷、甲苯、乙醇和乙腈）中搅拌 24h 或更长时间[40]。

本课题组首次研究了水杨醛衍生物、仲胺、硼酸在 DES 中进行 Borono Mannich 反应。该模型反应中，水杨醛、吗啉和苯基硼酸混合于 80℃的 DES 中，4h 后收率为 92%。在相同的条件下，该反应最常用的溶剂乙醇对这一特定转化反应的效率较低，产率仅为 43%。对其他水杨醛和苯基硼酸的研究结果表明，醛和苯基硼酸的芳基取代对反应结果几乎没有明显影响。优化反应条件后，还采用了多种仲胺和硼酸进行转化（图 8.19），环或非环仲胺，如二苄胺和二烯丙胺、吡咯烷和哌啶，可能是通过硼酸亚胺之间的分子内反应得到相应的氨基甲基苯酚衍生物。

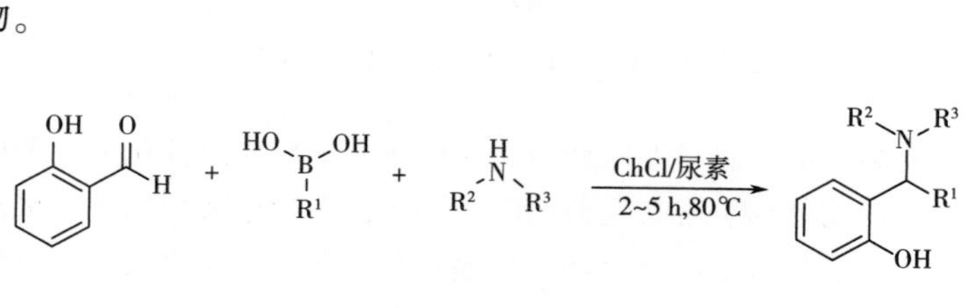

水杨醛 + $R^1B(OH)_2$ + R^2NHR^3 $\xrightarrow[\text{2~5 h,80℃}]{\text{ChCl/尿素}}$ 产物 (78%~94%)

图 8.19 DES 中进行 Petasis 反应

Kabachnik-Fields（phospha-Mannich）反应是一种制备关键生物活性材料 α-氨基磷酸盐的最具吸引力和最直接的方法之一，该反应过程涉及羰基、胺和氢磷酰化合物的偶联[41]。

由于合成α-氨基磷酸盐的用途广泛，所以一般温和合成α-氨基磷酸盐的方法，特别是用醛和亚磷酸二乙酯与胺的“一步法”合成α-氨基磷酸盐尤其具有吸引力。因此，Disale 等在室温下使用摩尔分数15%的 $ChCl/ZnCl_2$DES 简单高效地合成α-氨基磷酸盐，该反应时间短、收率高（图 8.20）[42]。

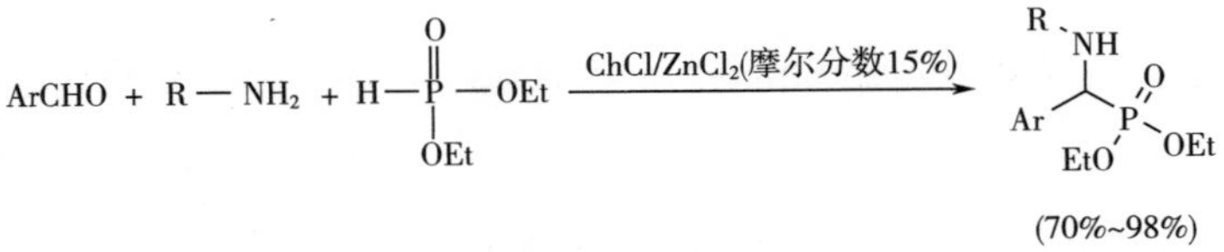

图 8.20 DES 催化 Kabachnik-Fields 反应

8.2.5.3 Biginelli 反应

1893 年，意大利化学家 Pietro Biginelli 首次发现了通过乙酰乙酸乙酯、苯甲醛和尿素的酸催化环缩合反应合成3,4-二氢嘧啶-2（1*H*）-酮[43]。该 MCR 反应通过将溶于乙醇的三种成分与催化量的盐酸的混合物进行简单的回流，该一锅三组分反应的合成在反应混合物冷却后析出的产物被鉴定为3,4 二氢嘧啶-2（1*H*）-酮（图 8.21）。如今，该反应被称为“比吉内利反应，Biginelli 反应”，也被称为“Biginelli 缩合”，或“Biginelli 二氢嘧啶合成”。

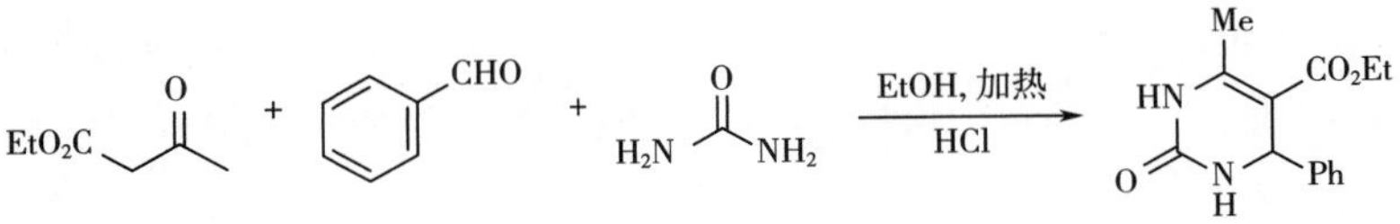

图 8.21 首次报道 Biginelli 反应

由于3,4-二氢嘧啶2(1*H*)具有丰富的生理活性，Biginelli 反应是一种非常有吸引力的转化，通过这个反应可以从非常便宜和可用的底物中批量获得化合物。通过改变这三个组成部分来设计适合于 Biginelli 反应的条件是许多化学家获得大量多官能团嘧啶衍生物的兴趣所在[44]。

较为典型的案例，如 DES 在制备二氢嘧啶时同时具有溶剂、催化剂和反应物的三重作用[45]。该反应利用酒石酸/尿素衍生物作为可循环利用的热稳定催化剂，在尿素、各种芳香族醛、对β-二羰基化合物之间采用三组分“一步法”高收率的合成相应的加成物。所有的反应进行迅速，并与一系列含有供电子和吸电子基团的芳香醛、1,3-二羰基化合物、尿素衍生物获得高产率。该反应条件非常简单，只需在70℃下加热并搅拌12h 即可。所有产物均为固体，无需使用任何色谱分析或繁琐的检查，也无需要有机溶剂，仅通过离心便可得到纯产物，（图 8.22）。

在后续的工作中，由芳基酮和多聚甲醛在 *L*-(+)酒石酸/*N*,*N'*-二甲基脲（DMU）熔体中反应合成功能化的六氢嘧啶-二胺酮被证明是有效的，经过简单优化便获得较高产率（图 8.23）[46]。

本课题组报道了一种在 DES 中进行大规模催化 Biginelli 反应的更简单方法（图 8.24）。

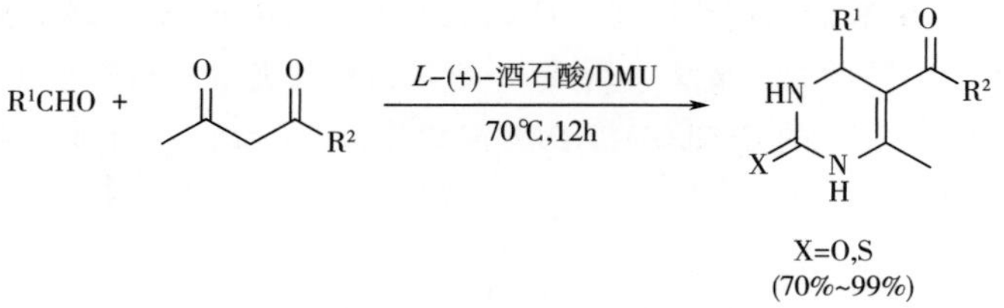

R¹CHO + O O R² —— *L*-(+)-酒石酸/DMU, 70℃,12h → R¹ O HN R² X N H

X=O,S
(70%~99%)

图 8.22 *L*-（+）-酒石酸/DMU（DMU = *N*, *N*′-二甲基脲）在制备二氢嘧啶衍生物中的三重作用

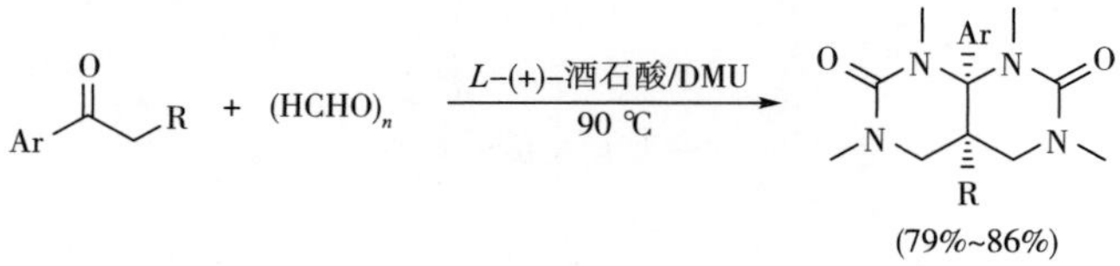

Ar O R + $(HCHO)_n$ —— *L*-(+)-酒石酸/DMU, 90 ℃ → O N Ar N O N R N

(79%~86%)

图 8.23 *L*-（+）-酒石酸/DMU（DMU = *N*, *N*′-二甲基脲）中合成嘧啶二酮

以 ChCl/$SnCl_2$DES 作为催化剂，通过醛、对酮酯和尿素的一步三组分法反应直接生成二氢嘧啶酮。仅需简单的操作，该反应便可在短时间内获得高产率的二氢嘧啶酮衍生物。该反应过程的另一个重要方面是在反应条件下维持各种官能团，如 NO_2、Cl、OH、OCH_3 和共轭碳碳双键[47]。

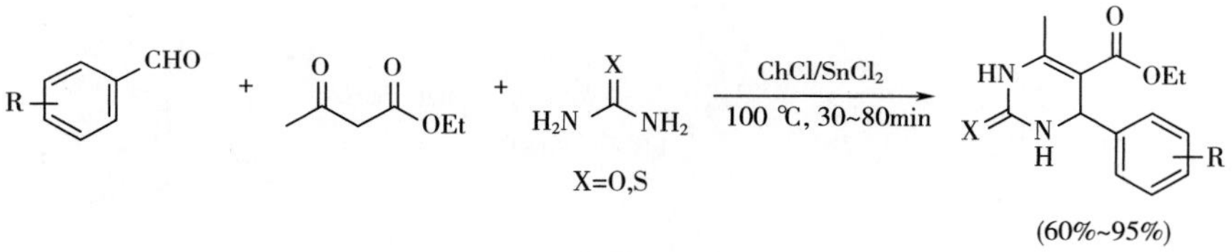

R CHO + O O OEt + X H_2N NH_2 —— ChCl/$SnCl_2$, 100 ℃, 30~80min → HN O OEt X N H R

X=O,S

(60%~95%)

图 8.24 DES 催化 Biginelli 环缩合反应

Navarro 课题组报道了三水合醋酸钠/尿素 DES 在二甲基酮、醛、尿素“一步法”Biginelli 反应中制备二氢嘧啶酮衍生物的方法[48]。研究结果表明，温度与产物的分布有显著的关系。60℃条件下反应，可生成唯一产物六羟基蒽-1,8-二酮，而在 100℃高温下反应，竟会意外生成六氢吖啶-1,8-二酮。对反应条件的进一步研究表明，尿素在这些条件下不参与反应，即使加热时间延长到 12h，也不会生成 Biginelli 产物（图 8.25）。

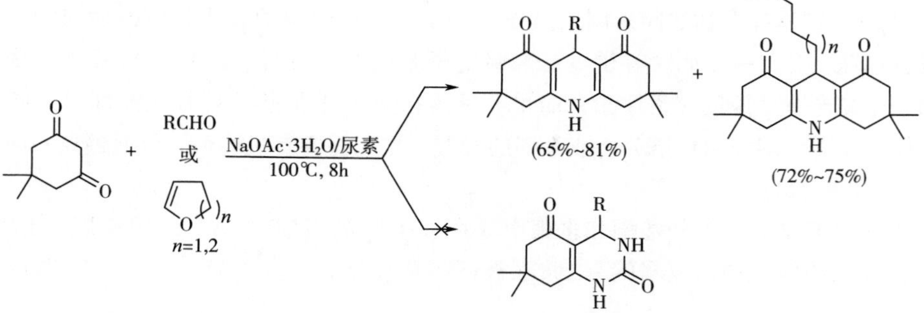

O O + RCHO 或 O n, *n*=1,2 —— $NaOAc·3H_2O$/尿素, 100℃, 8h → O R O N H (65%~81%) + HO n O O N H (72%~75%)

O R NH N H O

图 8.25 DES 中合成六氢吖啶-1,8-二酮

图 8.26 所示为由 DES 催化意外合成六氢吖啶-1,8-二酮的可能途径[48]。在 Biginelli 反应的三种可能路线中，^{1}H NMR 谱结果表明只有 Knoevenagel 路线会促进双羟基衍生物的形成。二甲基酮、芳香醛与二甲基酮缩合的原位产物 Michael 加成得到双羟基衍生物。中间体的氨来源于 DES 分解的尿素，随后进行分子内环加成，然后是脱水步骤，最终获得所需的产物（图 8.26）。

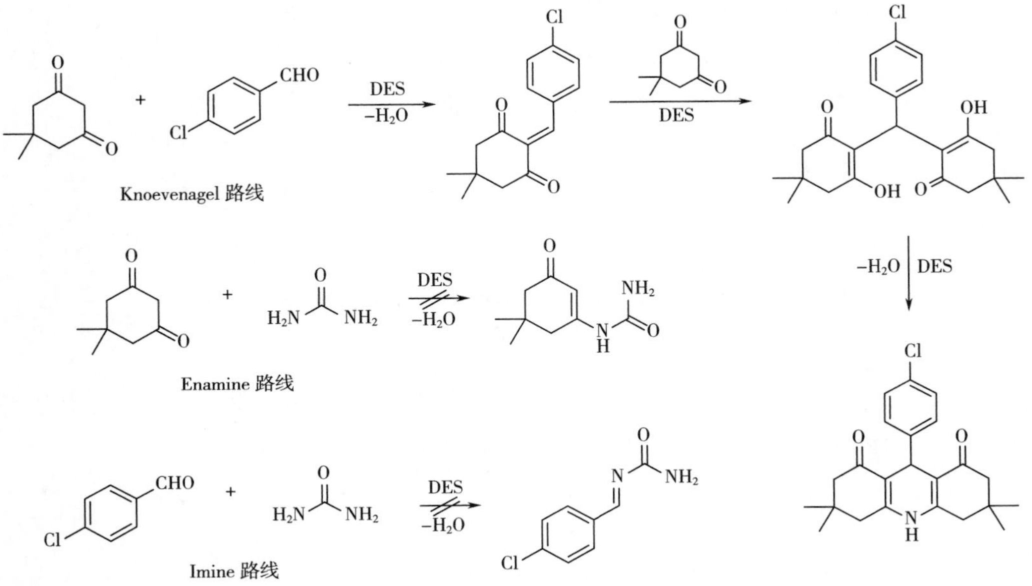

Knoevenagel 路线

Enamine 路线

Imine 路线

图 8.26　NaOAc · $3H_2O$/尿素 DES 介导的 Biginelli 反应合成六氢吖啶-1,8-二酮的可能途径

资料来源：经 Navarro 等许可转载（2016）[48]，版权归英国皇家化学学会（2016）所有。

8.2.5.4　色原烯、吡喃和螺旋体吲哚衍生物的合成

4*H*-色原烯和 4*H*-吡喃衍生物是重要的杂环化合物，存在于广泛的天然和合成产物中，具有有益的药物活性。

2014 年，Chaskar 等研究开发了一种用摩尔分数 20%氯化胆碱/尿素 DES 在纯水中催化醛、丙二腈和活性亚甲基化合物一锅反应合成 4*H*-色原烯衍生物的绿色工艺（图 8.27）[49]。

本课题组以纯 DES 同时作为催化剂-溶剂体系进行了同样的反应，发现 DES 能有效催化反应，且无任何副产物（图 8.28）[50]。

在上述方案的一个变型中，新的绿色多组分反应的范围被扩大到使用不同的靛红衍生物环-1,3-二酮和丙二腈合成螺旋吲哚衍生物，靛红衍生物和 *N*-取代靛红衍生物都经过 MCRs 得到分离收率为 50%～98%的螺旋体色素衍生物（图 8.29）[51]。

在类似的转化过程中，草酸/脯氨酸催化醛、2-氨基苯并噻唑和 2-羟基-1,4-萘醌在微波辐照下进行一锅反应，得到了高产率和高纯度的产物（图 8.30）[52]。

8.2.5.5　吡咯、吡唑的多组分合成

吡咯衍生物是合成药物和色素的重要中间体。取代吡咯是一类具有显著药理特性的化合物，如抗菌、抗病毒、抗炎、抗肿瘤和抗氧化活性。此外，它们是合成天然产物和杂环化

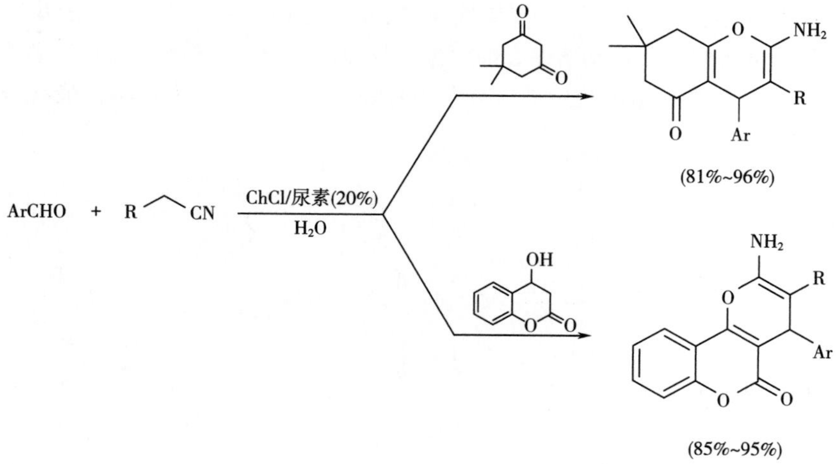

ArCHO + R⁀CN —ChCl/尿素(20%), H_2O→ (81%~96%) ; (85%~95%)

图 8.27 纯水中 DES 催化多组分合成 4*H*-色原烯衍生物

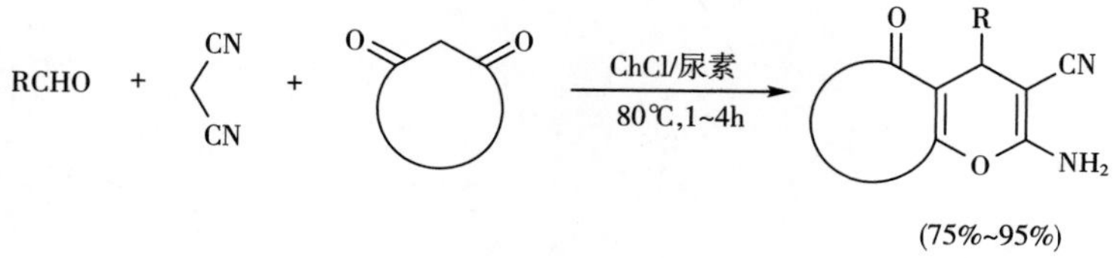

RCHO + CN⁀CN + 环状1,3-二酮 —ChCl/尿素, 80℃,1~4h→ (75%~95%)

图 8.28 4*H*-色原烯衍生物的多组分合成

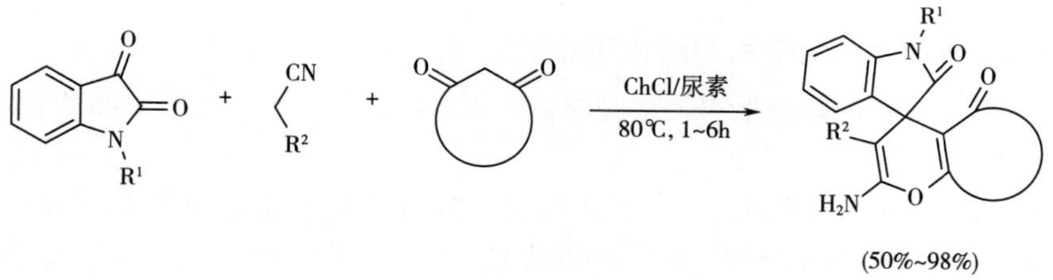

(50%~98%)

图 8.29 基于 MCR 在 DES 中催化合成靛红衍生物

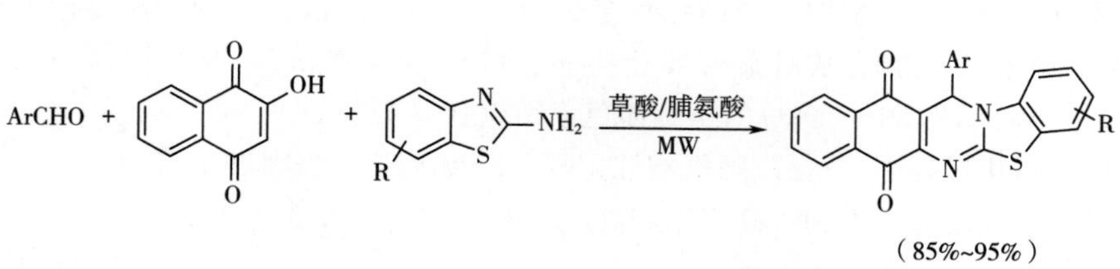

(85%~95%)

图 8.30 微波辅助 DES 催化合成杂环化合物

合物的有用中间体，在材料科学中也有广泛的应用。因此，已有大量文献中报道了构建吡咯的反应过程。

在可重复使用的ChCl/丙二酸DES中，胺、醛、1,3-二羰基化合物、硝基甲烷的一锅四组分反应可制备出不同取代的吡啶（图8.31）[53]。

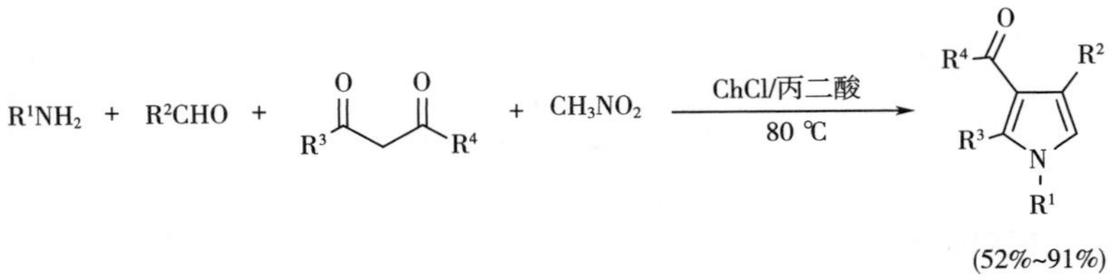

图8.31 ChCl/丙二酸介导催化合成吡咯

Bhate等将糖衍生物作为醛类组分用于合成吡咯。他们以ChCl/尿素DES为绿色可重复的催化剂，在该DES中将糖与芳基胺和1,3-二酮加热，获得较高产量的环状吡咯。他们探索了五种不同的DES，结果发现ChCl/尿素在产量和可回收性方面表现最佳。该催化方案适用于不同的糖，如D-葡萄糖、D-半乳糖、D-果糖、D-木糖和1,3-二酮。无环二酮和环-1,3-二酮以及不同的糖也都适用该反应，并能够获得高产率的相应产物（图8.32）[54]。

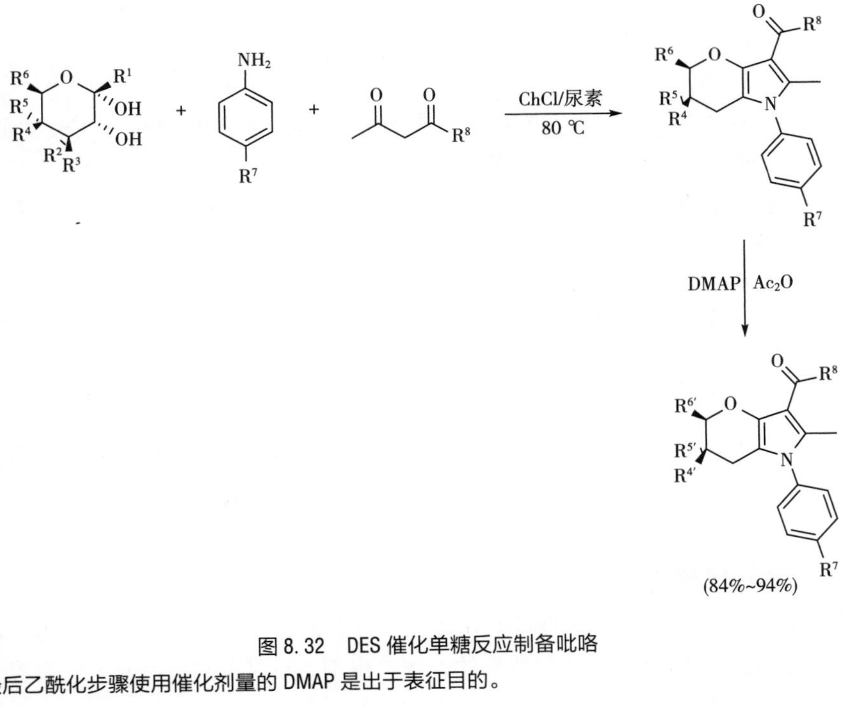

图8.32 DES催化单糖反应制备吡咯

注：最后乙酰化步骤使用催化剂量的DMAP是出于表征目的。

Shankarling等研究证明DES联合超声波（US）可以“一锅法”Knorr合成吡唑。以ChCl/酒石酸DES为催化剂，以超声波技术为新能源，在水中通过不同醛、苯肼、乙酰乙酸乙酯的一锅三组分反应合成吡唑类化合物，该方案的主要特点是反应时间短、产量高、反应条件温和（图8.33）[55]。

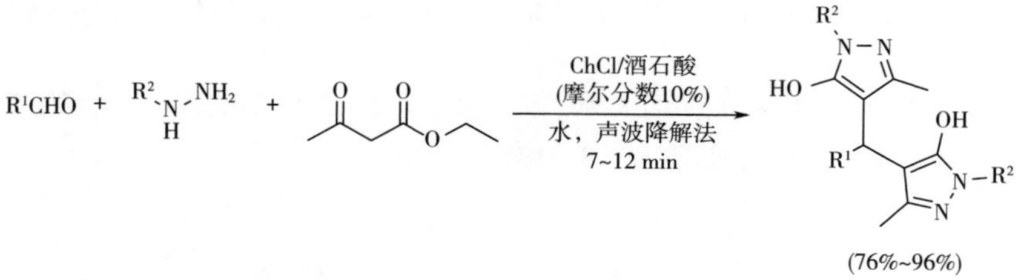

图 8.33 “一锅法” Knorr 合成吡唑

8.2.5.6 合成喹唑啉

2012 年，Zhang 等用麦芽糖/二甲基脲/NH_4Cl DES 催化 2-氨基芳酮、醛、乙酸铵三组分反应制备喹唑啉衍生物。该反应中，不同的芳香族和脂肪族醛具有不同的空间和电子性质，反应顺利进行，并得到高产量的纯净产物（图 8.34）[56]。

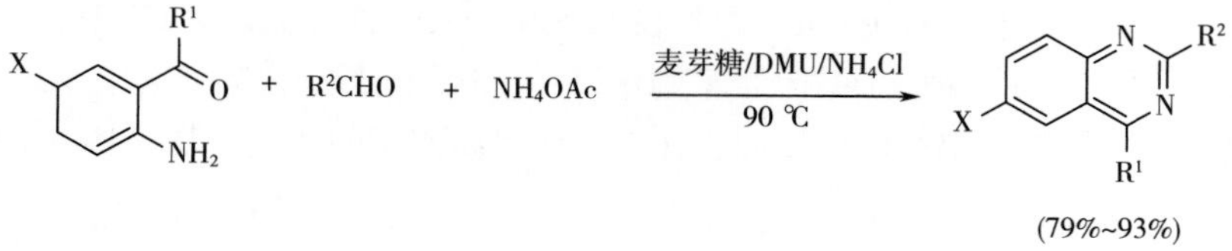

图 8.34 DES 催化喹唑啉衍生物的合成

酸性 DES 在 MCRs 中的进一步催化应用为二氢喹啉衍生物的合成。在最初的实验中，摩尔分数 20%的催化剂在甲醇中以异酸酐、芳香醛和苯胺为原料进行一锅法反应，评价了不同 DES 的催化活性，ChCl/丙二酸组分作为催化剂在收率和可回收性方面优于其他 DES（图 8.35）[57]。

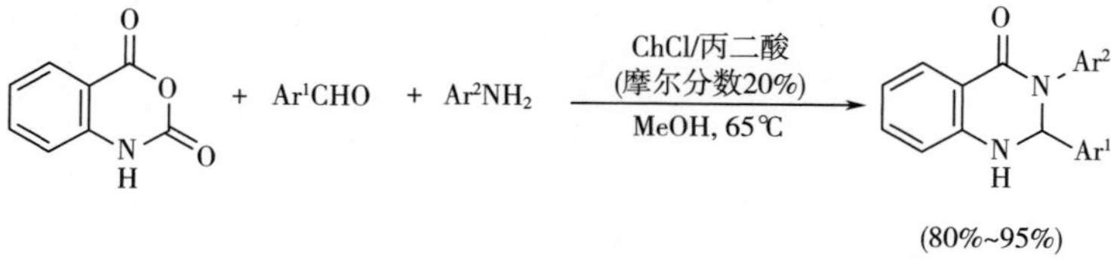

图 8.35 ChCl/丙二酸催化合成喹唑啉衍生物

8.2.5.7 A3-偶联反应

A3-偶联反应是一种值得注意的多组分转化，涉及到醛、炔和胺之间的反应。A3-偶联反应是制备功能化丙胺的一种简便和通用的方法。由于 A3-偶联产物在构建多氮杂环化合物中的重要性，促进该反应的进行引发了科学家的兴趣[58,59]。

König 等研究报道了一个重要的 A3-偶联反应，该反应由 DMU/$ZnCl_2$ 催化合成（图 8.36）。该反应过程普遍适用于醛、炔和仲胺、各种丙胺，且具有较好的合成回收率。DMU/$ZnCl_2$ 具有催化剂和反应介质的双重作用，赋予其合适的催化活性。其他 $ZnCl_2$ 基 DES，如 $ZnCl_2$/乙酰胺和 $ZnCl_2$/尿素合成产量低。此外，回收的 DES 产率依旧可观，且活性基本没有损失[60]。

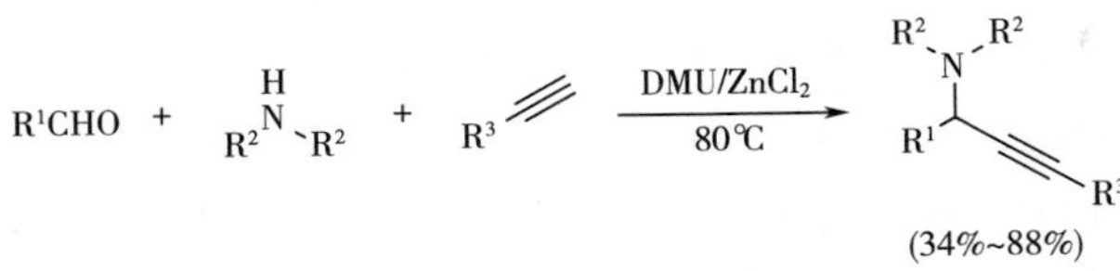

R^1CHO + R^2NHR^2 + $R^3C\equiv CH$ $\xrightarrow[80℃]{DMU/ZnCl_2}$ $R^1CH(NR^2R^2)C\equiv CR^3$ (34%~88%)

图 8.36 DMU/$ZnCl_2$ 介导合成丙胺衍生物

8.3 燃料脱硫

柴油发动机中商业汽油的有机硫杂质的燃烧，会增加空气污染物 SO_x 的排放。因此，为了最大程度的消除污染物排放，各国政府均出台了一些关于限制燃油含硫量的规定，并且逐年严格，以最大限度地提高燃料的淘汰程度。炼油厂采用流体催化裂解生产汽油是汽油硫含量的主要来源。为了获得无硫汽油，人们创造出多种催化和非催化方法。这些方法的基本步骤包括加氢、氧化、萃取、吸附、烷基化等，最终目的是直接减少硫化物含量或将其转化为容易分离的形式[61]。

一般情况下，噻吩（thiophene）及其短链烷基取代衍生物和苯并噻吩（BPs）是催化裂化汽油中常见的有机硫污染物。

DES 在脱硫过程中表现出多种能力，如作为催化剂、溶剂和萃取剂[62-65]。在 8.3.1 和 8.3.2 中介绍了两种最有效的 DES 催化脱硫过程，即噻吩硫（OATS）的烯烃烷基化和燃料的深度氧化脱硫。

8.3.1 噻吩硫的烯烃烷基化

OATS 是由 BP 公司设计的一种极吸引人的脱硫方法，该方法利用烯烃和酸性催化剂将轻烷取代的噻吩转化为重烷取代的噻吩，而重烷基取代的噻吩化合物很容易通过蒸馏方法除去，此外，烯烃在这些燃料中占相当大的比例（20%~40%），从而提高了它们的合理辛烷值。

由 Friedel-Crafts 烷基化反应启发的 OATS 研究中，研究了由 $AlCl_3$ 和乙酰胺或尿素组成的 DES 催化剂对含 3-甲基噻吩（3-MT）、BT 和二苯并噻吩（DBT）的模型油和实际汽油的脱硫效果。两种催化剂对含有正庚烷、1-己烯和 3-MT 的模型油脱硫效果都比较好。1-己烯的转化作为另一种决定性步骤，在脱硫过程中必须加以考虑，因为烯烃可能会发生不理想的聚合，尤其是在高温条件下这种现象更为显著。

脱硫效率与多种因素相关，其中一个重要的因素与催化剂的组成有关，如 $AlCl_3$ 与 HBD 的摩尔比。过量的 $AlCl_3$（摩尔比大于 1.8），酸性 $Al_2Cl_7^-$ 的作用大于中性 $AlCl_4^-$。如前文所述，OATS 是一个酸催化过程，因此，在适当酸性环境中，利用 $AlCl_3$/乙酰胺和 $AlCl_3$/尿素两种 DES 催化剂催化 3-MT 杂质烷基化的效率分别为 97.3% 和 93.7%，其催化反应条件为 6%催化剂，温度为 60℃。

在同样的反应条件下，添加苯衍生物（质量分数 1%）可改善 3-MT 的转化率，同时也降低了反应温度（20~40℃）和抑制了副反应发生。将苯衍生物引入 $AlCl_3$/HBD 中可以形成中性 $AlCl_4^-$，并降低催化剂的酸度，如式（8.1）所示：

$$AlCl_3+toluene+HCl \rightleftharpoons [Htoluene]^+AlCl_4^- \text{ 或 } [Htoluene]^+Al_2Cl_7^- \quad (8.1)$$

HCl 是由 $Al_2Cl_7^-$ 和原料中的水反应原位生成。但由于噻吩衍生物与苯环电子云间的 π-π 相互作用形成液相包合物，最终促进了噻吩化合物的传质。OATS 在 DES 与油界面作用的机制见图 8.37。

在相同条件下，使用 BP 和 DBP 燃料模型，也可以得到类似的结果。以 580mg/L 硫含量的汽油为原料，采用 DES 催化 OAST 反应，蒸馏后可得到硫量为 17.9mg/L 的产物[62]。

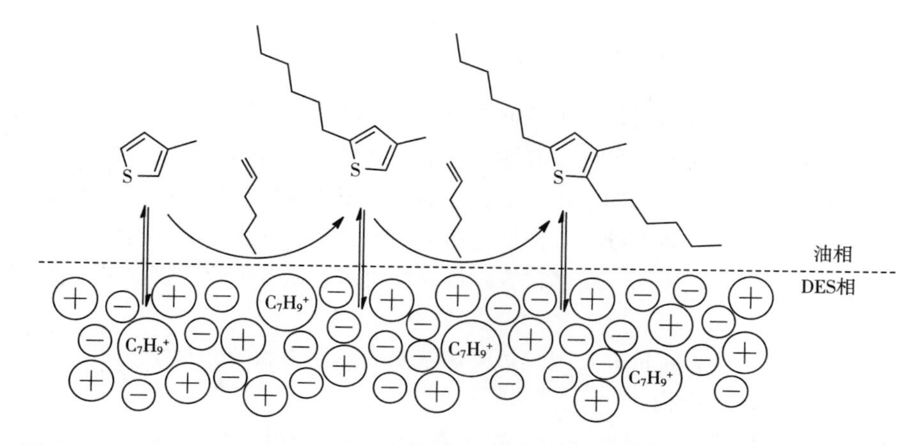

图 8.37 DES 催化 1-MT 与 1-己烯发生 OATS 反应生成单-（少）和双-烷基化-甲基噻吩的机制
资料来源：经 Tang 等许可转载（2015）[62]。版权归 Elsevier（2016）所有。

8.3.2 燃料的氧化脱硫

氧化后萃取的组合方法是另一种脱除燃料中有机硫的实用方法。该方法中，包括有机杂质的硫首先被氧化成极性亚砜对应物，随后采用合适的溶剂萃取。DES 在这方面有很多优势，因为它们可以催化氧化步骤，DES 也可作为挥发性有机溶剂的替代物。并且，其中一些 DES 还表现出良好的氧化性。布朗斯特酸性 DES 可以促进燃料的深度脱硫[64]。由对甲苯磺酸和氯化胆碱（ChCl/p-TsOH）或对甲苯磺酸和四丁基氯化铵制成（ChCl/TBAC）的 DES 对由n-辛烷和 BP 组成的模型燃料表现出很好的脱硫效果，当以 H_2O_2 为氧化剂时，脱硫效率可达 99.99%。在这种方法中，必须使用氧化剂；否则，效率将大幅下降到 25%。然而，比例优化的 DES 对氧化剂需要量就很少，特别是 ChCl/p-TsOH，H_2O_2 与燃料的质量比为 0.05：1 就可以达到很好的效果。尽管 DES 也可以作反应介质和萃取溶剂，但是 DES 与燃料的摩尔比为 0.5：1 就可以了，不需要过量的 DES。

作为催化剂，DES 极化了硫原子的电子密度，并为 H_2O_2 的氧化性提供了活跃的催化位点。这种脱硫过程的精细微观过程依赖于所用的 DES，因为研究揭示了不同的转换途径。基于活性自由基的种类，在 TBAC/p-TsOH 中，氧化剂（H_2O_2）分解成了羟自由基 ·OH，在 DES/p-TsOH 中，采用相同的氧化剂生成了 $\cdot O_2^-$。随后 BT 很难被活性氧自由基氧化，因为该氧化仅限于油/DES 界面上。因此，BT 首先被 DES 萃取然后进行第一步氧化。BT 被 DES 萃取是比较慢的过程，但是，当一次氧化发生时，亚砜产物更倾向于极性 DES 相和平衡态，这均促进最后氧化步骤的完成，该反应达到 99.99%的效率总共需要 60min。图 8.38 所示为 DES 促进 BT 在模型油中氧化脱硫的机制。

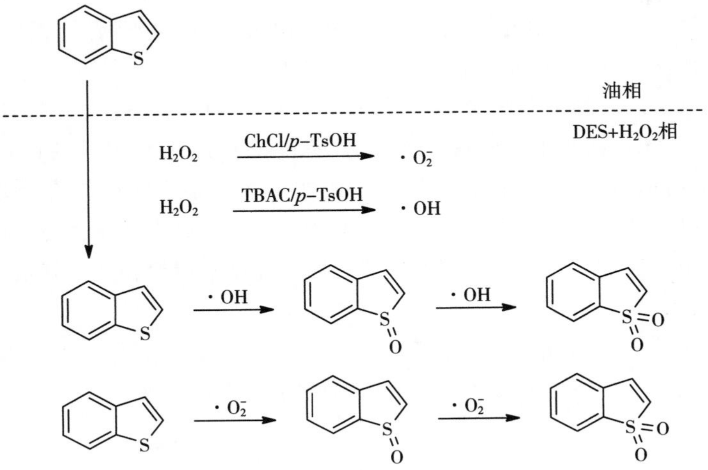

图 8.38 DES 介导模型柴油氧化脱硫的过程

资料来源：经 Yin 等许可转载（2015）[63]。版权归英国皇家化学学会（2015）所有。

如图 8.38 所示，该过程通过砜中间体使初始硫化合物在最终氧化之前萃取到低共熔溶剂中。该方法对 1600mg/L 初始硫含量燃料可达到 97%的深度脱硫效果。在为使用基于脯氨酸的 DES 的类似过程提出的另一种机制中，H_2O_2 被认为是将低共熔溶剂的磺酸部分氧化为过氧磺酸，所产生的过氧酸将 DBT 杂质转化为极化的砜衍生物（DBT 二氧化物）。低共熔溶剂与 DBT 的相互作用使 DBT 芳香族体系变性，为其靶向氧化提供了有利条件[64]。

8.4 制备生物柴油

化石燃料储备的枯竭、全球变暖、环境污染以及相关的政治对抗，都是极端依赖石油燃料的必然结果。更重要的是，能源需求在不断增长，尤其是新兴经济体的需求，因此有必要寻求令人满意的长期解决方案，在这种情况下，将对石油的依赖转变为生物燃料是最有效的方法。生物燃料被定义从生物质中获得为用于运输的液体或气体，生物质作为一种丰富的碳中性可再生资源，被用于生产燃料和附加值化学品。生物柴油可用于柴油发动机，无需进行重大修改。它的硫和芳香族含量很低，十六烷值和闪点与化石柴油相当。目前，生物质来自各种资源，包括贸易和工业、林业或农业[66-68]。

DES 催化不同来源的生物质转化成生物柴油表现出很高的活性。DES 在其中发挥的催化作用主要包括三方面，即甘油三酯的酯交换、FFA 含量的酯化和碳水化合物的酯化。

8.4.1 甘油三酯的酯基转移作用

甘油三酯酯交换法被认为是从各种植物油或动物油脂合成生物柴油的最常用方法。在这个过程中，甘油三酯作为植物油的主要成分，在初级脂肪醇（通常是甲醇或乙醇）和催化剂的作用下进行醇解，该反应的产物是脂肪酸烷基酯（FAAE）和令人烦恼的甘油，比例分别为 3∶1（摩尔比）。这个过程的目的是通过降低甘油三酯的黏度来优化其物理性质[69,70]。

ChCl/$ZnCl_2$ 的路易斯酸性 DES 在过量甲醇中催化了大豆油脂交换反应[71]。甘油三酯的酯交换反应是可逆的，过量的甲醇会促使反应平衡向 FAAE 产物转化，在 10%的 EDS/油质量比存在下，甲醇与大豆的 16：1 摩尔比是甲醇过量和催化剂用量的最佳条件，反应由 $ZnCl_3^-$、$Zn_2Cl_5^-$和 $Zn_3Cl_7^-$催化剂催化。远高于甲醇沸点的临界温度会降低效率，因为该临界温度下甲醇会迅速蒸发且在微观尺度上形成大量气泡。在这样的条件下，原料在两相界面上的基本相互作用被破坏，且必须使用某些装置以避免甲醇以汽相的形式浪费，这严重限制了工业规模的扩大。

$Zn_2Cl_5^-$作为主要的路易斯酸，通过与羰基氧原子配位，促进酯交换反应，增强了后续甲醇亲核攻击的亲电性。催化酯交换反应的机制说明如图 8.39 所示。

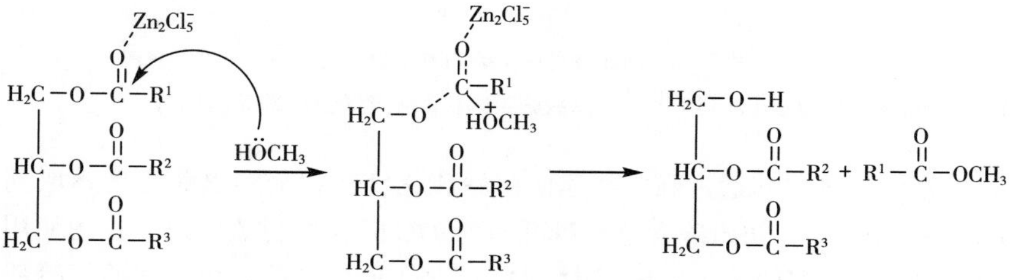

图 8.39 低共熔溶剂催化甘油三酯酯交换的机制研究

资料来源：经 Long 等许可转载[71]，版权归 Elsevier（2010）所有。

这种 DES 催化剂是不吸湿的，研究表明，有和没有 N_2 流动密封对产率没有影响。但经过 72h 的优化反应后，脂肪酸甲酯的产率为 54.52%，这并不代表一个理想的结果，这主要是由于单一 $Zn_2Cl_5^-$酸性较弱，催化剂的另一个缺点难回收性。提取成甲醇/DES 相的甘油酯副产物通常采用真空蒸馏的方法来去除，这在工业上尚不可行。固定化 DES 催化剂有望克服这些障碍，并在这一领域取得更令人放心的结果。

8.4.2 游离脂肪酸的酯化反应

尽管使用生物柴油作为替代燃料有诸多优点，但从经济角度来看，以石油为基础的燃料仍是更可取的。食品作为生物柴油原料的成本较高，占生物柴油生产总成本的 60%～75%，探索更便宜的替代品以获得廉价的生物柴油已经引起了人们对利用含有高 FFA 含量的原料的极大兴趣[72-74]。

值得注意的是，碱性和酶促催化剂也能促进甘油三酯的酯交换。在碱性催化的情况下，因为存在脂肪酸皂化的风险，油或脂肪原料必须含有低量的 FFA。利用 FFA 含量高的农业工业原料的经济动机和使用低 FFA 含量的原料进行碱性催化的必要性，导致了生物柴油的两步法生产工艺的发展。首先，通过将 FFA 转化为 FAME，将 FFA 含量降低到可接受的限度（1%~2%），然后用碱催化反应完成酯交换步骤[69]。

DES 催化剂是 FFA 预处理的候选催化剂。由 PTSA 一水合物和 *N*,*N*-二乙烯乙醇氯化铵组成的 Brønsted 酸性催化剂可以有效催化低品质粗棕榈油（（LGCPO））发生 FFA 酯化反应。棕榈油加工过程中会产生大量 LGCPO，该 LGCPO 含 5%~15%的 FFA，这种现象在马来西亚、印度尼西亚和泰国等国更为显著。在一项相关研究中，研究人员探究了从马来西亚当地工厂收集的 LGCPO 作为生物质资源的潜力，他们利用 DES 催化 FFA 预处理和 KOH 催化酯交换过程。获得的 LGCPO 样品由几乎等量的饱和脂肪酸和不饱和脂肪酸组成，主要成分由棕榈酸、硬脂酸、油酸和亚油酸构成。FFA 的组成很重要，其决定了最终生物柴油产品的质量。饱和脂肪酸浓度越高，产品的十六烷值越高，抗氧化性能越好。

FFA 转换包括多种传热过程，温度对整体转换有重要影响。对于这个特殊的体系，在 60℃下使用 DES 效果最好。同时，在 FFA 酯化过程，还发生甘油三酯的酯交换反应（高达 8%）。从而缩短了碱催化的酯交换反应时间，PTSA 组分的磺酸官能性对催化剂的效能有很大的影响，它以 DES 形式存在，提高了催化剂的活性、贮存、处理和回收利用能力。在 DES 和 1%（质量分数）KOH 的催化下进行两步酯交换反应，得到 84%的生物柴油，FFA 含量为 0.06%，FAME 含量为 90%~95%（摩尔分数）。用 DES 预处理 LGCPO 制备的生物柴油闪点、密度、黏度、浊点、十六烷值等特征值主要符合欧美标准[72]。

8.4.3 碳水化合物水解/脱水反应

碳水化合物是生物质中的主要化合物。在这方面，从碳水化合物生产 5-羟甲基糠醛（HMF）被认为是有效利用碳水化合物的桥梁。HMF 及其 2,5-双取代呋喃衍生物是重要石油基平台化学品的潜在替代品。HMF 可用于制造聚合物，也可作为生产生物柴油液态烷烃的前体。然而，HMF 作为一种多功能中间体在工业规模上的应用并不具有成本效益，在这种情况下，果糖脱水是生产羟甲基糠醛的典型转化。对于淀粉水解得到的葡萄糖异构化生产果糖的工业过程，由于需要用于食品消耗，该反应过程并不现实[75-78]，菊粉是一种不可消化的低聚糖，可大规模利用。菊粉结构由葡萄糖（果糖）$_n$ 或（果糖）$_m$ 构建，如图 8.40 所示。菊粉水解生成果糖，果糖随后脱水生成 HMF。菊粉的使用减少了食品类原料的支出。

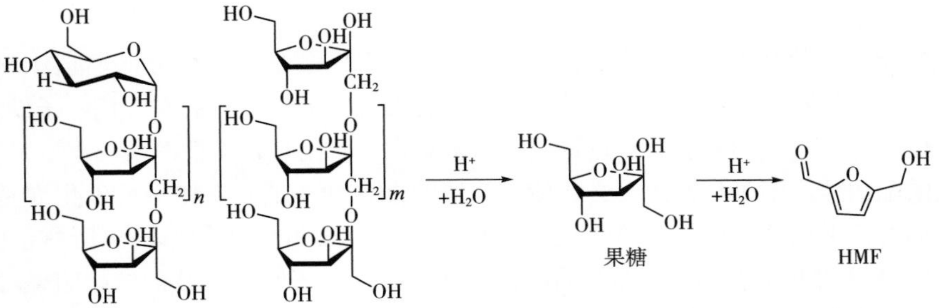

菊粉 果糖 HMF

图 8.40 菊粉在酸性催化剂作用下生产 5-羟甲基糠醛

资料来源：经 Hu 等许可转载[76]。版权归英国皇家化学学会（2009）所有。

酸催化剂能够通过一锅水解/脱水反应促进菊粉生产 HMF。在简便的工艺条件下，布朗斯特酸性 DES 可以有效地催化这个转换，氯化胆碱/一水合草酸、氯化胆碱/柠檬酸是用于此目的的 DES。在反应机制途径中，菊粉被水解成呋喃果糖基阳离子，然后迅速脱水形成 HMF 或水合形成果糖。反应的复杂性可能会产生副产物，如呋喃酸果糖二酐（由果糖呋喃糖阳离子生成），或在水条件下生成乙酰丙酸（来源于 HMF）。水的存在可以克服无水酸性环境中二甲酸酐副产物的形成。加水防止副反应可以提高羟甲基糠醛的产率；但如果加水过量，果糖的脱水效果也会受到影响。菊粉中加入的水与果糖单位的摩尔比，对于氯化胆碱/柠檬酸 DES 不应超过 25，对于氯化胆碱/草酸 DES 不应超过 20。在两种 DES 中，使用适量的水可以提高 HMF 的产量。最终，氯化胆碱/草酸是生产 HMF 更有效的 DES，因为它的酸度更强。

采用乙酸乙酯两相体系，利用连续萃取 HMF 的优点，抑制了副反应，提高了收率。乙酸乙酯和氯化胆碱/草酸 DES 的双相体系被认为是最有效的方案（64%）[76]。

8.5 化学固定二氧化碳

利用碳循环产生的替代碳源是催化科学研究的热点之一。二氧化碳可以作为一种廉价和安全的化学原料，通过高原子经济转化来生产商业材料和有附加值的精细化学品。地球上只有 1%的二氧化碳被用于生产大宗化学品，如尿素（Bosch-Meiser 工艺）、水杨酸、循环和聚合碳酸盐、甲醇等。由于 CO_2 的动力学和热力学稳定性，它在化学上是惰性的，而且，捕捉和储存它的成本很高[79-81]。

自 20 世纪 50 年代以来，循环碳酸盐的工业生产一直是通过二氧化碳和环氧化合物的反应进行的（图 8.41）。

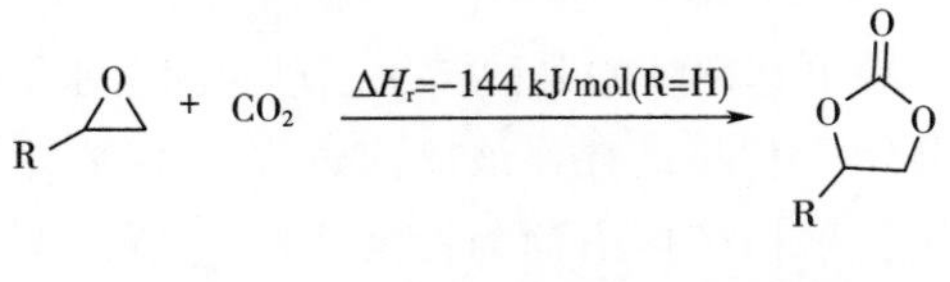

R—环氧化合物 + CO_2 $\xrightarrow{\Delta H_r = -144\ \text{kJ/mol}(R=H)}$ 环碳酸酯（R）

图 8.41 由二氧化碳和环氧化合物合成环碳酸酯

资料来源：Kleij 等，经 John Wiley and Sons 出版公司许可转载。

环碳酸酯是一种有用的化合物，在有机化学中用作极性非质子溶剂、中间体、聚碳酸酯的前体，以及最近作为锂离子电池中的电解质。这种特性促进了它们在现代电子设备中的销量，并且由于电动汽车的发展，对运输业的需求将进一步出现根本性的增长[83]。

环碳酸酯的生产不是自发的，必须使用合适的催化剂。工业上使用的催化剂是季铵盐，然而，它们的活性较低，这就需要在这个过程中施加高温和压力[82]。不出所料，已经证明不同类型的 DES 催化剂在这一领域具有很高的效率。在分子筛上负载的氯化胆碱/尿素是常见的 DES，它在促进 CO_2 和几种环氧化物反应生成环状碳酸酯方面具有很高的活性和选择性。在无溶剂条件下，少许过量的二氧化碳就足以成功转化。该催化剂很容易通过浸渍方法制备，并且由于其非均相性质，其分离在每一阶段都显得毫不费力。

在延长反应时间后，氯化胆碱（一种经典的铵盐）能够在很大程度上催化这一转化，但产量较低（84%），并会产生副产物。无载体的DES在转换中也是有效的，可以产生定量的产量，使用负载型DES的优点是反应时间短，分离/纯化过程容易，反应机制如图8.42所示。其中，环氧环是通过胆碱盐与环上氧的氢键相互作用而活化的，Cl^-的亲核加成打开活化的环氧环，生成中间体。将中间体进一步添加到二氧化碳中，然后环化，得到碳酸盐产物和催化剂再生。DES催化剂的活性归因于DES组分的聚合作用。除了Ch^+和Cl^-在催化循环中的作用外，尿素还通过稳定Cl^-发挥重要作用，从而使其在活化的环氧环上的加成引入了选择性（100%）。尿素对Cl^-的稳定作用对环化步骤中Cl^-的偏离也是有效的。这种转化的最佳条件是在110℃下使用1%的催化剂3~5h（具体取决于所使用的环氧衍生物）[84]。

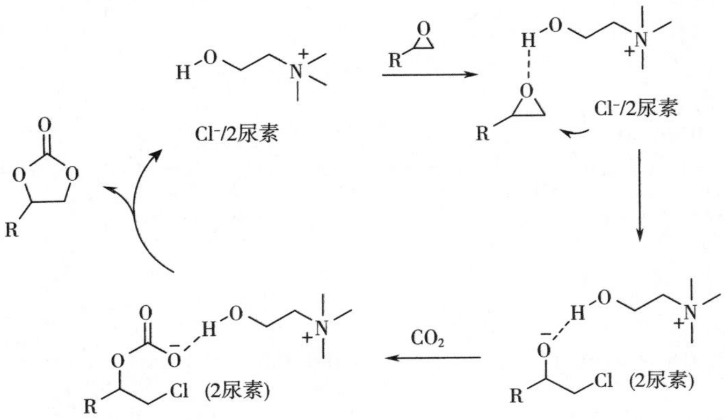

图8.42　DES催化二氧化碳和环氧化合物形成环状碳酸盐的机制

资料来源：经Zhu等许可转载[84]，版权归英国皇家化学学会所有。

除了氯化胆碱/尿素DES外，氯化胆碱/$ZnCl_2$[85]、胆碱组氨酸/四丁基碘化铵[81]和脯氨酸/丙二酸[83] DES也能有效地化学固定CO_2与环状碳酸盐。

8.6　聚合物的化学回收

塑料产品年消费量达数千万吨，市场价值巨大。PET是一种热塑性聚酯，广泛用于生产包装材料、高强度纤维等。虽然它们因成本低、重量轻、易于成型等优点被广泛应用于各行各业，但是对环境的污染（主要是白色污染）引起了人们的高度关注。化学回收用于解决该问题很有前景。这个过程包括将聚合物解聚成单体，在经济周期中反复消耗。使用过量的乙二醇（EG）催化剂，糖酵解可以有效地将PET解聚成单体/低聚二醇[86-88]。DES对PET的糖酵解有较高的催化活性。将尿素/$ZnCl_2$-DES催化剂用于PET醇解反应，在温和的反应条件下，高产率、高选择性地合成了对苯二甲酸双羟乙酯（BHET）单体。在170℃的最佳反应条件下，仅在30min内就能PET完全（100%）转化，BHET单体选择性83%。氢键和金属配位键是PET与催化剂之间的主要相互作用。由于配位键的相互作用比氢键强，PET的降解明显依赖于金属离子。

特别是EG的羟基与尿素氧的氢键和Zn^{2+}与EG的配位键的协同作用决定了该催化剂具有较高的催化活性。图8.43说明了DES催化降解PET废物的原理，尿素氧与EG中羟基形成的氢键促进了EG中氧的亲核性，PET的羰基氧与Zn^{2+}同时配位促进了其亲电性，并促进了其后的酯交换过程，从而导致PET的降解和BHET的产生。假设环过渡态的形成可以提高转换速率和选择性。由PET糖酵解得到的BHET可用于不饱和聚酯树脂和PET的合成[88]。

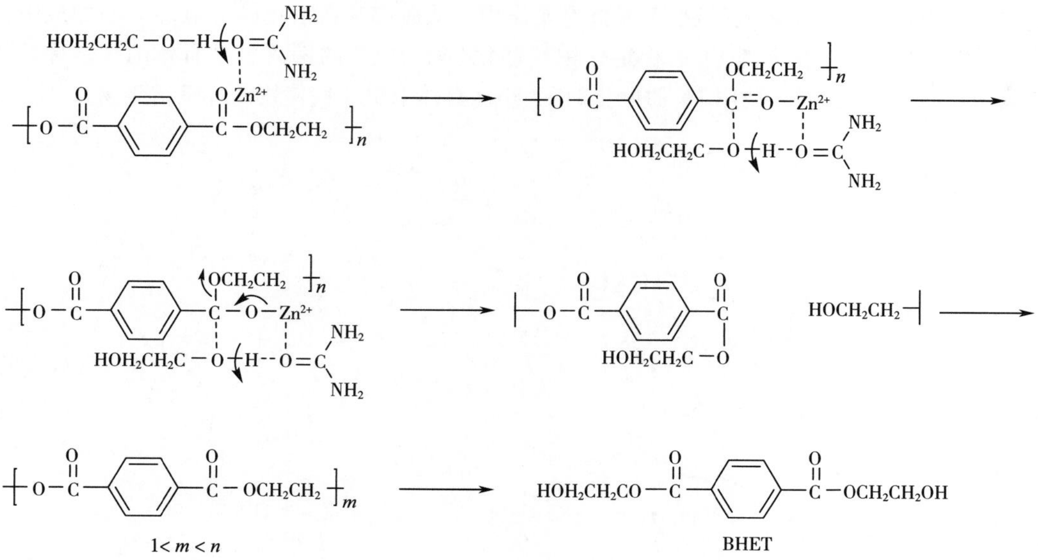

图8.43 $ZnCl_2$/尿素DES催化PET的糖酵解

资料来源：经Wang等许可转载（2015）[88]。版权归英国皇家化学学会（2015）所有。

8.7 环氧树脂交联

作为一种石油原料，环氧树脂是公认的热固性聚合物，具有高附着力、高电气强度、高抗拉强度、耐高温化学反应等特点。自20世纪40年代末投入商业使用以来，环氧树脂固化剂体系已在高性能涂料、层压板、黏合剂、增强塑料和复合材料等领域得到广泛应用[89,90]。另一方面，DES是聚合物溶解和改性的理想介质。由传统氯化胆碱盐和$SnCl_2$或$ZnCl_2$路易斯酸金属卤化物组成的DES能引发环氧树脂的固化过程。由于DES与环氧树脂（双酚A基低分子质量环氧树脂）具有高度的混溶性，因此DES介导环氧树脂固化的均匀条件提高了路易斯酸的催化活性。聚合过程遵循阳离子引发机制，并通过两种机制的竞争进行，即活化单体机制和活化链端机制，如图8.44所示。在活化的单体机制中，氯化胆碱极性OH基团与环氧树脂之间的相互作用促进了环氧树脂网络结构的聚合[91]。

通过对极限氧指数（LOI）的研究表明，制备所得的树脂，特别是锌催化树脂表现出阻燃性能。

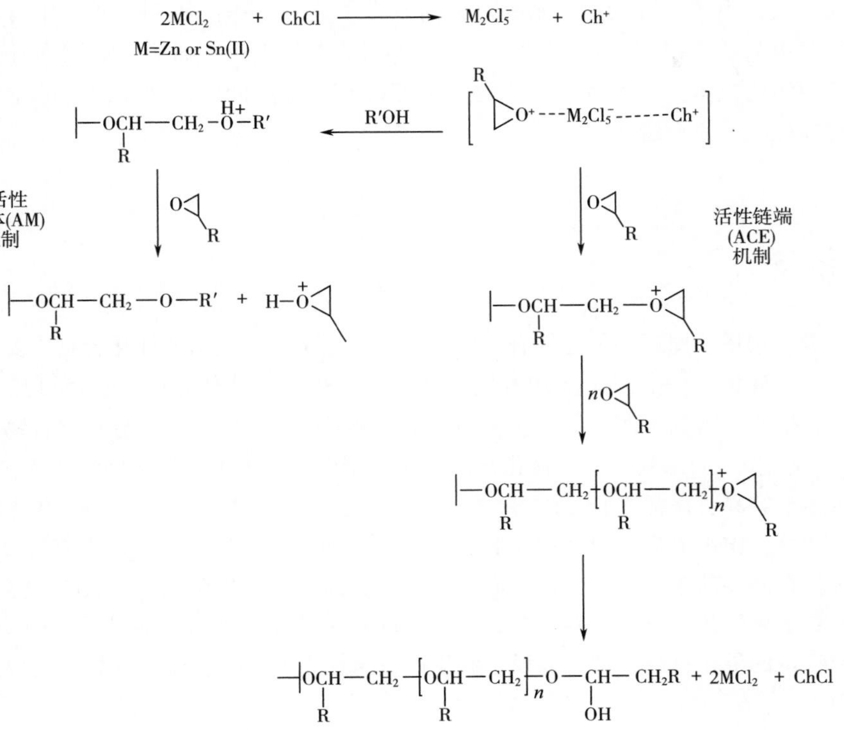

$2MCl_2$ + ChCl ⟶ $M_2Cl_5^-$ + Ch^+

M=Zn or Sn(II)

R'OH

活性单体(AM)机制

活性链端(ACE)机制

$-OCH(R)-CH_2-O^+(H)-R'$

$-OCH(R)-CH_2-O-R'$ + $H-O^+$

$-OCH(R)-CH_2-O^+$

n

$-OCH(R)-CH_2-[OCH(R)-CH_2]_n-O^+$

$-[OCH(R)-CH_2-[OCH(R)-CH_2]_n-O-CH(OH)-CH_2R$ + $2MCl_2$ + ChCl

图 8.44 DES 介导环氧化合物的阳离子聚合

资料来源：经 Maka 等许可转载（2015）[91]，版权归英国皇家化学学会所有。

8.8 超分子大环合成

柱［n］芳烃是2008年在尝试制备苯酚多聚甲醛树脂中发现的大环主体化合物家族的新成员。柱［n］芳烃由重复的酚类单元组成，以其结构高度对称、平面手性和主客性等独特特征而闻名。值得一提的是，柱［n］芳烃具有典型大环化合物的集料性质。2014年，一种完全甲基化的五聚体首次商业化，证明了其作为超分子化学中关键化合物的重要性[92,93]。

氯化胆碱/三氯化铁 DES 是合成柱［n］芳烃（$n=5$ 和 6）的一种有效的路易斯酸催化剂。在优化条件下，1,4 二烷氧基苯与多聚甲醛在 CH_2Cl_2 中缩合反应，五聚体和六聚体环状产物收率分别为 35%和 53%（图 8.45）。

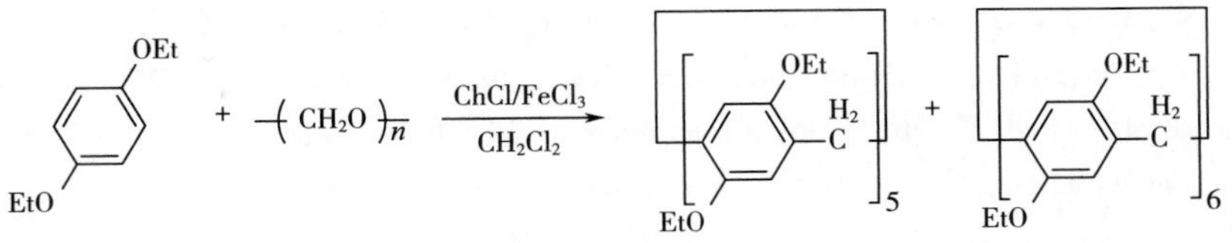

OEt, EtO + $(CH_2O)_n$ —ChCl/$FeCl_3$, CH_2Cl_2⟶ [OEt, EtO, H_2C]$_5$ + [OEt, EtO, H_2C]$_6$

图 8.45 氯化胆碱/$FeCl_3$ 催化 1,4-二乙氧基苯和多聚甲醛的缩合反应

室温 X 波段电子自旋共振（ESR）辅助研究了这一过程的机制，并采用自由基捕获剂 2,2,6,6-四甲基哌啶-1-羟（TEMPO）的逐步化学方法进行了研究，表明在环化过程中存在自由基中间包合体[94]。然而，对于这种可能的自由基中间体的作用或它的生产和随后消失的确切描述还不完全清楚。

8.9 结论

从亲电、亲核、周环和氧化的有机反应到主要用于获得生物活性化合物重要的多组分反应的几个化学催化过程中，少数 DES 成功地用作催化剂或催化介质，它还可拓展到石油燃料的去污、生物燃料的生产、二氧化碳的固定、环氧树脂的固化和超分子化合物的合成等方面，表明 DES 作为一系列转化的催化剂的潜在适用性。除了主要以熔体形式存在 DES 的外，在固体载体上容易分离的多相 DES 有与 Mannich 类型反应和 CO_2 化学固定等转化同样显著的效率。此外，DES 催化剂与现代能源供应技术（如超声和微波辐射）具有很高的相容性。

DES 具有制备简单、重现性好、成本低、性质温和、耐久性好、萃取能力强、性质可调等优点，是未来转化的可持续催化剂，也是传统转化催化剂的合适替代品。需要考虑的是，对于任何特定的催化目的，都可以设计和生产数量惊人的 DES，而与其相关的应用研究仅为冰山一角。

参考文献

1 Huang, Y., Unni, A. K., Thadani, A. N., and Rawal, V. H. (2003). *Nature* 424:146-146.
2 Taylor, M. S. and Jacobsen, E. N. (2006). *Angew. Chem. Int. Ed.* 45:1520-1543.
3 Yu, X. and Wang, W. (2008). *Chem. Asian J.* 3:516-532.
4 Robinson, B. (1963). *Chem. Rev.* 63:373-401.
5 Heravi, M. M., Rohani, S., Zadsirjan, V., and Zahedi, N. (2017). *RSC Adv.* 7:52852-52887.
6 Taber, D. F. and Tirunahari, P. K. (2011). *Tetrahedron* 67:7195-7210.
7 Calderon Morales, R., Tambyrajah, V., Jenkins, P. R. et al. (2004). *Chem. Commun.* :158-159.
8 Gore, S., Baskaran, S., and König, B. (2012). *Org. Lett.* 14:4568-4571.
9 Ali Ghumro, S., Alharthy, R. D., Al-Rashida, M. et al. (2017). *ACS Omega* 2:2891-2900.
10 Kotha, S. and Chakkapalli, C. (2017). *Chem. Rec.* 17:1039-1058.
11 Abbott, A. P., Capper, G., Davies, D. L. et al. (2002). *Green Chem.* 4:24-26.
12 Imperato, G., Eibler, E., Niedermaier, J., and König, B. (2005). *Chem. Commun.* 0:1170-1172.
13 Pawar, P. M., Jarag, K. J., and Shankarling, G. S. (2011). *Green Chem.* 13:2130-2134.
14 Singh, B. S., Lobo, H. R., and Shankarling, G. S. (2012). *Catal. Commun.* 24:70-74.
15 Azizi, N. and Manocheri, Z. (2012). *Res. Chem. Intermed.* 38:1495-1500.
16 Handy, S. and Westbrook, N. M. (2014). *Tetrahedron Lett.* 55:4969-4971.
17 Yadav, U. N. and Shankarling, G. S. (2014). *J. Mol. Liq.* 191:137-141.
18 Sanap, A. K. and Shankarling, G. S. (2014). *RSC Adv.* 4:34938-34943.

19 Chandam, D. R., Patravale, A. A., Jadhav, S. D., and 低共熔溶剂 hmukh, M. B. (2017). *J. Mol. Liq.* 240: 98-105.
20 Wang, P., Ma, F., and Zhang, Z. (2014). *J. Mol. Liq.* 198:259-262.
21 Handy, S. and Lavender, K. (2013). *Tetrahedron Lett.* 54:4377-4379.
22 Truong Nguyen, H., Nguyen Chau, D. K., and Tran, P. H. (2017). *New J. Chem.* 41:12481-12489.
23 Shaibuna, M., Theresa, L. V., and Sreekumar, K. (2018). *Catal. Lett.* 148:2359-2372.
24 Liu, F., Xue, Z., Zhao, X. et al. (2018). *Chem. Commun.* 54:6140-6143.
25 Wang, L., Dai, D. Y., Chen, Q., and He, M. Y. (2014). *J. Fluorine Chem.* 158:44-47.
26 Liang, W., Dong-Yan, D., Qun, C., and Ming-Yang, H. (2014). *Asian J. Org. Chem.* 2:1040-1043.
27 Zhang, Y., Lü, F., Cao, X., and Zhao, J. (2014). *RSC Adv.* 4:40161-40169.
28 Azizi, N., Khajeh, M., and Alipour, M. (2014). *Ind. Eng. Chem. Res.* 53:15561-15565.
29 Dömling, A., Wang, W., and Wang, K. (2012). *Chem. Rev.* 112:3083-3135.
30 Ramón, D. J. and Yus, M. (2005). *Angew. Chem. Int. Ed.* 44:1602-1634.
31 Dömling, A. (2006). *Chem. Rev.* 106:17-89.
32 Dezfooli, S. and Mahmoudi Hashemi, M. (2015). *Sci. Iran.* 22:2249-2253.
33 Azizi, N., Dezfooli, S., and Hashemi, M. M. (2013). *C. R. Chim.* 16:1098-1102.
34 Azizi, N. and Dezfooli, S. (2016). *Environ. Chem. Lett.* 14:201-206.
35 Rohit, K. R., Ujwaldev, S. M., Krishnan, K. K., and Anilkumar, G. (2018). *Asian J. Org. Chem.* 7:613-633.
36 Filho, J. F. A., Lemos, B. C., de Souza, A. S. et al. (2017). *Tetrahedron* 73:6977-7004.
37 Azizi, N. and Edrisi, M. (2017). *Microporous Mesoporous Mater.* 240:130-136.
38 Keshavarzipour, F. and Tavakol, H. (2015). *Catal. Lett.* 145:1062-1066.
39 Petasis, N. A. and Akritopoulou, I. (1993). *Tetrahedron Lett.* 34:583-586.
40 Candeias, N. R., Montalbano, F., Cal, P. M. S. D., and Gois, P. M. P. (2010). *Chem. Rev.* 110:6169-6193.
41 Bhagat, S. and Chakraborti, A. K. (2007). *J. Organomet. Chem.* 72:1263-1270.
42 Disale, S. T., Kale, S. R., Kahandal, S. S. et al. (2012). *Tetrahedron Lett.* 53:2277-2279.
43 Biginelli, P. *Gazz. Chim. Ital.* 1893(23):360-413.
44 Kappe, C. O. (2000). *Acc. Chem. Res.* 33:879-888.
45 Gore, S., Baskaran, S., and Koenig, B. (2011). *Green Chem.* 13:1009-1013.
46 Gore, S., Baskaran, S., and Koenig, B. (2012). *Adv. Synth. Catal.* 354:2368-2372.
47 Azizi, N., Dezfuli, S., and Hahsemi, M. M. (2012). *Sci. World J.* 2012:1-6.
48 Navarro, C. A., Sierra, C. A., and Ochoa-Puentes, C. (2016). *RSC Adv.* 6:65355-65365.
49 Chaskar, A. (2014). *Lett. Org. Chem.* 11:480-486.
50 Azizi, N., Dezfooli, S., Khajeh, M., and Hashemi, M. M. (2013). *J. Mol. Liq.* 186:76-80.
51 Azizi, N., Dezfooli, S., and Mahmoudi Hashemi, M. (2014). *J. Mol. Liq.* 194:62-67.
52 Ma, C. -T., Liu, P., Wu, W., and Zhang, Z. -H. (2017). *J. Mol. Liq.* 242:606-611.
53 Hu, H. -C., Liu, Y. -H., Li, B. -L. et al. (2015). *RSC Adv.* 5:7720-7728.
54 Rokade, S. M., Garande, A. M., Ahmad, N. A. A., and Bhate, P. M. (2015). *RSC Adv.* 5:2281-2284.
55 Kamble, S. S. and Shankarling, G. S. (2018). *ChemistrySelect* 3:2032-2036.
56 Zhang, Z. H., Zhang, X. N., Mo, L. P. et al. (2012). *Green Chem.* 14:1502-1506.
57 Lobo, H. R., Singh, B. S., and Shankarling, G. S. (2012). *Catal. Commun.* 27:179-183.
58 Peshkov, V. A., Pereshivko, O. P., and der Eycken, E. V. (2012). *Chem. Soc. Rev.* 41:3790-3807.
59 Lu, J., Li, X. -T., Ma, E. -Q. et al. (2014). *ChemCatChem* 6:2854-2859.

60 Obst, M., Srivastava, A., Baskaran, S., and König, B. (2018). *Synlett* 29:185–188.
61 Brunet, S., Mey, D., Pérot, G. et al. (2005). *Appl. Catal.*, *A* 278:143–172.
62 Tang, X. D., Zhang, Y. F., and Li, J. J. (2015). *Catal. Commun.* 70:40–43.
63 Yin, J., Wang, J., Li, Z. et al. (2015). *Green Chem.* 17:4552–4559.
64 Hao, L., Wang, M., Shan, W. et al. (2017). *J. Hazard. Mater.* 339:216–222.
65 Xu, H., Zhang, D., Wu, F. etal. (2018). *Fuel* 225:104–110.
66 Stöcker, M. (2008). *Angew. Chem. Int. Ed.* 47:9200–9211.
67 Ragauskas, A. J., Williams, C. K., Davison, B. H. et al. (2006). *Science* 311:484–489.
68 Huber, G. W., Iborra, S., and Corma, A. (2006). *Chem. Rev.* 106:4044–4098.
69 Troter, D. Z., Todorović, Z. B., Đokić – Stojanović, D. R. et al. (2016). *Renewable Sustainable Energy Rev.* 61:473–500.
70 Shahbaz, K., Mjalli, F. S., Hashim, M. A., and AlNashef, I. M. (2011). *Sep. Purif. Technol.* 81:216–222.
71 Long, T., Deng, Y., Gan, S., and Chen, J. (2010). *Chin. J. Chem. Eng.* 18:322–327.
72 Hayyan, A., Hashim, M. A., Hayyan, M. et al. (2013). *Ind. Crops Prod.* 46:392–398.
73 Hayyan, A., Hashim, M. A., Hayyan, M. et al. (2014). *J. Cleaner Prod.* 65:246–251.
74 Hayyan, A., Ali Hashim, M., Mjalli, F. S. et al. (2013). *Chem. Eng. Sci.* 92:81–88.
75 Román–Leshkov, Y., Chheda, J. N., and Dumesic, J. A. (2006). *Science* 312:1933–1937.
76 Hu, S., Zhang, Z., Zhou, Y. et al. (2009). *Green Chem.* 11:873–877.
77 Hu, S., Zhang, Z., Zhou, Y. et al. (2008). *Green Chem.* 10:1280–1283.
78 Liu, F., Barrault, J., De Oliveira Vigier, K., and Jérôme, F. (2012). *ChemSusChem* 5:1223–1226.
79 Cokoja, M., Bruckmeier, C., Rieger, B. et al. (2011). *Angew. Chem. Int. Ed.* 50:8510–8537.
80 Jacquet, O., Frogneux, X., Das Neves Gomes, C., and Cantat, T. (2013). *Chem. Sci.* 4:2127–2131.
81 Saptal, V. B. and Bhanage, B. M. (2017). *ChemSusChem* 10:1145–1151.
82 Kleij, A. W., North, M., and Urakawa, A. (2017). *ChemSusChem* 10:1036–1038.
83 Lü, H., Wu, K., Zhao, Y. et al. (2017). *J. CO2 Util.* 22:400–406.
84 Zhu, A., Jiang, T., Han, B. et al. (2007). *Green Chem.* 9:169–172.
85 Cheng, W., Fu, Z., Wang, J. et al. (2012). *Synth. Commun.* 42:2564–2573.
86 Ignatyev, I. A., Thielemans, W., and Vander Beke, B. (2014). *ChemSusChem* 7:1579–1593.
87 Xi, G., Lu, M., and Sun, C. (2005). *Polym. Degrad. Stab.* 87:117–120.
88 Wang, Q., Yao, X., Geng, Y. et al. (2015). *Green Chem.* 17:2473–2479.
89 Mashouf Roudsari, G., Mohanty, A. K., and Misra, M. (2014). *ACS Sustainable Chem. Eng.* 2:2111–2116.
90 Dušek, K. (1984). *Rubber–Modified Thermoset Resins*, 3–14. ACS Publications.
91 Maka, H., Spychaj, T., and Adamus, J. (2015). *RSC Adv.* 5:82813–82821.
92 Ogoshi, T., Yamagishi, T., and Nakamoto, Y. (2016). *Chem. Rev.* 116:7937–8002.
93 Ogoshi, T., Kanai, S., Fujinami, S. et al. (2008). *J. Am. Chem. Soc.* 130:5022–5023.
94 Cao, J., Shang, Y., Qi, B. et al. (2015). *RSC Adv.* 5:9993–9996.

9 低共熔溶剂中进行金属介导有机转换

Cristian Vidal[1] 和 Joaquín García-Álvarez[2]

[1] Universidade de Santiago de Compostela, Centro Singular de Investigación en Química Biolóxica e Materiais Moleculares (CIQUS), Departamento de Química Orgánica, Rúa de Jenaro de la Fuente, s/n, E-15782, Santiago de Compostela, Spain

[2] Universidad de Oviedo, Instituto Universitario de Química Organometálica "Enrique Moles" (IUQOEM), Departamento de Química Orgánica e Inorgánica, Facultad de Química, Laboratorio de Compuestos Organometálicos y Catálisis, Julián Clavería n° 8, E-33071, Oviedo, Spain

9.1 引言

过去的几十年间，国际上许多研究团队使用过渡金属基催化剂[1] 或者是高极性有机金属化合物（例如有机锂化合物或者格氏试剂）[2]通过形成新的碳—碳（C—C）或碳—杂环原子（C—X）键（无论是化学计量比的还是催化的），获得大量具有高度复杂结构的多种有机支架。传统上，在上述C—C或者C—X键形成过程中下列三大目标需最大化：①过程的区域选择性和立体选择性；②对不同官能团的耐受性；③反应的最终产率。然而，21世纪初出现了一个新概念，即所谓的绿色化学（green chemistry），引起了人们对化学过程可持续性最大化的兴趣[3]。这种化学合成观念的转变是当今社会面临生态挑战的结果[4]，这与我们有限的自然资源及其后果有关，这就要求在制药产品、化学商品或新材料的制造方面提供极度有价值的解决方案。

从这个意义上讲，在绿色化学的框架下，可持续反应介质[6] 的选择具有战略意义：①给定溶剂的物理化学性质可以提高所期望反应的产率和选择性（即所谓的溶剂效应）[7]；②大多数化学过程的总质量平衡的80%~90%是由溶剂组成的[8]；③之前有报道称，使用非传统溶剂时，产品分离或催化剂回收很容易[9]。因此，尽管通用于所有情况的绿色和可持续反应介质并不存在，也应铭记这些概念。过去的几年间，研究人员对金属催化或金属介导有机转化领域的几种替代方法进行了评估，如水[10]、离子液体[11]、超临界流体[12]、全氟溶剂[13]、生物质溶剂[14] 等。

目前，该领域主要致力于开发一种新型的可持续溶液，该溶液需最大限度满足下列准则：①同时对人类和环境安全无毒；②来源生物可再生或可降解的自然资源；③表现出低蒸气压和高沸点；④可溶解各种各样的化合物（改变组分可以调节其物理化学性质）；⑤不昂贵且可回收[15]。在这个背景下，因为有了多个不同化学领域合成实验室的创造性工作，这些创造性工作包括电化学和金属萃取[16]、纳米技术[17]、分离过程[18]、DNA稳定性[19] 以及材料化学稳定性[20]。新一代的非分子反应介质，即所谓的低共熔溶剂（DES），被认为是一种优良的绿色和可持续的反应介质，在某些情况下，能够克服其他传统绿色溶剂的局限性。DES[21]（文献中也被称为低转化温度混合物[22] 或低熔点混合物[23]）首次由A. P. Abbott在2003年提出。他提出生物可再生季铵盐氯化胆碱（ChCl，维生素B4[24]）和尿素通过1∶2摩尔比混合可形成低共熔混合物。一般来说，这种DES的制备简单且不会形成副产物或者不需要纯化步骤。合成DES的组分是天然来源（安全、无毒且稳定），DES组分间主要通过氢键相互作用形成低共熔混合物，且该混合物熔点显著低于任意一组分①。在该混合物中，其中一个组分必须为氢键受体（HBA，通常为离子衍生物，如氯化胆碱或者其他铵盐），第二个组分必须是生物基氢键供体［HBD，如天然醇（碳水化合物、乙二醇、甘油等）、尿素或者有机酸（柠檬酸、丙二酸、草酸）］[25]。鉴于前面提到的DES组分种类繁多（图9.1），我们知道合成化学家可以很容易地根据需要设计出具有可调物理化学性质的特定

① 共熔混合物1CHCl/2尿素在室温（熔点12℃）下为液体，而其固体组分具有较高的熔点（尿素：133℃；氯化胆碱：320℃）。有关详细信息，见参考文献［21］。

低共熔混合物，在更环保、更可持续的反应条件下最大限度地发挥所需的溶剂效应[26]。

因此，本章的目的是对可持续低共熔混合环境中主群介导和过渡金属催化的有机反应领域的最新进展进行批判性修订。本章将包括下列内容：①强调 DES 相比传统挥发性有机化合物溶剂（VOC）的正溶剂效应；②对生物基溶剂领域内的学术及工业研究均有帮助；③启示未来的突破性进展，激发以前从未有过的目标，促进现代化学研究的新发现。

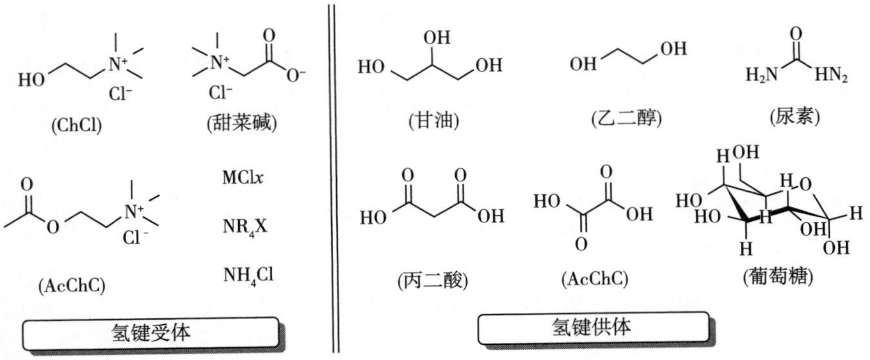

图 9.1 用于合成可持续低共熔溶剂（DES）的氢键受体（HBA）和氢键供体（HBD）示例

9.2 偶合低共熔溶剂和高极化金属有机试剂（RLi 和 RMgX）的新型合成可持续有机工艺的设计

如 9.1 所述，在 s-区极性有机金属化学中，寻找一种最佳的化学和区域选择性、官能团耐受性和反应产率的新方法仍然是一个重大的挑战[2]。近来，有机合成化学领域面临需提出至关重要解决方案的新挑战，目前主群介导的有机反应需满足：①在廉价、生物可再生和安全的反应介质中进行（而不是醚干溶剂）；②反应在室温下进行（RT；不限于-78℃或者 0℃）；③避免使用保护气体（通常为 Ar 或 N_2）。很显然，若要完成这些巨大的实验挑战，必须在传统的极性金属有机合成与绿色化学之间建立起一座新的桥梁。因此，Song 等通过描述在季铵盐［N（Bu)$_4$Cl］存在下，Grignard 试剂（如 BuMgBr）与酮的加成反应的活化过程，阐明了下一步的研究方向[27]。

如反应式 9.1 所示，未添加铵盐等催化剂的反应，所得叔醇的产率低于 50%。然而，只要在反应介质中加入铵盐（无论是催化量还是化学计量），作者观察到产量呈指数增长（达 91%）。然而，铵盐在这一过程中的确切作用仍然不清楚。因此，在此基础上，Hevia 等决定通过使用环境友好、无毒和可生物降解的 DES，将该铵盐活化概念应用于 Grignard 试剂（RMgX）对酮的加成反应[28]。DES 结构中便已经包含了季铵盐，即前面提到的氯化胆碱（ChCl）。如反应式 9.2 所示，在 1ChCl/2Gly（Gly＝甘油）和 1ChCl/$2H_2O$ 的低共熔混合物的反应过程中均可以生成相应的叔醇：①产量良好；②在非常温和的反应条件下（在空气中和室温下）；③反应时间极短（3s）；④具有优异的化学选择性（因为未检测到酮还原所产生的副产物)。随后的实验研究仅使用纯水作为溶剂，测定酮的加成反应。结果表明（在无ChCl的情况下）Grignard试剂的水解速率高于加成反应（最终醇只得到10%)[29]。该研究揭示了铵盐（ChCl）在Grignard试剂中的动态激活作用。同样的，X-ray晶体学研究表明，铵盐的激活效应可能具备合理性，因为铵盐原位形成了阴离子物质（镁酸盐，$RMgX_2^-$），这使其比中性的Grignard试剂（RMgX）具有更强的亲核能力。因此，这些研究证实了ChCl在上述加成过程中的双重作用：①作为合成DES的HBA；②提供原位合成烷基化试剂（$RMgX_2^-$）所需的必要卤化物源。这一点上，正如前面反应式9.1所描述的那样，在非均相条件下工作时（即酮在低共熔介质中不溶时)，强分子间氢键（DES的典型特征）也可能在保护有机金属试剂不受竞争性质子分解过程中发挥关键作用。

Ph(C=O)CH₃ + BuMgBr —添加剂 (x当量), THF, 0℃→ PhC(OH)(CH₃)Bu

添加剂	产率/%
无	49
$N(Bu)_4Cl$(1当量)	91
$N(Bu)_4Cl$(0.1当量)	89

反应式 9.1 铵盐对往酮中加入的 Grignard 试剂有活化效应

$R^1C(=O)R^2$ —R^3MgX, DES/RT, 空气中→ $R^1R^2R^3C$–OH

R^1, R^2=芳香基或烷基; R^3=乙烯基、烷基、乙炔基

- 产率87%
- 反应时间：2~3s
- DES = 1ChCl/2Gly
  1ChCl/$2H_2O$

反应式 9.2 在 ChCl 基低共熔混合物中将各种 Grignard 试剂添加到酮中

通过在一系列主基介导的有机转化中使用有机锂化合物试剂，扩大DES了在s-区有机金属试剂可能性质方面的范围。从这个意义上来说，Hevi等首次描述了BuLi在苯乙酮中添加的情况，并比较了在“传统Schlenk条件”（路线a，反应式9.3）和“低共熔条件”（路线b，反应式9.3）下工作得到的结果。令人惊讶的是，虽然在-78℃的四氢呋喃中获得了叔醇和不需要的羟醛缩合产物的混合物，但使用ChCl基低共熔混合物可以使反应在室温下进行，并且无需保护气体，获得的叔醇产率还有所提高（高至82%），且3s内不产生任何副产物[28]。此外，正如前面对格氏试剂的描述，BuLi的加成反应比质子化反应快几个数量级。在这种情况下，一维（^1H、^{13}C和^7Li）和二维扩散有序光谱（DOSY）磁表征研究支持了二阴离子卤代盐$[LiCl_2R]^{2-}$的原位形成，其中两个氯原子从ChCl转移到有机锂化合物中。由于使用LiCl作为添加剂，类似的卤化物介导的加速作用也曾被报道用于有机锂化合物或锂酰胺[31]。

(a) PhC(=O)CH₃ + 2BuLi —Dry THF/-78 ℃, 空气中/2~3s→ PhC(OH)(CH₃)Bu 62% + PhC(=O)CH₂C(OH)(Ph)Me 7%

(b) PhC(=O)CH₃ + 2BuLi —1ChCl/$2H_2O$, RT/2~3s, 空气中→ PhC(OH)(CH₃)Bu 82%

反应式 9.3 “传统 Schlenk 条件”（路线 a）或“低共熔溶剂条件”（路线 b）下将 BuLi 加成到乙酰苯

最近，为了证明氯化胆碱基低共熔混合物在有机锂试剂中的活化效应，同一作者决定测试一种新的亲电性配体，但这种物质反应活性与酮相比较低，如非活化亚胺（反应式9.4）[32]。作者再次发现，脂肪族或芳香族有机锂化合物试剂与非活化亚胺的加成反应比相应的水解过程发生得更快，从而产生所需的仲胺：①产率高（73%～95%）；②反应时间短（3s）；③在室温室内空气中即可反应；④选择性高（在反应原油中只观察到未反应的亚胺和预期的胺）。正如 Capriati 等之前在水中所展示的[33]，DES 将有机锂化合物引入其独特的氢键三维分子结构（以及其他影响，如疏水性或极性）的能力，也可能是解释非活化亚胺反应的关键点。为了阐明这一观点，作者还通过倒转试剂的加成顺序，研究了 BuLi 在低共熔混合物 1ChCl/2Gly 中的可行性，发现即使间隔 1min（在室温下和有空气的情况下），其最终胺产率也超过 50%。这突出了 RLi 试剂在 DES 三维分子结构中的动力学稳定性。仅在 4min 后，BuLi 对苯甲酮亚胺的反应被抑制。

R^2 N R^1 + 1.4R^3 Li → 1ChCl/2Gly, RT/2~3 s, 空气中 → HN(R^2) R^1 R^3 73%~95%

–R^1, R^2 =芳香基或烷基；
–R^3=烷基或芳香基
–亚胺无须再活化

反应式 9.4 室温及空气存在的条件下，在低共熔混合物 1ChCl/2Gly 中，
将有机锂化合物（RLi）添加到非活化亚胺中

同时，在独立的研究中，Capriati 等对在主基介导的有机合成中成功使用有机锂化合物试剂和低共熔混合物的二项式组合进行了比较[34,35]。在第一种情况下，Capriati 等将他们的研究范围集中在二芳基四氢呋喃的直接邻位锂化/功能化（反应式 9.5a）[34]。因此，在 0℃ 或室温下，以及在空气中，在氯化胆碱基低共熔混合物（1ChCl/2Gly 或 1ChCl/2 尿素）中，原位生成的正锂中间体可能被不同的亲电体（E）捕获，从而刺激产生预期的高产量（高达 90%）。正如他们后来对水的研究中所观察到的那样[36]，这种邻位锂化/功能化的发生速度要快于质子分解过程。其次，为了延续这一富有成果的研究路线，Capriati 等通过描述邻-甲苯四氢呋喃衍生物伴随着 C—C 键形成的开环反应，扩大了质子低共熔混合物中主基团介导的有机反应的范围[35]。再一次，在环戊基甲醚（CPME）/低共熔混合物反应体系中，首先可以促进选择性锂化步骤（在活性苄基位置）。第二个等价物有机锂化合物试剂（*s*BuLi，*i*PrLi 或 *t*BuLi）触发呋喃环的区域选择性开环反应，获得意料之外的高产量伯醇（高达 98%）（反应式 9.5b）。

最后，若要如 9.2 所述在低共熔混合物中使用有机锂化合物/有机镁试剂，那么就不得不提 García-Álvarez 等最近的一个研究报道，他们利用 ChCl 基的低共熔混合物、甘油、水等不同的质子溶剂，将不同的 RLi 试剂加到芳香腈上，生成相应的酮类化合物（亚胺中间体水解后）[37]①。

① 与本研究独立的同时期研究，Capriat 等报道了在纯水中将有机锂/格氏试剂双重加成到芳香腈上，详见参考文献［33］。

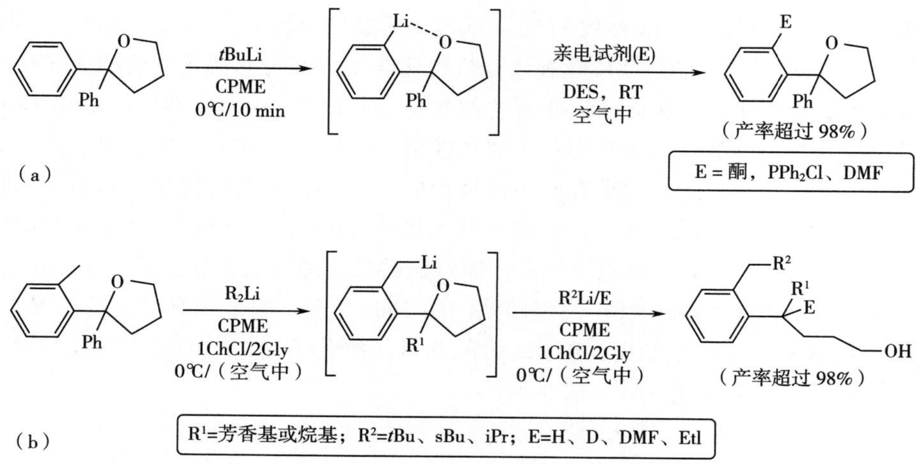

反应式 9.5 （a）质子低共熔混合物中二芳基四氢呋喃的正锂化及与不同亲电基团（E）的伴随官能化。（b）醚/低共熔混合物反应体系及空气存在的条件下，RLi 试剂促进 *o*-邻甲苯基四氢呋喃的并发苄基锂化/开环

9.3 低共熔溶剂中过渡金属催化有机反应

正如 9.1 所述，过渡金属催化有机反应是合成有机化学家最常用的反应物质之一。因此，它成为化学领域的核心方法，是探索和制备新型精细化学品、农用化学品和药品的关键[38]。若考虑 DES 在主基化学中的积极影响，那么就会发现 DES 已经作为绿色和可持续的溶剂被用于金属催化的有机反应中。DES 在该金属催化反应中也许可以提高传统挥发性有机化合物溶剂的化学、区域和立体选择性。21 世纪的第一个十年内，König 等报道了不同的低共熔混合物（LMMs）作为反应介质参与金属催化有机转化[40]（例如，Pd 催化的 C—C 偶合[39]、Cu（I）催化的叠氮化炔环加成反应（CuAAC）[39c] 以及 Rh 催化的烯烃氢化反应[39a]）。因此，本章主要介绍 21 世纪 20 年代在上述领域的研究进展，提供 DES 在金属催化有机反应的最新应用概况。

9.3.1 DES 中钯催化 C—C 耦合反应

König 等在 DES 中进行 Pd 催化 C—C 耦合反应领域做了一系列开创性工作，这些工作包括①Heck 和 Sonogashira[39c]；②Stille[39b]；③Suzuki 偶合[39a]，之后寻找 DES 中新的 Pd 催化反应的接力棒于 2014 年被传到了 Jérôme 等手上。他们描述了二乙基胺作为烯丙基清除剂的 $Pd(OAc)_2$ 催化烯丙基化胺反应。该反应的反应体系 LMM 是由 1,2-二甲基脲（DMU）和随机甲基化的 β-环糊精（RAME-β-CD）组成。催化反应在 90℃ 的均相液相中进行；然而，只要将催化反应冷却到室温，LMM-Pd-催化剂体系就变成固体，从而能够对上层有机层进行简单的分离，并伴随催化体系的循环使用（最多可连续八次）[41]。该工作的后续研究中，同一作者描述了基于随机甲基化β-环糊精的 LMMs 可作为绿色可持续反应介质用于 Rh 催化的 1-癸烯的加氢甲酰化[42]。

随后，Ramón 等重新研究了 DES 中钯催化的不同交叉耦合反应（例如，Suzuki-Miyaura、Sonogashira 或者 Heck couplings），他们将主要精力放在设计新型阳离子吡啶-二碘磷酸配体（详见反应式 9.6）。该配体与商业化 $PdCl_2$ 结合，能够产生一种高活性的催化物质，可以改善以前在传统 VOC 溶剂中描述的催化活性。该研究证明了低共熔混合物和 DES 兼容的阳离子配体的协同效应[43]。该开创性工作后，作者利用在这一领域获得的知识合成了一种新的 NCN -螯-Pd 络合物，并将其应用于 Pd 催化的有机硅烷和芳基卤化合物的 Hiyama 耦合反应中，这两种耦合反应的介质均为绿色的 ChCl-DES 或纯甘油[44]。当反应介质为甘油时，反应中①预期芳香酮产量增加到 1.13g；②反应至多循环使用四个周期。最后，需要强调的是，在非均相催化中使用不同的金属纳米粒子和 DES 具有下列催化作用：①通过三组分反应顺序（2-氨基吡啶、醛和末端炔烃）合成咪唑[1,2-a] 吡啶[45a]；②该交叉脱氢耦合是在多种四氢异喹啉和末端炔之间发生的[45b]；③合成的 C—S 键是以硼酸和焦亚硫酸钠为偶联剂[45c]；④几种烷基酸衍生物的环异构化/水解[45d]；⑤1-十二烷加氢[45e]。

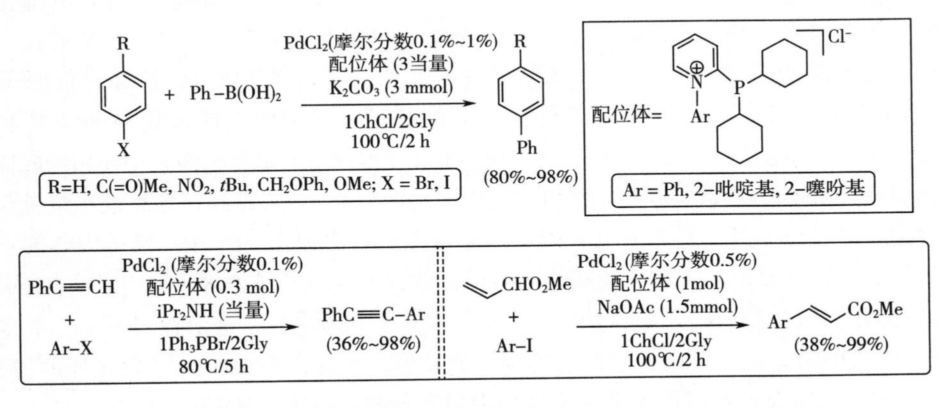

反应式 9.6 DES 中钯催化的交叉耦合过程（Suzuki-Miyaura、Sonogashira 或者 Heck couplings 反应），以新的阳离子吡啶为配体

多亏了近年来意大利巴里大学两个团队的努力，Pd 催化的有机反应与 DES 结合的可能性增大了[46,47]。从这个意义上讲，Farinola 等描述了通过 C—H 键激活来触发活化的噻吩直接双芳基化的可能性，从而绕过对卤化有机偶联剂的需要。该案例中作者使用 1ChCl/2 尿素低共熔混合物作为溶剂，同时催化混合物组成为：①Pd_2（dba）$_3$ 作为钯源；②包含供电子基团的磷化氢［即 P（*o*-MeOPh）$_3$］；③Cs_2CO_3 作为底物；④戊酸（PivOH）作为添加剂（详见反应式 9.7）[46]。在最佳反应条件下（110℃ 反应 48h），所需要的二芳基噻吩以中等至优良的产率获得（55%~93%）。同样来自巴里大学的 Capriati 等也就该工作进行了独立且短暂的研究，他们报道了在不同 ChCl-DES 中：①室温、I_2 存在的条件下，PdI_2/KI 催化 1-巯基-3-yn-2-ols 进行杂环脱水和碘环化，合成了高度功能化的硫代苯酚[47a]；②温和的反应条件下，Pd（OAc）$_2$-催化芳基或异芳基碘化物的氨基羰基化反应生成所需的酰胺，收率高达 98%[47b]。

反应式 9.7 DES 中钯通过 C—H 活化将一系列芳基碘取代噻吩的直接双芳基化反应

9.3.2 DES 中钌催化丙烯醇异构化和一锅串联法的设计

2014 年，García-Álvarez 等报道了 ChCl-DES 的第一个催化反应。他们在 DES 中用钌催化烯丙醇氧化还原异构化成为饱和羰基化合物[48]。在此之前，只有上述提到的 LMMs（之前由 Konig 等报道过）被用于金属催化的有机反应[39]。烯丙醇的氧化还原异构化包括 Ru 催化起始烯烃的 C—C 键迁移（该步骤瞬时生成相应的烯醇），随后是自发互变异构化，从而在一个步骤中产生所需的饱和羰基化合物（醛或酮取决于起始丙烯醇的性质），且具有全原子经济性[49]。作者发现该反应最佳的催化条件为：①在没有任何添加剂或催化剂的情况下使用 1ChCl/2 尿素低共熔混合物；②在钌（Ⅳ）-复合物 1（本例中为苯并咪唑）中使用的配体能够与低共熔混合物的组分进行氢键相互作用［反应式 9.8（1）］。考虑到这条路线在定量获得饱和酮方面的潜在合成应用，作者（在两次不同的合作中）决定在 DES 中组装烯丙醇的异构化（催化剂为 Ru-复合物 2）：①有机烃基的化学选择性加成［反应式 9.8（2）］[50a]；②酮还原酶（KREDs）促进生物直接还原作用[50b]［反应式 9.8（3）］。在这两种情况下，不需要纯化或分离任何中间体就可获得高达 99%的相应饱和醇。并且，在 KREDs 生物还原的情况下，使用 DES 作为反应介质可以增加最后手性醇中观察到的对映体过量[50b]。

反应式 9.8 （1）DES 中 Ru 催化丙烯醇异构化。（2）DES 中一锅法 Ru 催化丙烯醇异构化同时 RLi 试剂区域选择性添加。（3）低共熔混合物中外消旋烯丙基醇同时转化为饱和和对映仲醇

9.3.3　DES 中金属催化不饱和有机底物环异构化

金属催化含亲核试剂的末端炔的环异构化是有机合成化学中最常用的直接构建不同杂环和天然有机支架的方法之一，在医药和香料工业中有潜在的应用价值[51]。并且，该合成路线可最大化原子经济[49]和总反应的区域选择性（分子内过程）。因此，最近在 DES 中发展出不同的金催化炔烃环化反应也就不足为奇了。从该意义上而言，García-Álvarez 等已经证明含亚胺磷酸盐配体的金（I）氯化合物（3-5，反应式 9.9）是在温和的反应条件下获得高取代五元杂环化合物（如烯醇内酯[52a]、呋喃[52b]或内酰胺[52c]）的催化剂，产量几乎是定量的，反应条件温和（室温且空气存在）。选择正确的催化剂（3-5）和低共熔混合物（1ChCl/2 尿素或 1ChCl/2Gly）需要：①在没有任何辅助催化剂的情况下（如卤素萃取物或酸/碱），将烷基衍生物（含酸[52a]或胺基[52c]）和 Z-烯炔醇[52b]直接转化为其杂环对应物；②催化剂添加量低（摩尔分数 0.25%～1%）；③催化体系最多可以连续循环 10 次。

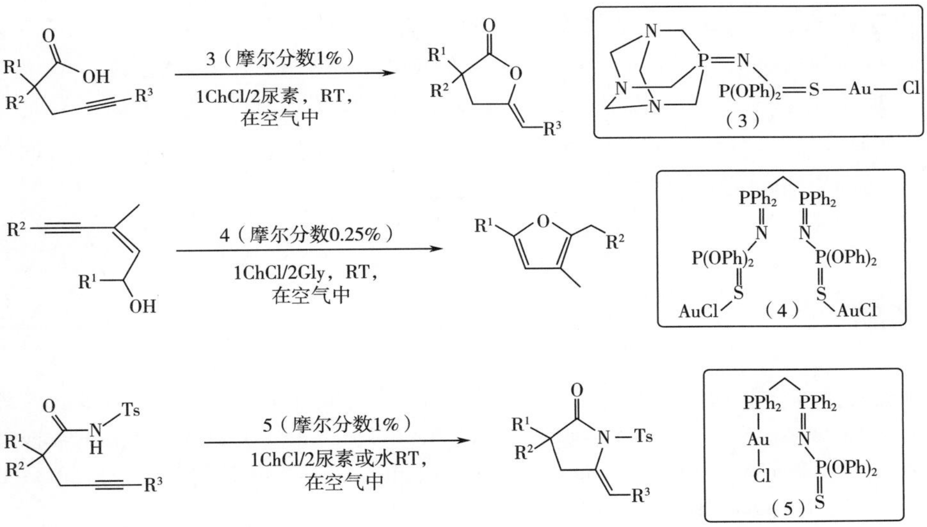

反应式 9.9　DES 中磷亚胺-金（I）氯化配合物（3-5）作为不同烷基衍生物（酸或酰胺）和 *Z*-烯醇环异构化的有效催化剂

9.4　结论

本章中，我们重点介绍在主基介导或过渡金属催化有机反应领域的几项突破性进展，在某些反应中，当使用不同的生物 DES 作为环境友好的反应介质时，可以观察到正溶剂效应。

从这个意义上说，我们想指出低共熔混合物在有机锂（RLi）或有机镁（RMgX）试剂与羰基化合物的区域选择性加成中的重要作用，因为 DES 中的氯化胆碱（ChCl）组分使这些极性有机金属试剂能够通过原位形成高度亲核性和反应性阴离子锂或镁盐而发生动态激活。并且，我们还想要强调的是，在过渡金属催化有机反应领域中，对金属催化剂的选择和使用的 DES 进行正确的调整，可以在比使用 VOC 溶剂时更温和的条件下触发多种有机反应（C—C 交叉偶联、异构化或环异构化）。而且，如 9.3.2 所述，DES 是下列组合的选择溶剂：①两种不同的催化学科（如化学和生物催化）；或者②一锅法进行过渡金属和主族有机金属反应。

最后，我们希望本章内容能够为现代有机化学中新合成工艺的设计和发现提供可能的灵感，牢记在生产新低共熔混合物过程中各种成分的无限组合。

致谢

J. G. -A. 感谢西班牙 MINECO（CTQ2016-81797-REDC and CTQ2016-75986-P）和阿斯图里亚斯政府（项目 GRUPIN14-006）的财政支持。同时感谢 BBVA 基金会授予“Beca Leonardo a Investigadores y Creadores Culturales”（SV-17-FBBVA-1）。该项目所包含的意见、陈述和内容及/或其结果由作者全权负责，BBVA 基金会不承担任何责任。C · V. 感谢西班牙项目资助（SAF2016-76689-R，Orfeo-cinqa network CTQ2016-81797-REDC），文化、教育和大学管理委员会（2015-CP082，ED431C/2017119 以及加利西亚认证研究中心 2016-2019，ED431G/09）。C · V. 同时感谢欧盟（欧洲区域发展基金-ERDF），以及欧洲研究理事会（Advanced Grant No. 340055）。

参考文献

1 (a) Hegedus, L. S. and Sodeberg, B. (eds.) (2009). *Transition Metals in the Synthesis of Complex Organic Molecules*. Sausalito, CA: University Science Books. (b) Hartwig, J. F. (ed.) (2010). Organotransition Metal Chemistry: From Bonding to Catalysis. Sausalito, CA: University Science Books. (c) Bates, R. (2013). *Organic Synthesis Using Transition Metals*, 2e. Hoboken, NJ: Wiley.

2 (a) Yamamoto, H. and Oshima, K. (eds.) (2004). Main Group Metals in Organic Chemistry. Weinheim: Wiley-VCH Verlag & Co. KGaA. (b) Rappoport, Z. and Marek, I. (eds.) (2008). *The Chemistry of Organomagnesium Compounds*, Patai Series. Chichester: Wiley. (c) Luisi, R. and Capriati, V. (eds.) (2014). *Lithium Compounds in Organic Synthesis: From Fundamentals to Applications*. Weinheim: Wiley-VCH Verlag & Co. KGaA.

3 (a) Anastas, P. T. and Warner, J. (1998). *Green Chemistry: Theory and Practice*. Oxford: Oxford University Press. (b) Anastas, P. T. and Williamson, T. C. (1998). *Green Chemistry: Frontiers in Chemical Synthesis and Processes*. New York, NJ: Oxford University Press.

4 (a) Bartlett, A. A. (1994). Popul. Environ. 16: 5-35. (b) Lélé, S. M. (1991). *World Dev.* 19: 607-621.

5 (a) Tang, S. L., Smith, R. L., and Poliakoff, M. (2005). *Green Chem.* 7: 761-762. (b) Sheldon, R. A., Arends, I. W. C. E., and Hanefeld, U. (2007). *Green Chemistry and Catalysis*. Weinheim: Wiley-VCH Verlag & Co. KGaA.

6 Anastas, P. T. (2010). In: *Handbook of Green Chemistry, Vol. 4, 5 and 6, Green Solvents: Volume 4: Supercritical Solvents* (ed. W. Leitner and P. G. Jessop); *Volume 5: Reactions in Water* (ed. C. -J. Li);

Volume 6: *Ionic Liquids* (ed. P. Wasserscheid and A. Stark). Weinheim: Wiley-VCH Verlag & Co. KGaA.

7 Reichardt, C. and Welton, T. (2011). *Solvents and Solvent Effects in Organic Chemistry*, 4e. Weinheim: Wiley-VCH Verlag GmbH & Co. KGaA.

8 Constable, D. J. C., Jiménez-Gonzάlez, C., and Henderson, R. K. (2007). *Org. Process Res. Dev.* 11: 133-137.

9 (a) Cole-Hamilton, D. and T ooze, R. (2006). *Catalyst Separation, Recovery and Recycling. Chemistry and Process Design*. Springer. (b) Benaglia, M. (2009). Recoverable and Recyclable Catalyst. Chichester: Wiley.

10 Dixneuf, P. H. and Cadierno, V. (eds.) (2013). *Metal-Catalysed Reactions in Water*. Weinheim: Wiley-VCH Verlag & Co. KGaA.

11 Earle, M., Wasserscheid, P., Schulz, P. et al. (2008). *Organic synthesis. In: Ionic Liquids in Synthesis* (eds. P. Wasserscheid and T. Welton), 265-368. Weinheim: Wiley-VCH Verlag & Co. KGaA.

12 Noyori, R. and Ikariya, T. (2000). *Supercritical fluids for organic synthesis. In: Stimulating Concepts in Chemistry* (eds. F. Vögtle, J. F. Stoddart and M. Shibasaki), 13-24. Weinheim: Wiley-VCH Verlag & Co. KGaA.

13 Betzemeier, B. and Knochel, P. *Perfluorinated solvents-a novel reaction medium in organic chemistry. In: Modern Solvents in Organic Synthesis. Topics in Current Chemistry*, Vol. 206 (ed. P. Knochel), 1999. Berlin, Heidelberg: Springer.

14 Plagiaro, M. and Rossi, M. (2010). *The Future of Glycerol*, Green Chemistry Series, 2e. London: Royal Society of Chemistry.

15 Clarke, C. J., T u, W.-C., Levers, O. et al. (2018). *Chem. Rev.* 118: 747-800.

16 Smith, E. L., Abbott, A. P., and Ryder, K. S. (2014). *Chem. Rev.* 114: 11060-11082.

17 Abo-Hamad, A., Hayyam, M., AlSaadi, M. A., and Hashim, M. A. (2015). *Chem. Eng.* J. 273: 551-567.

18 Tang, B., Zhang, H., and Row, K. H. (2015). J. *Sep. Sci.* 38: 1053-1064.

19 Zhao, H. (2015). *J. Chem. Technol. Biotechnol.* 90: 19-25.

20 del Monte, F., Carriazo, D., Serrano, M. C. et al. (2014). *ChemSusChem* 7: 999-1009.

21 Abbott, A. P., Capper, G., Davies, D. L. et al. (2003). *Chem. Commun.*: 70-71.

22 Francisco, M., van den Bruinhorst, A., and Kroon, M. C. (2013). *Angew. Chem. Int. Ed.* 52: 3074-3085.

23 Low Melting Mixtures are based on mixtures containing organic acids (i. e., citric acid) or different carbohydrates/sugars mixed with urea and ammonium salts. Imperato, G., Eibler, E., Niedermaier, J., and König, B. (2005). *Chem. Commun.*: 1170-1172.

24 Blusztajn, J. K. (1998). Choline chloride (2-hydroxyethyl-tri(methyl) ammonium chloride) is an essential micro- and human nutrient [Recommended Dietary Allowance (RDA) 50mg] which is produced on the scale of million metric tons per year. *Science* 284: 794-795.

25 For a deeper understanding of the liquid structures of these eutectic mixtures (applying neutron diffraction and atomistic modelling) and the influence of the strong H-bond network present in DES see: (a) Hammond, O. S., Brown, D. T., and Edler, K. J. (2016). *Green Chem.* 18: 2736-2744. (b) Hammond, O. S., Brown, D. T., and Edler, K. J. (2017). *Angew. Chem. Int. Ed.* 56: 9782-9785.

26 DES usually present negligible vapour pressure and high thermal stability thus allowing the isolation of the obtained products from the reaction media via simple extraction, precipitation or distillation. For more information, see: García-Álvarez, J. (2014). *Deep eutectic solvents and their applications as new green and biorenewable reaction media*. In: *Handbook of Solvents*, Vol. 2, Use, Health, and Environment, 2e (ed. G. Wypych), 707-738. T oronto: ChemT ec Publishing.

27 Zong, H., Huang, H., Liu, J. et al. (2012). *J. Org. Chem.* 77: 4645-4652.

28 Vidal, C., García-Álvarez, J., Hernán-Gómez, A. et al. (2014). *Angew. Chem. Int. Ed.* 53:5969-5973.

29 For a recent concept article describing polar organometallic chemistry in water, see: García-Álvarez, J., Hevia, E., and Capriati, V. (2018). *Chem. Eur. J.* 24:14854-14863.

30 (a) The use of highly reactive magnesiate species as chemoselective reagents for additions to ketones has been previously described in: Hatano, M., Matsumura, T., and Ishihara, K. (2005). *Org. Lett.* 7:573-576. For outstanding reviews covering this topic, see: (b) Mulvey, R. E. (2013). *Dalton Trans.* 42:6676-6693. (c) Harrison-Marchand, A. and Mongin, F. (2013). *Chem. Rev.* 113:7470-7562.

31 Hopeker, A. C., Grupta, L., Ma, Y. et al. (2011). *J. Am. Chem. Soc.* 133:7135-7151.

32 Vidal, C., García-Álvarez, J., Hernán-Gómez, A. et al. (2016). *Angew. Chem. Int. Ed.* 55:16145-16148.

33 Dilauro, G., Dell' Aera, M., Vitale, P. et al. (2017). *Angew. Chem. Int. Ed.* 56:10200-10203.

34 Mallardo, V., Rizzi, R., Sassone, F. C. et al. (2014). *Chem. Commun.* 50:8655-8658.

35 Sassone, F. C., Perna, F. M., Salomone, A. et al. (2015). *Chem. Commun.* 51:9459-9462.

36 Cicco, L., Sblendorio, S., Mansueto, R. et al. (2016). *Chem. Sci.* 7:1192-1199.

37 Rodríguez, M. J., García-Álvarez, J., Uzelac, M. et al. (2018). *Chem. Eur. J.* 24:1720-1725.

38 See for example: (a) van Leeuwen, P. W. N. M. (ed.) (2004). *Homogeneous Catalysis: Understanding the Art.* Amsterdam: Kluwer Academic Publishers. (b) Steinborn, D. (ed.) (2012). *Fundamentals of Organometallic Catalysis.* Weinheim: Wiley-VCH Verlag & Co. KGaA.

39 (a) Imperato, G., Höger, S., Leinor, D., and König, B. (2006). *Green Chem.* 8:1051-1055. (b) Imperato, G., Vasold, R., and König, B. (2006). *Adv. Synth. Catal.* 348:2243-2247. (c) Ilgen, F. and König, B. (2009). *Green Chem.* 11:848-854.

40 The interested reader is also encouraged to consult the following reviews in organic synthesis in DES: (a) García-Álvarez, J. (2015). *Eur. J. Inorg. Chem.* :5147-5157. (b) García-Álvarez, J., Hevia, E., and Capriati, V. (2015). *Eur. J. Org. Chem.* :6779-6799. (c) Liu, P., Hao, J.-W., Mo, L.-P., and Zhang, Z.-H. (2015). *RSC Adv.* 5:48675-48704. (d) Alonso, D. A., Baeza, A., Chinchilla, R. et al. (2016). *Eur. J. Org. Chem.* :612-632.

41 Jérôme, F., Ferreira, M., Bricout, H. et al. (2014). *Green Chem.* 16:3876-3880.

42 Ferreira, M., Jérôme, F., Bricout, H. et al. (2015). *Catal. Lett.* 63:62-65.

43 Marset, X., Khoshnood, A., Sotorríos, L. et al. (2017). *ChemCatChem* 9:1269-1275.

44 Marset, X., De Gea, S., Guillena, G., and Ramón, D. J. (2018). *ACS Sustainable Chem. Eng.* 6:5743-5748.

45 (a) Lu, J., Li, X. T., Ma, E. Q. et al. (2014). *ChemCatChem* 6:2854-2859. (b) Marset, X., Pérez, J. M., and Ramón, D. J. (2016). *Green Chem.* 18:826-833. (c) Marset, X., Guillena, G., and Ramón, D. J. (2017). *Chem. Eur. J.* 23:10522-10526. (d) Saavedra, B., Pérez, J. M., Rodríguez-Álvarez, M. J. et al. (2018). *Green Chem.* 20:2151-2157. (e) Iwanow, M., Finkelmeyer, J., Söldner, A. et al. (2017). *Chem. Eur. J.* 23:12467-12470.

46 Punzi, A., Coppi, D. I., Matera, S. et al. (2017). *Org. Lett.* 19:4754-4757.

47 (a) Mancuso, R., Maner, A., Cicco, L. et al. (2016). *Tetrahedron* 72:4239-4244. (b) Messa, F., Perrone, S., Capua, M. et al. (2018). *Chem. Commun.* 54:8100-8103.

48 Vidal, C., Suárez, F. J., and García-Álvarez, J. (2014). *Catal. Commun.* 44:76-79.

49 (a) Trost, B. M. (1991). *Science* 254:1471-1477. (b) Trost, B. M., Frederiksen, M. U., and Rudd, M. T. (2005). *Angew. Chem. Int. Ed.* 44:6630-6666. (c) Sheldon, R. A. (2007). *Green Chem.* 9:1273-1283.

50 (a) Cicco, L., Rodríguez-Álvarez, M. J., Perna, F. M. et al. (2017). *Green Chem.* 19:3069-3077. (b) Cicco, L., Ríos-Lombardía, N., Rodríguez-Álvarez, M. J. et al. (2018). *Green Chem.* 20:3468-3475.

51 (a) Fürstner, A. and Davies, P. (2007). *Angew. Chem. Int. Ed.* 46: 3410–3449. (b) Hashmi, A. S. K. (2007). *Chem. Rev.* 107:3180–3211. (c) Dorel, R. and Echavarren, A. M. (2015). *Chem. Rev.* 115:9028–9072. (d) Swamy, K. C. K., Siva Kumari, A. L., and Siva Reddy, A. (2016). *Org. Biomol. Chem.* 14:6651–6671. (e) Zi, W. and T oste, F. D. (2016). *Chem. Soc. Rev.* 45:4567–4589.

52 (a) Rodríguez–Álvarez, M. J., Vidal, C., Díez, J., and García–Álvarez, J. (2014). *Chem. Commun.* 50: 12927–12929. (b) Vidal, C., Merz, L., and García–Álvarez, J. (2015). *Green Chem.* 17:3870–3878. (c) Rodríguez–Álvarez, M. J., Vidal, C., Schumacher, S. et al. (2017). *Chem. Eur. J.* 23:3425–3431.

10 聚合反应

Josué D. Mota- Morales
Universidad Nacional Autónoma de México, Department of Nanotechnology, Centro de Física Aplicaday Tecnología Avanzada, Boulevard Juriquilla No. 3001 Querétaro, Querétaro, 76230, Mexico

10.1 引言

化学科学和化学工业的一个关键因素是溶剂的使用。有机溶剂对于许多化学反应以及萃取、纯化和清洁等获得纯净化学物质的步骤都是必不可少的。相对于反应物，反应中通常使用大量溶剂[1]。实际上，溶剂的利用会在聚合物生产中产生最大量的辅助废物。据估计，在聚合物合成中使用的全部化学药品中，有机溶剂占80%；其中大多数是易挥发、有害、有毒且对环境具有破坏性。

因此，学术界和工业界都越来越关注开发更可持续溶剂替代品的新合成路线，从而有助于减少我们对有机溶剂和石油衍生原料生产聚合物的依赖。所以，在过去的几十年中出现了几种具有绿色特征的溶剂，包括水、甘油、离子液体（ILs），低转变温度混合物（LTTM），CO_2 可调溶剂和生物质衍生的可再生溶剂，每种都适合于特定的应用或反应过程[2]。

在这种背景下，低共熔溶剂（DES）于2003年首次被报道，当时Abbott等首次提出了这个概念，指的是铵盐（作为氢键受体HBA）和非离子型HBD的二元混合物，其组分影响共熔点[3]。从那时起，如Abbott等描述的，已经应用了几种物理化学技术来证明DES[4] 与传统室温ILs的相似特性：例如，可忽略的蒸气压、高化学和热稳定性、离子电导率、特定的电化学窗口、较宽范围的黏度值、对离子和非离子化合物的溶解能力、极性可调性等。

然而，正是DES的成分可塑性使它们成为了材料科学的焦点[5]。与其上一代ILs相反，其组成仅限于电中性阳离子/阴离子，并且所有组分均带电（特殊情况下的质子ILs除外[6]），DES不仅可以通过改变其性质来定制离子和非离子物质（分别为铵盐或HBA和HBD），也可以通过微调它们的摩尔比使其接近共熔点。而且，DES中的相互作用范围比ILs更广，包括其成分之间的离子键和氢键[7]。近年来，DES这个概念变得更广泛，涵盖了混合物的集合，例如天然低共熔溶剂（NADES），LTTM，近共熔混合物，甚至具有较新溶剂特性的DES水溶液[8]。

在聚合物的特定情况下，DES的应用尚处于起步阶段，但预计在未来几年会增长。由于引入了不带电荷的化学物质，可用于形成DES的HBD和盐或HBA的组合应多于ILs组合。它们作为溶剂，扩展了聚合物在水或有机溶剂中进行聚合的条件，这只是其在聚合物科学中可能发挥作用的一方面。如果DES组分之一在适当的触发作用下发生化学转化（如是一种能够聚合的单体），则DES成为多合一介质，同时是反应介质以及反应物。可以认为DES的反应性组分放出/分解，留下了聚合产生的惰性组分嵌入产物中。因此，最终材料的空间组成（如质地、孔隙率、梯度组成和其他材料的掺入）是由反应速率和产物与DES的相分离速率之间的时间尺度匹配产生的[9]，其中黏度由分子间相互作用驱动并起着重要作用。

下面将讨论绿色化学12条原则指导下的“绿色”DES。然后，将介绍DES在聚合过程中的包合情况。10.3着重于DES在聚合反应中的作用（结构导向剂、DES单体、作为聚合反应介质的惰性DES或添加剂和助剂），而与所使用的聚合反应的具体机制无关。在10.4中将讨论在聚合过程的不同阶段使用DES的聚合机制，以及所得聚合材料在各个领域的应用。最后，10.5 将介绍 DES 化学为聚合物化学的未来发展提供的机会。

10.2 低共熔溶剂与绿色化学

DES 经常被称为可持续溶剂。实际上，通过将氯化胆碱（ChCl）与生物质衍生的 HBD（尿素、甘油、乙二醇、柠檬酸、碳水化合物等）混合而报道的许多早期 DES 是可生物降解的，具有高度生物相容性，并且由低成本原料组成[10]。仅通过混合组分即可简单地制备纯净状态的 DES，这是一项突出的绿色特性，因为它的合成表现出 100%原子经济性，包括一些最近开发的高通量和可扩展方法[11]。DES 的低挥发性在一系列有机反应中提供了优于挥发性有机溶剂的优势[12]，可以在串联反应中发挥多种作用[13]，甚至可以作为最终产品的一部分，因此所有反应过程中所涉及的化学物质将不会浪费。最后，当不参与反应的 DES 或它们作为反应的催化剂时，回收 DES 的可能性增加了其用作溶剂的可持续性[14]。总而言之，这些优点使 DES 在设计绿色溶剂的适用性和可扩展性处于前沿。

尽管 DES 通常表现出化学和热稳定，但有一些报道表明在其形成过程中会发生不希望发生的反应。如加热制备氯化胆碱/尿素 DES 期间，尿素降解会导致氨的形成[15]，或者具有某些功能的 DES 成分之间会发生反应，例如氯化胆碱中的乙醇部分与羧酸发生反应，从而导致酯的形成[16]。另一个重要的问题是，由于 DES 的氢键性质，大多数 DES 能够与水混溶且具有吸湿性，目前还不确定低浓度的水对 DES 结构的影响对某些应用是有利还是不利，主要是涉及离子导电性和黏度的应用。此外，尽管一些 DES 的高黏度可能会限制某些物质的传质速率和溶解速度，但是疏水性 DES 和低黏度 DES 的发现可以帮助克服某些缺点[17]。

10.3 低共熔溶剂在聚合反应中的作用

10.3.1 在低共熔溶剂中进行的聚合

与氯化胆碱基 DES 相关的开创性报道利用了其新颖的溶剂特性和离子性来进行在水和其他有机溶剂中难以完成的反应过程，如电化学过程、路易斯酸催化反应或弹性处理生物质[18]。当 DES 用作惰性溶剂即作为聚合反应的介质时，除了为单体和引发剂的溶解提供合适的化学环境外，聚合反应也发生在其中，目前在均相和非均相聚合均已报道[19]。

氯化胆碱基 DES 可以在水或有机溶剂中无法探索的条件，如真空和高于 100℃ 的温度下，溶解丙烯酸酯进行均相自由基聚合。氯化胆碱/甘油 DES 可以提高辣根过氧化物酶的活性温度和压力，并通过 H_2O_2/戊二酮引发介导丙烯酰胺在均相介质中的自由基聚合。在甲基丙烯酸甲酯（MMA）的原子转移自由基聚合（ATRP）中，非离子己内酰胺/乙酰胺类 DES 为不使用配体的 ATRP 开辟了道路。辅助活化剂和还原剂原子转移自由基聚合（SARA ATRP）中使用的氯化胆碱/尿素作为聚合的纯溶剂或与乙醇的混合物的助剂，可以控制（甲基）丙烯酸 2-羟乙酯（2- HEMA）或丙烯酸甲酯的聚合。引发剂、单体和交联剂均匀溶解在 DES 中赋予上述反应可行性，但这仅限于能够稳定极性 DES 中氢键的单体，如丙烯酸（AAc）、甲基丙烯酸（MAAc）、丙烯酰胺、双丙烯酰胺、2-HEMA、丙烯酸甲酯、乙二醇二甲基丙烯酸酯（EGDMA）、衣康酸及其衍生物[20]。

基于DES的离子电导率，研究人员还探索了导电单体（苯胺，亚甲基蓝和3,4-乙二氧基噻吩）溶解于由ChCl和各种HBD组成的DES中的电化学聚合反应[21]。后续研究人员也描述了$FeCl_3$催化使用氯化胆碱基DES作为介质的3-辛基噻吩的氧化聚合[22]。

在某些情况下，一旦单体均匀溶解在DES中便会发生自发自聚合。如2-HEMA在氯化胆碱/果糖[23]和氯化胆碱/苔黑素[24] DES中自聚合，在DES中形成聚合物网络，从而产生可拉伸的导电凝胶。2-HEMA的光聚合以及在CHCl/乙二醇中的自由基与EGDMA的交联也可得到固态凝胶电解质[25]。在这些实例中，DES是在单体完全转化后被保存在凝胶中的，这是具有100%原子经济性的聚合物合成实例[20]。

随着疏水性DES的发现（详见第5章），探索溶液中疏水性单体的自由基聚合将会是一个令人兴奋的新领域，例如黏度对乙烯基单体的反应性、扩散系数和整体动力学的影响等。目前纯DES中的聚合反应较为少见，因为DES需要加入一定的水分或者其他溶剂降低黏度或促进某些试剂溶解。这一特殊问题将在10.3.4中详细讨论。

苯乙烯、MMA、丙烯酸月桂酯和十八烷甲基丙烯酸酯单体的非均相自由基聚合，可以通过表面活性剂和纳米粒子制备具有高稳定性的内相乳液（HIPE）实现。在这些体系中，单体构成连续相，而氯化胆碱/尿素、氯化胆碱/甘油或氯化胆碱/乙二醇DES构成惰性内相。连续相的聚合、交联以及内部相使聚合物形成大孔相互连接的高分子聚合物[26]。或者，由单体丙交酯（LLA）和ε-己内酯的混合物组成的DES作为连续相与十四烷混合物形成HIPE，在连续相中DES单体开环聚合（ROP）时，可以得到大孔支架形式的可生物降解的聚酯混合物[27]。

在DES中进行的聚合得益于①介质的高黏度，②DES的离子性，③DES典型氢键网络内单体的预形成，④定制DES的组分可以设计为在同类介质情况下能与单体组分形成氢键，或者⑤定制DES的组分，可以设计为增强乳液情况下的表面活性剂/单体界面。

10.3.2 含低共熔溶剂的单体的聚合：DES单体

本部分将讨论能够通过不同机制进行聚合的单体，同时作为HBD或HBA的一部分，即所谓的DES单体。DES单体的聚合过程类似于由DES辅助的离子热合成，其中一种组分起结构导向剂的作用，而另一种组分赋予骨架材料的形成[28]。

2010年，del Monte等首次将能够聚合的单体作为DES的组分之一，用以制备间苯二酚-甲醛凝胶，该凝胶碳化后得到分层的功能性多孔碳[29]。特别是，由间苯二酚或衍生物作为HBD和各种HBA组成的DES因其多功能性和简便性而提供了广泛的材料，这些材料来自具有低成本前体和高反应产率的缩聚反应。此外，DES赋予的性质，如结构导向剂，定制的孔隙率以及某些功能（氮和磷掺杂）的结合，最终可以使低成本制备复杂的碳成为可能。同样，由于使用了由二醇和季铵盐（四乙基溴化铵、十六烷基三甲基溴化铵、甲基三苯基溴化铵）组成DES，柠檬酸与二醇的缩聚反应与常规合成相比在低温下进行，柠檬酸易溶于其中并与二醇反应[19]。

随着缩聚反应的首次发现，Mota-Morales等相继在2011年发表了论文。该研究通过可控放热和高转化率的正面聚合，合成交联聚丙烯酸和聚甲基丙烯酸单体，开创了自由基聚合和 DES 研究的先河[20]。在这种情况下，HBD 为丙烯酸单体，而 HBA 为季铵盐，包括氯化胆碱。之后，在热和光自由基聚合中，探索了与丙烯酸和甲基丙烯酸相似的其他本体，如衣康酸和丙烯酰胺。“本体”是指在没有额外溶剂的情况下，在纯 DES 中进行聚合，尽管严格来讲，单体（HBD）在 DES 的 HBA 不可聚合组分中“稀释”了，因此在传统聚合反应中没有本体这一概念。

另一个重要的结果是，衣康酸通过与氯化胆碱混合转化为 DES 后，其通过过硫酸铵（APS）引发的双丙烯酰胺共聚反应比在水中进行的速度更快，温度更低，并且产生交联程度更高的水凝胶，这表明是氯化胆碱的催化作用。因此，可以认为 DES 既是衣康酸的溶剂，又是 APS 氧化还原的活化剂[30]。此外，Pojman 等的最新研究结果表明，单体可以通过前体聚合和光聚合参与 DES（丙烯酸和甲基丙烯酸，与氯化胆碱组合），也可以溶于 DES（丙烯酸甲酯和甲基丙烯酸甲酯分别溶于氯化胆碱/丙酸和氯化胆碱/异丁酸）中。与本体或常规溶剂中的类似体系相比，光聚合中的酸性 DES 分别提高了聚合速率[31]。因此，最终控制 DES 中单体组分的极性和氢键作用可能不仅在引发过程中而且在增殖反应中以及单体本身的固有反应性几个方面起主要作用。这将在 10.4.2 中进一步讨论。

关于使用 DES 单体作为 HBA 的问题，Mecerreyes 等通过对包含不可聚合的 HBD 和可聚合铵盐（HBA）的 DES 的自由基聚合进行了研究与创新[32]。以甲基丙烯酸 2-溴化胆盐和柠檬酸、胺肟、草酸、马来酸等多种不同摩尔比的不可聚合 HBD 为原料，通过光聚合反应合成了以正/阴离子对为骨架的聚合物，即聚离子液体。

考虑到许多聚合反应的可持续性，特别值得一提的是，一旦 DES 内的单体聚合，可以用合适的溶剂将未反应的 DES 组分冲洗掉（如，氯化胆碱高度溶于水和乙醇）并在随后的合成中重复使用。同样，如前所述，未参与反应的组分可以选择保留在最终的聚合物材料中以赋予某些功能：药物输送系统、抗菌、导电装置等[14a,20]，这些将在 10.4.2 和 10.4.3 中详细讨论。

除了确保降低 DES 单体的熔点（如通过差示扫描量热法或黏度测定法）以外，没有关于含盐的 DES 单体作为 ILs 的性质（如离子性和电导率）的进一步表征的报道。实际上，在室温下观察到了一些 DES 单体的自发结晶[33]，表明存在热力学不稳定的混合物。但是，在聚合的情况下，液态的 DES 单体（或固体形式和/或难以溶解）具有巨大的优势，因为聚合可以在较少溶剂下（一体化体系）进行，原子经济性 100%且能在有机溶剂或水时无法控制的条件下（如温度或压力）使用，突出了 DES 单体聚合的绿色特性。

10.3.3 DES 作为聚合反应中的助溶剂和助剂

以协同方式在溶液中添加高度稀释 DES 的组分在某些反应中可能是有利的。如 10.3.2 所示，据报道，当聚合物单体是 DES 组分（HBD 或 HBA）时，可提高自由基聚合速率，此时将该单体成为 DES 单体。

同样，在一系列双酚 A 的二缩水甘油醚的环氧聚合反应中，浓度为 1%~7.5%（质量分数）的氯化胆碱/尿素 DES 的存在下，与使用三亚乙基四胺相比，聚合速率有所增加，是一种典型的催化剂[34]。因此，环氧基团的催化引发归因于 DES，特别是氯化胆碱类铵盐，这也导致了胶凝温度的降低，以及最大玻璃化转变和树脂中交联密度的增加。当通过复杂的机制以 3%~9%（质量分数）的浓度添加时，氯化胆碱与硫氰酸胍，1-(邻甲苯基)双胍或尿素形成的 DES 在低分子双酚 A 环氧树脂中也起固化剂的作用[35]。将氯化胆碱/三（羟甲基）丙烷 DES 作为助溶剂［约 9%（质量分数）］添加到 1-丁基-3-甲基咪唑硫氰酸酯的 ILs 和基于双酚 A 的低分子树脂的混合物中，能够使石墨颗粒均匀分散在固化后的最终复合材料[36]。

适当选择单体、交联剂、模板分子以及它们的比例进行聚合，可获得分子印迹聚合物。DES 单体可以为分子腔设计提供理想平台，该分子腔的高度交联矩阵具有特定形状和大小，其中 DES 组分通过高度取向的氢键彼此紧密相互作用。然而，无论是采用自由基聚合[37] 还是甲醛树脂的缩聚[38]，由纯 DES 合成的分子印迹聚合物仍然具有挑战性。

MMA 的自由基聚合反应可通过在引发步骤中使用由在乙醇或 *N*,*N*-二甲基甲酰胺中的氯化胆碱/氯化锌［20%~60%（体积分数）］组成的介质中进行伽马辐射来实现。与仅在有机溶剂中进行聚合相比，DES 中的聚甲基丙烯酸甲酯（PMMA）具有更高的转化率、更高的分子质量和多峰分子质量分布[39]。但是，除相对分子质量（约为 10^7）外，尚未见其他关于纯 DES 中的聚合反应结果的报道。

通过在乙醇水溶液中使用氯化胆碱/衣康酸 DES［<2%（体积分数）］，通过 APS 引发的自由基聚合将聚衣康酸接枝到改性的磁性二氧化硅颗粒上[40]。这种磁性颗粒材料证明对胰蛋白酶的磁性固相萃取具有很高的性能。

与 10. 3. 2 中的 DES 单体相比，这些反应混合物中的 DES 浓度大大低于从离子混合物向简单水溶液转变之前的阈值约 10%~40%（体积分数）（取决于特定的 DES[41]），这通常被认为是保持氢键网络的氯化胆碱基 DES 的浓度极限。水添加到 DES 中的特殊作用将在 10. 3. 4 中讨论。

即使 DES 高度稀释，它们的成分也可能以协同方式发挥作用，这有利于通过催化作用进行某些反应。然而，迄今为止，具有普遍适用性的结论性结果仍然是一个悬而未决的问题。因此，当与低溶度有机极性溶剂如乙醇、二甲亚砜、*N*,*N*-二甲基甲酰胺或复杂的反应介质竞争时，DES 在聚合反应中作为助溶剂和助剂的作用及 HBD 和 HBA 之间的氢键网络值得深入研究。

10. 3. 4 水与 DES 的协作氢键网络

从根本上讲，单体在 DES 中的完全相溶性是一个复杂且相对未知的问题。实际上，（甲基）丙烯酸和丙烯酰胺在 DES 中的溶解很可能是通过三元 DES 的形成而发生的[33a,42]（如，在 10. 3. 2 中讨论了单体作为 HBD 的作用）。相反，如果单体不是 HBD 或 HBA，则要获得均质的反应混合物，必须添加一定量的水以降低 DES 的黏度，并通过改变极性和/或酸碱平衡来增强试剂的溶解，或者稳定酶。水通过参与协作网络中的氢键而表现为额外的 HBD，因此，保留并有时增强了无水 DES 的许多特征[8f,15a,43]。如间苯二酚与甲醛的缩聚反应（水含量不超过 44%）[44]，衣康酸和双丙烯酰胺的共聚反应（约 5%的水）[33b]，丙烯酰胺的酶介导的自由基聚合反应（约 20%的水）[45]，以及亚甲基蓝（约 10%水）的电聚合[21c]。

DES/水混合物从离子混合物转变为简单水溶液的阈值在不同的系统中有所不同，利用核磁共振氢谱、电导率测量和中子散射等技术检测到，一些 DES 如氯化胆碱/尿素，氯化胆碱/苹果酸，氯化胆碱/甘油中已报道了含有 40%~10%（体积分数）的水，该阈值可能不会急剧变化[41a]。因此，有必要全面了解控制每种特定 DES 之间的分子相互作用，以预测其在

“水合”或无水状态下的性质和行为[7b,47]。

越来越多地报道在某些反应中使用DES作为次要添加剂，其在总溶剂或主要由水组成的反应混合物中的总含量少于20%（质量分数）[37,48]。应根据实验数据证据讨论术语DES对这些溶剂混合物的适用性，一些实验证据表明，即使与极性溶剂竞争，也能保留DES的超分子结构特征[8f,43a,c,49]。这些混合物的复杂性使得确定反应是发生在均相还是非均相介质中极具挑战。

10.4 聚合机制的探索

10.4.1 缩聚作用

Serrano等描述了基于1,8-辛二醇作为HBD和利多卡因（一种活性药物成分）作为HBA的混合物制备DES的方法，以完成在无水条件下与添加到DES中的柠檬酸缩合后相对分子质量定量转化的弹性体的合成（老化20d后相对分子质量的交联度为6369）[50]。在该合成方法中，DES发挥了多种作用，其提供了缩聚反应所需的一个成分（二醇）和保留在弹性体中的第二种治疗成分（利多卡因），可以根据生物降解的速率以控制方式释放生成的聚（二醇-柠檬酸酯）弹性体。与在高温下进行的这种类型的弹性体的传统合成相反，柠檬酸在低于100℃的温度下在DES中的溶解很重要，其可以避免在缩聚过程中负载的利多卡因热分解。然后按照与1,8-辛二醇形成DES的相同原理，测试了其他盐作为HBA（如四乙基溴化铵、十六烷基三甲基溴化铵和甲基三苯基溴化磷）。获得释放铵盐或磷盐的抗菌弹性体，并针对大肠杆菌进行了测试[51]。同样，含有三元醇和四元醇部分的铵盐与柠檬酸和对苯二甲酸形成DES，通过接近高沸点（约0.9）的组分缩聚反应，无需添加额外的催化剂，就可以在接近100℃的温度下生产合成聚（乙二醇-柠檬酸酯）弹性体[32]。

通过热固性聚合物的碳化来制备固体吸附剂提供了定制所得碳材料的形态和功能的可能性。苯酚和苯酚衍生物与醛的缩聚反应对制备热固性树脂特别有吸引力，这是因为前体成本低，反应产率高，但通常需要存在某些添加剂（如嵌段共聚物）才能实现分层结构。Carriazo等报道了氯化胆碱/间苯二酚和三元组分：氯化胆碱/间苯二酚/尿素DES的制备，在间苯二酚对应物与甲醛缩聚并随后碳化后，形成具有微孔到介孔（10~23nm）[44]范围内双峰孔隙率的整体碳（图10.1）。由碳酸钠催化缩聚，通过两个加热周期进行，在60℃下进行6h，然后在90℃下进行4d，其中DES中未反应的组分起着结构导向剂的重要作用。N_2中的间苯二酚-甲醛树脂在800℃下处理后，所得碳的形态由双连续多孔网络组成，该网络由高度交联的聚集体组成，这些聚集体组装成相互连接的结构，这表明旋节线分解过程（碳的转化约80%，表面积600cm^2/g）。孔隙率是由碳化前的清洗或热分解碳化过程中未反应的耗尽聚合物相的消除而形成。通过洗涤完全回收氯化胆碱，因为不会产生其他副产品，可以在随后的反应中重复使用。相反，尿素被部分结合到苯甲醛树脂中，导致碳具有较高的比表面积。值得注意的是，向DES中添加甲醛水溶液会导致DES对应物的局部稀释（DES的质量分数为56%~63%），从而使间苯二酚的羟基可用于缩聚反应，否则，在纯DES中将无法做出反应。

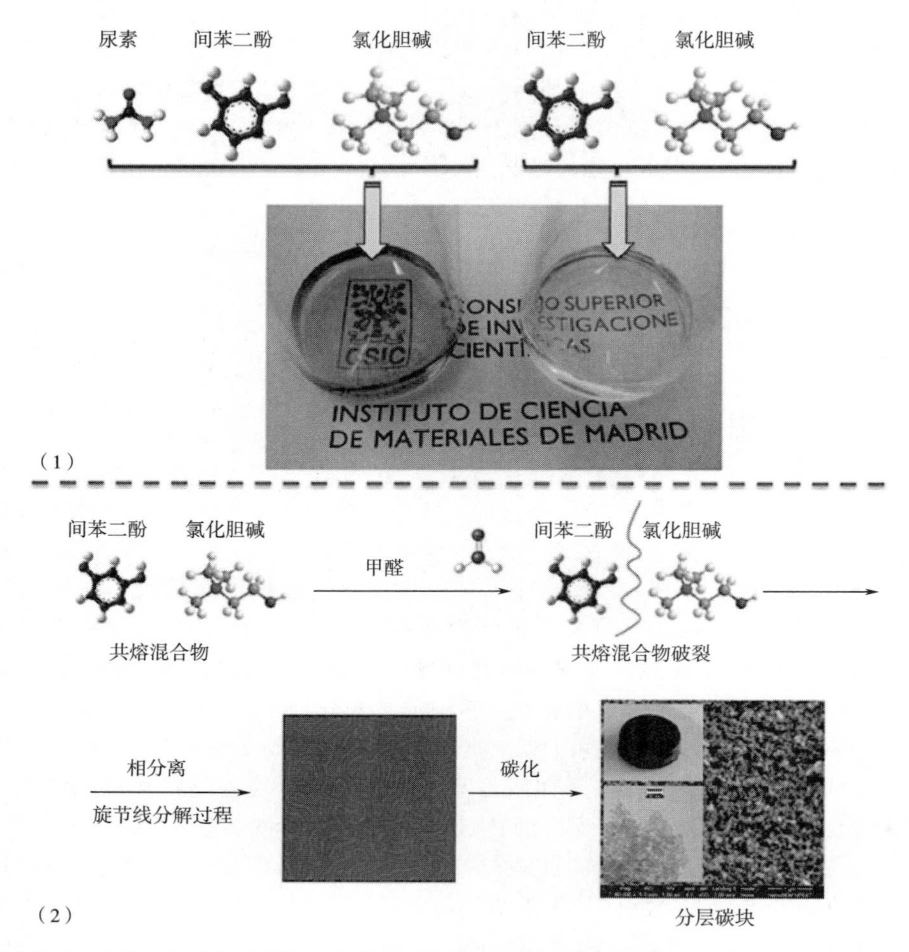

图 10.1 （1）基于尿素、间苯二酚和氯化胆碱（左）和间苯二酚和氯化胆碱（右）的 DES 单体。（2）间苯二酚基 DES 在添加甲醛和旋节线轴分解后的缩聚示意图，通过碳化生成连续碳材料

资料来源：经 de Monte 等许可转载 2013[14a]，版权归 Wiley-VCH Verlag GmbH & Co. KGaA， Weinheim（2014）所有。

del Monte 团队设计了几种 DES，这些 DES 通过不同条件下的缩聚和碳化，得到具有可调分级孔隙率和功能的碳，每种碳都适合不同的应用，从选择性捕获 CO_2 到整体式超级电容器电极。如甲醛与间苯二酚的缩聚，后者与 3-羟基吡啶和氯化胆碱[52]、4-己基间苯二酚和四乙基溴化铵形成三元混合物 DES[53]，或与 4-己基间苯二酚、对硝基苯酚和氯化胆碱[54]形成四元 DES，促进 DES 的断裂和非聚合对等物在旋节式分解过程中的分离，在碳化过程中产生氮掺杂碳。缩聚条件与三氯甲烷/间苯二酚/尿素 DES 的缩聚条件相似，包括添加碳酸钠作为催化剂；对于氯化胆碱/间苯二酚/4-己基间苯二酚/对硝基苯酚 DES，4-己基间苯二酚和对硝基苯酚的共缩合作用被证实。高摩尔比的氯化胆碱增强了由聚合物碳化获得的碳所表现出的大孔隙度，而 4-己基间苯二酚的长烷基链则赋予了窄的介孔和微孔。关于这些碳的组成，在氯化胆碱/3-羟基吡啶/间苯二酚 DES 的情况下，转化率介于 71%～83%，表面积介于 550～650m^2/g，氮含量为 5%～13%，碳化温度在 600～800℃，甚至超过了传统咪唑类 ILs 合成的碳。溴化四乙铵/4-己基间苯二酚/间苯二酚的碳具有 76%~91%的高转化率。高表面积和氮掺杂的结合提供了出色的 CO_2 捕捉能力，介于 3.0~3.3mmol/g，此外还具有很高的选择性，可回收性和稳定性。

以 CHCl/乙二醇-DES 为介质，比较研究了水的存在和催化剂类型（酸或碱）对间苯二酚缩聚反应的影响。与前述使用水作为助溶剂添加甲醛和催化剂的方法不同，使用冷冻干燥除水也可以部分去除甲醛，因此难以评估反应效率[55]。

研究人员也在未稀释的 DES 中探索了催化缩聚反应。在该反应中，糠醇代替间苯二酚用作单体，但在该方法中，由对甲苯磺酸一水合物和氯化胆碱组成的低黏度质子 DES 起了下列作用：①作为溶解糠醇的反应介质，②是糠醇缩聚所需的质子催化剂，以及③在旋节线分离时产生连续多孔网络的结构导向剂[56]。多壁碳纳米管（MWCNTs）表面中的羧酸基团均匀地结合在反应介质中，在糠醇缩聚反应中还起催化剂的作用，以便在碳化后制备碳-碳纳米管复合材料（表面积约 $500m^2/g$）。最后，通过使用包含富磷前体的 DES 来实现掺磷整料。磷酸三乙酯/甲苯磺酸 DES，既用作糠醇缩聚的催化剂，又用作 MWCNT 分散的介质[57]。

另一种方法包括通过添加甲醛和催化剂磷酸的水溶液，使间苯二酚在氯化胆碱/间苯二酚/甘油三元 DES 中缩聚。碳已被磷酸盐官能化，并被用作超级电容器中的电极[58]。

10.4.2 自由基聚合

Mota-Morales 等首先研究了由作为 HBD 的单体组成的 DES 进行的自由基前端聚合[42]。前端聚合是通过非搅拌介质传播的局部反应区，这要归功于热传输和放热聚合的 Arrhenius 依赖性的偶合，如丙烯酸酯的自由基聚合[20]。需特别点明，DES 单体由 AAc 或 MAAc 与氯化胆碱混合组成；少量的交联剂 EGDMA［0.35%~2.8%（质量分数）］和引发剂过氧化苯甲酰（BPO）［0.1%~1%（质量分数）］也添加到了 DES 中[42]（图 10.2）。前端温度远低于（对于 AAc 而言，约为 110℃）高压条件下进行本体聚合时的正常温度。与纯单体相比，DES 的高黏度使得其前体稳定，而无需添加惰性填料，其转化率在 76%~85%。这些初始系统使用 Luperox® 231 作为热引发剂扩展到了丙烯酰胺（AAm）、*N*-异丙基丙烯酰胺、AAc 和 MAAc[33a]。在这些前端聚合中，在单体和交联剂完全转化后，氯化胆碱或乙基氯化铵（起 HBA 的作用）可被完全除去，并与适当的单体比例混合（起 HBD 的作用）后再用于进一步聚合。

通过使用由 AAc 或 MAAc（作为 HBDs）和盐酸利多卡因（LidHCl）代替氯化胆碱作为 HBAs 组成的 DES，代替 ChCl 制备的聚合物-药物复合物，待单体完全转化后可以将麻醉剂释放到水中，从而探索了 DES 正面聚合的一个有趣的应用。通过使用多官能团交联剂（季戊四醇三丙烯酸酯）或双官能团交联剂（EGDMA）并将 LidHCl/AAc 和 LidHCl/MAAc DES 混合物中包含的 AAc 和 MAAc 进行共聚，通过调控 pH 变化可以控制聚丙烯酸酯的溶胀，从而控制药物的释放。

使用轻度交联的系统和 Luperox231 作为引发剂，即可完成获得前端温度 AAc 为 110℃的转化；因此，术语“活性填料”是为这些铵盐作为 DES 成分而创造的，也是单体完全聚合后具有药学重要性的可释放分子。Pojman 等对 AAc 和 MAAc 进行前端聚合的工作表明，添加一系列质量分数与氯化胆碱相同的惰性填料不会像使用 DES 单体那样降低前端温度[31]。因此，由 AAc 和 MAAc 组成的 DES 单体与 ChCl 聚合的热力学和动力学受到 DES 中超分子氢

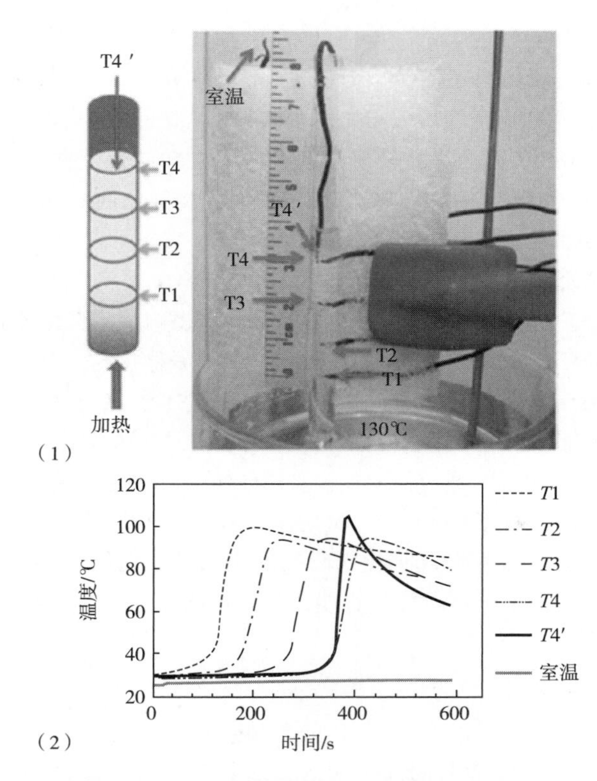

图 10.2 （1）用于氯化胆碱/丙烯酸 DES 单体的前体聚合的实验装置。将反应器的底部加热至 130℃。聚合前体由热电偶（T1-T4）监控。（2）热电偶记录的温度与时间的关系图

资料来源：经 Mota-Morales 等许可转载（2011）[42]，版权归英国皇家化学学会所有。

键网络中存在的强烈影响。所以，由 AAc 和 MAAc 与氯化胆碱组成的 DES 单体，其聚合的热力学和动力学受到 DES 中超分子氢键网络中存在的强烈影响。

Li 等扩展了氯化胆碱/AAc DES 单体在快速制造柔性触觉/应变传感器中的应用[60]。通过使用聚乙二醇（PEG）二丙烯酸酯作为交联剂［1.1%～5.3%（质量分数）］，2-羟基-4-（2-羟乙基）-2-对甲基苯甲醇［2%（质量分数）］作为光引发剂。向离子凝胶（嵌入了氯化胆碱的交联聚丙烯酸）施加压力（220～1400Pa）会导致离子凝胶电阻突然增加至 99.8%，从而为柔性电子产品中的触觉传感器开辟了道路。此外，该团队还通过丝网印刷工艺中的氯化胆碱/AAc DES 原位光聚合，开发了一种便捷的导电纸制造工艺（导电率最高达 0.16S/m）。DES 单体用作油墨来印刷纸电路（部分打印的纸）或导电纸（纸完全覆盖，约 40μm），从而可以在折纸电子产品中设计出复杂的 3D 电路。

将碳纳米材料分散在单体和预聚物混合物中以制备复合材料可能是一项相当困难的任务，因为分散效率低会导致团聚并随后丧失纳米材料的增强作用。已经开发出 DES 溶剂特性，将纳米材料有效地分散在 DES 单体中，而 DES 单体在聚合后会形成均匀的纳米复合材料[55-57]。在将 MWCNT 集成到聚电解质如聚丙烯酸中的特定情况下，通过使用氯化胆碱/AAc 加快了掺混 MWCNT 的掺入，这在其他情况下是不可能实现的，如通过常规聚合反应或使用有机溶剂，甚至是质子 ILs。含有 MWCNT 的 ChCl/AAc DES 单体可能发生正面聚合，这是由于 DES 的高黏度和加速的聚合速率阻止了碳纳米管在正面扩散过程中的分离[62]。低温

（约 120℃）条件下以高转化率（约 76%）获得了含有掺有氮［最高 1%（质量分数）］的 MWCNT 交联聚（丙烯酸）整料。MWCNT 的存在使膨胀后的单体经冻干步骤形成大孔结构，而裸露的聚丙烯酸无法达到这一效果。

Bednarz 等描述了衣康酸与氯化胆碱和双丙烯酰胺形成 DES 的自由基共聚[33b]。衣康酸是一种生物基单体，包含两个可作为 HBD 的羧基和一个可通过自由基缓慢聚合的不饱和部分。由于衣康酸在 DES 中转化，由 APS 引发的共聚比在水中进行更快，并产生了更高程度的交联水凝胶，这一切都是由氯化胆碱的催化作用促成[63]。根据 APS 在水中引发的衣康酸自由基聚合的结果，可以得出结论，DES 既是衣康酸的溶剂，又是 APS 氧化还原活化剂[30]。随后，该研究团队发现，在 DES 和 PEG 的二元混合物中采用不含表面活性剂的方法进行诱导相分离聚合，得到了一系列具有生物相容性的聚衣康酸干凝胶[64]。由于控制二元组分体系 DES/PEG 的相分离，干凝胶可以实现多孔性，该 DES/PEG 体系还包含能够螯合铜阳离子的裸露羧基官能团。鉴于此结果，可以将反应性差的生物单体在 DES 中转化，实现生物质的聚合反应。以氯化胆碱/衣康酸为引发剂，在 APS 引发的乙醇水溶液中，通过自由基聚合将聚衣康酸接枝到改性磁性二氧化硅粒子上。这种磁性微粒材料被证明在磁性固相萃取胰蛋白酶时具有高性能[40]。

Mecerreyes 等首先介绍了含有不可聚合 HBD 和可聚合铵盐的 DES 单体的自由基聚合[32]。主链中含有阳离子/阴离子对的聚合物，聚（离子液体）［poly（ILs）］，由含有 2-甲基丙烯酸溴化铵盐的 DES 和多种 HBDs（如柠檬酸、氨肟、草酸、马来酸等），其以不同的摩尔比合成[65]（图 10.3）。由于单体组分的液体性质，可以通过快速光聚合完全转化。非晶态聚离子液体（ILs）是由 DES 单体的自由基光聚合产生的，它结合了聚电解质的高热稳定性（超过 250℃）和 CO_2 的亲和能力，并可将聚合物加工成薄膜、多孔结构、珠子等，此外还具有低能量过程的额外优势。含柠檬酸的聚离子液体在温度 0℃、压力 0.1MPa 条件下二氧化碳捕获最强，约为 7.2mg/g，与其他含有毒氟阴离子的聚（ILs）相当。

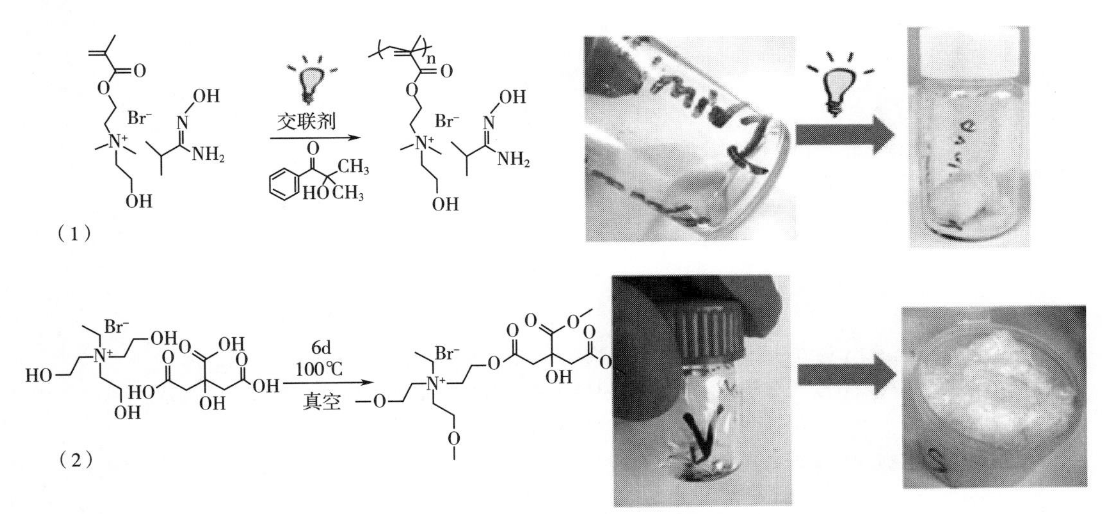

图 10.3 （1）在 2-溴化甲基丙烯酸甲酯/氨肟 DES 单体中可聚合 HBA 的自由基光聚合（2）柠檬酸在 *N*-2-乙基-2-羟基-*N*,*N*-双（2-羟乙基）乙基溴化铵/柠檬酸 DES 单体和所得聚离子液体中起 HBD 作用的缩聚反应

资料来源：经 Isik 等许可转载（2016）[32]，版权归 Wiley-VCH Verlag GmbH & Co. KGaA，Weinheim（2016）所有。

单体在 DES 中的均相聚合要求单体能够与 DES 混溶。考虑到 DES 的氢键性质，能够构建起氢键作用的丙烯酸酯，如 AAc、MAAc 和 2-HEMA，是研究最多的用于自由基聚合的单体，可能形成三元组分的 DES（如 AAc 发挥 HBD 的作用，如 10.3.2 所述）。这一现象开启了研究 DES 驱动形成的相互作用对反应活性、扩散系数和聚合整体动力学的影响，以及由这些 DES 单体生成的聚合物的分子质量和多分散性的途径。

在这方面，Pojman 等观察到相比单体本体，与氯化胆碱形成 DES 的 AAc 和 MAAc 显示出更快的聚合速率。丙烯酸甲酯和 MMA 单体没有明显的形成氢键的能力，但仍能够分别与氯化胆碱/丙酸和氯化胆碱/异丁酸 DES 混溶，它们也通过利用二苯基-2,4,6-三甲基苯甲酰基氧化磷作为光引发剂引发的自由基提高了光聚合速率[66]。这表明无论单体是否加入 DES，都会发生速率提高，这使得黏度、氢键作用和 DES 极性等综合指标被认为是提高速率的主要因素。

据 Panzer 等报道，2-HEMA 在氯化胆碱/乙二醇（摩尔比为 1∶2）中是高度可混溶的，高达 50%（体积分数），这使得它的聚合反应可以以定量转化率均匀地溶解在 DES 中[25]（图 10.4）。自由基光聚合反应是由 2-羟基-2-甲基苯乙酮引发的。所制备的固态凝胶电解质与聚乙二醇双丙烯酸酯交联，离子电导率为 5.7mS/cm，可调压缩模量在 14kPa～1.0MPa，具体取决于聚合物含量［13.2%～38.4%（体积分数）］。集成到碳纤维电极中的凝胶电解质/隔膜作为超级电容器的原型显示出良好的效果。

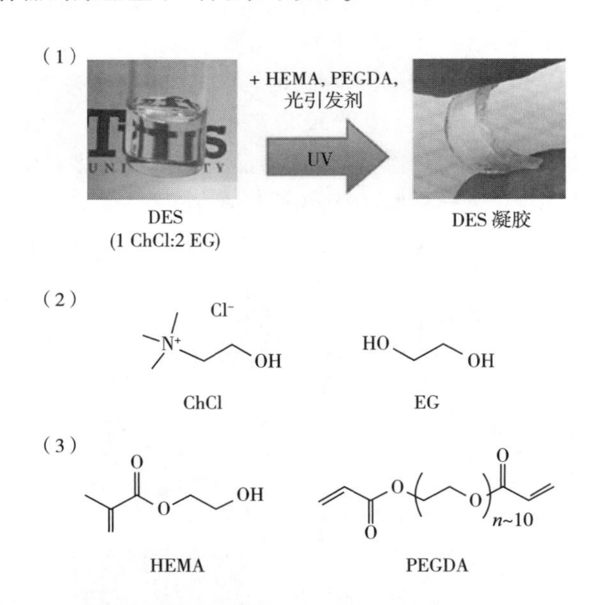

图 10.4 （1）通过原位 UV 引发的自由基聚合反应形成的氯化胆碱/乙二醇 DES 和含有 DES［22.9%（体积分数）］的交联聚（甲基丙烯酸甲酯）的柔性凝胶的照片（2）参与聚合反应的组分的化学结构（3）参与聚合反应的单体的化学结构。

资料来源：经 Qin 和 Panzer 许可转载[25]，版权归 Wiley-VCH Verlag GmbH & Co. KGaA，Weinheim 所有。

在通过可逆失活“活性”自由基聚合的精密聚合物合成中，ATRP 由于其稳健性、单体的广泛选择和温和反应条件而成为最通用的聚合物之一。然而，使用金属催化剂（如 Fe 和 Cu）和配体，以及将它们与最终聚合物分离，对于绿色安全方面提出了挑战。Wang 等研究了多种 DES 在 2-溴-2-苯基乙酸乙酯和 $FeBr_2$ 引发的 MMA 的 ATRP 中起溶剂/催化剂的双重作用[67]。他们筛选了两种含盐且完全由非离子对应物组成的 DES，用于溶解 MMA。非离子己内酰胺/乙酰胺 DES 占反应混合物体积的 33%，表现出的最佳反应时间为 3~5h，并呈现高转化率（18.1%~74.4%）、良好的多分散性控制（1.36~1.46），所得 PMMA 的相对分子质量为 3800~17400。实验证据表明，己糖内酰胺/乙酰胺形成了 DES，使用这些单独组分并不能像 DES 那样再现结果。该体系中铁介导的 ATRP 的机制由能够在聚合过程中配位铁络合物的酰胺基解释。在催化浓度下添加基于氯化胆碱和基于硫氰酸铵或硫氰酸钾的 DES 会产生配体型效应。其中一个可能的原因是，聚合的早期阶段，MMA 和 $FeBr_2$ 催化剂在每个 DES 的溶解性较差。

Coelho 等报道了在乙醇［10%（质量分数）］中的 DES 混合物中，MMA 的 SARA ATRP，其中 α-溴异丁酸酯为配体，Cu（O）/$CuBr_2$ 作为催化剂，三［2-（二甲基氨基）乙基］胺作为引发剂[48a]。在该技术中，与传统的 ATRP 相比，该技术控制聚合反应所需的催化络合物的量较小，从而降低了金属催化剂在可持续性方面的负面影响。从氯化胆碱/尿素、乙酰胆碱氯化物/尿素和氯化胆碱/乙二醇 DES 中，选择氯化胆碱/尿素作为助溶剂在室温附近进行 ATRP。反应 3h 后，获得相对分子质量为 9300，多分散性为 1.13、转化率为 0.91 的 PMMA。此外，通过这种方法，有可能回收并重新使用整个催化体系的 Cu(O)/$CuBr_2$/引发剂，这是由于富含聚合物的相自发发生相分离，因为聚合物链在转化率达到约 80%后能够选择性析出。最后，动力学数据验证了聚合反应的活性，从而可以合成定义明确的聚（丙烯酸甲酯-丙烯酸丁酯）嵌段共聚物。同一研究小组将这些结果扩展到 SARA ATRP 的亲水和生物相关单体，例如 2-丙烯酸羟乙酯、2-HEMA 和（3-丙烯酰胺丙基）三甲基氯化铵，在纯的氯化胆碱/尿素 DES 中运行[68]（图 10.5）。值得注意的是，由于单体与氯化胆碱和尿素 DES 中的氢键网络结合，使 DES 中的亲水性单体溶解导致形成凝胶，因此对试剂的浓度进行了微调，以避免在形成过程中凝胶的形成和传质因聚合受到限制。与使用 Cu（O）催化剂相反，在这种情况下缓慢加入 $N_2S_2O_4$ 作为 SARA 试剂可提供快速聚合，表现出卓越的分子质量控制和低多分散性（<1.2）。最后，利用聚合的活性，还制备了一系列嵌段共聚物。

Gorke 等在含有 25%（体积分数）氯化胆碱/甘油 DES 的介质中首次成功进行酶促反应[69]，随后出现了许多以 DES 作为溶剂或助溶剂来规避水性介质限制的生物催化反应（详见第 13 章）。关于聚合物的合成，Mota-Morales 等描述了在辣根过氧化物酶/H_2O_2/2,4-戊二酮的催化体系中，水合 DES 通过自由基聚合丙烯酰胺[45]。50℃条件下，尽管由于结构部分展开致使酶活性有所下降，但相比磷酸盐缓冲液，辣根过氧化物酶在水合的氯化胆碱/甘油和氯化胆碱/尿素（80%DES，20%水，体积分数）中均表现出稳定性提高。即使在相对较高的温度下，辣根过氧化物酶所保留的活性也足以引发丙烯酰胺在水合 DES 中的聚合。聚丙烯酰胺的平均相对分子质量和多分散性分别为 8330~161000 和 2.1~8.3，在室温和 50℃条件下均成功获得定量产率。在室温下的水中进行相应的实验，尽管辣根过氧化物酶在水合氯化胆碱/尿素中的催化活性显著降低（降低程度比磷酸盐缓冲液低约 170 倍），但该混合物仍可合成分子质量相似且多分散性稍窄的聚丙烯酰胺。因此研究人员认为，为丙烯酰胺的聚合提供合适的环境可以最大限度地减少聚合过程中分子内和分子间链转移反应的影响。此外，利用氯化胆碱/甘油 DES 的低冰点（-40℃）[5]，可以在 4℃下于氯化胆碱/甘油 DES

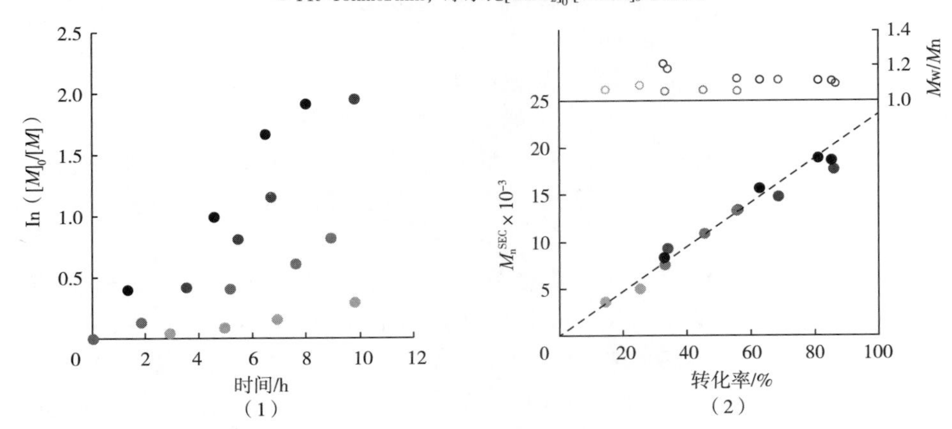

图 10.5 （1）ln（［M］$_0$/［M］）对聚合时间的动力学图；（2）通过尺寸排阻色谱法测定的 M_w/M_n 和 M_n 与 2-丙烯酸羟乙酯的 SARA ATRP 在 30℃氯化胆碱/尿素条件下用于 SARA 试剂（$N_2S_2O_4$）的不同进料速率

条件：［2-丙烯酸羟乙酯］$_0$/［2-溴异丁酸 2-羟乙酯］$_0$= 200/1；［2-丙烯酸羟乙酯］$_0$/［氯化胆碱/尿素］$_0$= 2.1（体积比）。

资料来源：经 Mendonça 等（2017）[68] 许可转载。版权归 Elsevier（2017）所有。

中获得聚丙烯酰胺，而此温度下在水中则不会发生聚合反应。

AAc 和 1-乙烯基咪唑在巯基丙基改性的二氧化硅颗粒上的自由基链转移聚合反应是在氯化胆碱/乙二醇（摩尔比 1∶2）DES 中进行的，由偶氮二异丁腈（AIBN）引发，并与甲醇和氯仿进行比较[70]。将接枝到官能化二氧化硅颗粒上的聚（1-乙烯基咪唑）、聚（丙烯酸）和聚（1-乙烯基咪唑-共丙烯酸）填充到色谱柱中，并通过亲水作用色谱中进行评估。

单体在亲水性 DES 中的溶解性受其极性和与 DES 结构中建立氢键的能力的限制，这是将这些 DES 用作自由基聚合介质的关键问题，如 10.3.1 所述。

可以通过选择其组成部分的种类来设计 DES 极性。如，通过对有机分子探针的溶剂化变色反应评估某些含尿素、乙二醇和甘油的氯化胆碱基 DES 的极性高于乙醇和其他极性溶剂，如二甲基亚砜和 N,N-二甲基甲酰胺。因此，疏水性乙烯基单体（如 MMA 或苯乙烯）在这些氯化胆碱基 DES 中是不混溶的，导致混合时两相自发分离。

HIPEs 是在传统乳液组合物上扩展的双相复合流体之一。HIPEs 是高黏度乳液，在次要连续相中，分散相的体积分数大于 74%（体积分数）。高分散相的体积超过了球形液滴的堆积极限，从而变形为更紧凑的多面体形态[20]。HIPEs 最有趣的应用之一是作为大孔材料的模板。外部相或连续相的聚合以及随后的内部相的萃取提供了 HIPE 的模板，该模板具有与乳状液滴直径相对应的孔洞和较小的相互连接的孔喉。Mota-Morales 等探索了氯化胆碱/尿素 DES 与 MMA、月桂丙烯酸酯和十八烷基甲基丙烯酸酯混合形成 HIPE 的相配性，在乙二醇二聚羟基硬脂酸酯的 ABA 三嵌段共聚物（Cithrol®）作为表面活性剂和交联剂的帮助下，如果是甲基丙烯酸酯，则为 EGDMA；如果为丙烯酸酯，则为 1,4-丁二醇丙烯酸酯[26]（图 10.6）。MMA 提供了最理想的体系，具有高转化率（介于 81%～99%）、热稳定性（高于

220℃）、开孔率以及恒定的液滴直径与孔径（6~16μm）。

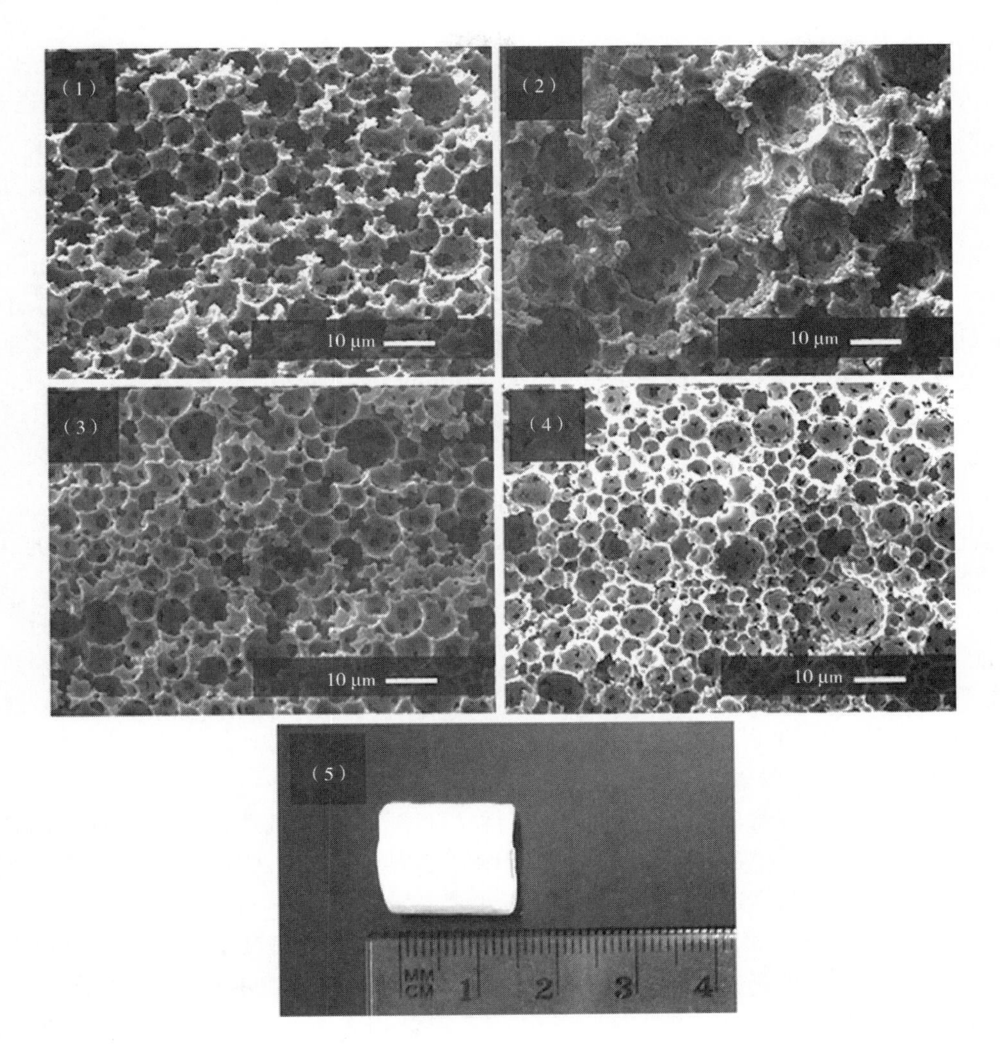

图 10.6 去除氯化胆碱/尿素 DES 后的聚（HIPE）的扫描电子显微镜照片（1）用乙二醇二甲基丙烯酸酯交联的 PMMA；（2）用 1,4-丁二醇丙烯酸酯交联的聚丙烯酸月桂酯；（3）用甲基丙烯酸乙二醇酯交联的聚（甲基丙烯酸十八烷酯）；（4）在真空条件下用甲基丙烯酸乙二醇酯交联的聚（甲基丙烯酸十八烷酯）；（5） DES 萃取后的聚合物（PMMA）示例

资料来源：经 Carranza 等许可转载（2014）[26]，版权归英国皇家化学学会（2014）所有。

通过表面活性剂 Span 60 稳定制备的苯乙烯基 HIPE，可以进一步证明油包 DES 的 HIPEs 方法在 DES 中由不混溶的单体合成聚（HIPEs）的有效性，连续相自由游离基聚合后会促使聚苯乙烯聚（HIPE）与二乙烯基苯交联[72]。HIPEs 的稳定性增强也归因于几个因素，最重要的是 DES 的高黏度和 DES 对表面活性剂临界胶束浓度的盐析效应，真空状态下也如此。可以认为 DES 代表了水内相中加盐的极端情况，因此采用更刚性的结构进一步稳定了乳状液，降低了非离子表面活性剂的浊点。

从基本的观点来看，DES 除了建立良好的 HIPE 稳定性参数（这些参数包括表面活性剂浓度、内相体积分数、表面张力、相极性和温度)，还为研究非水极性内相黏度增加的影响提供了理想的机会。基于这点，含油高聚物的剪切稳定性表明，使用氯化胆碱/尿素 DES 为内相时，具有长烃类链位基团的甲基丙烯酸单体（如甲基丙烯酸硬酯）的稳定性优于以丙烯酸或链位基团碳较少的单体（如 MMA 和月桂基丙烯酸酯)[73]。与水性 HIPE 相比，含 DES 的 HIPE 由于其由 DES 提供的高内相黏度而显示出显著改善的剪切稳定性，其屈服应力为 20~250Pa，取决于表面活性剂浓度在 6%~10%（质量分数）（相对于 HIPE 的总质量）和单体类型、MMA、月桂基丙烯酸酯和甲基丙烯酸硬酯。聚合过程中 HIPE 的流变学测量表明，G'的斜率位移与 G'的预稳定点的重合使凝胶点显著。所得的表现出相互连通的孔隙的聚苯乙烯和聚丙烯酸酯聚分别在 310℃和 225~339℃以上具有较高的热稳定性，这取决于特定的单体，并且在洗涤内相时，将近 95%的氯化胆碱/尿素 DES 恢复是可能的。单体类型会影响聚合过程中的乳液稳定性以及所产生的聚（HIPE）孔径（范围为 3~50μm)。获得的聚（HIPE）具有很高的转化率，具体取决于实验条件，范围为 0.86~0.99。

最近，发展起来的将表面活性剂和颗粒结合在一起稳定 HIPEs 的方法创造了一个新的机会，使 Pickering HIPEs 的稳定性和功能性与传统的表面活性剂的液滴可调性相结合。颗粒稳定的 HIPEs 的优点之一是，颗粒在界面处吸附是可逆的，在聚合和提取组成内相的 DES 后选择性地官能化聚（HIPEs）空隙表面。通过使用表面活性剂（苯乙烯为 Span 60，甲基丙烯酸酯为 Cithrol）和多壁掺氮碳纳米管（MWCNT N 掺杂）的混合物初始分散在 ChCl/尿素 DES 中，制备了在油中稳定的 DES HIPEs[74]。所得到的多孔材料对 MWCNT N-掺杂的内壁表现出选择性的界面功能化。在两种掺杂了 MWCNT N 的功能化的聚（HIPEs）中，聚苯乙烯和聚丙烯酸酯［如 PMMA，聚（甲基丙烯酸十八烷酯）和聚丙烯酸月桂酯］中，小于 0.2%（质量分数）的碳纳米管浓度对内部连续相的细微变化导致了单体功能化的重要变化，即提高了单体的疏水性和孔隙开放度。所得材料显示出高亲油性，水接触角高达 140°。聚（HIPEs）纳米复合材料显示出优异的疏水性和生物柴油、柴油、汽油和己烷的快速吸附能力，对汽油的吸附值高达 4.8（质量比）。

另一方面，得益于 NHA/表面活性剂在 HIPE 界面上的有效相互作用，可以将高达 1%（质量分数）的未经事先官能化的纳米羟基磷灰石（NHA，约 200nm）选择性地整合到 PMMA 聚（HIPE）的内壁上，即 MMA-氯化胆碱/尿素 DES 界面[75]。一个显著的结果是裸露的 NHA 仍然暴露在生物活性支架的内表面，从而赋予了表面生物活性。与 PMMA 聚（HIPE）相比，含 NHA 的聚（HIPE）的抗压强度，开孔率和转化率略有下降（超过 0.99)，但其疏水性却出乎意料地增加。然而，这些特征并没有影响在大鼠的肌肉组织中植入后体内的初步生物相容性结果，即生物惰性。植入 90d 后，几乎没有细胞向内生长，因此对 PMMA 和 PMMA NHA 纳米复合材料来说，都属于正常异物反应。

10.4.3 开环聚合

Coulembier 等发现 LLA/三亚甲基碳酸酯（TMC）的 50∶50（质量比）混合物容易形成非离子 DES，其共熔温度为 21.3℃，该温度远低于各自的熔点[76]（图 10.7)。有趣的是，在 DES 形成过程中没有发生水解反应，但是 LLA 结构的甲基由于 TMC 的缔合，通过 1H NMR 观察到其化学环境发生了重要变化，而羰基并未直接参与 DES 形成。在一种新颖的方法中，以 1,5,7-三氮杂双环［4.4.0］十二碳-5-烯（TBD）或 1,8-二氮双环［5.4.0］十一碳-7-烯（DBU）为基础的有机催化剂，通过 ROP 聚合组成 DES 的两种共聚单体。由于使用苯甲醇作为引发剂，DBU 对内酯产生的聚（L-交酯）（PLLA）具有选择性催化活性，其相对分子质量可调（在 15500~44000）。根据联继反应，在系统中加入硫脲以促进 TMC 的开环聚合反应时，也可以获得 L-交酯-三亚甲基碳酸酯接枝共聚物。LLA/TMC DES 的开环聚合反应中，有趣的一个方面是，由于 PLLA 的晶体形态，新链成核到未反应的 DES 中并从其中结晶出来，从而促进了纯的和多分散的 PLLA 均聚物的生长。

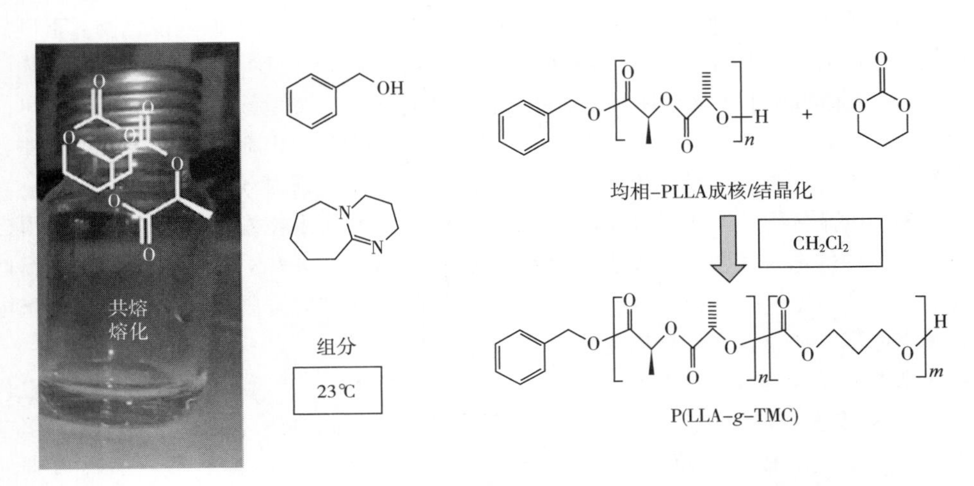

图 10.7 通过 ROP 从 L-交酯/三亚甲基碳酸酯单体合成聚（L-交酯-g-三亚甲基碳酸酯）共聚物

资料来源：经 Coulembier 等许可转载[76]，版权归英国皇家化学学会所有。

Del Monte 等最近开发了甲磺酸和胍 TBD 混合物，在共晶组成或与之接近的摩尔比下，以催化 ε-己内酯的快速 ROP，该反应在不存在溶剂和引发剂的情况下进行（约 2h，相对分子质量 6120~9925）[77]。在低温（37℃，96%~99%的转化率）下实现了高单体转化率。DES 的两种组分单独都不能聚合环酯/碳酸酯的反应，但结合在一起形成 DES 被证明是有效的催化剂。假设催化系统是基于两种不同形式的催化氢键运行的：单体羰基的亲电活化和扩散羟基的亲核活化。所得的聚己内酯（PCLs）表现出高结晶度（>87%）和生物相容性。在该合成过程中，对于 PCLs 而言，不存在可能有害的化学试剂，有助于提高可生物降解聚酯的生物相容性。

另一方面，根据上述发现，Perez-García 将 DES 单体的开环聚合与 HIPEs 结合在一起，制备了可生物降解的支架。LLA 与 ε-己内酯以摩尔比为 3：7 合成 DES，熔点为-19℃[27]。然后通过在表面活性剂 F127 的帮助下将十四烷作为油相与 LLA/ε-己内酯 DES 作为连续相混合来配制 HIPEs。HIPEs 在有机催化剂 DBU 和甲磺酸以及引发剂苯甲醇的存在下，在 37℃下进行聚合，而无需在任何反应条件下添加任何额外的试剂或溶剂。

DBU 和甲磺酸催化剂对 LLA 和 ε-己内酯的 ROP 的选择性分别发生在 HIPEs 内相液滴周围的连续相中，从而可以合成大孔 PLLA/聚 ε-己内酯混合材料，在正十四碳烷萃取后，可实现高转化率（93%~96%），相对分子质量分别为 1860 和 3806。所得材料表现出大孔形态（在 20μm 范围内为大孔），这是作为模板的 HIPEs 内相液滴的模型。这些材料被证明是有效的油/水分离的吸油剂。它们几乎可瞬时吸收庚烷、汽油、柴油和植物油，吸收量在 2~3g/g，这不仅具有显著的性能，而且具有空前的安全处置性。

10.4.4 其他聚合机制

据 Prasad 等报道，2-HEMA 溶于氯化胆碱/果糖 DES 时能够自聚合，产生一种可以被固定化的消炎药物[23]。占反应混合物 86%的 DES 既可以作为 HEMA 单体的引发剂，也可以作为消炎药物的溶剂。HEMA 的完全聚合产生了一种血液相容性、耐 pH 和稳定的离子凝胶，能够释放被包裹的药物。通过 3-(4,5-二甲基噻唑-2-基)-2,5-二苯四唑溴化物（MTT）对人肺癌细胞系的细胞毒性评估试验，高剂量凝胶（高达 200μg/mL）并未产生毒性，表明该凝胶作为 pH 敏感的疏水药物载体具有潜在的治疗应用价值。尽管没有提供关于聚合可能机制的信息，类似地，HEMA 自聚合研究了室温和搅拌下的氯化胆碱/苷黑素 DES，其中，通过添加对苯二酚，一种自由基淬灭剂[24] 来抑制凝胶的形成，验证了自由基聚合机制。有趣的是，在相同的条件下，*N*-异丙基丙烯酰胺和乙酸乙烯酯均未在发生自聚合反应。得到了一种高度可拉伸的离子凝胶，其离子电导率的值介于 0.04~1.47mS/cm，具体取决于凝胶中的聚（HEMA）含量（0.35%~1%，体积分数）。该凝胶在含有金属氧化物骨架的超级电容器中用作固体聚电解质，在低扫描速率下显示出高比容量。

Silva 等报道了由氯化胆碱与 1,2-乙二醇、尿素、甘油或乙二醇混合而成的苯胺电化学聚合[21b,78]。将浓度分别为 0.7 和 1mol/L 的苯胺和硫酸添加到 DES 中，通过动电位和恒电位电化学方法在玻碳电极（厚度约 12μm）上生长颗粒聚苯胺（PANI）膜。最终得到的含 DES 的 PANI 表现出不同的形态和电导率（高于 50S/cm），具体取决于 DES 和聚合条件，而氯化胆碱/甘油的 DES 是 PANI 合成的最佳溶剂。相反，邹等研究电聚合的苯胺盐，即盐酸苯胺和硝酸苯胺，与乙二醇形成 DES（盐/HBD 摩尔比为 1∶10），在没有外来质子条件下[21a]。在 25℃下，盐酸苯胺/乙二醇的电导率为 0.32S/m，硝酸苯胺/乙二醇的电导率为 0.28S/m。电沉积到铟锡氧化物（ITO）上的所得导电聚苯胺表现为纳米结构的聚合物膜，并分别显示出 341F/g 和 492F/g 的比电容，具体取决于苯胺平衡盐，氯离子或硝酸根。这些值优于在酸性介质中获得的 PANI。

在 DES 中电聚合到玻璃碳电极上的单体的其他例子包括 3,4-乙烯二氧噻吩和亚甲基蓝。在 4mol/L $HClO_4$ 存在下于氯化胆碱和尿素，乙二醇或甘油中对 3,4-乙烯二氧基噻吩进行了电聚合[21d]。其中，在氯化胆碱/尿素中合成的聚（3,4-乙烯二氧噻吩）修饰电极的电容最高。同样，亚甲基蓝（5mmol/L）在含有 10%的 0.1mol/L NaOH 和 0.1mol/L $HClO_4$ 水溶液的氯化胆碱/乙二醇 DES 中电聚合获得纳米结构的球形聚亚甲基蓝[21c]。与在水介质中合成的聚亚甲基蓝相比，用 DES 制备的聚亚甲基蓝具有更高的氧化还原电流和更低的电荷转移电阻。作为抗坏血酸/抗坏血酸离子的传感器，聚（3,4-乙烯二氧噻吩）和聚（亚甲基蓝）均具有出色的电催化性能。

另一方面，3-辛基噻吩（1.6%，质量分数）的氧化聚合反应是在含有 ChCl 和几种 HBD 的 DES 中进行的，HBD 包括尿素、硫脲、乙二醇、甲酰胺和甘油等，被 $FeCl_3$ 辅助[22]。在氯化胆碱/尿素中聚合得到高相对分子质量（944179）的聚（3-辛基噻吩），并在 25℃下反应 10h 后完全转化。总体而言，DES 的性能均优于常规有机溶剂（如二氯甲烷，苯，甲苯和二甲苯）和［BmIm］［SbF6］离子液体。有趣的是，聚（3-辛基噻吩）的产率增加与 DES 的四个溶剂基础参数中的碱性参数降低有关[49]，即相对能量吸收率传输，双极性/极化率（π＊），酸性参数（α）和碱度参数（β）。

10.5 展望与未来方向

在聚合物科学领域，降低 HBD 和铵盐或 HBA 的熔点以在室温或接近室温下形成 DES 的概念尚处于起步阶段，但已证明这对多种绿色环保的聚合物合成是有利的，具有高转化率，在低温下，具有 100%的原子经济性，并且通常是通过低能耗和高效工艺实现的。

关于使用 DES 作为聚合反应的介质或单体的大多数工作都利用了它们的现代性质来规避挥发性有机溶剂，ILs 和其他溶剂的使用，同时拓宽了聚合反应的温度和压力条件。另外，DES 的使用提供了新的聚合途径，以赋予聚合物一定的组成和结构特征，这是传统方法无法实现的。但是，从根本上看，引起高转化率，提高聚合速率，减少总能量输入等的潜在机制需要更深入理解，将有助于在未来几年设计合理的数量的高分子材料。

DES 不仅可以在液相聚合反应中提供更绿色的选择，而且由于 DES 单体的固有反应性，在放热聚合（如正面聚合）和制备用于柔性材料的离子凝胶方面提供了新的合成策略，从而扩大了 ILs 的应用范围，使其具有可调的光学、电学和机械性能。关于受控/活性聚合，通过提高催化剂的回收和再循环，减少催化剂用量，避免使用配体或避免在较低温度下支持聚合而又不牺牲“活性”来开发更绿色的 ATRP，还有大量空间可用于未来的研究。由酶介导的聚合可能会打开新的视野，在具有生命力的有机体中激发聚合生物聚合物的。同样，先前溶解在 DES 中的弹性生物质和生物聚合物的衍生化是一种有前途的增值方法。带有极性或非极性 DES 的双相系统的形成将扩大 HIPEs 的应用范围，将其用作具有层次结构的大孔材料和纳米复合材料的模板，其应用尚待发现研究，特别是在组织工程和分离领域。同样，可以准备进行缩聚和随后的碳化的 DES 前驱物（二元或三元）的组分多功能性为低成本合成复杂的碳提供了多种可能的组合，并具有绿色特征，可用于能源和气体捕获。考虑到许多 DES 成分是安全或天然存在的分子，与使用挥发性和潜在毒性有机溶剂获得的那些相比，衍生自 DES 的聚合物（如工程可生物降解的聚酯弹性体）和聚合材料在生物医学领域具有优势。疏水性 DES 可以用于探索溶液中疏水性单体自由基聚合的所有方面（反应性、扩散系数和乙烯基单体的整体动力学），特别是在黏度影响方面。

毫无疑问，溶解于 DES 或参与 DES 的单体的所有类型聚合的有趣行为，都应得到关于其聚合机制的更深入和基础的研究，这些机制可以延伸出之前在 ILs 和其他溶剂中看不见的有趣特性。可以设想，分子模拟研究将有助于阐明每种 DES 组分在不同聚合机制的引发，传播和终止过程中所起的作用。最后，可以预期的是，本章中收集的信息将鼓励实验和理论上的聚合物科学家和技术人员进一步帮助我们理解 DES，从而实现更绿色的未来。

参考文献

1 Clarke, C. J., Tu, W. -C., Levers, O. et al. (2018). Chem. Rev. 118: 747-800.

2 (a) Erythropel, H. C., Zimmerman, J. B., de Winter, T. M. et al. (2018). Green Chem. 20:1929-1961. (b) Kubisa, P. (2009). Prog. Polym. Sci. 34:1333-1347.
3 Abbott, A. P., Capper, G., Davies, D. L. et al. (2003). Chem. Commun.:70-71.
4 Abbott, A. P., Boothby, D., Capper, G. et al. (2004). J. Am. Chem. Soc. 126:9142-9147.
5 Smith, E. L., Abbott, A. P., and Ryder, K. S. (2014). Chem. Rev. 114:11060-11082.
6 Stoimenovski, J., Izgorodina, E. I., and MacFarlane, D. R. (2010). Phys. Chem. Chem. Phys. 12:10341-10347.
7 (a) Ashworth, C. R., Matthews, R. P., Welton, T., and Hunt, P. A. (2016). Phys. Chem. Chem. Phys. 18: 18145-18160. (b) Hammond, O. S., Bowron, D. T., and Edler, K. J. (2016). Green Chem. 18:2736-2744. (c) Kaur, S., Gupta, A., and Kashyap, H. K. (2016). J. Phys. Chem. B 120:6712-6720. (d) Stefanovic, R., Ludwig, M., Webber, G. B. et al. (2017). Phys. Chem. Chem. Phys. 19:3297-3306.
8 (a) de Oliveira Vigier, K. and García-Álvarez, J. (2017). Bio-Based Solvents, 1e (eds. F. Jérôme and R. Luque), 83-114. Wiley. (b) Choi, Y. H., van Spronsen, J., Dai, Y. et al. (2011). Plant Physiol. 156: 1701-1705. (c) Ruß, C. and König, B. (2012). Green Chem. 14:2969-2982. (d) Francisco, M., van den Bruinhorst, A., and Kroon, M. C. (2013). Angew. Chem. Int. Ed. 52:3074-3085. (e) Hammond, O. S., Bowron, D. T., Jackson, A. J. et al. (2017). J. Phys. Chem. B 121:7473-7483. (f) Dai, Y., Witkamp, G.-J., Verpoorte, R., and Choi, Y. H. (2015). Food Chem. 187:14-19. (g) Durand, E., Lecomte, J., and Villeneuve, P. (2016). Biochimie 120:119-123.
9 Posada, E., López-Salas, N., Carriazo, D. et al. (2017). Carbon 123:536-547.
10 Mbous, Y. P., Hayyan, M., Hayyan, A. et al. (2017). Biotechnol. Adv. 35:105-134.
11 (a) Crawford, D. E., Wright, L. A., James, S. L., and Abbott, A. P. (2016). Chem. Commun. 52:4215-4218. (b) Gomez, F. J. V., Espino, M., Fernández, M. A., and Silva, M. F. (2018). ChemistrySelect 3: 6122-6125.
12 Alonso, D. A., Baeza, A., Chinchilla, R. et al. (2016). Eur. J. Org. Chem. 2016:612-632.
13 Paiva, A., Craveiro, R., Aroso, I. et al. (2014). ACS Sustainable Chem. Eng. 2:1063-1071.
14 (a) del Monte, F., Carriazo, D., Serrano, M. C. et al. (2013). ChemSusChem 7:999-1009. (b) Pena-Pereira, F. and Namieśnik, J. (2014). ChemSusChem 7:1784-1800.
15 (a) Abbott, A. P., Ahmed, E. I., Harris, R. C., and Ryder, K. S. (2014). Green Chem. 16:4156-4161. (b) D'Agostino, C., Gladden, L. F., Mantle, M. D. et al. (2015). Phys. Chem. Chem. Phys. 17:15297-15304.
16 Florindo, C., Oliveira, F. S., Rebelo, L. P. N. et al. (2014). ACS Sustainable Chem. Eng. 2:2416-2425.
17 (a) Tereshatov, E. E., Boltoeva, M. Y., and Folden, C. M. (2016). Green Chem. 18:4616-4622. (b) van Osch, D. J. G. P., Zubeir, L. F., van den Bruinhorst, A. et al. (2015). Green Chem. 17:4518-4521.
18 Zhang, Q., De Oliveira Vigier, K., Royer, S., and Jérôme, F. (2012). Chem. Soc. Rev. 41:7108-7146.
19 Carriazo, D., Serrano, M. C., Gutiérrez, M. C. et al. (2012). Chem. Soc. Rev. 41:4996-5014.
20 Mota-Morales, J. D., Sánchez-Leija, R. J., Carranza, A. et al. (2018). Prog. Polym. Sci. 78:139-153.
21 (a) Zou, F. and Huang, X. (2018). J. Mater. Sci. 53:8132-8140. (b) Fernandes, P. M. V., Campiña, J. M., Pereira, C. M., and Silva, F. (2012). J. Electrochem. Soc. 159:G97-G105. (c) Hosu, O., Bârsan, M. M., Cristea, C. et al. (2017). Electrochim. Acta 232:285-295. (d) Prathish, K. P., Carvalho, R. C., and Brett, C. M. A. (2014). Electrochem. Commun. 44:8-11.
22 Park, T.-J. and Lee, S. H. (2017). Green Chem. 19:910-913.
23 Mukesh, C., Upadhyay, K. K., Devkar, R. V. et al. (2016). Macromol. Chem. Phys. 217:1899-1906.
24 Mukesh, C., Gupta, R., Srivastava, D. N. et al. (2016). RSC Adv. 6:28586-28592.
25 Qin, H. and Panzer, M. J. (2017). ChemElectroChem 4:2556-2562.

26 Carranza, A., Pojman, J. A., and Mota-Morales, J. D. (2014). RSC Adv. 4:41584-41587.

27 Pérez-García, M. G., Gutiérrez, M. C., Mota-Morales, J. D. et al. (2016). ACS Appl. Mater. Interfaces 8: 16939-16949.

28 Cooper, E. R., Andrews, C. D., Wheatley, P. S. et al. (2004). Nature 430:1012.

29 Carriazo, D., Serrano, M. C., Gutiérrez, M. C. et al. (2015). Applications of Ionic Liquids in Polymer Science and Technology (ed. D. Mecerreyes), 23-46. Berlin, Heidelberg: Springer-Verlag.

30 Bednarz, S., Błaszczyk, A., Błażejewska, D., and Bogdał, D. (2015). Catal. Today 257:297-304.

31 Fazende, K. F., Phachansitthi, M., Mota-Morales, J. D., and Pojman, J. A. (2017). J. Polym. Sci., Part A: Polym. Chem. 55:4046-4050.

32 Isik, M., Ruiperez, F., Sardon, H. et al. (2016). Macromol. Rapid Commun. 37:1135-1142.

33 (a) Mota-Morales, J. D., Gutiérrez, M. C., Ferrer, M. L. et al. (2013). J. Polym. Sci., Part A: Polym. Chem. 51: 1767-1773. (b) Bednarz, S., Fluder, M., Galica, M. et al. (2014). J. Appl. Polym. Sci. 131:40608.

34 Lionetto, F., Timo, A., and Frigione, M. (2015). Thermochim. Acta 612:70-78.

35 Mąka, H., Spychaj, T., and Sikorski, W. (2014). Int. J. Polym. Anal. Charact. 19:682-692.

36 Mąka, H., Spychaj, T., and Kowalczyk, K. (2014). J. Appl. Polym. Sci. :131.

37 (a) Liu, Y., Wang, Y., Dai, Q., and Zhou, Y. (2016). Anal. Chim. Acta 936:168-178. (b) Li, G., Wang, W., Wang, Q., and Zhu, T. (2016). J. Chromatogr. Sci. 54:271-279.

38 Liang, S., Yan, H., Cao, J. et al. (2017). Anal. Chim. Acta 951:68-77.

39 Wu, G., Liu, Y., and Long, D. (2004). Macromol. Rapid Commun. 26:57-61.

40 Xu, K., Wang, Y., Li, Y. et al. (2016). Anal. Chim. Acta 946:64-72.

41 (a) Gutiérrez, M. C., Ferrer, M. L., Mateo, C. R., and del Monte, F. (2009). Langmuir 25:5509-5515. (b) Zhekenov, T., Toksanbayev, N., Kazakbayeva, Z. et al. (2017). Fluid Phase Equilib. 441:43-48.

42 Mota-Morales, J. D., Gutiérrez, M. C., Sanchez, I. C. et al. (2011). Chem. Commun. 47:5328-5330.

43 (a) Shah, D. and Mjalli, F. S. (2014). Phys. Chem. Chem. Phys. 16: 23900-23907. (b) Guajardo, N., Domínguez de María, P., Ahumada, K. et al. (2017). ChemCatChem 9: 1393-1396. (c) Dai, Y., van Spronsen, J., Witkamp, G.-J. et al. (2013). Anal. Chim. Acta 766:61-68. (d) Du, C., Zhao, B., Chen, X.-B. et al. (2016). Sci. Rep. 6:29225.

44 Carriazo, D., Gutiérrez, M. C., Ferrer, M. L., and del Monte, F. (2010). Chem. Mater. 22:6146-6152.

45 Sánchez-Leija, R. J., Torres-Lubián, J. R., Reséndiz-Rubio, A. et al. (2016). RSC Adv. 6:13072-13079.

46 Hammond, O. S., Bowron, D. T., and Edler, K. J. (2017). Angew. Chem. Int. Ed. 56:9782-9785.

47 Araujo, C. F., Coutinho, J. A. P., Nolasco, M. M. et al. (2017). Phys. Chem. Chem. Phys. 19:17998-18009.

48 (a) Maximiano, P., Mendonça, P. V., Santos, M. R. E. et al. (2017). J. Polym. Sci. A 55:371-381. (b) Wu, B.-P., Wen, Q., Xu, H., and Yang, Z. (2014). J. Mol. Catal. B: Enzym. 101:101-107.

49 Pandey, A. and Pandey, S. (2014). J. Phys. Chem. B 118:14652-14661.

50 Serrano, M. C., Gutiérrez, M. C., Jiménez, R. et al. (2012). Chem. Commun. 48:579-581.

51 García-Argüelles, S., Serrano, M. C., Gutiérrez, M. C. et al. (2013). Langmuir 29:9525-9534.

52 Gutiérrez, M. C., Carriazo, D., Ania, C. O. et al. (2011). Energy Environ. Sci. 4:3535-3544.

53 Patiño, J., Gutiérrez, M. C., Carriazo, D. et al. (2012). Energy Environ. Sci. 5:8699-8707.

54 López-Salas, N., Gutiérrez, M. C., Ania, C. O. et al. (2014). J. Mater. Chem. A 2:17387-17399.

55 Gutiérrez, M. C., Rubio, F., and del Monte, F. (2010). Chem. Mater. 22:2711-2719.

56 Gutiérrez, M. C., Carriazo, D., Tamayo, A. et al. (2011). Chem. Eur. J. 17:10533-10537.

57 Patiño, J., López-Salas, N., Gutiérrez, M. C. et al. (2016). J. Mater. Chem. A 4:1251-1263.

58 Carriazo, D. , Gutiérrez, M. C. , Picó, F. et al. (2012). ChemSusChem 5:1405-1409.
59 Sánchez-Leija, R. J. , Pojman, J. A. , Luna-Bárcenas, G. , and Mota-Morales, J. D. (2014). J. Mater. Chem. B 2:7495-7501.
60 Li, R. , Chen, G. , He, M. et al. (2017). J. Mater. Chem. C 5:8475-8481.
61 Ren'ai, L. , Zhang, K. , Chen, G. et al. (2018). Chem. Commun. 54:2304-2307.
62 Mota-Morales, J. D. , Gutiérrez, M. C. , Ferrer, M. L. et al. (2013). J. Mater. Chem. A 1:3970-3976.
63 Bednarz, S. , Półćwiartek, K. , Wityk, J. et al. (2017). Eur. Polym. J. 95:241-254.
64 Bednarz, S. , Wesołowska, A. , Trątnowiecka, M. , and Bogdał, D. (2016). J. Renew. Mater. 4:18-23.
65 Isik, M. , Zulfiqar, S. , Edhaim, F. et al. (2016). ACS Sustainable Chem. Eng. 4:7200-7208.
66 Fazende, K. (2018). Free-radical polymerization of acid-containing deep eutectic solvents. PhD dissertation. Louisiana State University and Agricultural and Mechanical College, Baton Rouge, LA.
67 Wang, J. , Han, J. , Khan, M. Y. et al. (2017). Polym. Chem. 8:1616-1627.
68 Mendonça, P. V. , Lima, M. S. , Guliashvili, T. et al. (2017). Polymer 132:114-121.
69 Gorke, J. T. , Srienc, F. , and Kazlauskas, R. (2008). J. Chem. Commun. :1235-1237.
70 Yang, B. , Cai, T. , Li, Z. et al. (2017). Talanta 175:256-263.
71 Pandey, A. , Rai, R. , Pal, M. , and Pandey, S. (2014). Phys. Chem. Chem. Phys. 16:1559-1568.
72 Pérez-García, M. G. , Carranza, A. , Puig, J. E. et al. (2015). RSC Adv. 5:23255-23260.
73 Carranza, A. , Song, K. , Soltero-Martínez, J. F. A. et al. (2016). RSC Adv. 6:81694-81702.
74 Carranza, A. , Pérez-García, M. G. , Song, K. et al. (2016). ACS Appl. Mater. Interfaces 8:31295-31303.
75 Carranza, A. , Romero-Perez, D. , Almanza-Reyes, H. et al. (2017). Adv. Mater. Interfaces 4:1700094.
76 Coulembier, O. , Lemaur, V. , Josse, T. et al. (2012). Chem. Sci. 3:723-726.
77 García-Argüelles, S. , García, C. , Serrano, M. C. et al. (2015). Green Chem. 17:3632-3643.
78 Fernandes, P. M. V. , Campiña, J. M. , Pereira, N. M. et al. (2012). J. Appl. Electrochem. 42:997-1003.

11 活性化合物的萃取

Mohamad H. Zainal- Abidin[1,2]，Maan Hayyan[1,3]，Gek C. Ngoh[2]，Won F. Wong[4] 和 Adeeb Hayyan[1,2]

[1] University of Malaya，University of Malaya Centre for Ionic Liquids (UMCiL)，Jalan Universiti，Kuala Lumpur，50603，Malaysia

[2] University of Malaya，Department of Chemical Engineering，Faculty of Engineering，Jalan Universiti，Kuala Lumpur，50603，Malaysia

[3] Sohar University，Department of Chemical Engineering，Faculty of Engineering，PO Box 44，Sohar，311，Sultanate of Oman

[4] University of Malaya，Department of Medical Microbiology，Faculty of Medicine，Jalan Universiti，Kuala Lumpur，50603，Malaysia

11.1 引言

科学界的绿色实践促使人们对于制药、化妆品和营养品等领域使用天然生物活性化合物的需求超过了其合成类似物。截至目前，大多数获批准的药物均来自天然生物活性化合物[1]。生物活性化合物存在于各种自然资源中，如藻类、植物、水果、真菌和微生物[2]。因此，可以应用多种萃取技术对生物活性化合物进行萃取。然而，传统的萃取方法存在一些缺点，如使用挥发性和有毒溶剂、选择性差、热不稳定性、溶解度和效率低等[3]。此外，萃取过程中还存在从溶剂中回收生物活性化合物以及所需化合物的化学结构变化等问题。为此，人们对于萃取时不破坏活性成分化学结构的“绿色”提取剂需求激增。

目前，人们正在研究更多对人类健康和环境影响最小的替代溶剂，以替代有害的有机溶剂。离子液体（ILs）因其优异的特性而受到广泛关注[4]。然而，有人担心 ILs 制备过程的高成本及其对健康和环境的不利影响[1,5,6]。因此，对替代绿色溶剂以取代“有争议”的 ILs 的追求，促使可作为替代溶剂的低共熔溶剂（DES）的出现[7,8]。与 ILs 或其他传统溶剂相比，DES 被认为是可生物降解的，毒性较小，且成本更低[9,10]。然而，DES 和 ILs 的毒性仍在研究中。DES 还具有一些独特的特性，如化学稳定性、热稳定性、低挥发性和不可燃性[11]。DES 被广泛研究用于各种自然资源中萃取多种生物活性化合物，如多酚、酚酸、类黄酮、角叉菜胶、蛋白质等[12-16]。本章综述了 DES 中生物活性化合物萃取的概述知识和最新进展。同时还讨论了其存在的问题和可能的解决办法。

11.2 低共熔溶剂作为萃取剂的主要特征

DES 被视为物理化学性质可调的绿色溶剂。黏度和极性两个主要特征可能会显著影响萃取效率[17,18]，它们对 DES 与目标化合物的相互作用有着重要的影响。高黏度是 DES 的一个主要缺点，可能会阻碍目标化合物从自然资源扩散至萃取介质（图 11.1）[19]。另一方面，DES 的极性对目标生物活性化合物的溶解能力有很大影响[20]。原料、盐的种类、氢键供体（HBD）及摩尔比是影响 DES 黏度和极性的主要因素[10,21,22]。

通常，DES 的黏度大于 ILs 和其他分子溶剂[9,11]。DES 的高黏度与组分之间的强氢键相互作用有关，这些相互作用限制了 DES 内部自由分子的运动[23]。强静电相互作用和范德华相互作用是可能对此现象起作用的其他相互作用。“空穴理论”原理已被用于设计低黏度的 DES[24]。通常，该理论解释了由于局部密度的不稳定性而在分子内部形成的空穴/自由体积。这些孔的位置和大小是随机的，同时也取决于恒定的通量[11]。DES 的黏性被认为与这种现象有关。因此，为了获得低黏度的 DES，在制备 DES 时最好使用氟化的氢键供体或小的阳离子[24]。

DES 表现出阿伦尼乌斯效应，其黏度与温度呈负相关性（即黏度随温度升高而降

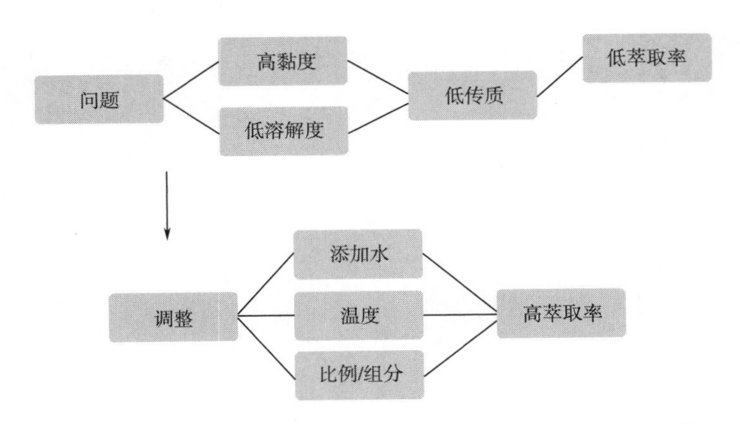

图 11.1 使用 DES 萃取生物活性化合物存在的问题和可能的解决方案

低)[23]。DES 的黏度也受其组成或起始原料的影响。如氯化胆碱（ChCl）：山梨醇（1：1）DES 的黏度（12730CP）显著高于氯化胆碱：乙二醇（1：4）（19mPa·s）[25]。低黏度的 DES 可以提高生物活性化合物在介质（即 DES）中的扩散系数，从而对萃取率有相当大的促进作用。[17]。

DES 的极性因其组成或原料及制备 DES 过程中所用的 HBD 种类而异[26]。温度是决定 DES 极性的另一个因素，其中 DES 的极性随温度的升高而降低[27]。这是由偶极子的平均热重定向增加所产生的。此外，温度的升高也降低了 H^+离子供体的酸性，而 H^+离子接受碱性不会受到温度的影响[28,29]。ChCl 与几种 HBDs（如尿素、酸、1,2-乙二醇和甘油）的结合是偶极的[26]。DES 极性各不相同，可以与甲醇类似，或大于等于水[14]。相信未来可以通过更多的 DES 组合扩大这一范围。

11.2.1 加水对萃取效率的影响

高黏度是 DES 一个显著的缺点，这可能会阻碍目标化合物从原始来源到介质的质量转移（图 11.1）[1]。此外，DES 还可能导致其他技术问题，如在过滤、溶解和沉淀等阶段[30]。除了改变 DES 的组合和成分（如盐/HBD 的比例和原料的类型），水的加入量是降低溶剂黏度的另一个关键因素[12,31]。一个例子就是 ChCl：甘油（1：1）DES 的黏度在加水量为 5%时降低了 1/5，在加水量为 20%时进一步降低了 1/80[30]。这是因为 DES 各组分之间的相互作用（如氢键）随着水的加入而减弱。但是，需要注意的是，过量的水可能会破坏 DES 组分之间的相互作用。Dai 等的研究表明，用水稀释至 50%时，组分之间的相互作用完全消失[19]。相反，加水量为 50%时，ChCl：丙二酸（1：2）DES 的原花青素产率最高[32]。因此，合适的加水量与 DES 类型、目标化合物类型、目标化合物来源等因素有关。

在极性情况下，加水也可能降低 H^+离子的可接受碱性，增加 DES 的偶极性/极化率[27]。因此，DES 的极性随着水的增加而增加[30]。DES 的极性在其对目标生物活性化合物的溶解能力中起主要作用。DES 和所需生物活性化合物之间的极性相近可以显著提高萃取率。在 DES 合成期间或之后，加入的水分都可能成为 DES 组分的一部分（表 11.1）。

表 11.1 DES 用于天然生物活性化合物的萃取

DES 组分	摩尔比	含水量/%	参考文献
甜菜碱：尿：水	1：2：1	—	[33]
ChCl：葡萄糖：水	5：2：5	20	[34]
ChCl：1,2-丁二醇	1：5	30	[12]
ChCl：1,2-丙二醇	1：1	—	[35]
ChCl：1,2-丙二醇	1：3	—	[36]
ChCl：1,3-丁二醇	1：6	10	[37]
ChCl：1,4-丁二醇	1：4	20	[37]
ChCl：1,4-丁二醇	1：4	30	[38]
ChCl：1,6-己二醇	7：1	30	[39]
ChCl：乙酰胺	1：2	20	[34]
ChCl：盐酸甜菜碱-乙二醇	1：1：2	20	[40]
ChCl：柠檬酸	1：1	20	[34]
ChCl：D-山梨醇	1：1	20	[34]
ChCl：乙二醇	1：4	36	[41]
ChCl：乙二醇	1：4	30	[41]
ChCl：乙二醇	1：2	—	[34]
ChCl：果糖：水	5：2：5	20	[34]
ChCl：丙三醇	1：1	—	[42]
ChCl：丙三醇	1：2	20	[34]
ChCl：丙三醇：水	5：2：5	20	[34]
ChCl：乳酸	1：2	—	[35,43]
ChCl：乳酸	1：3	20	[44]
ChCl：乳酸	1：2	20	[35]
ChCl：乳酸	1：3	20	[44]
乙酰丙酸	1：2	20	[34]
苹果酸	1：1	20	[34]
丙二酸	1：1	—	[35]
丙二酸	1：3	—	[45]
丙二酸	1：1	20	[34]
麦芽糖	1：2	20	[46]
麦芽糖：水	5：2：5	20	[34]
草酸	1：1	20	[34]

续表

DES 组分	摩尔比	含水量/%	参考文献
聚乙二醇	1:3	—	[47]
聚乙二醇	1:2	—	[47]
蔗糖	5:5	25	[14]
酒石酸	2:1	20	[34]
三甘醇	1:4	20	[34]
尿素	1:2	—	[43,48]
木糖醇	2:1	—	[35]
木糖	1:1	20	[34]
对甲苯磺酸	1:1	20	[34]
乳酸:乙酸铵	3:1	—	[44]
乳酸:乙酸铵	3:1	20	[44]
乳酸:葡萄糖	3:1	25	[14]
乳酸:葡萄糖:水	6:1:6	—	[49]
乳酸:甘氨酸:水	3:1:3	20	[44]
乳酸:乙酸钠	3:1	20	[44]
L-脯氨酸:丙三醇	2:5	10	[50]
薄荷醇: 乙酸	1:1	—	[51]
薄荷醇: 甲酸	1:1	—	[51]
甲基三苯基溴化磷: 1,2-丁二醇	1:4	—	[52]
脯氨酸: 苹果酸	N/A	25	[14]

11.3 生物活性化合物萃取中的低共熔溶剂

不同类型的 DES 通过不同的萃取方法被应用于多种天然生物活性化合物的萃取。天然生物活性化合物可分为初级代谢产物和次级代谢产物。在本节中，我们重点介绍了 DES 在增强各种代谢物萃取效率方面的应用。讨论了 DES 的可调性对萃取效率的影响。

11.3.1 酚类化合物

酚类化合物（图 11.2）作为抗炎、抗癌、抗氧化剂和神经保护剂被广泛研究[53-56]。酚类化合物种类繁多，可大致分为以下几类：简单酚、多酚、酚酸、肉桂酸、香豆素、苯乙酮和类黄酮[57]。已有文献报道，许多萃取技术被应用于多种自然资源中酚类化合物的萃取[14,44,53,54,58,59]。最近，DES 在酚类化合物萃取（表 11.2）中作为典型介质/溶剂的潜在替代品得到了广泛的关注[14,35,44,46,60]。

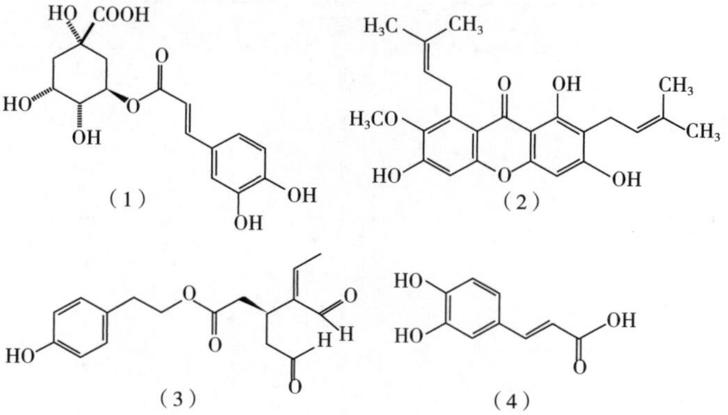

图 11.2 用 DES 萃取酚类化合物的例子（1）绿原酸（2）反甘果素（3）油酸（4）咖啡酸

相比其他 ChCl 基 DES，包含 ChCl：乳酸（1：2）组分的 DES 从橄榄叶中萃取酚类化合物的产率较高（约 19mg/g）。这可能是因为与其他高黏度 DES 相比其黏度更低，如 ChCl：草酸（1：1）和 ChCl：酒石酸（2：1）的总酚含量分别约为 10mg/g 和 9mg/g[43]。同样，对于从植物油中萃取的各种酚类化合物，ChCl：乙二醇（1：2）比 ChCl：甘油（1：2）具有更高的萃取效率。这是因为 ChCl：乙二醇比 ChCl：甘油表现出更低的黏度（如在 25℃时分别为 36mPa·s 和 269mPa·s）。从杏仁油、肉桂油、芝麻和橄榄中萃取咖啡酸、肉桂酸和阿魏酸等酚类时，ChCl：乙二醇（1：2）也比传统溶剂甘油和乙二醇表现出更高的萃取效率[62]。与甘油和乙二醇等单一溶剂相比，它与酚类化合物具有更好的静电和氢键相互作用。

表 11.2 DES 被用于酚类化合物的提取

总黄酮类物质	DES 种类	参考文献
穗花双黄酮	ChCl：1,4-丁二醇（1:5）	[61]
芹黄素	1,6-己二醇: ChCl（7:1），ChCl：甜菜碱盐酸盐: 乙二醇（1:1:2）	[39,40]
黄芩黄素	ChCl：乳酸（1:2）	[60]
咖啡酸	ChCl：1,3-丁二醇（1:6）	[37]
红花黄	脯氨酸: 苹果酸（1:1），ChCl：蔗糖（1:1），乳酸: 葡萄糖（5:1）	[15]
红花黄	ChCl：蔗糖（1:1），乳酸: 葡萄糖（5:1）	[15]
梅笠草素	ChCl：1,4-丁二醇（1:4）	[38]
绿原酸	ChCl：1,3-丁二醇（1:6）	[37]
染料木黄酮	1,6-己二醇: ChCl（7:1）	[39]
染料木苷	1,6-己二醇: ChCl（7:1）	[39]
芫花素	ChCl：甜菜碱盐酸盐: 乙二醇（1:1:2）	[40]
羟基红花黄色素 A	脯氨酸: 苹果酸（1:1），ChCl：蔗糖（1:1），乳酸: 葡萄糖（5:1）	[15]
金丝桃素	ChCl：1,4-丁二醇（1:4）	[38]
异鼠李素	L-脯氨酸: 丙三醇（2:5）	[38]

续表

总黄酮类物质	DES 种类	参考文献
山柰酚	L-脯氨酸：丙三醇（2：5）	[50]
毛地黄黄酮	ChCl：甜菜碱盐酸盐：乙二醇（1：1：2）	[40]
杨梅酮	ChCl：1,4-丁二醇（1：5）	[60]
槲皮苷	ChCl：1,4-丁二醇（1：4），L-脯氨酸：丙三醇（2：5）	[38,50]
芦丁	ChCl：1,4-丁二醇（1：4），ChCl：柠檬酸（1：1），ChCl：D-山梨糖醇（1：1），ChCl：乙二醇（1：2），ChCl：果糖：水（5：2：5），ChCl：乙酰胺（1：2），ChCl：乙酰胺（1：1），ChCl：乙酰丙酸（1：2），ChCl：苹果酸（1：1），ChCl：麦芽糖：水（5：2：5），ChCl：丙二酸（1：1），ChCl：草酸（1：1），ChCl：对甲苯磺酸（1：1），ChCl：蔗糖：水（5：2：5），ChCl：尿（1：2），ChCl：对甲苯磺酸（1：1），ChCl：酒石酸（2：1），ChCl：木糖醇（1：1），ChCl：木糖：水（1：1：1）	[30,34]
汉黄芩素	ChCl：乳酸（1：2）	[60]
汉黄芩苷	ChCl：乳酸（1：2）	[60]
α-倒捻子素	ChCl：1,2-丙二醇（1：3）	[36]

从山竹中萃取含氧杂蒽酮的酚类化合物 α-倒捻子素时，ChCl：1,2-丙二醇（1：3）的产率最高，含量为 5.2mg/g[36]。由于中等浓度的氯离子会削弱 DES 中各组分之间的结合能，因此 ChCl：1,2-丙二醇的最有效比例为 1：3。此外，ChCl：1,2-丙二醇（1：3）也被证明是 DES 中极性最小的化合物，它是低极性 α-倒捻子素的合适介质。这是萃取所需生物活性化合物过程中定制 DES 可调性的一个例子。

在先前的研究中观察到另一个关于摩尔比对酚类化合物萃取的影响的例子[39]。当 ChCl：1,6-己二醇 DES 的摩尔比从 1：1 增加到 7：1 时，多酚类化合物-皂素和染料木素的产率增加，并在 7：1 达到稳定水平。用 ChCl：1,6-己二醇 DES 萃取的染料木素和染料木苷的最高产率分别为 0.617mg/g 和 0.499mg/g。与使用乙醇萃取的产率相比，该值明显更高，后者染料木素和染料木苷的产率均为 0.35mg/g（表 11.3）[39,63]。据报道，与 30%加水量的 1,6-己二醇：ChCl DES 相比，用 1-辛基-3-甲基咪唑鎓溴化物 ILs 萃取的染料木素产率较低（分别为 0.496mg/g 和 0.482mg/g）[63]。结果表明，DES 的可调性增加了其与 ILs 和常规溶剂相比的优势。

表 11.3　生物活性化合物提取中常用溶剂、ILs 和 DES 的比较

生物活性化合物	传统溶剂	IL	DES	参考文献
	产率/（mg/g）			
芹黄素	0.20	0.291	0.221	[39,63]
青蒿素	6.18	—	7.99	[64]
隐丹参酮	2.30	0.60	0.176	[12,65,66]
染料木黄酮	0.35	0.496	0.617	[39,63]

续表

生物活性化合物	传统溶剂	IL	DES	参考文献
	产率/（mg/g）			
染料木苷	0.35	0.482	0.449	[39,63]
山柰酚	11.40	0.0305，0.0211	4.00	[50,67,68]
槲皮素	16.29	0.2375，0.1257	100.0，1.75	[50,67,69]
芦丁	390.00	0.48，0.71，1.18，4.88，171.82	194.17，197.80	[4,34,70,71]
丹参酮	1.10	1.20	0.181	[12,65,66]
丹参酮ⅡA	2.90	1.40	0.421	[12,65,66]
α-倒捻子素	5.50	—	5.20	[36,72]

在另一项研究中，使用ChCl：1,2-丙二醇和ChCl：木糖醇DES从初榨橄榄油中萃取油藤黄素和油精苷，总产率分别提高了67.9%~68.3%和20%~33%[35]。然而，高效液相色谱（HPLC）分析表明，经ChCl：丙二酸（1：1）和ChCl：乳酸（1：2）萃取后，油藤黄素和油精苷的化学结构发生了一定出程度的退化。这些结构的破坏是由这些DES极低的pH所造成的（即ChCl：丙二酸，pH 0.5和ChCl：乳酸，pH 2.0）[35]。必须注意，天然生物活性成分对所用萃取剂的酸度非常敏感。因此，通过控制DES的起始物质或组成、氢键受体与供体的比例及加水量来调节pH对维持目标化合物结构的完整性非常重要。

黄酮类化合物

黄酮类化合物是酚类化合物的衍生物（图11.3）。它具有抗炎、抗癌和抗氧化的特性[54,73-75]。近年来，被用作类黄酮化合物的萃取剂[60,76]。

在最近的研究中，由ChCl：乳酸（1：2）组成的天然低共熔溶剂（NADES）对黄酮类化合物的萃取率（9.02mg/g）高于有机溶剂甲醇（5.43mg/g）[77]。采用微波辅助萃取技术从柠檬马鞭草中萃取黄酮类化合物。实验采用高温来降低NADES的黏度。值得注意的是，黄酮类化合物的长期暴露可能会导致化合物的降解。因此，最佳萃取条件为微波辐射时间17.08min，温度63.68℃。在ChCl：甜菜碱：乙二醇（1：1：2）加水量为20%的情况下也发现类似的趋势，当温度从40℃升高到60℃，萃取率提高[40]。然而，Qi等发现当温度升高至70℃时，黄酮类化合物的提取率随温度的升高而降低。推测黄酮类化合物在高于60℃的温度下发生分解。

DES中加水也被应用于黄酮类化合物的萃取。使用ChCl基从沙棘叶中萃取黄酮类化合物就是一个例子[78]。异鼠李素、山柰酚、槲皮素、槲皮素-3-*O*-葡萄糖苷和芦丁（类黄酮化合物）的萃取率随加水量的增加而增加，其峰值分别为0.454、0.411、7.957、1.711、8.554mg/g。同样，如11.2.1所述，加水可以通过降低DES的黏度来提高萃取效率。然而，过量的水可能会消除DES和所需化合物之间的相互作用。在这种情况下，加水量高于20%，由于DES与目标化合物之间的相互作用减弱，对这五种黄酮类化合物的产率起反作用。Cui等还发现，DES的pH对目标类黄酮的产量影响不大[78]。相比其他pH（如3.96、4.21、4.43和4.77），ChCl：1,4-丁二醇（1：3）DES的pH为4.20时，黄酮类化合物的萃取率更高（19.087mg/g）。

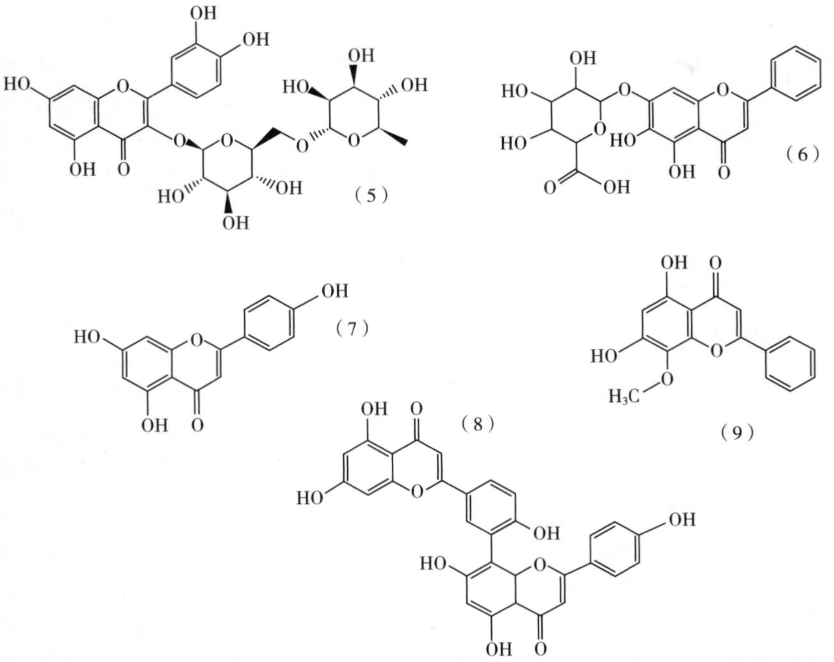

图 11.3 用 DES 萃取黄酮类化合物的例子（5）芦丁（6）黄芩苷（7）芹黄素（8）花杉黄酮（9）黄芩素

与 ILs（表 11.3）相比，*L*-脯氨酸：甘油（2：5）NADES（水含量为 10%）萃取山柰酚（4mg/g）和槲皮素（100mg/g）的产量高于 1-丁基-3-甲基咪唑氯化物和甲基咪唑溴化物 ILs（即［bmim］［Cl］：山柰酚 0.0211mg/g 和槲皮素 0.1257mg/g 和［bmim］［Br］：山柰酚 0.0305mg/g 和槲皮素 0.2375mg/g）[50,67]。与亚临界水萃取法相比，*L*-脯氨酸：甘油对槲皮素的萃取率更高（如 16.29mg/g）[50,69]。相比之下，长链羧酸盐离子液体（LC-ILs）的芦丁萃取率更高（即 0.39g/g）[4,34]。然而，成本高、制备复杂及人们对环境和健康的关注，可能会阻碍 LC-ILs 在大规模萃取中的应用。含非有机酸化合物的 ChCl 基 DES 毒性低，对环境的影响不显著[34,64]。因此，ChCl：三甘醇由于制备成本低、对环境的不利影响小，被认为是提取芦丁的有效萃取介质。

11.3.2 多糖

多糖因其潜在的药用价值而被广泛研究，如抗高胆固醇、抗肿瘤、抗氧化剂、抗糖尿病、抗病毒、免疫刺激、抗凝血和抗炎特性[54,79,80]。多糖通常需要花费时间和精力用热水提取[81,82]。近年来，DES 已被用作提取多糖的潜在介质。

在一项研究中，ChCl：1,4-丁二醇（1：4）从山药中提取的多糖（15.98%，质量分数）比其他 DES 组合的产量更高[81]。该萃取率也高于热水萃取（即增加 31.91% 和 52.05%）和水基超声辅助萃取（即增加 10.51% 和 12.19%）。ChCl：1,4-丁二醇的摩尔比从 1：1 增加到 1：4 可以提高产率。然而，当摩尔比大于 1：4 时，多糖的产率降低。在最近的研究中也观察到了类似的现象[83]，当 ChCl：甘油的摩尔比从 1：1 增加到 1：6，多糖的得率增加；当摩尔比从 1：6 增加到 1：8 时，萃取率保持稳定。虽然摩尔比的增加会导致表面张力和黏度的降低，但摩尔比的进一步增加会削弱 DES 组分之间的相互作用[15,40]。

卡拉胶是一种多糖，通常从红海藻中提取[84]。从海藻中提取 κ-卡拉胶的研究中，三种不同的 DES（例如，ChCl：乙二醇、ChCl：甘油和 ChCl：尿素）与水萃取法相比，在理化和流变特性方面有着显著的改善[85]。该研究还表明含水量为 10% 的 DES 对 κ-卡拉胶的萃取效率高于不加水的对照组。除了降低 DES 的黏度外，添加水还可以通过 Ch^+ 在水中的高溶解度来增强 κ-卡拉胶与 DES 之间的相互作用。Ch^+ 取代了 κ-卡拉胶化学结构中的 K^+[17]。这一现象已经在大量的研究中被观察到，特别是从海藻类细尾黄藻中提取琼脂糖[85-87]。

11.3.3 蛋白质

蛋白质是在药学、医学和生物化学领域中被广泛研究的生物分子。近年来，DES 作为提取或分离蛋白的潜在介质受到了广泛的关注[88]。其中一个主要问题是如何在提取过程后保持蛋白质化学结构的完整性。传统的有机溶剂合成工艺存在产率低、成本高等缺点。因此，一种基于 DES 的双水相系统被提出作为蛋白质提取或分离的替代方法[42]。ChCl：甘油（2：1）以 81.43% 的含量成为牛血清白蛋白（BSA）最有效的 DES，其次是 ChCl：D-山梨糖醇（1：1）（74.07%）、ChCl：D-葡萄糖（2：1）（69.95%）和 ChCl：乙二醇（1：2）（46.54%）。提取温度 30℃ 是蛋白质提取的最佳条件，进一步提高温度（>30℃）可能会使 DES 与蛋白质之间的非共价相互作用扭曲。这与之前表明 DES 提取各种蛋白质的最佳温度为 30℃ 的研究结果相一致[33]。

在摩尔比方面，Liu 等[47] 发现，ChCl：聚乙二醇的摩尔比从 1：1 增加到 1：3，可以使蛋白质的提取效率提高至 96%。ChCl 和聚乙二醇量的平衡至关重要，因为它们都在引入蛋白质和水之间的疏水作用（即盐析效应）中起主要作用，导致蛋白质在水中的溶解度降低。然而，进一步将 DES 的摩尔比从 1：3 提高到 1：6 会导致蛋白质提取效率显著降低。这可能是由于萃取介质中 ChCl 含量较低，减弱了 DES 的盐析效应。此外，与有机溶剂不同的是，DES 提取的蛋白质在萃取过程中和萃取后构象均保持完整[33,42]。因此，DES 的开发是克服提取后蛋白质结构完整性相关的主要问题的有效策略。

11.3.4 疏水化合物

尽管使用 DES 提取的大多数生物活性化合物具有亲水特性，但此前有一些研究报道了 DES 可能用于从天然来源中提取疏水化合物。从青蒿叶中提取抗疟药青蒿素就是一个例子（图 11.4）[64]。与其他 MTAC 基的 DES 相比，特制的疏水甲基三辛基氯化铵（MTAC）：1-丁醇（1：4）DES 是提取青蒿素最有效的溶剂。在最优条件下，该 DES 的萃取率为 7.99mg/g，明显高于挥发性有机溶剂石油醚的萃取产率（6.18mg/g）。MTAC：1-丁醇（1：4）DES 具有很高的回收率（即 85.65%），可重复使用至少两个周期。

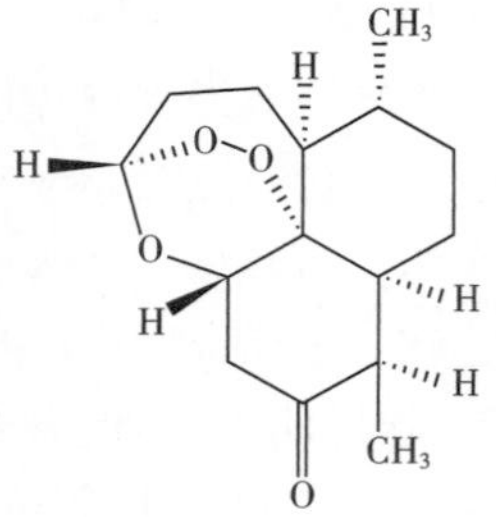

图 11.4 使用 MTAC：1-丁醇（1：4）从青蒿叶中提取的抗疟药物青蒿素

DES 中的加水量会显著影响丹参中疏水性化合物的提取，如隐丹参酮、丹参酮ⅡA、丹参酮（图 11.5）[12]。与甲醇相比，含水量为 30%（体积分数）的 ChCl：1,2-丁二醇（1：5）对丹参酮（0.181mg/g）、丹参酮ⅡA（0.421mg/g）和隐丹参酮

(0.176mg/g) 的提取率最高。30%的加水量为降低 DES 黏度的最佳用量，可获得最高的萃取率。DES 中进一步加水会导致丹参酮总产量的下降。水的加入增加了 DES 与丹参酮之间的极性，降低了 DES 与丹参酮之间的相互作用。

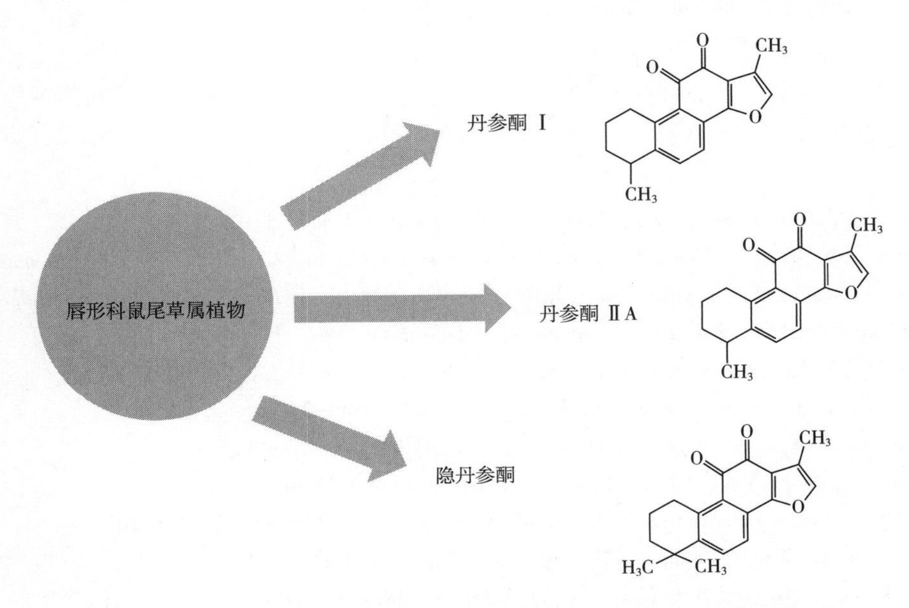

图 11.5 使用含水量为 30%的 ChCl：1,2-丁二醇（1：5）从丹参中提取亲脂性成分

在最近的研究中，Cao 等[89] 首次将亲水性 DES 和疏水性 DES 结合研制出双相 DES 体系。该双相系统的主要目的是同时从银杏叶中提取极性和非极性生物活性化合物。双相 DES 体系由两个亲水性 DES［ChCl：乙酰丙酸（1：2）和 ChCl：丙二酸（1：2）］和一个疏水性 DES（即甲基三辛基氯化铵：辛醇：辛酸，1：2：3）以 35：5：40 的比例制备，是提取原花青素（PC）、萜烯三内酯（TT）、类黄酮和聚异戊二烯乙酸酯（PPA）最有效的体系。极性化合物（即 PC、TT 和类黄酮）进入亲水相，非极性化合物 PPA 富集进入疏水相。PC、TT、黄酮类化合物和 PPA 的产率分别为 21.28、22.86、2.22 和 74.28mg/g。该新型双相 DES 体系具有较高的实用价值，在生物活性物质的提取中具有广泛的应用前景。它还可以用来去除任何特定提取物或化合物中不需要的极性残留物。

11.4 总结

DES 是一种很有潜力的绿色提取介质，可用于多种生物活性物质的提取。DES 无毒性、可生物降解性和高度可调性等独特特性，使其在从动植物资源中提取生物活性物质方面有了新的应用。DES 的黏度和极性等特性在萃取效率方面起着重要作用。然而，这些特性可以通过控制 DES 的组成（即原料的类型和摩尔比）、温度和 DES 中的含水量来调节。强烈建议进行进一步的研究，以寻找对人类健康和环境无毒且可以在更广泛的生物活性化合物中产生高提取率的 DES 的新组合。目前，这方面的研究非常少，因此使用 DES 对生物活性化合物的提取进行系统的比较研究非常必要。这将有利于找到最适合用于生物活性化合物提取的 DES，并避免来自不同研究团队的任何研究冲突或不确定结果。这可以通过科学界的共同努力实现。尽管已进行了大量研究并取得了巨大的成就，但在 DES 能够完全实现产业化规模之前，还有很多问题需要解决。

参考文献

1 Mbous, Y. P., Hayyan, M., Hayyan, A. et al. (2017). *Biotechnol. Adv.* 35:105–134.

2 Agostini-Costa, T. D. S., Vieira, R. F., Bizzo, H. R. et al. (2012). *Secondary metabolites.* In: *Chromatography and Its Applications* (ed. S. Dhanarasu). Rijeka: *IntechOpen Available from*: https://www.intechopen.com/books/chromatography-and-its-applications/secondary-metabolites.

3 Vanda, H., Dai, Y., Wilson, E. G. et al. (2018). *C. R. Chim.* 21:628–638.

4 Jin, W., Yang, Q., Huang, B. et al. (2016). *Green Chem.* 18:3549–3557.

5 Hayyan, M., Looi, C. Y., Hayyan, A. et al. (2015). PLoS One *10* (2): e0117934.

6 Hayyan, M., Mbous, Y. P., Looi, C. Y. et al. (2016). *Springerplus* 5:913.

7 Paiva, A., Craveiro, R., Aroso, I. et al. (2014). *ACS Sustainable Chem. Eng.* 2:1063–1071.

8 Cai, C., Wu, S., Wang, C. et al. (2018). *Sep. Purif. Technol.* 209:112–118.

9 Tang, B., Zhang, H., and Row, K. H. (2015). J. Sep. Sci. 38:1053–1064.

10 Kareem, M. A., Mjalli, F. S., Hashim, M. A., and AlNashef, I. M. (2010). J. Chem. Eng. Data 55:4632–4637.

11 Smith, E. L., Abbott, A. P., and Ryder, K. S. (2014). Chem. Rev. 114:11060–11082.

12 Wang, M., Wang, J., Zhang, Y. et al. (2016). J. Chromatogr. A 1443:262–266.

13 Duan, L., Dou, L. -L., Guo, L. et al. (2016). ACS Sustainable Chem. Eng. 4:2405–2411.

14 Dai, Y., Witkamp, G. -J., Verpoorte, R., and Choi, Y. H. (2013). Anal. Chem. 85:6272–6278.

15 Dai, Y., van Spronsen, J., Witkamp, G. -J. et al. (2013). Anal. Chim. Acta 766:61–68.

16 Aydin, F., Yilmaz, E., and Soylak, M. (2018). Food Chem. 243:442–447.

17 Zainal-Abidin, M. H., Hayyan, M., Hayyan, A., and Jayakumar, N. S. (2017). Anal. Chim. Acta 979:1–23.

18 Vieira, V., Prieto, M. A., Barros, L. et al. (2018). Ind. Crops Prod. 115:261–271.

19 Dai, Y., Witkamp, G. -J., Verpoorte, R., and Choi, Y. H. (2015). Food Chem. 187:14–19.

20 Zhou, P., Wang, X., Liu, P. et al. (2018). Ind. Crops Prod. 120:147–154.

21 Abbott, A. P., Harris, R. C., Ryder, K. S. et al. (2011). Green Chem. 13:82–90.

22 Shahbaz, K., Mjalli, F. S., Hashim, M. A., and AlNashef, I. M. (2011). Thermochim. Acta 515:67–72.

23 Zhang, Q., De Oliveira Vigier, K., Royer, S., and Jerome, F. (2012). Chem. Soc. Rev. 41:7108–7146.

24 Abbott, A. P., Capper, G., and Gray, S. (2006). ChemPhysChem 7:803–806.

25 Abbott, A. P., Harris, R. C., and Ryder, K. S. (2007). J. Phys. Chem. B 111:4910–4913.

26 Pandey, A., Rai, R., Pal, M., and Pandey, S. (2014). Phys. Chem. Chem. Phys. 16:1559–1568.

27 Pandey, A. and Pandey, S. (2014). J. Phys. Chem. B 118:14652–14661.

28 Kamlet, M. J. and Taft, R. W. (1976). J. Am. Chem. Soc. 98:377–383.

29 Taft, R. W. and Kamlet, M. J. (1976). J. Am. Chem. Soc. 98:2886–2894.

30 Huang, Y., Feng, F., Jiang, J. et al. (2017). Food Chem. 221:1400–1405.

31 Bajkacz, S. and Adamek, J. (2018). Food Anal. Methods 11:1330–1344.

32 Cao, J. , Chen, L. , Li, M. et al. (2018). J. Pharm. Biomed. Anal. 158:317-326.
33 Li, N. , Wang, Y. , Xu, K. et al. (2016). Talanta 152:23-32.
34 Zhao, B. -Y. , Xu, P. , Yang, F. -X. et al. (2015). ACS Sustainable Chem. Eng. 3:2746-2755.
35 García, A. , Rodríguez-Juan, E. , Rodríguez-Gutiérrez, G. et al. (2016). Food Chem. 197 (Part A):554-561.
36 Mulia, K. , Krisanti, E. , Terahadi, F. , and Putri, S. (2015). Int. J. Technol. 7:1211-1220.
37 Peng, X. , Duan, M. -H. , Yao, X. -H. et al. (2016). Sep. Purif. Technol. 157:249-257.
38 Yao, X. -H. , Zhang, D. -Y. , Duan, M. -H. et al. (2015). Sep. Purif. Technol. 149:116-123.
39 Cui, Q. , Peng, X. , Yao, X. -H. et al. (2015). Sep. Purif. Technol. 150:63-72.
40 Qi, X. -L. , Peng, X. , Huang, Y. -Y. et al. (2015). Ind. Crops Prod. 70:142-148.
41 Xia, B. , Yan, D. , Bai, Y. et al. (2015). Anal. Methods 7:9354-9364.
42 Xu, K. , Wang, Y. , Huang, Y. et al. (2015). Anal. Chim. Acta 864:9-20.
43 Alañón, M. E. , Ivanović, M. , Gómez-Caravaca, A. M. et al. (2018). Arabian J. Chem. (in press) https://doi. org/10. 1016/j. arabjc. 2018. 01. 003.
44 Bakirtzi, C. , Triantafyllidou, K. , and Makris, D. P. (2016). J. Appl. Res. Med. Aromat. Plants 3:120-127.
45 Abdul Hadi, N. M. , Ng, M. H. , Choo, Y. M. et al. (2015). J. Am. Oil Chem. Soc. 92:1709-1716.
46 Wei, Z. , Qi, X. , Li, T. et al. (2015). Sep. Purif. Technol. 149:237-244.
47 Liu, R. -L. , Yu, P. , Ge, X. -L. et al. (2017). Food Anal. Methods 10:1669-1680.
48 Moore, K. E. , Mangos, D. N. , Slattery, A. D. et al. (2016). RSC Adv. 6:20095-20101.
49 Paradiso, V. M. , Clemente, A. , Summo, C. et al. (2016). Food Chem. 212:43-47.
50 Nam, M. W. , Zhao, J. , Lee, M. S. et al. (2015). Green Chem. 17:1718-1727.
51 Křížek, T. , Bursová, M. , Horsley, R. et al. (2018). J. Cleaner Prod. 193:391-396.
52 Lee, Y. R. and Row, K. H. (2016). J. Ind. Eng. Chem. 39:87-92.
53 Mayakrishnan, V. , Abdullah, N. , Abidin, M. H. Z. et al. (2013). J. Agric. Sci. 5:58-69.
54 Abidin, M. H. , Abdullah, N. , and Abidin, N. Z. (2016). Int. J. Med. Mushrooms 18:109-121.
55 Phan, C. W. , David, P. , Naidu, M. et al. (2015). Crit. Rev. Biotechnol. 35:355-368.
56 Rahman, M. A. , Abdullah, N. , and Aminudin, N. (2016). Crit. Rev. Biotechnol. 36:1131-1142.
57 Vermerris, W. and Nicholson, R. (2007). Phenolic Compound Biochemistry. New York, NY: Springer Science & Business Media.
58 Hayes, J. E. , Allen, P. , Brunton, N. et al. (2011). Food Chem. 126:948-955.
59 Orhan, I. and Üstün, O. (2011). J. Food Compos. Anal. 24:386-390.
60 Wei, Z. -F. , Wang, X. -Q. , Peng, X. et al. (2015). Ind. Crops Prod. 63:175-181.
61 Bi, W. , Tian, M. , and Row, K. H. (2013). J. Chromatogr. A 1285:22-30.
62 Khezeli, T. , Daneshfar, A. , and Sahraei, R. (2016). Talanta 150:577-585.
63 Duan, M. -H. , Luo, M. , Zhao, C. -J. et al. (2013). Sep. Purif. Technol. 107:26-36.
64 Cao, J. , Yang, M. , Cao, F. et al. (2017). ACS Sustainable Chem. Eng. 5:3270-3278.
65 Wu, K. , Zhang, Q. , Liu, Q. et al. (2009). J. Sep. Sci. 32:4220-4226.
66 Pan, X. , Niu, G. , and Liu, H. (2001). J. Chromatogr. A 922:371-375.
67 Xu, W. , Chu, K. , Li, H. et al. (2012). Molecules 17:14323-14335.
68 Li, B. , Xu, Y. , Jin, Y. -X. et al. (2010). Ind. Crops Prod. 32:123-128.
69 Ko, M. -J. , Cheigh, C. -I. , Cho, S. -W. , and Chung, M. -S. (2011). J. Food Eng. 102:327-333.
70 Zeng, H. , Wang, Y. , Kong, J. et al. (2010). Talanta 83:582-590.
71 Gu, H. , Chen, F. , Zhang, Q. , and Zang, J. (2016). J. Chromatogr. B 1014:45-55.

72 Walker, E. B. (2007). J. Sep. Sci. 30: 1229–1234.
73 García–Lafuente, A., Guillamón, E., Villares, A. et al. (2009). Inflammation Res. 58: 537–552.
74 Ravishankar, D., Rajora, A. K., Greco, F., and Osborn, H. M. (2013). Int. J. Biochem. Cell Biol. 45: 2821–2831.
75 Meda, A., Lamien, C. E., Romito, M. et al. (2005). Food Chem. 91: 571–577.
76 Jeong, K. M., Jin, Y., Yoo, D. E. et al. (2018). Food Chem. 251: 69–76.
77 Ivanović, M., Alañón, M. E., Arráez–Román, D., and Segura–Carretero, A. (2018). Food Res. Int. 111: 67–76.
78 Cui, Q., Liu, J. –Z., Wang, L. –T. et al. (2018). J. Cleaner Prod. 184: 826–835.
79 Abdullah, N., Abdulghani, R., Ismail, S. M., and Abidin, M. H. Z. (2017). Food Agric. Immunol. 28: 374–387.
80 Kanagasabapathy, G., Chua, K. H., Malek, S. N. A. et al. (2014). Food Chem. 145: 198–204.
81 Zhang, L. and Wang, M. (2017). Int. J. Biol. Macromol. 95: 675–681.
82 Mizuno, T. (1999). Int. J. Med. Mushrooms 1: 9–29.
83 Liang, J., Zeng, Y., Wang, H., and Lou, W. Nat. Prod. Res. 2018: 1–6.
84 Phang, S. –M. (2010). Malays. J. Sci. 29: 160–166.
85 Das, A. K., Sharma, M., Mondal, D., and Prasad, K. (2016). Carbohydr. Polym. 136: 930–935.
86 Sharma, M., Mondal, D., Singh, N. et al. (2015). RSC Adv. 5: 40546–40551.
87 Sharma, M., Prakash Chaudhary, J., Mondal, D. et al. (2015). Green Chem. 17: 2867–2873.
88 Zeng, Q., Wang, Y., Huang, Y. et al. (2014). Analyst 139: 2565–2573.
89 Cao, J., Chen, L., Li, M. et al. (2018). Green Chem. 20: 1879–1886.
90 Cao, J., Yang, M., Cao, F. et al. (2017). J. Cleaner Prod. 152: 399–405.

12 低共熔溶剂在生物质预处理中的应用

Miao Zuo[1, 4]，Xianhai Zeng[1, 2, 3]，Yong Sun[1, 2, 3]，Xing Tang[1, 2, 3] 和 Lu Lin[1, 2, 3]

[1] Xiamen University，College of Energy，Xiang' an South Road，Xiamen，361102，China

[2] Xiamen University，Xiamen Key Laboratory of Clean and High- valued Applications of Biomass，Xiang' an South Road, Xiamen，361102，China

[3] Xiamen University，Fujian Engineering and Research Center of Clean and High- valued Technologies for Biomass，Xiang' an South Road，Xiamen，361102，China

[4] Xiamen University，College of Chemistry and Chemical Engineering，Siming South Road，Xiamen，361005，China

12.1 引言

生物质作为地球上最丰富的可再生资源，被认为是一种理想的生物炼制原料。通过热化学、生物和/或化学途径可以将木质纤维素各个组分（包括纤维素、半纤维素和木质素）转化为种类繁多的产品。但是，传统转化过程中应用的水或有机溶剂对木质纤维素组分的溶解性往往较低，容易导致生物质转化效率低，转化成本高和环境危害等负面影响。为了提高反应体系对木质纤维素成分的溶解性和催化活性，离子液体（ILs）和低共熔溶剂（DES）被应用于生物质的处理过程中。虽然ILs在生物质处理中展现了高效高活性的特点，但是由于其制备复杂、成本较高等制约因素依然难以用于生物质工业化处理工艺中。DES作为一种新型的多组分溶剂体系，不但避免了很多成本和工艺方面的缺陷，而且还具有与ILs相近的高反应活性和溶解性。此外DES还具有灵活可调节的组分和理化性质，目前已经被广泛应用于生物质处理应用和研究中，包括生物质预处理、碳水化合物催化转化和高附加值成分提取或分离等。

12.2 生物质在低共熔溶剂中的化学处理

12.2.1 木质纤维素组分在低共熔溶剂中的溶解和提取

众所周知，将生物质原料如纤维素和木质素在溶剂中进行溶解可以极大改善其对酶或催化剂的可接触性，进而优化催化剂和酶类的反应活性，提高生物质原料的转化效率和选择性。表12.1所示为部分近期有关生物质在DES中溶解效率的研究。为了验证生物质在DES中的溶解度，Jerome等研究了微晶纤维素在氯化胆碱（ChCl）作为氢键受体（HBA）的DES中的溶解行为，其中分别以尿素和$ZnCl_2$作为氢键供体（HBD）进行了考察。然而在这些DES中经过110℃温度条件下处理12h后，纤维素的最佳溶解度仍小于0.2%（质量分数）[1]。

不同于纤维素在DES中极低的溶解性，木质素在DES体系中溶解度普遍较高的，特别是在乳酸、苹果酸等作为HBD存在时[2]，因此，DES在分离纤维素和木质素方面有可观的应用前景。由表12.1可知，形成DES氢键供体/受体的种类以及用量比例对木质素的溶解度均有显著影响，在相同条件下，甜菜碱/乳酸构成的DES的木质素溶解度为12.03%（质量分数），而ChCl/乳酸构成的DES的木质素溶解度仅为5.38%（质量分数）。同时，随着ChCl/乳酸DES中酸含量的增加，木质素溶解度从5.38%（质量分数）逐渐增加到11.82%（质量分数），但脯氨酸/苹果酸构成的DES则呈现完全相反的趋势[3]。此外，部分研究发现酸性DES的溶解能力与所用HBD的酸度呈现负相关性，由较强的酸（如草酸）作为HBD构成的DES对木质素的溶解性要远低于由弱酸（由乳酸或苹果酸）作为HBD构成的DES（表12.1）。但是，上述观察结果仍缺乏明确的解释，进一步研究木质素与DES之间的相互作用将有助于解释木质素的溶解行为。Alvarez-Vasco等报道，在较高温度条件下（145℃，

6h)，ChCl/乳酸构成的DES可从杨树木材原料中提取出78%的木质素，加入水-乙醇混合抗溶剂后可以很好地将已溶解的木质素从DES中析出。此外，析出的木质素中检测到大量附着的DES成分，说明DES与木质素之间存在较强的相互作用[4]。这一结果与之前报道的酚类物质可以与ChCl形成DES的结果一致。将获得的木质素粗产品进行进一步洗涤可以获得纯度高达95%的精制木质素（de-lignin，DESsL)，其相对分子质量分布较低且较窄，范围在490~2600[4]。

表12.1 不同DES溶剂中生物质原料的溶解性

DES	测试条件	溶解性/%（质量分数）			参考文献
		木质素	纤维素	淀粉	
ChCl-尿素	110℃，12h		<0.2		[5]
ChCl-$ZnCl_2$	110℃，12 h		<0.2		
ChCl-尿素		6.4			[6]
ChCl-乙二醇		10			
ChCl-$ZnCl_2$	80℃，1h	10			[7]
[ATEAm]-草酸	110℃，2 h		6.48		[8]
ChCl-咪唑	110℃，1.5h		2.48		
ChCl-尿素	110℃，2h		1.43		[9]
脯氨酸-乳酸	60℃，24h	7.56			
甜菜碱-乳酸	60℃，24h	12.03			
ChCl-乳酸	60℃，24h	11.82		0.13	
ChCl-苹果酸	100℃，24 h	3.40		7.10	[10]
甘氨酸-苹果酸	100℃，24h	1.46	0.14	7.65	
脯氨酸-苹果酸	100℃，24h	14.90	0.78	5.90	
脯氨酸-草酸	60℃，24h	1.25			
ChCl-草酸	60℃，24h	3.62		2.50	
甜菜碱-乳酸	60℃，12h	38			[11]

通过核磁^{13}C NMR检测可知上述研究中获得DESsL与普通木质素的光谱分析结果几乎无差异，表明DESsL仍保留天然木质素的大部分特性。然而，与MWL相比，DESsL中酚羟基的核磁共振信号更强，表明该研究中应用的酸性DES能够在选择性断裂木质素中醚键的同时而不影响C—C键。通过对照试验在145℃条件下将木质素二聚体模型化合物愈创木酚基甘油-β-愈创木基醚（GBG）在ChCl/乳酸基DES中进行对比处理研究后，经气相色谱与质谱联用（GC-MS）分析产物表明，GBG完全转化为愈创木酚（G1）与希伯特酮类化合物(G2）的化学计量混合物，进一步证实了上述反应机制（图12.1)。另外，Hiltunen等在ChCl/$B(OH)_3$构成的体系研究中也报道了类似的脱木质素机制[12]。

由于DES对木质素良好的溶解性能，酸性DES作为一种有前途的脱木素介质引起了国内外学者的兴趣。Francisco等研究了以ChCl/乳酸基DES对木质纤维素生物质（秸秆）的处

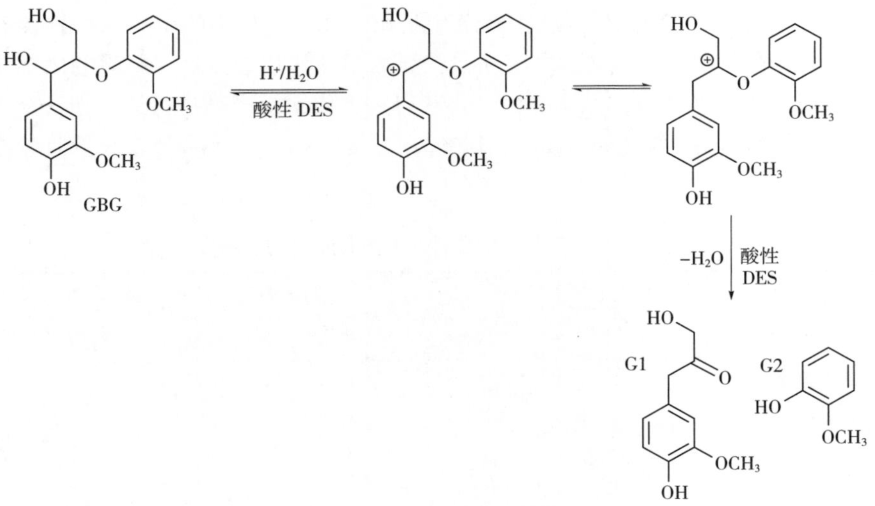

图 12.1 木质素模型化合物 GBG 在酸性 DES 中选择性裂解的可能机制[4c]

理，但令人意外的是，原料在 60℃经过 12h 小时处理后，只有少量木质素被提取至 DES 体系中[3]。但 Jablonsky 等的研究指出，在相同的反应条件下以 ChCl/草酸构成的 DES 溶剂对麦秸进行分馏，脱木质素率可以达到 57.9%[10]。但是，目前对不同 DES 体系中得到的木质素仍缺乏系统的表征对比。Kandanelli 等通过低共熔溶剂-醇（DES-OL）体系对生物质废弃物进行了预处理，并指出醇萃取溶剂与 DES 体系的结合可更加有效进行木质素的分离。其中，以正丁醇作为萃取溶剂配合 DES 共同进行应用时，木质纤维素在 150g/L 的高底物浓度条件下仍可以达到优秀的木质素脱除效果，脱木素作用最高可达 50%左右[13]。

相较于上述报道的酸性 DES 体系，其他中性 DES，如 $ZnCl_2$-尿素和 ChCl-$ZnCl_2$ 等更有利于木质素芳香环上甲氧基的裂解，这也导致产物中酚羟基的显著增加，使得处理后的木质素的 β-O-4 键和分子质量基本不变[14]。以上述获取的富含酚羟基的改性木质素作为催化剂和填料时，对合成酚醛树脂有明显的促进作用，并且可以提高树脂热的稳定性。然而，目前关于 DES 中木质素的提取和分离研究仍然尚处于起步阶段，木质素转化效率和选择性都有待提高。

12.2.2 DES 萃取高附加值产品

除了木质纤维素在 DES 中的提取外，国内外学者还研究了多种其他高附加值化学品在 DES 中的溶解和萃取行为。Xu 等对蛋白质在 ChCl/醇基 DES-水两相体系提取过程进行了系统研究[15]。结果表明，经过反应条件的优化，通过一步提取法可将 98.16%的牛血清蛋白质（BSA）和 94.36%的胰酶提取至 DES 萃取相中。该研究还开发了一种磁性氧化石墨烯纳米颗粒固定的 DES 作为蛋白质的吸附材料，并证明了该材料具有更优秀的蛋白质提取能力和重复使用性[16]。这些创新性的工作拓宽了 DES 体系在生物分离方面的应用，表明 DES 体系不仅可以用于木质纤维素底物的选择性分离，还可以用于其他生物质如蛋白类产物的处理（图 12.2）。

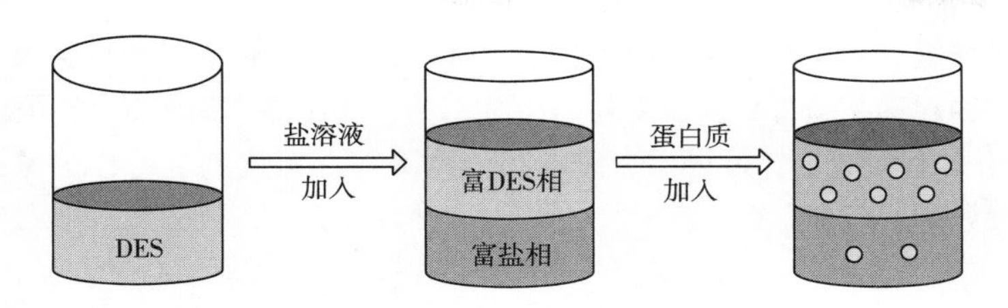

图 12.2 DES 应用于蛋白类萃取中的研究[15]

由于其优异的萃取性能，DES 在微量化学品的萃取和含量检测研究中同样发挥着重要的作用。Khezeli 等研究了 DES 在超声辅助液-液微萃取法中的应用，结果表明该方法对橄榄、杏仁、芝麻和肉桂油中的阿魏酸、咖啡因和肉桂酸的预浓缩显示出极高的萃取效率[17]。该方法在等规反相高效液相色谱（HP-LC）紫外检测中具有良好的线性校准范围、测定系数和较低的检出限。类似的，Paradiso 等开发了一种初榨橄榄油中酚类的提取和分析方法，其中利用乳酸、葡萄糖和水形成的 DES 成功提取出了生物质原料中的酚类成分[18]。

可见，在 DES 体系中可以有效地分离出各种高附加值的生物质提取物。Aydin 等提出了一种以 DES 为溶剂提取和浓缩姜黄素的环保工艺。该研究表明，在持续搅拌条件下，ChCl/苯酚基 DES 在弱酸性条件下加入四氢呋喃（THF）作为萃取液和超声处理条件下，DES 液滴可以在水相中均匀分布并高效地提取姜黄素[19]。由上述研究结果可见，在 DES 体系中可以有效分离出各种具有高附加值的生物质提取物。

水作为辅助溶剂可以明显降低 DES 的黏度和凝固点，目前已成为越来越普遍的应用于 DES 研究中。但该方法的机制往往具有一定争议，原因是水/DES 的混合物尚未被证实为水溶液或 DES 体系。许多研究表明，过量的水会降低 DES 和目标化合物之间的氢键作用力。Cui 等报道了一种通过 DES/水体系提取鸽豌豆根中染料木苷、染料木素和芹黄素并检测的方法，在微波辅助下，30%（质量分数）的水作为辅助萃取溶剂添加于 1,6-己二醇/ChCl 构成的 DES 中，共同应用于目标产物的提取[20]。Peng 等研究了 12 种不同组分的水/低共熔溶剂提取金银花中酚酸类产物的效果。通过对五种目标活性产物的分离结果进行分析，作者指出在 DES 中加入水后对酚酸的溶解度有很大影响[21]。此外，与常规溶剂和方法相比，微波辅助 DES 和超声辅助两种方法可以有效提高 DES 体系萃取效率，而实验结果表明微波辅助 DES 提取方法有更好的萃取效果[22]。

DES 在从生物质废弃物中分离高附加值产品方面也表现出了优异的能力。甲壳素作为自然界中最大的生物基聚合物之一，具有无毒无害、生物可降解、生物相容性、化学和热稳定性等优良特性，在农业、医药、食品、纺织等多行业具有优秀的应用前景。在传统的甲壳素提取工艺中，常使用强酸和强碱来去除甲壳原料中的蛋白质和矿物质，环境危害较大。而使用 DES 作为萃取体系可以有效避免类似问题。Saravana 等报道不同类型 DES 对甲壳素提取都有明显的促进作用，其中 ChCl/丙二酸组分 DES 作为萃取相可以获得 19.41%收率的高纯甲壳素[23]。

12.3 纤维素在 DES 中的改性

众所周知，纤维素的化学改性对于制备多功能纤维素材料，如硝基纤维素、醋酸纤维素、纤维素纳米纤维（CNFs）和纤维素纳米晶（CNCs）具有特别重要的意义。改性纤维素材料在涂料、矿物浮选、造纸、复合材料、生物医药、化妆品和纺织品等领域有着广泛的应用[25]。DES 由于具有低成本、可再生、无毒和生物降解性等优点，可作为绿色反应介质进行纤维素改性预处理（图 12.3）。

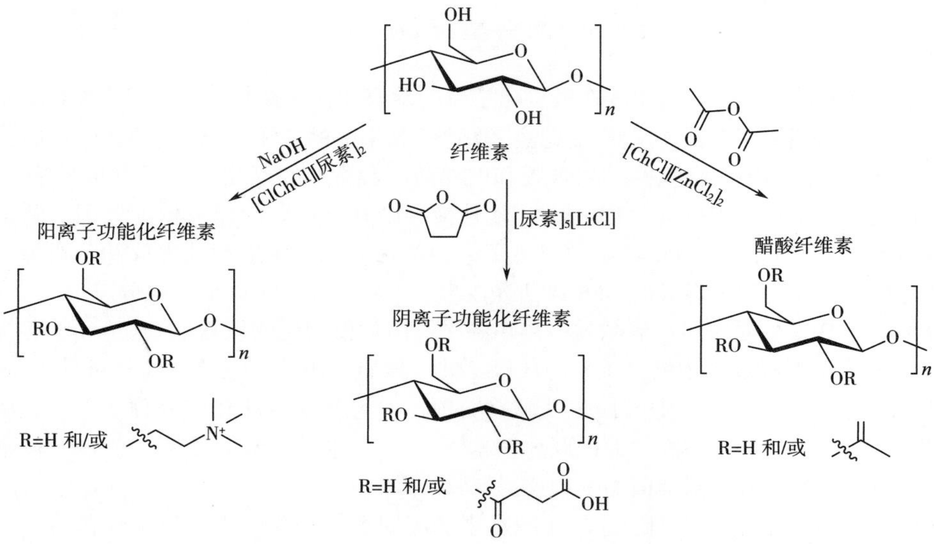

图 12.3 纤维素在 DES 中的乙酰化和阴离子/阳离子功能化[25]

一些初步研究证实纤维素在 DES 中的溶解性很差。Abbott 等首次报道了单糖和纤维素与醋酸酐可以在 ChCl-$ZnCl_2$ 所构成的 DES 中有效进行乙酰化，其中 DES 同时具有反应介质和催化剂两种功能[26a,27]。通过调整醋酐的添加量，可以使纤维素的乙酰化程度从 15%增加至 47%。与传统硫酸催化纤维素乙酰化工艺相比，DES 工艺提供了一条相对清洁、温和的醋酸纤维素生产路线，避免了醋酸纤维素过快完全乙酰化，进而避免了醋酸纤维素机械性能较差的问题[26a]。此外，纤维素中的羟基可以与 DES 组分发生反应，使纤维素阳离子功能化并提高了其亲水性[26b]。如图 12.2 所示，在氢氧化钠的催化作用下，ChCl/尿素基 DES 既可作为纤维素阳离子功能化的试剂又可作为溶剂。同样，纤维素在二甲基脲/$ZnCl_2$ 基 DES 中可进行氨基甲酸基酯取代，经 150℃ 温度下反应 3h 后取代度为 0.17[28]。与原纤维素相比，上述改性纤维素在 30g/L 的 NaOH 水溶液中表现出良好的溶解性。这可能是由于改性纤维素中的氨基甲酸甲酯基团破坏了纤维素的氢键网络所致。

此外，DES 反应体系中还可以进行纤维素的阴离子功能化，在尿素/LiCl 基 DES 无催化剂条件下，纤维素和琥珀酸酐于 70~80℃进行反应 2h 后可以顺利完成琥珀酰化[26c]。改性纤维素中的负电荷基团（羧基）显著增强了纤维素纤维之间的静电排斥和结构膨胀，极大地促进了纤维素的纳米原纤化，因此可以制备出直径 2~7nm 的 CNFs。值得注意的是，在纤维素完成阴离子功能化后，其聚合度（DP）和结晶度指数（CrI）只有轻微的下降。此外，Sirvio 等发现，在 100℃ 下用 ChCl/尿素 DES 对纤维素纸浆进行预处理也可以使原料纳米纤维化，同时保持纳米纤维和纳米纤维束的 DP 值不变[29]。

CNCs作为一种新型材料目前被广泛应用于在聚合物纳米复合材料、矿物浮选和生物医学等领域。而酸性ChCl基DES由于其优异的催化活性，可以用作制备CNCs的水解介质。Sirvio等报道，在酸性DES（ChCl/草酸）中于60~120℃条件下进行2~6h反应后，纤维素纸浆中有序度较低的非晶态组分可以被有效地水解，随后经机械崩解可以进行CNCs材料制备。与传统的酸水解法获得的CNCs相比，该方法制备的CNCs具有更高的高宽比[30]。随后，Sirvio课题组基于DES反应体系开发了一种水解合成纤维素纳米晶的新方法。在草酸、一水合甲苯磺酸和乙酰丙酸（LA）作为DES体系的HBD和酸性催化剂的条件下，木质纤维素可以在一定温度下发生水解，进而通过机械崩解处理后可得到纤维素纳米晶。其中，ChCl/草酸基DES对纤维素纳米晶合成效果最优。该研究还指出，使用DES作为预处理介质可以有效地消除反应混合物中CNCs的繁琐分离问题。到目前为止，许多生物质材料都可以用酸性DES体系进行预处理或直接降解Liu等报道ChCl/草酸基体系可以克服棉纤维中纤维素链之间的强氢键，在微波辅助条件下经过3min反应后，CNCs的收率可高达74.2%[30]。Sirvio等研究表明，尿素基DES体系可以有效进行纤维素制备纳米纤维素预处理，其中硫氰酸铵和尿素合成的酸性DES对纤维素纤维的溶胀能力最佳[29]。

Sert等提出了一种以向日葵茎纤维素为原料在DES体系中快速制备生物质平台化学品的新途径。纤维素原材料在以ChCl/草酸形成的DES反应体系和微波反应器中，经过180℃和1min反应时间后，共计可获得总产率高达99.07%的萃取产物。其中包括76.2%产率的主要产物LA，以及4.07%的5-HMF、5.57%的糠醛和15.24%的甲酸等副产物[31]。该研究指出酸性对纤维素有良好的溶解性，可以有效破坏纤维素结构中葡萄糖基团之间的β-1,4-糖苷键，并促进后续葡萄糖分子转化为呋喃化合物与水解为LA。另外，Xia等比较了ILs和DES预处理后的纤维素和碳水化合物的水解速率，并深入研究了ILs和DES水溶液的含水量对纤维素水解率的影响[32]。研究结果表明，ILs和DES的预处理效果可能与组成阴离子的氢键强度和溶剂极性有关，但ILs和DES的水溶液预处理效果与机制则更为复杂。

12.4 碳水化合物在DES中的催化转化

12.4.1 碳水化合物在DES反应体系中的催化转化

将生物质来源的碳水化合物直接转化为平台化合物分子，如HMF和LA等，对生物质资源综合利用和可持续发展有至关重要的意义。目前，反应体系中以生物质来源的糖类为原料脱水制备呋喃类衍生物的研究受到广泛关注。表12.2中列举了几种典型生物质糖类在DES反应体系中催化转化合成HMF的效果。

表12.2 生物质糖类在DES反应体系中选择转化为HMF

反应底物	催化剂	DES	温度/℃	时间/h	转化率/%	HMF产率/%	参考文献
果糖	柠檬酸	ChCl/柠檬酸	80	1	93.2	76.3	[33]
果糖	柠檬酸	ChCl/柠檬酸	80	1	97.6	91.4	

续表

反应底物	催化剂	DES	温度/℃	时间/h	转化率/%	HMF 产率/%	参考文献
菊粉	草酸	ChCl/草酸	80	2		64	[34]
果糖	TsOH	ChCl/TsOH	80	1	93.3	90.7	[35]
果糖	TsOH	DeeaCl/TsOH	80	1	95.7	84.8	[36]
葡萄糖	$B(OH)_3$	CDHC/羟基乙酸	140	4		60	[37]
果糖	[HNMP]Cl	[Emim]Cl/MeOH	25	1		44.7	
果糖	[HNMP]Cl	[Emim]Cl/EtOH	26	1		51.8	
果糖	[HNMP]Cl	[Emim]Cl/IPrOH	27	3		89	
果糖	[HNMP]Cl	[Emim]Cl/BuOH	29	1		70.2	[38]
果糖	BHC	BHC/甘油	110	0.5		57	[39]
果糖	$AlCl_3$-ChCl/SiO_2		100	4	96	65	
葡萄糖	$AlCl_3$-ChCl/SiO_2		100	24	96	38	[40]
菊粉	$AlCl_3$-ChCl/SiO_2		100	2		45	

目前国内外已经有许多关于在 DES 中己糖转化为 HMF 的报道，其开创性工作始于最常用的由 ChCl 和尿素所制成 DES 体系。Han 课题组首先研究了果糖在不同组分 DES 反应体系中下转化为 HMF 的过程。当 DES 反应体系的组分为 ChCl/金属氯化物或者 ChCl/尿素时，在不同路易斯酸作为催化剂的条件下，最高可以获得 30%左右产率的 HMF；相比之下，在 ChCl/柠檬酸组分构成的 DES 反应体系中，在 80℃条件下反应 1h 后 HMF 的最高产率可达 76.3%[33]。反应机制指出，果糖在酸性 DES 中脱水合成 HMF 的效率在很大程度上受到所使用有机酸的酸性强度的影响。如，ChCl/丙二酸或 ChCl/草酸组分的 DES 在 80℃经过 1h 内只能从果糖获得中等产率的 HMF[33]，而 ChCl/对甲苯磺酸（TsOH）组分的 DES 在相似的反应条件下可以得到高达 90%产率的 HMF[35-36]。类似的反应策略同样适用于果糖聚合物菊粉的水解中，HMF 收率可达 50%以上[34]。

虽然果糖被认为是最容易制备 HMF 的原料，但是其昂贵的价格限制了果糖直接作为底物进行 HMF 大规模生产。对应地，葡萄糖由于价格低廉产量高，被认为是制备 HMF 更合适的原料。然而，上文提及的酸性 DES 对葡萄糖直接转化为 HMF 没有明显的促进作用，主要原因是作为 HBD 的有机酸缺乏葡萄糖进行异构化所需的催化活性，而异构化过程被认为是葡萄糖转化为 HMF 的关键步骤[41]。根据以往的研究，$B(OH)_3$ 能够促进葡萄糖在离子液体中异构化为果糖[42]。基于这一想法，Matsumiya 等报道当 $B(OH)_3$ 作为催化剂时，葡萄糖在由柠檬酸胆碱二氢（CDHC）和羟基乙酸组成的 DES 中可获得约 60%产率的 HMF[37]。值得注意的是，不同于与果糖转化为 HMF 相对较为温和的反应条件，葡萄糖转化为 HMF 需要相对反应温度一般较高，而且反应时间偏长。

表 12.3 生物质基 DES 中碳水化合物催化转化制备 HMF

原料	催化剂	DES 组成	温度/℃	时间/h	转化率/%	HMF 产率/%	参考文献
果糖	TsOH	ChCl-果糖	100	0.5		67	
葡萄糖	$CrCl_2$	ChCl-葡萄糖	110	0.5		45	[43]
蔗糖	$CrCl_2$	ChCl-蔗糖	100	1		62	
菊粉	TsOH	ChCl-菊粉	90	1		57	
果糖	Ly_2HPW	ChCl-果糖	110	1min	93.3	92.3	[44]
果糖	$AlCl_3 \cdot 6H_2O$	ChCl-果糖	120	5	100	50.3	[45]
葡萄糖	$Ly_{0.5}H_{2.5}PW$	ChCl-葡萄糖	130	0.5	75.1	52.6	
蔗糖	$Ly_{0.5}H_{2.5}PW$	ChCl-蔗糖	130	0.5	93.2	57.7	[46]
果糖	CO_2	ChCl-果糖	120			73	[47]
菊粉	CO_2	ChCl-菊粉	120			41	[48]
果糖	HCl	ChCl-果糖	100	4	100	90.3	
果糖	H_2SO_4	ChCl-果糖	100	4	100	82.8	[49]

12.4.2 在 DES 中以碳水化合物直接合成 HMF

从 HMF 制备反应的经济可行性考虑，如果将碳水化合物作为反应底物同时又作为 HBD 部分，会大大降低物料成本。另外从绿色化学角度考虑，高底物投料量的碳水化合物会有益于提高反应效率，并降低萃取溶剂回收能耗。因此，生物质糖类如果糖、葡萄糖、菊粉和蔗糖等被直接应用为 DES 体系的 HBD 部分，并在各种酸性催化剂的作用下转化为 HMF[50]。在上述体系中，由于 DES 体系构成中的 HBA（ChCl、甜菜碱或甜菜碱盐）和 HBD（生物质糖类）全部是来源于生物质的工业产品，因此该类 DES 也可以被称之为生物质基低共熔溶剂（Bio-DES）。例如，由质量比为 6∶4 的 ChCl/果糖基 DES 在 TsOH 作为催化剂存在时，经 100℃反应 0.5h 可得到 67%产率的 HMF；而 $CrCl_2$ 作为催化剂时则可以从质量比 6∶4 的 ChCl/葡萄糖基 DES 中得到 45%产率的 HMF，但该催化剂的毒性应被引起重视[43]。随后，更多无毒无害的催化剂被应用于研究中。Liu 等研究报道指出在 4MPa CO_2 的氛围下，ChCl/果糖基 DES 可以直接制备 HMF[42]。其中，CO_2 原位生成的碳酸是一种廉价的、环境友好的酸性催化剂，并且在反应完成后通过释放压力可直接进行回收并循环利用。

然而基于上述结果，由于生物质基 DES 体系中碳水化合物浓度较高，脱水过程中 HMF 的选择性仍较低（$<70\%$），因此需要引入更有效的催化剂来提高 DES 体系的反应效率。Jiang 等以赖氨酸和磷钨酸 $H_3PW_{12}O_{40}$ 制备了酸碱双官能杂多酸催化剂［$(C_6H_{15}O_2N_2)_2HPW_{12}O_{40}$，$Ly_2HPW$］，在质量比 6∶4 的 ChCl/果糖基 DES 反应体系中，110℃反应温度下反应 1min 即得到 100%的果糖转化率和 93.3%的 HMF 得率[32]。另外该研究指出，果糖的烯醇化为 HMF 合成速率的限制步骤[41]，但该催化剂很好地克服了这一限制，在高底物浓度的生物基 DES 反应体系中高效高产率制备了 HMF 产物。

为了获得更高的 HMF 产率和更优秀的经济可行性，国内外学者针对 DES 中廉价有效的催化剂展开了研究。Zuo 等研究了以极低浓度的无机酸为催化剂，在质量比组成为 4∶1 的 ChCl/果糖基 DES 反应体系中，超低浓度（摩尔分数 1.2%）盐酸和硫酸分别作为催化剂时，可以得到高达 90.3%和 82.8%产率的 HMF。反应的可能机制表明，反应体系中氯元素和亲电性位点 H^+允许协同激活果糖的异位碳上的羟基和果糖一号碳上的 H，进而促进了 HMF 的合成（图 12.4）。

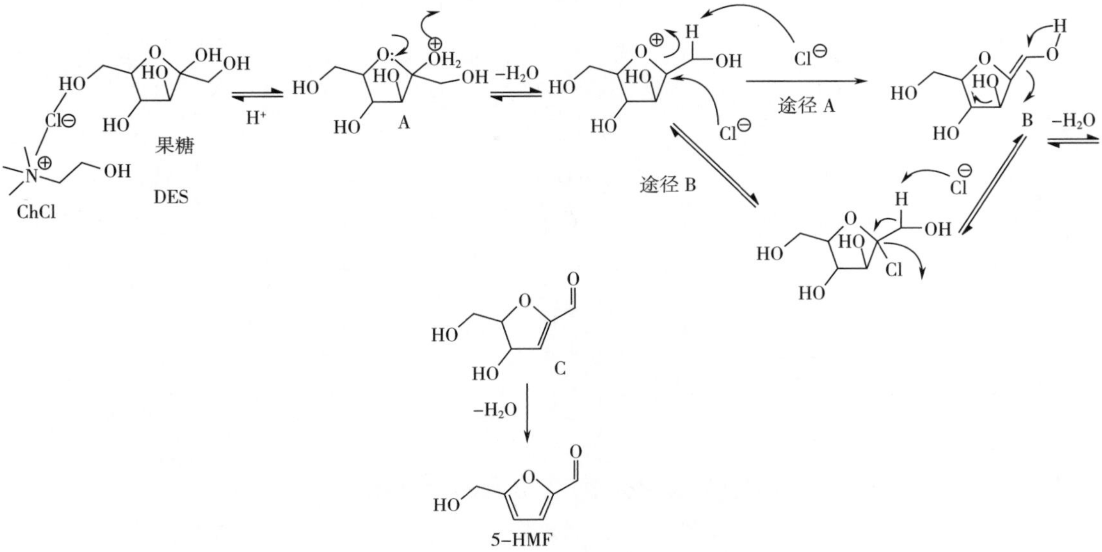

图 12.4 超低 HCl 促进果糖在生物基 DES 中水解制备 HMF 的可能机制[49]

除了常用的 ChCl 作为 DES 体系的 HBA 之外，离子液体如 1-丁基-3-甲基咪唑盐酸盐（[Emim]Cl）同样可以和醇类形成 DES，并在十分温和的反应条件（25℃，3h）和 *N*-甲基吡咯烷酮磷酸二氢盐酸盐［HNMP］Cl 为催化剂的情况下，从反应底物果糖中得到 89%产率的 HMF[4c]。其中，含有异丙醇的 DES 在果糖选择性脱水合成 HMF 过程中的效果要优于其他醇类，但这一观察结果仍需明确解释[38]。另外，除了在 DES 中以碳水化合物脱水制备 HMF 之外，还可以制备其他生物质基平台化合物。例如，Sun 等报道在双官能杂多酸高效催化作用下，ChCl/葡萄糖构成的生物基 DES 可以直接合成产率为 52.6%的 LA[47]。

12.4.3 DES/有机溶剂双相体系中的碳水化合物脱水

上文指出，由于 HMF 与 HBA 之间存在很强的相互作用，导致反应完成后难以完全从 DES 体系中分离 HMF 产物。因此，虽然高浓度碳水化合物在环境友好的生物质基 DES 中可以高效转化为 HMF，但仍然需要进一步解决产物的分离问题[39,51]。另外，ChCl/果糖基 DES 为强极性混合物，不易溶于常用的有机溶剂，如乙酸乙酯、甲基异丁基酮（MIBK）、乙腈（MeCN）和二乙醚等。在实际应用中，类似的双相反应体系如传统的有机溶剂/水或有机溶剂/离子液体反应体系已成功地用于 HMF 的合成和萃取研究。鉴于此，将双相体系引入生物基 DES 反应体系中，有助于进一步提高 HMF 产率和萃取效率。另外，在反应过程中将产物 HMF 原位萃取至有机相，可以避免其保留在 DES 反应相中继续发生副反应，如水解生成 LA

或者聚合而成的腐殖质等，因此保证了 HMF 的产率。

根据 DES 的性质，Jerome 等将 ChCl 和催化剂 $AlCl_3$ 形成 DES 共同负载于 SiO_2 载体表面，并与果糖等碳水化合物悬浮在有机溶剂（如 MIBK）中进行脱水反应[40]。在 $AlCl_3$ 的催化作用下，附着在载体表面的果糖脱水转化得到 65%产率 HMF，其中 95%的 HMF 产物释放到有机相中，并通过旋转蒸发去除有机溶剂获得。然而该研究中催化剂的回收较为困难，主要是由于反应完成后固体催化剂表面被高黏性黏液所包裹（可能是 DES、HMF 和/或腐殖质）[40]。

草酸、柠檬酸和乳酸等有机酸在 DES 体系中既充当 HBD，又作为催化剂促进果糖脱水。在乙酸乙酯（EtOAc）和 ChCl/柠檬酸基 DES 构成的双相体系中，果糖脱水制备 HMF 的产率进一步提高到 91.4%[33]。另外，菊粉作为反应底物在 80℃下反应 2h 可获得 64%HMF 产率[34]。然而，EtOAc 作为萃取溶剂仅能提取 72.2%所制备的 HMF，这是由于 DES 中存在的水会对 HMF 产物的萃取和回收产生一定负面影响[33]。研究同样指出，在 ChCl 和有机酸组成的 DES 中 HMF 产物可长时间保持稳定。在酸性 DES 体系中 80℃反应 2h 后，初始 HMF 中仍有的 98.5%被保留，没有发生副反应。相对而言，双相反应体系中有机相对 HMF 较低的萃取效率同样可能是由于 HMF 产物与 ChCl 之间较强的氢键作用导致[39]，然而，当反应温度超过 100℃时，DES 反应体系中 HMF 容易转化为副产物或者聚合为腐殖质，从而导致 HMF 产率和萃取效率进一步降低[52]。另一方面，HMF 和 ChCl 之间的强相互作用力有助于从混合物中分离 HMF 产物，如从 2,5-二甲基呋喃或者 HMF 衍生脂类等[53]。

Zuo 等在以超低无机酸为催化剂的研究基础上，开发了一种双相 DES/MeCN 反应体系制备 HMF 的方法。该体系不但可以有效原位萃取 HMF 产物，而且可以将反应完成后 DES 反应相直接循环重复使用多次，且循环使用的 DES 反应体系中所得到的 HMF 产率没有损失（图 12.5）[49]。在另一项研究中，作者提出了由果糖、葡萄糖和蔗糖等碳水化合物在 DES 双相反应体系中一锅法制备 HMF 的路线。结果表明，在阳离子交换树脂 Amberlyst-15 的催化作用下，果糖为原料制备 HMF 的产率高达 94.2%。此外，还对醛糖与 DES 的联合作用进行了系统的研究。当葡萄糖作为反应底物时，使用双功能负载型固体酸 Amberlyst-15-$CrCl_3$ 作为催化剂，葡萄糖首先在路易斯酸作用下异构化为果糖，随后在质子酸的作用下脱水获得 57%的 HMF 产率。另外，上述研究所分离出的 HMF 粗溶液无需任何净化步骤即可直接在 Amberlyst-15 为催化剂和乙醇存在的情况下醚化为生物燃油 5-乙氧基甲基糠醛（EMF），有较好的工业化应用潜力。

5-氯甲基糠醛（CMF）同样是一种可以直接从生物质原料获取的高可塑性平台化合物。CMF 相比于 HMF 疏水性更高，可以直接从水相中萃取分离。另外 CMF 的化学性质更加稳定，不易发生聚合反应，但可以在催化剂存在下进行氯元素取代反应制备其他化学品，是一种应用前景广阔的平台化合物[54]。更重要的是，在 DES 体系中制备 CMF 时，CMF 和 ChCl 之间的氢键作用远远弱于 HMF 和 ChCl 之间的氢键作用，因为 HMF 中的初始—OH 基团被—Cl 取代而得到 CMF。传统工艺中 CMF 需要使用高浓度盐酸和毒性较强的二氯乙烷作为溶剂进行生产，Lin 课题组提出了一种更加绿色的使用甲基异丁基甲酮（MIBK）/DES 双相反应体系一锅法制备 CMF 的途径[45]。在 $AlCl_3 \cdot 6H_2O$ 作为催化剂的情况下，果糖首先脱水形成 HMF，随后 HMF 转化为 CMF 并快速被萃取到 MIBK 有机相中，产率可达 50%以上，这项工作有望以更环保的方式从碳水化合物中生产 CMF，因为 CMF 通常使用浓盐酸水溶液和有毒的二氯乙烷作为溶剂来生产[55]。

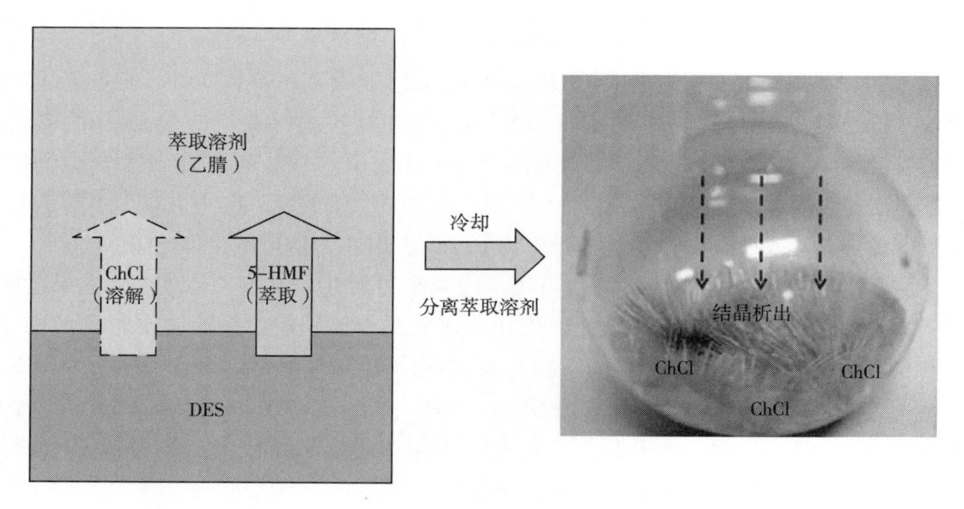

图 12.5 双相反应体系中碳水化合物制备 HMF[49]

在此基础上，Lin 课题组报道了另一种卤代甲基糠醛 5-溴甲基糠醛（BMF）在 MIBK/DES 双相反应体系中的合成方法，并进一步探究了其反应机制。如图 12.6 所示，以果糖为反应底物和溴化胆碱形成 DES 反应体系中生成的 HMF 与溴化胆碱发生取代反应后，HMF 获得一个 Br 原子生成 BMF，而溴化胆碱底物则转化为胆碱，其碱度抑制了上述卤化过程的进行，最终使得反应的整体产率偏低[56]。

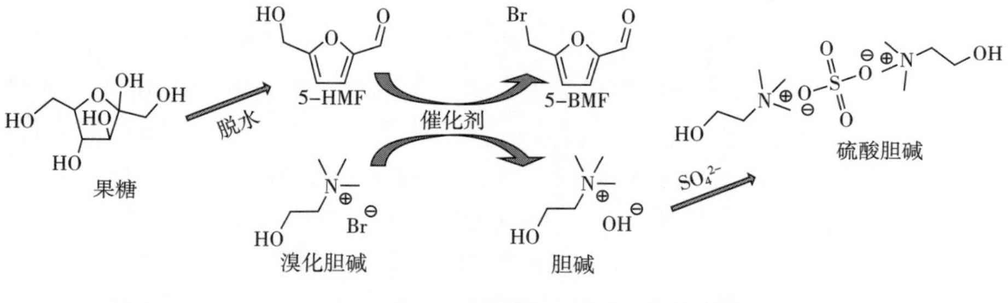

果糖
脱水
5-HMF
催化剂
5-BMF
溴化胆碱
胆碱
SO_4^{2-}
硫酸胆碱

图 12.6 MIBK/DES 双相反应体系中果糖制备 5-BMF 可能的反应途径[56]

需要指出的是，虽然 DES/有机溶剂双相反应体系是提取或分离 HMF 等生物基平台化合物更快的途径，但有研究人员认为有机溶剂的存在可能会降低 HMF 的得率。原因依然可以解释为 HMF 和 ChCl 之间的强氢键相互作用。因此，如果反应结束时 HMF 在 DES 相和有机相中分配系数较低，则很难从反应相中完全提取 HMF 产物。

12.4.4 碳水化合物在 DES 体系中制备其他高附加值化学品

除己糖在 DES 中的催化转化途径外，其他糖类如木糖或木聚糖同样可以在酸性 DES 中脱水生成平台化合物糠醛。Zhang 等报道在金属氯化物作为催化剂和 140℃ 温度条件下，以木糖为原料可在 ChCl/柠檬酸基 DES 反应体系中获得 60% 左右产率的糠醛产品[57]。相比于在水溶液中进行的高压反应，木糖或者木聚糖可以在 DES 反应体系和常压下顺利进行水解，因为它的挥发性可以忽略不计，在一定程度上降低了设备需求和生产成本。

Liu 等提出报道，纤维素在 DES 体系和氯化铁的催化作用下可以直接转化为葡萄糖酸[58]。经过反应条件优化，$FeCl_3 \cdot 6H_2O$/乙二醇构成的 DES 反应体系中可以得到接近 100% 的纤维素转化率和 52.7%葡萄糖酸产率。与其他传统纤维素氧化处理工艺（如水和有机体系）相比，该方法反应体系中产物葡萄糖酸在反应完成发生自沉淀，避免了产物分离步骤，具有较好的工业应用前景。

甜菜碱和甜菜碱盐酸盐是来源于生物质或农作物的两种生物质基原料，可以被用作 DES 体系的 HBD 部分。与大多数 DES 产品中所含的 ChCl 相比，这两种 HBD 原料更环保，更容易进行生物降解。Keyrilainen 等分别研究了 ChCl、甜菜碱和甜菜碱盐酸盐/尿素构成的 DES 反应体系的反应活性。此类尿素基 DES 可以在低温条件下有效合成氨基甲酸纤维素，其中甜菜碱/尿素所构成的 DES 体系的催化活性最高[59]。

在最近的一项工作中，我们的研究小组提出了一种新的合成 2,5-二羟甲基呋喃（BHMF）的新路线，即 50%（质量分数）高底物投料量的 HMF 可以在 ChCl/甘油基 DES 中高效合成 BHMF，在优化的反应条件下，产率可达 85%，其中萃取剂乙酸乙酯可方便地分离得到 BHMF 并回收利用。结果表明，不同黏度或 p*K*a 酸度值的 DES 可以控制合成 BHMF 的反应效率。另外研究中^{1}H NMR 的定量表征则为 DES 和 HMF/BHMF 之间的氢键相互作用提供了更多参考和证明。

作为生物炼制主要目标之一，生物质的催化转化不仅可以获得高附加值化学品，还可以制备化石燃料替代品，如生物柴油和燃料添加剂等。在某种程度上，以呋喃衍生物为原料制备化石燃料替代品更受到国内外学者的关注，如 5-HMF 和 5-CMF 到 2,5-二甲基呋喃（DMF）的合成路线。目前，已有报道提出直接使用 DES 为反应溶剂制备化石燃料替代品。Hayyan 等选择性地将酸性粗棕榈油（ACPO）中的游离脂肪酸转化为脂肪酸甲酯，其中符合国际生物柴油质量标准生物柴油产量达到 92%。此外，该研究对反应条件和预处理条件进行了系统的筛选，发现 DES 反应体系具有良好的可回收性，且循环使用的 DES 反应活性没有明显降低[60]。

Gu 等提出了一种在 DES 反应体系中使用氢氧化钠催化菜籽油制备生物柴油的工艺。其中，ChCl/甘油基 DES 被用作酯交换合成脂肪酸甲酯（FAME）的共溶剂[61]。在甲醇/菜籽油摩尔比为 6.95，催化剂浓度为 1.34%（质量分数），DES 浓度为 9.27%（质量分数）的优化条件下，脂肪酸甲酯得率最高可达 98%。本研究指出了与传统的酯交换法相比，在有机溶剂中加入 DES 作为共溶剂可以显著提高目标产物产率。作者通过采用响应面法和箱形 Behnken 设计分析方法对实验结果进行了验证。此外，该研究还表明 DES 可以有效地避免油脂的皂化反应，大大简化了生物柴油产品的纯化步骤。

燃料乙醇是化石燃料的另一重要替代品，目前它作为燃料添加剂，已成为全球能源可持续发展战略之一。然而，使用粮食作物制造生物乙醇与世界粮食短缺相冲突，因此开发非粮食作物如木质纤维素制备生物乙醇的技术有极其重要的意义。目前，基于 ILs 反应体系进行生物质转化合成生物乙醇的研究已有报道，但 ILs 体系一直存在操作和分离成本高的问题。Yu 等巧妙地将 DES 反应体系与生物乙醇的制备相结合，以中草药残渣作为纤维素乙醇的原料进行了研究[62]。为了避免生物质抗降解阻力，该研究制备了半纤维素衍生酸作为 DES 的 HBD 组分。通过优化反应温度和时间等条件，在 1∶6（摩尔比）的 ChCl/乙醇酸基 DES 处理下，中药草本残渣中的木聚糖几乎全部去除，木质素和葡萄糖的去除率分别为 60%和 71.5%。同时，作者对其他 ChCl/半纤维素衍生酸在中草药残渣预处理中的应用也进行了相应测试，并得到了令人满意的结果。除化学处理工艺外，DES 还可用于生物质酶解法生产生物乙醇。Xu 等利用经典的 ChCl/甘油基 DES 为反应溶剂对玉米芯进行了处理，通过一步反应法获得了 85%产率的葡萄糖以及 77.5%理论产率的生物乙醇，以及较高的木质素去除率[63]。该研究结果表明，DES 具有优良的生物兼容性，DES 组分与水解酶和微生物具有良好相容性。在另一项研究生物质酶解的报道中，四种木质素衍生酚（4-羟基苄醇、邻苯二酚、香兰素和对香豆酸）作为 HBD 形成了 DES 预处理体系，进一步拓宽生物基 DES 的研究范围[64]。

12.5 总结和展望

当下，绿色化学的概念促使研究人员更加关注化学品及化学合成过程对环境和生态的影响。DES 由于其无毒害性、高反应活性和经济性等优点，在绿色化学应用方面具有显著优势。首先 DES 能有效溶解单糖、多糖和木质素等生物质，是木质纤维素预处理和木质素化学改性的理想介质。其次，绿色高效的 DES 反应体系在高附加值化学品的萃取或微萃取应用方面值得进一步深入研究。众所周知，DES 通常是由 HBA 和 HBD 之间的氢键作用形成的，因此利用生物质基原料制备 DES 具有很大的潜力。到目前为止，生物基糖类和生物质衍生平台化合物分子都能与 ChCl 形成 DES，因此研究此类分子在 DES 中的催化转化具有重要意义。此外，一些研究表明，纤维素在 DES 中经过预处理后，纤维素长链之间的强氢键网络会被削弱或破坏，这是纤维素加工领域的一个令人振奋的进展。

与其他用于生物质化学转化的常规反应溶剂相比，DES 同样具有明显的优势，特别是其高底物投料量以及高反应活性，能够完美契合绿色化学和催化转化研究的需求。虽然目前部分产物（如 HMF）与 DES 组分之间强烈的氢键作用使产物分离/纯化过程存在一定困难，但 DES 体系对反应产物的稳定能力同样值得关注，可使碳水化合物高效地转化为呋喃类化学品。然而，DES 体系作为反应溶剂和介质，同样受到成本、生态足迹和形成机制的不确定性的制约。因此，有必要探索更稳定、可循环的系统。

致谢

本工作得到了中国国家自然科学基金（批准号：21676223；21978248）、中国博士后科研基金（批准号：2018M642570）资助。

参考文献

1 Zhang, Q., Benoit, M., De Oliveira Vigier, K., Barrault, J., Jérôme, F., *Chem-Eur. J* 2012, 18, 1043-1046.

2 Francisco, M., Van Den Bruinhorst, A., Kroon, M. C., *Angew. Chem.*, *Int. Ed.* 2013, 52, 3074-3085.

3 Francisco, M., Van Den Bruinhorst, A., Kroon, M. C., *Green Chem.* 2012, 14, 2153-2157.

4 (a) Guo, W., Hou, Y., Ren, S., Tian, S., Wu, W., *J. Chem. Eng. Data* 2013, 58, 866-872; (b) Tang, X., Zuo, M., Li, Z., Liu, H., Xiong, C., Zeng, X., Sun, Y., Hu, L., Liu, S., Lei, T., *ChemSusChem* 2017, 10, 2696-2706; (c) Alvarez-Vasco, C., Ma, R., Quintero, M., Guo, M., Geleynse, S., Ramasamy, K. K., Wolcott, M., Zhang, X., *Green Chem.* 2016, 18, 5133-5141.

5 Leroy, E., Decaen, P., Jacquet, P., Coativy, G., Pontoire, B., Reguerre, A.-L., Lourdin, D., *Green Chem.* 2012, 14, 3063-3066.

6 Zdanowicz, M., Spychaj, T., Mąka, H., *Carbohydr. Polym.* 2016, 140, 416-423.

7 Wang, S., Peng, X., Zhong, L., Jing, S., Cao, X., Lu, F., Sun, R., *Carbohydr. Polym.* 2015, 117, 133-139.

8 Zdanowicz, M., Johansson, C., *Carbohydr. Polym.* 2016, 151, 103-112.

9 Ramesh, S., Shanti, R., Morris, E., *Carbohydr. Polym.* 2012, 87, 701-706.

10 Jablonský, M., Škulcová, A., Kamenská, L., Vrška, M., Šima, J., *BioRes.* 2015, 10, 8039-8047.

11 Kumar, A. K., Parikh, B. S., Pravakar, M., *Environ. Sci. Pollut. Res.* 2016, 23, 9265-9275.

12 Hiltunen, J., Kuutti, L., Rovio, S., Puhakka, E., Virtanen, T., Ohra-Aho, T., Vuoti, S., *Sci. Rep.* 2016, 6, 32420.

13 Kandanelli, R., Thulluri, C., Mangala, R., Rao, P. V., Gandham, S., Velankar, H. R., *Bioresour. Technol.* 2018, 265, 573-576.

14 (a) Hong, S., Lian, H., Sun, X., Pan, D., Carranza, A., Pojman, J. A., Mota-Morales, J. D., *RSC Adv.* 2016, 6, 89599-89608;

15 (b) Lian, H., Hong, S., Carranza, A., Mota-Morales, J. D., Pojman, J. A., *RSC Adv.* 2015, 5, 28778-28785.

16 Xu, K., Wang, Y., Huang, Y., Li, N., Wen, Q., Anal. Chim. Acta 2015, 864, 9-20.

17 Xu, K., Wang, Y., Ding, X., Huang, Y., Li, N., Wen, Q., *Talanta* 2016, 148, 153-162.

18 aKhezeli, T., Daneshfar, A., Sahraei, R., *J. Chromatogr.*, *A* 2015, 1425, 25-33; bKhezeli, T., Daneshfar, A., Sahraei, R., *Talanta* 2016, 150, 577-585.

19 Paradiso, V. M., Clemente, A., Summo, C., Pasqualone, A., Caponio, F., *Food Chem.* 2016, 212, 43-47.

20 Aydin, F., Yilmaz, E., Soylak, M., *Food chemistry* 2018, 243, 442-447.

21 Cui, Q., Peng, X., Yao, X.-H., Wei, Z.-F., Luo, M., Wang, W., Zhao, C.-J., Fu, Y.-J., Zu, Y.-G., *Sep. Purif. Technol.* 2015, 150, 63-72.

22 Peng, X., Duan, M.-H., Yao, X.-H., Zhang, Y.-H., Zhao, C.-J., Zu, Y.-G., Fu, Y.-J., *Sep. Purif. Technol.* 2016, 157, 249-257.

23 Bubalo, M. C., Ćurko, N., Tomašević, M., Ganić, K. K., Redovniković, I. R., *Food Chem.* 2016, 200, 159-166.

24 Saravana, P. S., Ho, T. C., Chae, S.-J., Cho, Y.-J., Park, J.-S., Lee, H.-J., Chun, B.-S., *Carbohydr. Polym.* 2018, 159, 622-630.

25 Nechyporchuk, O., Belgacem, M. N., Bras, J., *Ind. Crop. Prod.* 2016, 93, 2-25.

26 (a) Abbott, A. P., Bell, T. J., Handa, S., Stoddart, B., *Green Chem.* 2005, 7, 705-707; (b) Abbott, A. P., Bell, T. J., Handa, S., Stoddart, B., *Green Chem.* 2006, 8, 784; (c) Selkala, T., Sirvio, J. A., Lorite, G. S., Liimatainen, H., *ChemSusChem* 2016, 9, 3074-3083.

27 Rokade, S. M., Bhate, P. M., *Carbohydr. Res.* 2015, 416, 21-23.

28 Sirviö, J. A., Heiskanen, J., *ChemSusChem* 2016, 10, 455-460.

29 Sirviö, J. A., Visanko, M., Liimatainen, H., *Green Chem.* 2015, 17, 3401-3406.

30 Sirvio, J. A., Visanko, M., Liimatainen, H., *Biomacromolecules* 2016, 17, 3025-3032.

31 Liu, Y., Guo, B., Xia, Q., Meng, J., Chen, W., Liu, S., Wang, Q., Liu, Y., Li, J., Yu, H., *ACS Sustain. Chem. Eng.* 2017, 5, 7623-7631.

32 Sert, M., Arslanoğlu, A., Ballice, L., *Renew. Energy* 2018, 118, 993-1000.
33 Xia, S., Baker, G. A., Li, H., Ravula, S., Zhao, H., *RSC Adv.* 2014, 4, 10586-10596.
34 Hu, S., Zhang, Z., Zhou, Y., Han, B., Fan, H., Li, W., Song, J., Xie, Y., *Green Chem.* 2008, 10, 1280-1283.
35 Hu, S., Zhang, Z., Zhou, Y., Song, J., Fan, H., Han, B., *Green Chem.* 2009, 11, 873-877.
36 Assanosi, A., Farah, M., Wood, J., Al-Duri, B., *RSC Adv.* 2014, 4, 39359-39364.
37 Assanosi, A., Farah, M. M., Wood, J., Al-Duri, B., *C. R. Chim.* 2016, 19, 450-456.
38 Matsumiya, H., Hara, T., *Biomass Bioenergy* 2015, 72, 227-232.
39 Zhang, J., Xiao, Y., Zhong, Y., Du, N., Huang, X., *ACS Sustain. Chem. Eng.* 2016, 4, 3995-4002.
40 Vigier, K. D. O., Benguerba, A., Barrault, J., Jérôme, F., *Green Chem.* 2012, 14, 285-289.
41 Yang, J., De Oliveira Vigier, K., Gu, Y., Jérôme, F., *ChemSusChem* 2015, 8, 269-274.
42 Hu, L., Zhao, G., Hao, W., Tang, X., Sun, Y., Lin, L., Liu, S., *RSC Adv.* 2012, 2, 11184-11206.
43 Hu, L., Sun, Y., Lin, L., Liu, S., *Biomass Bioenergy* 2012, 47, 289-294.
44 Ilgen, F., Ott, D., Kralisch, D., Reil, C., Palmberger, A., König, B., *Green Chem.* 2009, 11, 1948-1954.
45 Zhao, Q., Sun, Z., Wang, S., Huang, G., Wang, X., Jiang, Z., *RSC Adv.* 2014, 4, 63055-63061.
46 Zuo, M., Li, Z., Jiang, Y., Tang, X., Zeng, X., Sun, Y., Lin, L., *RSC Adv.* 2016, 6, 27004-27007.
47 Sun, Z., Wang, S., Wang, X., Jiang, Z., *Fuel* 2016, 164, 262-266.
48 Liu, F., Barrault, J., De Oliveira Vigier, K., Jérôme, F., *ChemSusChem* 2012, 5, 1223-1226.
49 Wu, S., Fan, H., Xie, Y., Cheng, Y., Wang, Q., Zhang, Z., Han, B., *Green Chem.* 2010, 12, 1215-1219.
50 Zuo, M., Le, K., Li, Z., Jiang, Y., Zeng, X., Tang, X., Sun, Y., Lin, L., *Ind. Crop. Prod.* 2017, 99, 1-6.
51 (a) Hayyan, A., Mjalli, F. S., Alnashef, I. M., Al-Wahaibi, T., Al-Wahaibi, Y. M., Hashim, M. A., *Thermochimica Acta* 2012, 541, 70-75; (b) Hayyan, A., Mjalli, F. S., Alnashef, I. M., Al-Wahaibi, Y. M., Al-Wahaibi, T., Hashim, M. A., J. Mol. Liq. 2013, 178, 137-141.
52 Liu, F., Barrault, J., De Oliveira Vigier, K., Jerome, F., *ChemSusChem* 2012, 5, 1223-1226.
53 Kobayashi, T., Yoshino, M., Miyagawa, Y., Adachi, S., *Sep. Purif. Technol.* 2015, 155, 26-31.
54 (a) Krystof, M., Perez-Sanchez, M., Dominguez De Maria, P., *ChemSusChem* 2013, 6, 630-634;
55 (b) Qin, Y., Li, Y., Zong, M., Wu, H., Li, N., *Green Chem.* 2015, 17, 3718-3722.
56 Mascal, M., Nikitin, E. B., *Angew. Chem., Int. Ed.* 2008, 47, 7924-7926.
57 (a) Mascal, M., Nikitin, E. B., *Green Chem.* 2010, 12, 370-373; (b) Mascal, M., Nikitin, E. B., *ChemSusChem* 2009, 2, 859-861.
58 Le, K., Zuo, M., Song, X., Zeng, X., Tang, X., Sun, Y., Lei, T., Lin, L., *J. Chem. Technol. Biot.* 2017, 92, 2929-2933.
59 (a) Zhang, L., Yu, H., *BioRes.* 2013, 8, 6014-6025; (b) Zhang, L. -X., Yu, H., Yu, H. -B., Chen, Z., Yang, L., *Chin. Chem. Let.* 2014, 25, 1132-1136.
60 Liu, F., Xue, Z., Zhao, X., Mou, H., He, J., Mu, T., *Chem. Commun.* 2018.
61 Willberg-Keyriläinen, P., Hiltunen, J., Ropponen, J., *Cellulose* 2018, 25, 195-204.
62 Hayyan, A., Hashim, M. A., Hayyan, M., Mjalli, F. S., Alnashef, I. M., *J. Clean. Prod.* 2014, 65, 246-251.
63 Gu, L., Huang, W., Tang, S., Tian, S., Zhang, X., *Chem. Eng. J.* 2015, 259, 647-652.
64 Yu, Q., Zhang, A., Wang, W., Chen, L., Bai, R., Zhuang, X., Wang, Q., Wang, Z., Yuan, Z., *Bioresour. Technol.* 2018, 247, 705-710.
65 Xu, F., Sun, J., Wehrs, M., Kim, K. H., Rau, S. S., Chan, A. M., Simmons, B. A., Mukhopadhyay, A., Singh, S., *ACS Sustain. Chem. Eng.* 2018, 6, 8914-8919.
66 Kim, K. H., Dutta, T., Sun, J., Simmons, B., Singh, S., *Green Chem.* 2018, 20, 809-815.

13 低共熔溶剂中的酶催化

Pablo Domínguez de María[1], Nadia Guajardo[2] 和 Selin Kara[3]

[1] Sustainable Momentum, SL., Av. Ansite 3, 4-6, 35011, Las Palmas de Gran Canaria, Canary Islands, Spain

[2] Universidad Tecnológica Metropolitana, Programa Institucional de Fomento a la Investigación, Desarrollo e Innovación, Ignacio Valdivieso 2409, San Joaquín, Santiago, Chile

[3] Aarhus University, Department of Engineering, Biological and Chemical Engineering Section, Gustav Wieds Vej 10, 8000, Aarhus Docklands, Denmark

13.1 低共熔溶剂作为“非传统介质”和“非传统溶剂”应用于生物催化

生物催化剂——酶，应用于合成时具有高选择性和反应条件温和等优点，已成为生产化学品和药品的强大替代物。研究发现许多酶可以在非水介质（如有机溶剂、超临界流体和无溶剂体系等）中进行有机反应，这些非水介质被统称为非传统介质（non-conventional media）[1]。在非水介质中进行酶促反应，可以建立类似于工业的策略（如高底物负荷），从而更容易集成到生产流水线中。这些发现促使科研界重视选择生物催化的溶剂[2]，过去的十年间许多相关的方法论陆续被报道，而溶剂的“绿色”是大家特别强调的特性[3]。在这种背景下，低共熔溶剂（DES）由于在生态、经济和实际方面均具有很大的优势，引起了科学家的关注。简而言之，DES 的价值在于其低于室温的熔点，具有低挥发性、高热稳定性，以及其拥有类似于离子液体的定制特性，而相比离子液体毒性更小、生物降解性更佳、同等价格下可用性更大、更易于制备[4]。

如本书所述，DES 除了可以促进其他许多化学领域的研究，还可作为非传统介质以溶剂或者助溶剂应用于酶催化反应以及下游加工（如非传统溶剂应用于酶催化）[5]。总之，DES 的高度灵活性和可调性使其在生物催化应用中显著有助于反应组分的增溶。除此之外，许多 DES 与酶具有相容性，可保持生物催化剂的高活性，在某些情况下，选择性大大提高。值得注意的是，生物催化剂与生物溶剂（可能有许多 DES）的结合在可持续化学方面产生了强大的协同现象。

2008 年，Kazlauskas 课题组开创了 DES 作为酶促反应介质的先河，在 DES 中利用水解酶进行酯交换、氨解和环氧化反应[6]。从此，DES 被广泛应用于水解酶的研究（详见 13.2）。此外，也出现将 DES 应用于氧化还原酶的对映选择性还原反应（详见 13.3）。DES 也可用于其他酶类及反应（详见 13.4）。此外，由于 DES 的可设计性，将 DES 用于下游产业选择性分离产物将具有极大的优势（详见 13.4）。

尽管酶可以在非传统介质中进行合成反应，但它们需要一定量的水（自由水）来保持蛋白质结构的活性。并且，DES 的黏度会影响其作为反应介质的效果。在此，提出了 DES 混合物中的“水作为助溶剂”的概念[7]。当加水量为 10%~20%（体积分数）时，DES-水混合物的黏度显著下降，同时还保持着非传统介质的性质（例如，可溶解疏水性底物用于酶催化合成反应）[7,8]。随着水分添加量的增加，DES 开始成为水溶液的“助溶剂”。如果水分添加量再持续增加，那么 DES 的组分便会更容易溶解于水中。有研究认为，当水分添加量约 50%（体积分数）时，DES 仍以团簇的形式存在，当水分持续增加时（体积分数>50%）时，则以 DES 水溶液的形式存在（图 13.1）[9]。从实践角度，生物催化剂可从 DES-水混合物这种广泛定制选择性中获益，体系可以同时满足非常规、有机化合物高溶解、无黏性以及与酶的相容性。

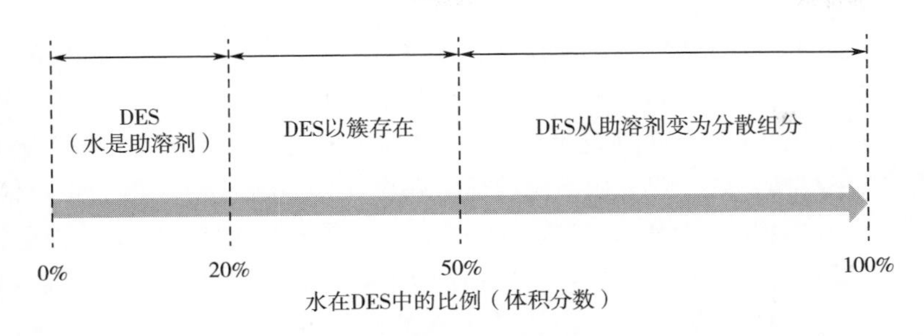

图 13.1 DES 与水混合的几种情况

13.2 水解酶和低共熔溶剂

水解酶（脂肪酶、酯酶、蛋白酶等）包括多种酶类，广泛应用于生物转化中，包括水溶液中的水解反应以及非传统介质中的合成反应[1,10]。这些酶特别之处在于它们不需要辅助因子就能发挥作用，同时表现出优异的专一性、区域选择性和立体选择性[11]。此外，水解酶（尤其是脂肪酶）在非常规介质中进行反应的能力很强，能够溶解高载荷底物[1,10,12]。因此，水解酶似乎是评价 DES 生物转化能力的最适酶类。

如前所述，DES 与酶（水解酶）的相关研究首次发表于 2008 年[6]。从那以后，DES（加水与不加水）与水解酶（主要是脂肪酶）的相关研究陆续被发表[5]。酶在 DES 中的活性以及稳定性是最重要的评价指标之一，主要与酶的类型、底物、反应时间相关。来源于南极假丝酵母脂肪酶 B（CAL-B）是一个典型的例子，它在许多 DES 中均可以表现出活性。如以氯化胆碱或氯化乙基铵作为氢键受体（HBA），乙酰胺、乙二醇、甘油、尿素或丙二酸作为氢键供体（HBD）的 DES[13-15]。CAL-B 在尿素基 DES 中的稳定性一直存在争论，因为尿素一直被认为是蛋白质的强变性剂[6]。最近的研究表明，由于尿素与胆碱和氯离子的氢键作用，促使 ChCl/U-DES 的扩散系数较低，无法到达蛋白结构域。此外，尿素和氯离子在蛋白质表面形成氢键，从而提高了催化剂的稳定性[16]。扩展青霉脂肪酶（*Penicillium expansum* lipase，PEL）[17] 或者是褶皱假丝酵母脂肪酶（*Candida rugosa* lipase）[18] 等在 DES 中的稳定性研究也接连被报道。

过去的十年间，一系列脂肪酶在 DES 中进行酯交换/酯化反应的研究被成功报道。在无水环境下，水解酶可以用醇作为亲核试剂进行合成反应从而代替水解反应。值得注意的是，DES 已被证明是一种可以同时溶解底物且与酶兼容的有用介质。首次研究报道是以不同 DES 条件下戊酸乙酯与 1-丁醇在固定化 CAL-B 的催化下进行酯交换反应为例（图 13.2）[6]。

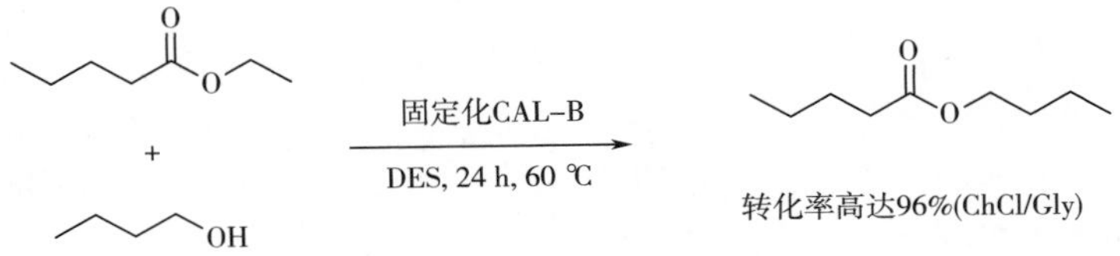

固定化CAL-B
DES, 24 h, 60 ℃
转化率高达96%(ChCl/Gly)

图 13.2 CAL-B 与 DES 的首例报道，戊酸乙酯与 1-丁醇在固定化 CAL-B 的催化下进行酯交换反应[6]

多种不同的 DES 均表现出酶兼容性，如 ChCl/A、ChCl/EG、ChCl/Gly、ChCl/MA、ChCl/U、EAC/A、EAC/Gly、EAC/EG 以及一些糖类基 DES。氨基分解等其他反应类型也成功地在 DES 中进行[6]。有好几个课题组已经系统性地研究了固定化 CAL-B 催化下月桂酸乙烯酯与不同醇的酯交换反应[15,19]。用不同链长的底物（1-丁醇、1-辛醇和 1-十八烷）测定了初始合成活性，在 DES（如 ChCl/U 或 ChCl/Gly）中获得了很好的结果。相反，可能是由于溶剂与酶的三维构象相互作用的结果，在 ChCl：OX、ChCl：MA、ChCl：EG 和 EAC：Gly 等 DES 中的反应转化率极低（$<35\%$）[15,19]。在酯交换反应中，DES 已被应用于合成糖酯[20]。例如，葡萄糖和己酸乙烯以固定化 CAL-B 为催化剂，在 ChCl/Gly、ChCl/U、ChCl/GLU、ChCl/EG 和 B/EG 等 DES 中合成葡萄糖-6-*O*-己酸盐。当 DES 为 ChCl/GLU 时，DES 中的葡萄糖在反应合成中同时作为底物存在[20]。*L*-阿拉伯糖与月桂酸乙烯酯以固定化 CAL-B 为催化剂，在 ChCl/l-Ara、ChCl/Xyl、ChCl/GLU、ChCl/MAN 和 ChCl/l-Rha 等 DES 中发生酯交换反应合成阿拉伯糖-4-*O*-月桂酸，催化过程中 DES 同时作为底物及反应介质参与反应合成[21]。

其他两亲性底物，如阿魏醇或没食子酸酯衍生物也曾在 DES 中进行酶促酯交换反应。DES 的使用可以使高负荷底物适当溶解同时又保持酶的稳定性。因此，以无机杂化纳米花固定化酶 CAL-B 为催化剂，在多种 DES（ChCl/U、ChCl/Gly、ChCl/EG、EAC/U、EAC/Gly、EAC/E）中，60℃条件下催化阿魏酸乙酯和 1-辛醇酯交换反应时，最高的转化率（60%）出现在以 EAC/EG 作为催化介质的反应中。总体而言，在 EAC-DES 中的反应相比 ChCl-DES 中的反应转化率更高，这表明季铵盐影响固定化酶活性[22]。另一个例子是以固定化 CAL-B 为催化剂，催化没食子酸丙酯和甲醇酯交换反应生成没食子酸甲酯（图 13.3）[23]。该反应中反应介质为 ChCl/Gly 混合 10%（体积分数）水分，当反应条件在 50℃、酶载量为 40g/L 时产率达到最高（60%）。在传统有机溶剂中，只有 2-丁酮和己烷/2-丁酮（摩尔比 1：1）可以完全溶解底物和产物。这再次表明当反应组分极性不同时，以 DES 作为反应介质的可行性[23]。

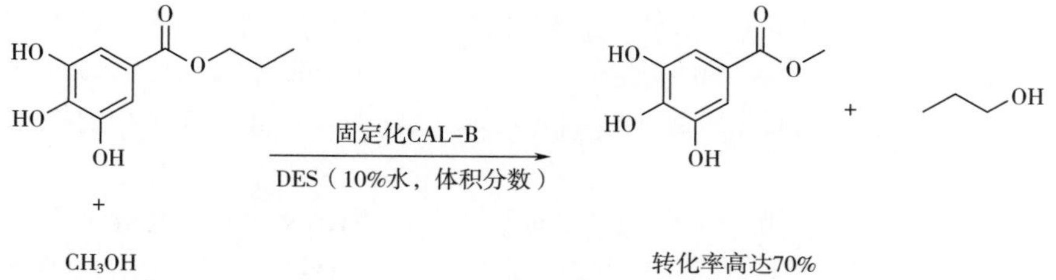

CH_3OH + 没食子酸丙酯 —固定化CAL-B / DES（10%水，体积分数）→ 没食子酸甲酯 + 丙醇

转化率高达70%

图 13.3　DES 中没食子酸丙酯与甲醇在固定化 CAL-B 的催化下发生酯交换反应[23]

除了酯交换反应，DES 也可参与酶催化酯化反应。酯化反应过程中生成的水分对反应影响甚大，该水分会影响反应平衡。不过，若在 DES 中进行酯化反应，则 DES 会充当“水槽”作用，促使反应完全转化。显著的例子是液态 CAL-B 在 DES 中催化油酸与癸醇发生酯化反应[24]。该反应中使用的 DES 为 ChCl/U 和 ChCl/Gly，最终产率达到 98%。相比庚烷、丙酮、甲苯等传统有机溶剂，脂肪酶在 DES 中的活力提高了 200 倍。在反应温度 40~50℃、载酶量 50mg/kg 的最适反应条件下可达到完全转化（图 13.4）[24]。

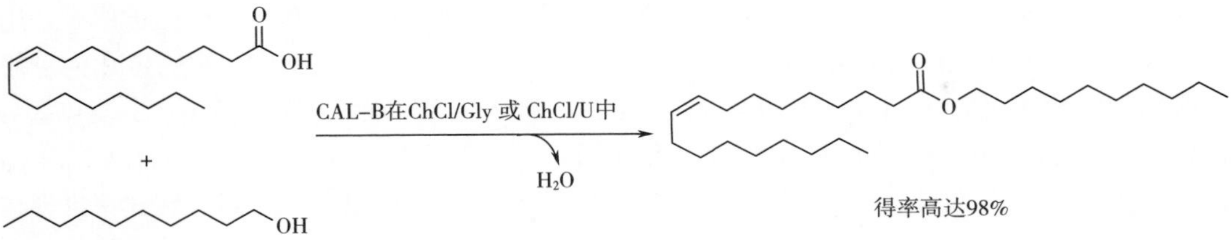

图 13.4 液态 CAL-B 在 DES 中催化油酸与癸醇发生酯化反应[24]

如前文所述，往 DES 中适当添加水分可以显著降低其黏度，并同时保有 DES 混合物的非常规特性[7-9]。这一发现对于生物催化非常有益，表明在反应合成的过程中黏度可调，同时仍然进行合成反应（即没有可用的游离水）。如固定化 CAL-B 催化 n-丁醇和乙酸酐反应中，以原 DES（ChCl/Gly、ChCl/U、或 ChCl/EG）为反应溶剂时转化率极低（<5%），加入水会降低 DES 的黏度且使目标反应转化率显著提高（在 ChCl/EG 中转化率达 80%）。不同的 DES 吸湿率不同，能达到最高产率所需的水分便也不一样[25]。

因此，能评估酯化反应未完全转化前往 DES 中加入多少水能降低黏度十分重要，这意味着介质中开始有多余的水可以改变反应平衡。例如 ChCl/Gly，这一典型的 DES 已被用于固定化 CAL-B 催化苯甲酸与甘油进行酯化反应的相关研究[7]。该反应涉及两种具有不同极性的底物，因此很难找到合适的溶剂溶解两者的同时又达到高效的酯化合成。值得注意的是，ChCl/Gly 可以溶解超过 400mmol/L 的苯甲酸，而酶又可以从 DES 中获取甘油作为反应底物。当水分添加量为 8%~20%时，酯化反应达到完全转化且反应介质呈现极低的黏度（20℃下，甘油黏度：1490mPa·s；ChCl/Gly 黏度：469mPa·s；ChCl/Gly 加入 10%（体积分数）的黏度：90mPa·s）。当水分持续增加（体积分数>20%），酯化反应中便会出现反应平衡（图 13.5）[7]。特别是固定于交联骨架（CLEA）的 CALB 在 DES 中表现出超强稳定性，研究人员将其置于 ChCl/Gly 溶液中发现固定化 CAL-B 可以维持酶活性 2 周[26]。总之，合适的固定化催化剂和正确的水分含量（水分含量影响黏度和酶稳定性）在 DES 催化中十分重要。

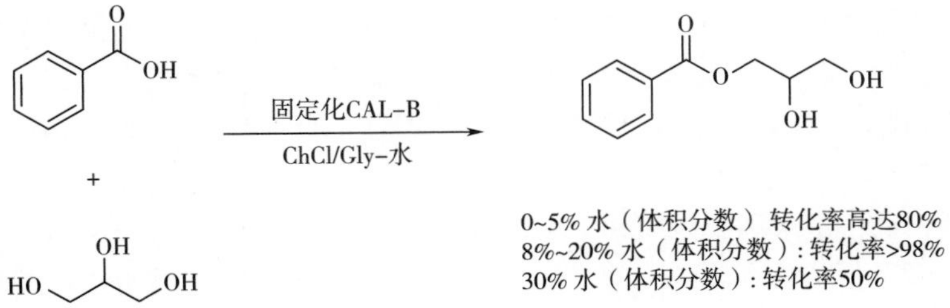

图 13.5 “水作为助溶剂”在 ChCl/Gly 中加水降低黏度可以达到完全转化[7]

水在 DES 催化中的影响可能包括多方面因素。其中一个原因是上述提到的 DES-水混合物黏度降低，低含水量会限制传质。另一个原因是酶维持结构需要一定的水分，DES 的氢键力度将会影响反应介质是否移除酶活力所需要的水层。其他因素，如极性、表面张力和水分活度均有可能影响催化性能[27]。无论如何，催化反应过程中水和 DES 一定存在非同一般的相互作用。并且，DES 中降低黏度从而进行有机反应将可能拓展到其他催化领域。

另一个发现是甘油可能同时作为DES的组分和酶催化底物[7,15]。这一策略已被用于使用油酸作为酰基供体合成1,3-甘油二酯（1,3-DAGs）[28]。该酯化反应已成功被固定化南极假丝酵母脂肪酶B（CAL-B）、固定化疏棉状嗜热丝孢菌脂肪酶（*Thermomyces lanuginosus* lipase）、固定化米黑根毛霉脂肪酶、可溶性沙门柏干酪青酶脂肪酶（*Penicillium camemberti* lipase）（G50）以及可溶性米根霉脂肪酶（F-AP）等酶催化。ChCl/Gly中最大转化率出现在由CAL-B催化的反应中[28]。另一方面，从DES和生物催化的应用角度出发，生物柴油的合成也引起了一些兴趣[29-31]，目的是取代有毒溶剂的使用，避免（或最小化）甲醇对酶活性和稳定性的抑制作用。多种脂肪酶被应用于此，例如，来源于CAL-B或来自毛葚的脂肪酶B。大豆油、菜籽油，甚至废弃食用油，都已成功地用ChCl/Gly和ChCl/U等DES处理。

除了脂肪酶，蛋白酶在DES中的相关研究已见报道。由于不同极性的底物的广泛使用，多肽的合成可能成为DES的一个相关研究领域。几十年前就有人对合成多肽类低共熔感兴趣[32]。近年来，胆碱基DES也应用于交联蛋白酶催化的*N*-乙酰基-1-苯基丙氨酸-乙基-乙酯和正丙醇发生酯交换反应（详见图13.6）[14]。

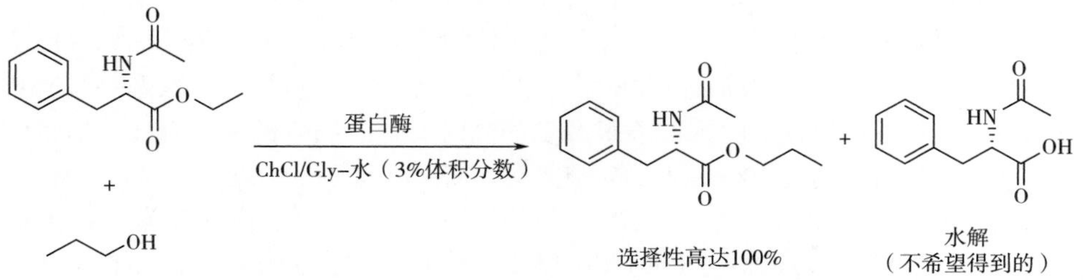

图13.6 蛋白酶在DES中催化*N*-乙酰基-1-苯基丙氨酸-乙基-乙酯和正丙醇发生酯交换反应[14]

在蛋白酶催化反应中，产物中会出现不必要的水解反应。因此，控制含水量对减小副反应十分重要。50℃反应条件下，固定在壳聚糖上的枯草菌素在水含量3%（体积分数）的ChCl/Gly中表现出优异的酰基产物选择性（产率接近100%，无水解产物出现）。同样的，Domínguez de María课题组报道α-糜蛋白酶在不同的DES（如山梨醇作为HBD，氯化胆碱作为HBA）中均能表现出优异的合成效果。含水量20%（体积分数）可得到无水解的低黏度介质[33]，再次说明DES与水结合可能为生物催化带来的广泛可能性。

除了酯交换酯化反应，水解酶也在DES中用于其他反应中。如脂肪酶介导的烯烃过酸环氧化，通过烯烃环氧化作用[34]。通过环氧化得到的产物在工业上得到大规模的开发和多种应用[35]。该领域，由来源于沙门柏干酪青霉的脂肪酶G催化不饱和植物油的环氧化反应已被报道[36]。由于脂肪酶G不是一个特别稳定的酶，因此反应介质的选择就极其重要。该酶在缓冲液或ChCl/U、ChCl/EG等DES中转化率极差（3%）。相反的，在ChCl/Gly以及ChCl/XYL、B/Gly中表现出优秀的选择性，且转化率达83%[36]。由CAL-B催化的1-十八烯环氧化也是一个典型的例子（详见图13.7）[37]。

被用作反应介质的DES有ChCl/U、ChCl/A、ChCl/EG、ChCl/Gly、ChCl/XY、ChCl/SO、ChCl/Xyl/W、和ChCl/SU/W等。ChCl/SO中的反应转化率最高（约73%），且CAL-B表现出最好的稳定性，半衰期为35h。Arends课题组也发表了类似的研究，他们提出具备氢键的助溶剂对蛋白质稳定性十分重要[38]。考虑到固定化CLEA可能具有很大的稳定性[26]，

图 13.7 CAL-B 在 DES 中催化 1-十八烯发生环氧化反应[37]

这些反应和 CLEA 衍生物之间的协同作用似乎很有希望。类似的脂肪酶介导萜烯在 DES 进行环氧化反应也被报道。该反应的最适 DES 为 ChCl/FRU、ChCl/XY 和 ChCl/SO[39]。

迄今为止，所有这些报道的例子都是在非传统介质中进行的，最终使用水作为助溶剂（高达 20%，体积分数），但保持溶剂的非水性质。如前所述，水分高达 50%时，DES 团簇依旧存在（图 13.2）。当超过该点时，DES 组分溶于水中。有趣的是，生物催化中也有 DES 作为水的助溶剂相关研究。脂肪酶存在于水溶液中会发生水解反应，此时 DES 作为酶的保护剂/活化因子。例如，洋葱伯克霍尔德菌脂肪酶（BCL）在 DES 中催化 *P*-硝基苯基棕榈酸酯水解[40]。该反应中使用了多种 DES，如 ChCl/Gly、ChCl/U、ChCl/EG、ChCl/DEG、EAC/Gly、EAC/EG 和 EAC/TEG。在磷酸盐缓冲液中加 40%（体积分数）ChCl/EG 使酶表现出最高酶活（相对活力 230%），这表明 DES 是一种可持续性的助溶剂[40]。在这方面，其他水解酶如卤代烷脱卤酶，已在同样的条件下以 DES 作为助溶剂评价。卤代烷脱卤酶催化不同卤代烃的碳-卤键水解。该反应是富有挑战性的，因为底物在水溶液中溶解度很低。在此基础上，DES 作为助溶剂可以提高底物溶解度[41]。研究人员在 ChCl/EG 水溶液中测试了多种卤代烷脱卤酶。DES-水溶液具有酶相容性，可保护酶的天然结构。最佳酶活（1-碘己烷水解测定）出现在含 10%（体积分数）ChCl/EG 的水溶液中，相对酶活 123%。就对映选择性而已，卤代烷烃脱卤酶在 ChCl/EG 或者乙二醇条件下催化的 2-溴戊烷水解提高 4 倍以上[41]。

同一区域，DES 作为水的助溶剂用于环氧化物酶催化水解的相关研究也见报道[42]。马铃薯环氧水解酶在不同浓度的 ChCl/Gly、ChCl/U、ChCl/EG 中催化（1*R*,2*R*）-2-反式-甲基苯乙烯区域选择性水解。在缓冲液中，20%的 ChCl/Gly 具有较高的相对活性[42]。同样的，纤维素酶以及其突变体在 DES 水溶液中的催化效果也被研究，研究人员研究纤维素经 DES 预处理后的潜在生物炼制[43]。

13.3 氧化还原酶和低共熔溶剂

在生物催化方面，手性构筑物的工业化合成主要是通过水解酶的动力学拆分[1,44]。为填补该领域的空白，同时提高工业合成中生物催化的可能性，前手性底物的酶还原和氧化反应在精细化学品和药品的合成中越来越普遍[45]。为了提高产品溶度和空时产率，在氧化还原酶中使用非常规介质的趋势正在增强[46]。因此，在低含水介质中使用氧化还原酶经过一段滞后期后又重新出现，该研究潜能在某种程度上是由 Klibanov 等[47] 以及 Adlercreutz 等[48]

的课题组重新发现。二十世纪七八十年代他们将氧化还原酶用于非常规介质中，当时主要使用有机溶剂。

Domínguez de María 课题组报道了氧化还原酶在 DES-水混合物中催化的首次应用。他们使用商品化面包酵母（购买于超市）还原β酮酯以制备对映异构醇[49]。当酶需要（昂贵的）辅酶因子时，使用整个细胞作为生物催化剂是一种常见的方法，这些辅因子必须在催化循环中再生。在全细胞中，辅助因子通过添加辅助底物（如葡萄糖、异丙醇、甘油等）原位再生[1,44]。当将贝克酵母和 DES 结合时，可以观察到所得乙醇的对映体过量（酮的对映选择性还原）可被 DES-水混合物中的含水量决定。因此，含水量为 30%（体积分数）时，产物乙醇为(*R*)-构型，当含水量持续往上增加时，DES-水混合物中可观察到(*S*)-乙醇。这是因为(*S*)-选择性还原酶在高 DES 含量的反应体系中会被抑制或者失活。总之，酮酯底物完全转化成 95% ee（*S*）或者 95% ee（*R*）取决于 DES-水混合物中水的占比（图 13.8）[49]。其他研究小组也进一步探索了面包酵母催化对映体选择性还原的潜力[50]。在这些例子中，DES 可以作为溶剂也可以作为溶剂助剂或者是水溶液的性能添加剂。

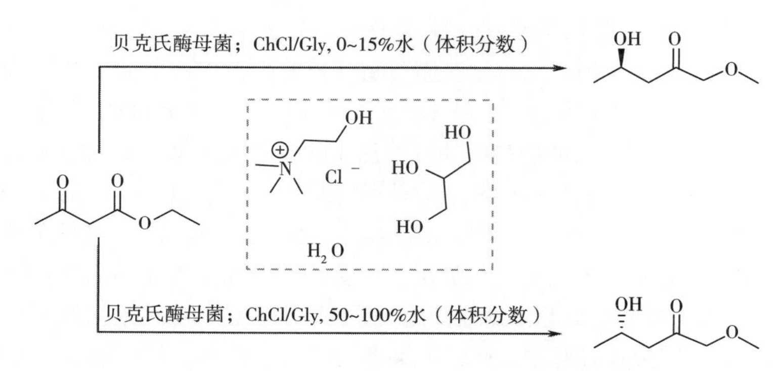

图 13.8 贝克氏酵母菌细胞在 DES-水混合物中的对映选择性变化[49]

其他研究小组采用全细胞和 DES 进行过相关工作。例如，全细胞 *Acetobacter* sp. 在含 DES 的介质中催化 3-氯-1-苯基丙-1-酮获得相应乙醇转化率达 83%，生成目标产物量大于 99%[51]。

所报道的例子中涉及野生型微生物。利用已建立的分子生物学技术，通过表达感兴趣的目标酶的宿主生物进行全细胞生物转化可以更有效。在这一方面，重组大肠杆菌全细胞表达的乙醇脱氢酶（ADH）已在 DES 介质中应用。Müller 等报道苯丙酮转化率达 90%[52]，Dai 等研究表明 4-氯-3-氧代丁酸乙酯催化成对应乙醇的转化率为 93%[53]。在这些研究中，往缓冲液中添加 DES 可以有效提高目标产物的对映体超量，但是在较高 DES 比例中转化率会呈现略微下降。DES 在含水量为 10%~20%（体积分数）时表现出有趣的现象，在该范围内可以观察到优良的对映体选择性并且转化率保持在较高水平（90%左右）。

同样的，固定化全细胞在 DES 中进行反应的研究也见报道[54,55]。Mao 等报道了 ChCl/U 作为水溶液的助溶剂提高醋酸可的松转化为醋酸泼尼松的转化率[55]。底物浓度 5g/L，固定化节细菌属单形细胞 4g 干重/L，ChCl/U 作为助溶剂（6%，体积分数），醋酸可的松转化率可达 93%。研究发现，相比没有加 DES 的缓冲液，该反应介质可有效提高生物催化效率（可能是由于底物相容性好）。此外，固定化 A. 单形细胞在缓冲液-DES 中保持稳定，且可以连续回收和重复使用 5 个批次[55]。

13.4 低共熔溶剂中的其他生物催化

DES 提供的可能性也刺激了其他酶和系统的研究。如前所述，将酶与潜在的生物溶剂联合使用也许可以为建立可持续化学创造强大的协同效应。在这方面，苯甲醛裂合酶（BAL），一种能进行醛的对映选择性羰基化的酶，已在 ChCl/Gly、ChCl/U 和 ChCl/Xyl 结合不同水分的溶剂中进行了研究。在含水量为 40%（体积分数）的 DES 中，BAL 可以充分保持活性，但是当 DES 占比提高，酶便开始失活[56]。而且，对高产率的追求刺激 DES 中的催化研究。例如，漆酶是苯酚解毒的有用催化剂。近来的研究表明一些酶可以在甜菜碱基 DES 中保持稳定，这一发现提供了新的应用可能性[57]。同样的，糖苷酶与 DES 也是一个研究重点[58]。Breccia 课题组已经探索了它们在类黄酮合成和改性中的应用[59]。由于类黄酮在大多数溶剂中难以溶解，因此鉴定出能溶解类黄酮并同时与酶相溶的 DES 介质，对于这一重要领域以及一般天然产物的合成和修饰都是一个巨大的机遇。同样的，近年来也报道了植物作为生物催化剂在 DES 中催化氧化还原反应，该报道创造性地提出植物催化剂与天然溶剂具有协同增效的作用[60]。

除了确定在实际情况下应用于 DES 的新酶外，还开始建立工艺概念。其中一个例子是利用脂肪酶和非均相含锆催化剂在 DES 中对二苯氧代乙醇进行动力学拆分[61]。在结合化学催化剂和酶的类似领域，最近报道了酮还原酶和含钌催化剂在 DES 的结合，该报道使用 ChCl/Gly 和 ChCl/SO 作为介质。同样的，Domínguez de María 课题组已经报道了有机催化剂与脂肪酶结合在 DES 中通过羟醛反应进行有机催化对映选择性合成 C—C 键[63]。该例子中 CAL-B 催化乙酸乙烯酯和异丙醇进行酯交换原位生成乙醛，同时以可控的方式释放乙醛，起到了乙醛原位生成器的作用。随后，脯氨酸类有机催化剂在芳香族醛和形成的乙醛之间进行对映选择性的醛醇加成。表现出温和的收率（高达 70%）和优异的对映选择性（>95%）。含有 CAL-B 和有机催化剂的 DES 相可以通过乙酸乙酯萃取，并且存于 DES 相中的两种催化剂均可以重复使用多次[63]。这些例子说明了不同催化反应的结合如何为可持续化学带来协同效应和新的选择。

最后，DES 还可用于管末处理为目的的生物催化反应。根据 DES（管末处理就是处理生产过程中所产生的污染和废弃物）的性质，DES 倾向于溶解醇类，就如它们作为 HBD 一样，但是 DES 倾向于与酯形成一种不可混溶的第二相。因此，通过酶催化（反式）酯化反应得到的醇动力学拆分混合物可以用 DES 进行分离。残留醇会溶解于 DES 中，而所得酯将形成高纯度、高产率的第二相[64]。

13.5 结论

生物催化为可持续化学提供了多种选择，而酶与 DES 的结合为现代化学创造了有吸引力的协同作用。本章对相关报道及可能性进行了综述。生物催化可以在 DES 中进行。因此，无论是在纯 DES 或者是水作为共溶剂的 DES（水分体积分数高达 20%）中，所制备的混合物均保持非传统溶剂的特性，能溶解底物使反应高效进行。同样的，DES 也可以参与生物催化。本书中，DES 中持续添加水分（体积分数>20%）会形成 DES 的团簇溶液或者是直接包含 DES 组分的水介质含 DES 团簇（体积分数达 50%）。某些 DES 能改善催化效果，如酶稳定性、高对映选择性、底物有效溶解等等。最后，DES 存在的情况下生物催化依旧可以进行。在该种情况下，DES 可以作为下游加工过程或者是产品纯化的“end-of-pipe”溶剂。未来几十年将见证 DES 在生物催化中的其他应用，以及设计对 DES 具有更强适应性的定制酶变体。

参考文献

1 (a) de Gonzalo, G. and Domínguez de María, P. (eds.) (2017). *Biocatalysis: An Industrial Perspective*. RSC. (b) Yoo, Y. J., Feng, Y., Kim, Y. H., and Yagonia, C. F. J. (2017). Enzymes in non-conventional media. In: *Fundamentals of Enzyme Engineering*, 75-84.

2 Dordrecht: Springer. 2 (a) Prat, D., Hayler, J., and Wells, A. (2014). *Green Chem.* 16: 4546-4551. (b) Jessop, P. G. (2011). *Green Chem.* 13: 1391-1398.

3 (a) Alcántara, A. R. and Domínguez de María, P. (2018). *Curr. Green Chem.* 5: 86-103. (b) Pace, V., Hoyos, P., Castoldi, L. et al. (2012). *ChemSusChem* 5: 1369-1379. (c) Hernáiz, M. J., Alcántara, A. R., García, J. I., and Sinisterra, J. V. (2010). *Chem. Eur. J.* 16: 9422-9437. (d) Capello, C., Fischer, U., and Hungerbühler, K. (2007). *Green Chem.* 9: 927-934.

4 Selected examples: (a) Abbott, A. P., Ahmed, I. E., Harris, R. C., and Ryder, K. S. (2014). *Green Chem.* 16: 4156-4161. (b) Maugeri, Z. and Domínguez de María, P. (2012). *RSC Adv.* 2: 421-425. (c) Domínguez de María, P. and Maugeri, Z. (2011). *Curr. Opin. Chem. Biol.* 15: 220-225. (d) Deetlefs, M. and Seddon, K. R. (2010). *Green Chem.* 12: 17-30. (e) Weaver, K. D., Kim, H. J., Sun, J. et al. (2010). *Green Chem.* 12: 507-513. (f) Abbott, A. P., Boothby, D., Capper, G. et al. (2004). *J. Am. Chem. Soc.* 126: 9142-9147.

5 Reviews on biocatalysis and DES: (a) Juneidi, I., Hayvan, M., and Hashim, M. A. (2018). *Process Biochem.* 66: 33-60. (b) Xu, P., Zheng, G.-W., Zong, M.-H. et al. (2017). *Bioresour. Bioprocess.* 4(34): 1-18. (c) Guajardo, N., Müller, C. R., Schrebler, R. et al. (2016). *ChemCatChem* 8: 1020-1027.

6 Gorke, J. T., Srienc, F., and Kazlauskas, R. J. (2008). *Chem. Commun.* : 1235-1237.

7 Guajardo, N., Domínguez de María, P., Ahumada, K. et al. (2017). *ChemCatChem* 9: 1393-1396.

8 Dai, Y., Witkamp, G. J., Verpoorte, R., and Choi, Y. H. (2015). *Food Chem.* 187: 14-19.

9 Hammond, O. S., Bowron, D. T., and Edler, K. J. (2017). *Angew. Chem. Int. Ed.* 7: 9782-9785.

10 Schober, M. and Faber, K. (2013). *Trends Biotech.* 31: 468-478.

11 López-Iglesias, M. and Gotor-Fernández, V. (2015). *Chem. Record* 15: 743-759.

12 (a) Guajardo, N., Bernal, C., Wilson, L., and Cabrera, Z. (2015). *Process Biochem.* 50: 1870-1877. (b) Domínguez de María, P. (ed.) (2012). *Ionic Liquids in Biotransformations and Organocatalysis: Solvents and Beyond.* Hoboken, NJ: Wiley. (c) Domínguez de María, P. (2008). *Angew. Chem. Int. Ed.* 47: 6960-6968.

13 Zhao, H., Baker, G. A., and Holmes, S. (2011). *Org. Biomol. Chem.* 9: 1908-1916.

14 Zhao, H., Baker, G. A., and Holmes, S. (2011). *J. Mol. Catal. B: Enzym.* 72: 163-167.

15 Durand, E., Lecomte, J., Baréa, B. et al. (2012). *Process Biochem.* 47: 2081-2089.

16 Monhemi, H., Housaindokht, M. R., Moosavi-Movahedi, A. A., and Bozorgmehr, M. R. (2014). *Phys. Chem. Chem. Phys.* 16:14882-14893.

17 Huang, Z. L., Wu, B. P., Wen, Q. et al. (2014). *J. Chem. Technol. Biotechnol.* 89:1975-1981.

18 Kim, S. H., Park, S., Yu, H. et al. (2016). *J. Mol. Catal. B:Enzym.* 128:65-72.

19 Durand, E., Lecomte, J., and Villeneuve, P. (2013). *Eur. J. Lipid Sci. Technol.* 115:379-385.

20 Pöhnlein, M., Ulrich, J., Kirschhöfer, F. et al. (2015). *Eur. J. Lipid Sci. Technol.* 117:161-166.

21 Siebenhaller, S., Muhle-Goll, C., Luy, B. et al. (2017). *J. Mol. Catal. B:Enzym.* 133:281-287.

22 Papadopoulou, A. A., Tzani, A., Polydera, A. C. et al. (2017). *Environ. Sci. Pollut. Res.* :1-8.

23 Ülger, C. and Takaç, S. (2017). *Biocatal. Biotransform.* 35:407-416.

24 Kleiner, B. and Schörken, U. (2015). *Eur. J. Lipid Sci. Technol.* 117:167-177.

25 Bubalo, M. C., Tusek, A. J., Vinkovic, M. et al. (2015). *J. Mol. Catal. B:Enzym.* 122:188-198.

26 Guajardo, N., Ahumada, K., Domínguez de María, P., and Schrebler, R. (2019). *Biocatal. Biotransform.* 37:106-114.

27 Zhao, K., Cai, Y., Lin, X. et al. (2016). *Molecules* 21:1294-1307.

28 Zeng, C., Qi, S., Xin, R. et al. (2015). *Bioprocess. Biosyst. Eng.* 38:2053-2061.

29 Merza, F., Fawzy, A., AlNashef, I. et al. (2018). *Energy Rep.* :77-83.

30 Kleiner, B., Fleischer, P., and Schörken, U. (2015). *Process Biochem.* 51:1808-1816.

31 Zhao, H., Zhang, C., and Crittle, T. D. (2013). *J. Mol. Catal. B:Enzym.* :85, 243-86, 247.

32 López-Fandino, R., Gill, I., and Vulfson, E. N. (1994). *Biotechnol. Bioeng.* 43:1024-1030.

33 Maugeri, Z., Leitner, W., and Domínguez de María, P. (2013). *Eur. J. Org. Chem.* :4223-4228.

34 (a) Carboni-Oerlemans, C., Domínguez de María, P., Tuin, B. et al. (2006). *J. Biotechnol.* 126:140-151. (b) Björkling, F., Godtfredsen, S. E., and Kirk, O. (1990). *J. Chem. Soc., Chem. Commun.* (19):1301-1303.

35 See, for instance: (a) Hwang, H. S. and Erhan, S. Z. (2001). *J. Am. Oil Chem. Soc.* 78:1179-1184. (b) Campanella, A., Rustoy, E., Baldessari, A., and Baltanás, M. A. (2010). *Bioresour. Technol.* 101:245-254. (c) Wan Rosli, W. D., Kumar, R. N., Mek Zah, S., and Hilmi, M. M. (2003). *Eur. Polym. J.* 39:593-600.

36 Zhou, P., Wang, X., Zeng, C. et al. (2017). *ChemCatChem* 9:934-936.

37 Zhou, P., Wang, X., Yang, B. et al. (2017). *RSC Adv.* 7:12518-12523.

38 Katlewska, A. J., van Rantwijk, F., Sheldon, R. A., and Arends, I. W. C. E. (2011). *Green Chem.* 13:2154-2160.

39 Ranganathan, S., Zeitlhofer, S., and Sieber, V. (2017). *Green Chem.* 19:2576-2586.

40 Juneidi, I., Hayyan, M., Ali Hashima, M., and Hayyan, A. (2017). *Biochem. Eng. J.* 117:129-138.

41 Stepankova, V., Vanacek, P., Damborsky, J., and Chaloupkova, R. (2014). *Green Chem.* 16:2754-2761.

42 Lindberg, D., de la Fuente Revenga, M., and Widersten, M. (2010). *J. Biotechnol.* 147:169-171.

43 Lehmann, C., Sibilla, F., Maugeri, Z. et al. (2012). *Green Chem.* 14:2719-2726.

44 (a) Faber, K. (2011). *Biotransformations in Organic Chemistry*, 6e. Berlin, Heidelberg: Springer-Verlag. (b) Drauz, K., Groeger, H., and May, O. (2012). *Enzyme Catalysis in Organic Synthesis*. Weinheim: Wiley-VCH. (c) Liese, A., Seelbach, K., and Wandrey, C. (2006). *Industrial Biotransformations*, 2e. Weinheim: Wiley-VCH.

45 (a) Hollmann, F., Arends, I. W. C. E., and Holtmann, D. (2011). *Green Chem.* 13:2285-2314. (b) Hollmann, F., Arends, I. W. C. E., Buehler, K. et al. (2011). *Green Chem.* 13:226-265.

46 (a) Huang, L., Domínguez de María, P., and Kara, S. (2018). *Chim. Oggi* 36:48-56. (b) Jakoblinnert, A., Mladenov, R., Paul, A. et al. (2011). *Chem. Commun.* 47:12230-12232.

47 (a) Klibanov, A. M. (2003). *Curr. Opin. Biotechnol.* 14:427-431. (b) Klibanov, A. M. (1996). *Proc. Natl.*

Acad. Sci. U. S. A. 96:9475–9478. (c) Grunwald, J., Wirz, B., Scollar, M. P., and Klibanov, A. M. (1986). *J. Am. Chem. Soc.* 108:6732–6734.

48 (a) Adlercreutz, P. and Mattiasson, B. (1987). *Biocatalysis* 1:99–108. (b) Larsson, K. M., Adlercreutz, P., and Mattiasson, B. (1987). *Eur. J. Biochem.* 166:157–161. (c) Andersson, M., Holmberg, H., and Adlercreutz, P. (1998). *Biocatal. Biotransform.* 16:259–273. (d) Larsson, K. M., Adlercreutz, P., Mattiasson, B., and Olfson, U. (1990). *Biotechnol. Bioeng.* 36:135–141.

49 Maugeri, Z. and Domínguez de María, P. (2014). *ChemCatChem* 6:1535–1537.

50 (a) Vitale, P., Abbinante, V. M., Perna, F. M. et al. (2017). *Adv. Synth. Catal.* 359:1049–1057. (b) Bubalo, M. C., Mazur, M., Radošević, K., and Redovniković, I. R. (2015). *Process Biochem.* 50:1788–1792.

51 Yang, T. -X., Zhao, L. -Q., Wang, J. et al. (2017). *ACS Sustainable Chem. Eng.* 5:5713–5722.

52 Müller, C. R., Lavandera, I., Gotor-Fernandez, V., and Domínguez de María, P. (2015). *ChemCatChem* 7:2654–2659.

53 Dai, Y., Huan, B., Zhang, H. -S., and He, Y. -C. (2017). *Appl. Biochem. Biotechnol.* 181:1347–1359.

54 Xu, P. and Zu, Y. (2015). *ACS Sustainable Chem. Eng.* 3:718–724.

55 Mao, S., Yu, L., Ji, S. et al. (2016). *J. Chem. Technol. Biotechnol.* 91:1099–1104.

56 Maugeri, Z. and Domínguez de María, P. (2014). *J. Mol. Catal. B: Enzym.* 107:120–123.

57 Khodaverdian, S., Dabirmanesh, B., Heydari, A. et al. (2018). *Int. J. Biol. Macromol.* 107:2574–2579.

58 Xu, W. J., Huang, Y. K., Li, F. et al. (2018). *Biochem. Eng. J.* 138:37–46.

59 Weiz, G., Braun, L., López, R. et al. (2016). *J. Mol. Catal. B: Enzym.* 130:70–73.

60 Panic, M., Majeric Elenkov, M., Roje, M. et al. (2018). *Process Biochem.* 66:133–139.

61 Petrenz, A., Domínguez de María, P., Ramanathan, A. et al. (2015). *J. Mol. Catal. B: Enzym.* 114:42–49.

62 Cicco, L., Ríos-Lombardía, N., Rodríguez-Álvarez, M. J. et al. (2018). *Green Chem.* 20:3468–3475.

63 (a) Müller, C. R., Rosen, A., and Domínguez de María, P. (2015). *Sustainable Chem. Processes* 3:12. (b) Müller, C. R., Meiners, I., and Domínguez de María, P. (2014). *RSC Adv.* 4:46097–47101.

64 (a) Krystof, M., Pérez-Sánchez, M., and Domínguez de María, P. (2013). *ChemSusChem* 6:630–634. (b) Maugeri, Z., Leitner, W., and Domínguez de María, P. (2012). *Tetrahedron Lett.* 53:6968–6971.

14 纳米尺寸和功能材料

Diego A. Alonso，Alejandro Baeza，Rafael Chinchilla，Cecilia Gómez 和 Isidro M. Pastor
University of Alicante，Department of Organic Chemistry and Institute of Organic Synthesis (ISO)，ctra. San Vicente del Raspeig，s/n，03690 San Vicente del Raspeig，Alicante，Spain

14.1 引言

低共熔溶剂（DES）被认为是一类离子液体（ILs）的新型类似物，它们与室温离子液体（RTILs）具有许多相似的性质[1,2]。然而，这是两种不同类型的溶剂。因此，DES是包含多种阴离子和/或阳离子的路易斯或布朗斯特酸和碱形成的低共熔混合物体系，而ILs主要是由一种离散的阴离子和阳离子组成的体系。尽管DES的物理特性与其他ILs相似，且具有它们的大部分显著特性（如耐湿性、可忽略的蒸气压、热稳定性、宽的电化学势能和可调性），但它们的化学性质表明其应用领域存在显著差异。DES的价格通常较低，更容易合成（通常来自无溶剂/无废弃物的批量化学品），无毒且可生物降解，是传统溶剂的一种有前景的“绿色和可持续”替代品[3-5]。

DES可以在当今快速发展的纳米科学领域中[6,7]为高级功能材料[8]提供多种作用的化学指导。DES的预组织“超分子”性质为指导纳米结构材料的形成或电沉积的演变过程提供了模板。一些基本参数，如黏度、极性、表面张力或氢键，以及与溶质/表面的配位，在调节物质反应和质量输运特性等影响纳米结构形成的方面起着重要作用。DES组分还通过电荷中和、修饰还原电位（或化学活性）和晶面钝化来调节纳米粒子（NPs）或纳米聚集体的成核和生长机制，从而沿着更好的结晶方向生长。此外，电化学反应宽阔的操作窗口和DES固有的离子性质使传统方法难以达到合金和半导体的电沉积成为可能。并且，DES的生物相容性有助于在这些介质中构建新的生物分子结构。众所周知，水不是维持DNA/RNA等生物分子结构/功能的必要条件。

在本章中，我们综述了DES作为设计溶剂用于制备定义明确、功能良好的纳米材料，包括形状可控的纳米结构、电沉积膜、多孔材料和DNA/RNA结构。

14.2 纳米颗粒材料

金属纳米粒子（NPs），特别是贵金属族纳米粒子的形成和使用，是目前特别引人注目的话题。这是由于这些粒子所表现出的独特性质，通常与这些金属的块状形态完全不同[9]。因此，在这些纳米结构中，许多原子都存在于材料的表面而不是独立存在，导致催化活性位点的高负载。这类金属的一个典型例子是金，其块状形式是最稳定的金属之一，但其纳米结构形式却是一种非常有效的催化剂，而DES可以作为其制备的通用介质[10]。实际上，DES形成了高度结构化的“超分子”溶剂，因为液体状态下扩展的氢键网络可以充当液体模板和颗粒稳定剂[7]。

DES在控制纳米材料的结构或自组装方面的作用在2008年被首次展示，报道了使用以氯化胆碱（ChCl）和尿素（摩尔比为1∶2）形成的DES（该混合物也被称为reline）作为溶剂合成具有独特形式的金纳米结构，如星星、雪花和刺状的方法[11]。这些金纳米结构是通过在DES中用*L*-抗坏血酸在室温下还原$HAuCl_4$而获得的，不需要稳定剂，仅通过改变

DES 中少量水的含量即可调节 Au 纳米粒子的形状和表面结构。因此，使用无水 reline 可观察到五重缠绕的星形多晶纳米结构［图 14.1（1）］，以及三个、四个或多个分支的其他星形金纳米颗粒，而调节 DES 中的含水量可以产生其他独特的形态，如使用扫描电子显微镜（SEM）观察到的雪花状 NPs［图 14.1（2）］，或者使用透射电子显微镜（TEM）观察到的纳米刺［图 14.1（3）］。因此，这项工作证明了 DES（有水或无水）作为反应介质和作为液体模板的形状导向剂的双重功能。DES 还起到了稳定剂的作用，NPs 在 DES 中可存在数周。通过过氧化氢的电还原反应测试了这些 Au NPs 的电催化性能，结果表明星状 Au NPs 比其他形状 Au NPs 具有更高的反应活性。

图 14.1 （1）星形和（2）雪花状金纳米颗粒的 SEM 图像。（3）金纳米刺的 TEM 图像。
资料来源：改编自 Liao et al. 2008[11]，经 Wiley-VCH Verlag GmbH & Co. KGaA 许可转载。

同样的还原合成法已经被用于纳米尺寸的金纳米粒子的合成[12]。通过改变反应物摩尔比（L-抗坏血酸/$HAuCl_4$），并用水取代 DES 总体积的 50%（体积分数）来研究获得的金纳米星的最终形态。因此，干燥条件和 L-抗坏血酸与金的高摩尔比导致了高度尖端的多晶金纳米星（图 14.2）。这些尖峰状纳米粒子有望作为导电填料应用于聚合物压阻复合材料中。

还研究了反应温度对上述还原过程（无水溶液中的 $HAuCl_4$ 和 L-抗坏血酸）形成的金纳米结构形貌的影响[13]。因此，影响 DES 黏度的反应温度在金纳米结构的生长机制中起着关键作用，金纳米结构呈现出高指数面和阶梯边缘，它们的形成遵循 DES 通过超分子模板引导的自组装过程。此外，L-抗坏血酸将 $HAuCl_4$ 还原为 Au NPs 的转化过程是在 ChCl/丙二酸形成的 DES 中进行的，该过程导致高度单分散的金粒子显示出独特的纳米粗糙度和高度确定的直径[14]。这些纳米结构在生物应用上很有意义，因为它们可以与 DNA-Au NP 共轭探针进行可逆组装，用于目标 DNA 序列的比色检测。此外，由 ChCl/没食子酸/甘油形成的 DES 中所含的没食子酸在室温下将 $HAuCl_4$ 还原为高度分支、稳定的金纳米花；同样在不使用封端剂的情况下，纳米花表现出有效的表面增强拉曼散射（SERS）特性[15]。此外，在阿拉伯胶存在的情况下，该体系被用于生成阿拉伯胶支撑型的 Au NPs，这是一种生物相容性纳米结构，在计算机断层成像中被用作对比度增强剂[16]。40℃下 $HAuCl_4$ 的还原在 DES（如 ChCl/乙二醇，摩尔比 1∶2）或 reline 中使用硼氢化钠进行[17]。在这种情况下，宽度较小、结构均匀且具有晶体结构的金纳米线网络对对硝基苯胺的化学还原具有很高的催化活性。

图 14.2 在干燥条件下，抗坏血酸/$HAuCl_4$ 的比值（1） 4：1；（2） 6：1；（3） 9：1；（4） 12：1 合成的金刺状颗粒 SEM 图像。白色标尺是 200nm。

资料来源：改编自 Stassi 等（2012）[12]，经 WileyVCH Verlag GmbH & Co. KGaA 许可转载。

电沉积是一种在 DES 中制备纳米结构的电化学方法[18]。因此，如图 14.3 所示，使用 reline 作为 DES，用不同含水量的 DES 在玻璃碳电极上将 $AuCl_4^-$ 还原为金的一步电沉积反应，会产生不同形状的相应金纳米晶体[19]。结晶良好的星状纳米结构可能是由于尿素的—NH_2 基团导致的，这会影响晶体的形成过程，因为纳米晶体的沉积和形成是快速过程，而形态调整是一个由动力学模型主导的缓慢过程。金纳米晶体的生长发生在星状结构的初始尖端和刺状上，这主要由动力学过程控制。纳米穗状花和分层纳米花分别在 ChCl/乙二醇（1：2）和 glyceline（ChCl/甘油，摩尔比 1：2）中获得，这表明乙二醇和甘油的—OH 基团对形态的影响与水类似。此外，在电沉积过程中，施加电势对纳米晶体的成核和生长也起着至关重要的作用。这些结构在碱性介质中对乙醇电氧化具有很高的催化活性和抗毒性。此外，已经证明，reline 中金纳米晶的形状演变与超电势相关[20]。因此，通过仔细控制电沉积的生长超电势，可以实现金纳米晶体从凹面菱形十二面体到凹面立方体、八爪体、立方八面体盒体，最后到中空八面体形状的演化。制备的纳米晶体对 *D*-葡萄糖电氧化的电催化活性取决于其形态。

通过在 reline① 中溅射沉积可获得 Au NPs 的自组装[21,22]。在恒定温度下，时间是最重要的参数。将溅射时间从 30s 延长到 300s，导致 DES 表面的 Au NPs 的数量密度更高，但尺寸

① reline 传统指 ChCl-尿素，被用来指代原型 DES，为避免读者混淆，这里就用 reline 表示。

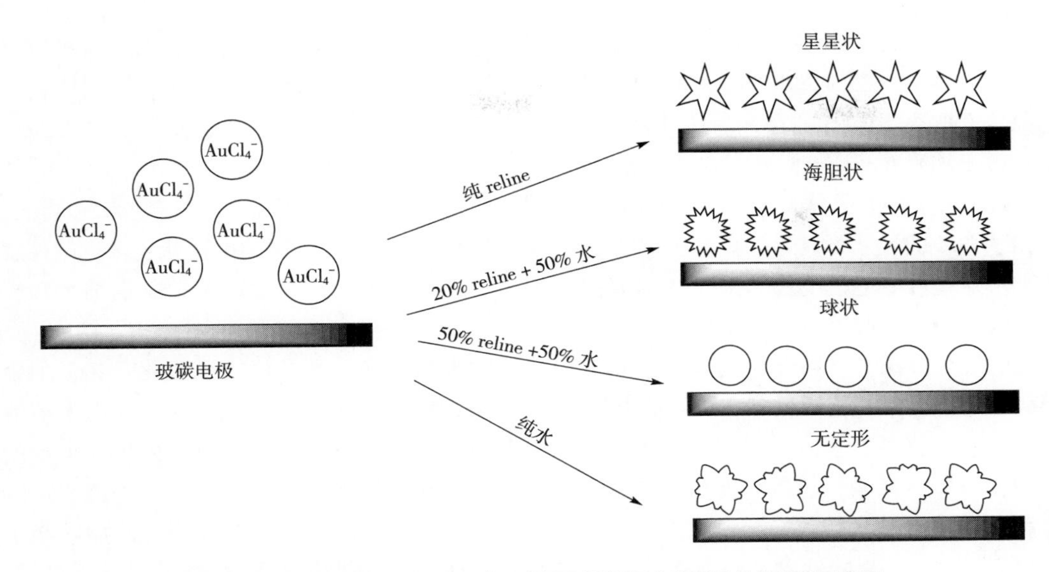

图 14.3 在含水量不同的 reline 中用电沉积法制备金纳米晶体的流程示意图

没有明显变化。然而，较高的粒子数密度会导致 Au NPs 在常规的团簇体系中发生明显的自组装。

电沉积技术已经被用于制备结构明确的铂纳米晶体。因此，如图 14.4（1）所示[23]，在 80℃的 H_2PtCl_6-reline 溶液中，三方二十面体铂纳米晶体直接被沉积在玻璃碳电极上。电位的控制和成核步骤是合成的关键，跳过成核步骤时可获得混合形态。这些制备的纳米晶体由于具有高密度的阶梯状原子，因此具有比商用铂黑催化剂更高的电催化活性和稳定性，可用于乙醇的氧化。以 H_2PtCl_6 为铂源，通过类似的电沉积技术，在 DES（如 reline）中电化学获得了其他铂纳米结构。因此，通过简单的循环伏安法[24] 在 reline 中获得具有锋利的单晶花瓣和高密度原子步骤的铂纳米花，可以通过控制沉积条件（如前体浓度、循环伏安次数、扫描速率和温度）轻松调节纳米花的大小和形状。此外，也可使用类似的电沉积技术［图 14.4（2）］获得单分散的凹面四面体铂纳米晶体[25]。

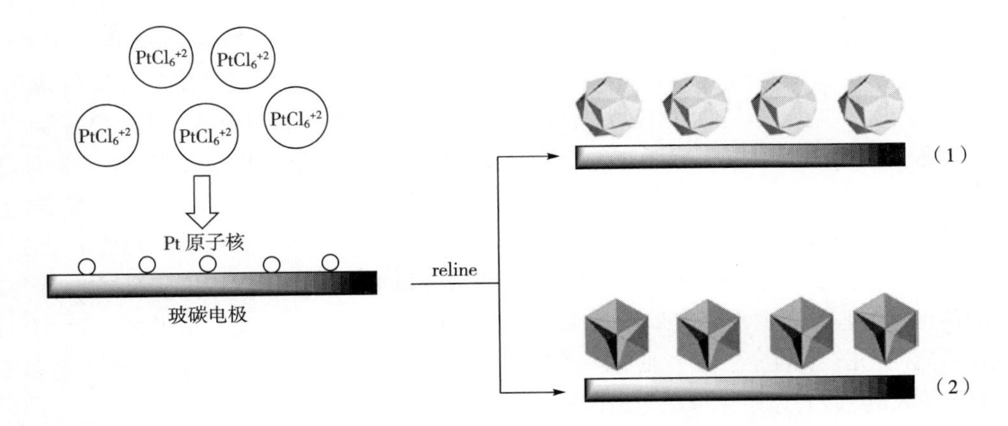

图 14.4 在 reline 中用于制备（1）三棱二十面体铂纳米晶和（2）凹面二十四面体铂纳米晶的电沉积过程示意图

钯 NPs 也已经从 K_2PdCl_4 和 reline 溶液中电沉积到玻璃碳箔上[26]。电沉积的 NPs 组装成富含吸附物质的二维超结构。这些原本稳定的 NPs 在脱去 DES 后很容易聚集，这表明它们的稳定性取决于 DES 的存在。此外，还可以在氯化胆碱-乙二醇中通过电沉积技术从 AgCl 中获得银纳米粒子[27]。

以 Cu_2O 为前驱体，在 reline 中用电化学方法合成粒径分布较窄的均匀铜纳米粒子[28]。铜纳米颗粒的尺寸可以通过控制施加的电压进行调整。研究表明，铜的电还原包含扩散控制的准可逆过程。电极电势和温度在调节铜纳米粒子成核和生长动力学以及控制铜纳米颗粒的最终形态方面起着重要作用[29]。

除纯金属纳米材料外，还可以在 DES 中获得纳米颗粒和纳米结构的无机化合物，如金属氧化物。例如，使用反溶剂法形成形貌可控的 ZnO 纳米结构[30]。因此，将 ZnO 粉末溶解在 DES 中，然后在引入反溶剂（如乙醇）后从 DES 中析出这些结构，可以得到尺寸可控的各种 ZnO 纳米结构，包括双锥和纳米棒。通过调节乙醇含量和注入时间等工艺条件，可以控制所得 ZnO 纳米结构的形貌。反溶剂中乙醇的存在降低了产品的生长速率，从而减小了产物的尺寸。如果降低含 ZnO DES 的注入速率，ZnO 分子的供应将受到限制，晶体的生长将产生更多的一维结构，将产物结构从双锥变为纳米棒。

采用微波-溶剂热法从 $Fe(NO_3)_3 \cdot 9H_2O$ 中获得了氧化铁纳米结构[31]。该方法通过改变 DES 中的温度和含水量，可以使用快速微波加热（10min）控制氧化铁的相、大小和形态。因此，用纯 DES 合成可得到小的（<5nm）超顺磁性 γ-或 α-Fe_2O_3 NPs，而水合 DES 生成纳米碎片或大的菱形 NPs，表现出亚铁磁或铁磁滞后现象，揭示了 DES 作为溶剂介质的结构定向特性。这些氧化铁纳米材料适合于光催化水分解应用。此外，使用不同的 ChCl 基底 DES 可以得到二氧化钛纳米粉末和纳米结构，如纳米竹和纳米管[32]。而且，已经使用传统的 NaOH 诱导的水相沉淀以及在 reline 中的均匀沉淀制备了具有不同微观结构的 NiO 电极，并用于甲醇电氧化，该合成过程在 NiO 的结构中起着关键作用[33]。因此，基于 DES 的均匀沉淀提供了许多成核位置，适度的晶体生长和模板效应，从而导致形成由小颗粒组装而成的具有连续自支撑介孔结构的花状 NiO。与传统方法获得的无序 NPs 相比，花状 NiO 电极显示出更高的电流密度，更快的电荷转移过程，更好的电极可及性以及对甲醇电氧化的更高的稳定性。

通过将 $Bi(NO_3)_3 \cdot 5H_2O$ 和 NH_4VO_4 溶解在含水的 reline 中，然后在150℃温度下加热，制备出长度为 10μm 的单斜结构 $BiVO_4$ 微管[34]。所获得的纳米结构呈现出带有锯齿状开口的细长形状，这一特性在其他管状材料中很少出现。形成机制归因于由 BiOCl 浓度控制的反应结晶过程与微管表面附着的溶剂分子诱导纳米片成核生长过程的共存效应。在 300min 的可见光照射下，这些管的光降解率可达 98%，远高于传统方法获得的 $BiVO_4$，说明该程序在提高可见光驱动光催化活性方面的有用性。此外，将溶解在由 ChCl 和丙二酸形成的 DES 中的乙酸钡和异丙醇钛煅烧，得到铁电钡 $BaTiO_3$ 纳米级粉末，可用于制造电陶瓷[35]。水与钛酸酯的使用不相容，而本程序有助于避免水用作前体溶剂。此外，无定形的磷酸钙 NPs 是通过在不同的 DES（reline、氯化胆碱-乙二醇和甘氨酸）中沉淀钙和磷酸盐前体制备的，NPs 的直径及其 Ca/P 摩尔比取决于所用的 DES[36,37]。

在 ChCl 和 $CaCl_2 \cdot 6H_2O$ 结合形成的 DES 中，通过加热 K_3PO_4 和 NH_4F 可以得到高结晶度的氟磷灰石 NPs[38]。DES 在这些 NPs 的合成过程中起着三重作用：①作为溶剂，②作为反应物，提供易与磷酸盐和氟离子基团发生反应的活性-Ca-位点，③由于离子强度高，使NPs能够进行粒子生长和电空间稳定。这些NPs由于其成骨能力和无毒性而具有生物活性和潜在用途。

纳米结构的金属硫属元素化物也可在DES介质中获得，如一系列二元金属硫化物的制备，包括Sb_2S_3、Bi_2S_3、PdS、CuS、Ag_2S、ZnS和CdS，作为半导体材料，由ChCl和硫代乙酰胺（TAA）在DES中形成[39]。在该反应中，DES作为“多合一”反应物、溶剂和模板。该反应分两个步骤进行：①在较低的温度下将各自的金属盐前体分散到DES溶液中形成金属-DES络合物，以及②在加热条件下，金属-DES络合物分解并形成最终的金属硫化物。产物的大小和形态可通过不同的反应条件（如温度和浓度）进行控制（图14.5）。通过此途径获得了棒状颗粒，团聚的Sb_2S_3板，六方CuS单晶和三维分级微球。另一个涉及金属硫化物的例子是用DES介质（氯化胆碱-乙二醇）制备Bi_2S_3-敏化生物BiOCl纳米结构[40]。通过控制温度、硫源、反应物浓度和DES中的含水量，获得了具有片状到花状分层聚集体形状的结晶BiOCl杂化结构。这些纳米结构表现出很高的光催化活性。

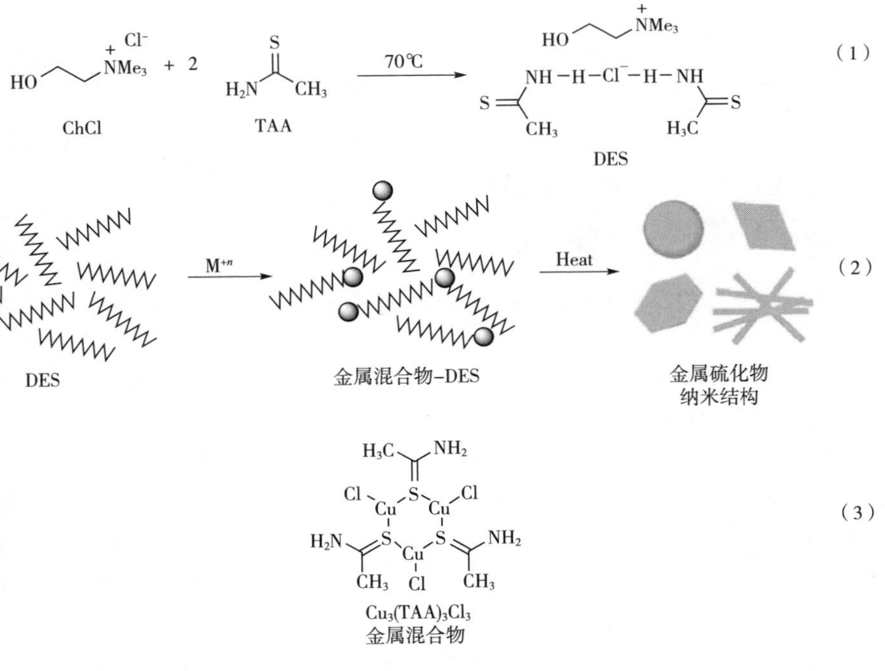

图14.5 金属硫化物纳米结构形成示意图

（1）由氯化胆碱和硫代乙酰胺形成DES；（2）从金属络合物-DES加热制备金属硫化物纳米结构；（3）铜的金属络合物的例子

铜-锌-锡硫化物（CZTS，Cu_2ZnSnS_4）是一种p型半导体，其波长范围从可见光谱到近红外光谱，这使其成为一种极具吸引力的太阳能电池材料。已在reline中获得的CZTS NPs，DES既充当溶剂又充当模板[41]。因此，将诸如$ZnCl_2$，$SnCl_2 \cdot 2H_2O$和$CuCl_2 \cdot 2H_2O$的金属源和作为硫源的硫脲溶解于reline中，在180℃下加热，冷却后可析出星状CZTS纳米晶体。

研究人员提出了一种具有核-壳结构的 Ni-P 合金 NPs 制备策略，该方法涉及氯化胆碱-乙二醇 DES 的离子热过程[42]。在 reline 中 150℃ 加热后通过超声处理不同摩尔比的 $Ni^{2+}/H_2PO_2^-$ 混合氯化镍和次亚磷酸钠。核-壳结构的 Ni-P 合金的结构特征是由不同厚度的自生晶态 Ni_3P 壳层均匀包裹的非晶态球形核心，这取决于 Ni-P 摩尔比。作为锂离子电池的阳极，壳层较厚的颗粒相比壳层较薄的样品，具有更高的容量和可逆性，尤其是在较高的放电-充电电流密度下。图 14.6 解释了 Ni-P 颗粒的可能形成机制。因此，非晶态 Ni-P 核首先在 DES 中形成。这种无定形的 NP 在热力学上是不稳定的，可以结晶成更稳定的 Ni-P 相，如 Ni_3P 和 Ni。DES 不仅充当溶剂，而且充当液体模板，以保证纳米结构 Ni-P 合金的合成。由于 DES 的高离子传输特性，带正电荷的季铵盐离子通过形成离子通道引导足够的 $H_2PO_2^-$ 离子攻击。如表面电双层所模拟的那样，$H_2PO_2^-$ 在无定形 Ni-P 前体表面上的连续吸附和积累将阻碍颗粒的结晶和成熟过程。因此，较高浓度的 $H_2PO_2^-$ 将形成较厚的结晶壳。

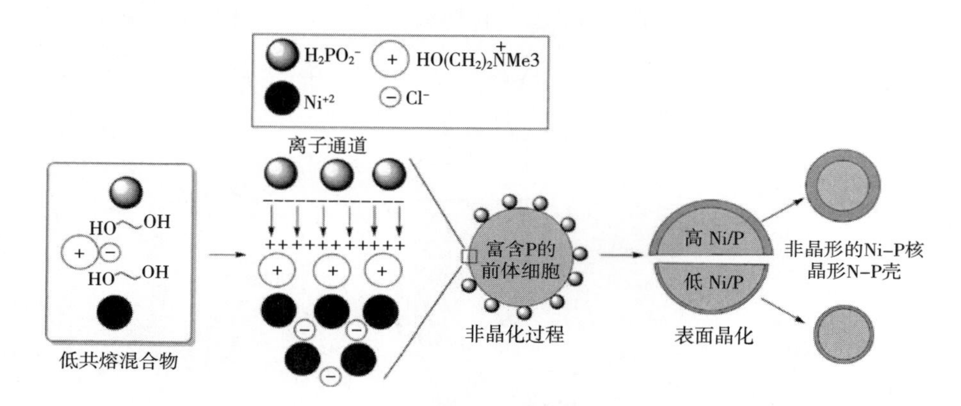

图 14.6 核壳结构的 Ni-P 纳米粒子的合成过程示意图

在聚乙烯吡咯烷酮（PVP）存在下，用抗坏血酸还原 $CuCl_2 \cdot 2H_2O$ 后，在 DES 溶液中制备了平均粒径为 50nm 的球形氯化铜（Ⅰ）NP[43]。NP 的大小和形态受 PVP 的影响。结果表明，该方法比以前报道的使用浓盐酸的方法更简单、更环保。

以 ChCl 和丙二酸形成的 DES 作为溶剂和模板，得到了不同尺寸的普鲁士蓝纳米球[44]。因此，室温下在 DES 中搅拌 $FeCl_3 \cdot 6H_2O$ 和 $K_2Fe(CN)_6$，形成了纳米尺寸均匀的纳米球。研究表明，纳米球是通过逐步生长机制产生的（图 14.7）。因此，DES 不仅充当溶剂，而且充当模板提供者，在结构形成中起结构指导作用。开始时，产生了大小为 3~4nm 的普鲁士蓝核。在时效过程中，纳米粒子的平均粒径逐渐增大，在 2h 内得到了两个粒度分布范围，而在 3h 内得到了更大的平均尺寸为 10nm 的 NPs。有趣的是，这些颗粒通过检测葡萄糖氧化酶与底物葡萄糖的酶促反应形成的过氧化氢，对过氧化氢的还原具有良好的催化活性。在制备形状可控的纳米结构时，我们利用无水 $FeCl_3$ 对 DES 中是否存在水的重要性进行了评估，在这种情况下获得了立方形状的微粒。

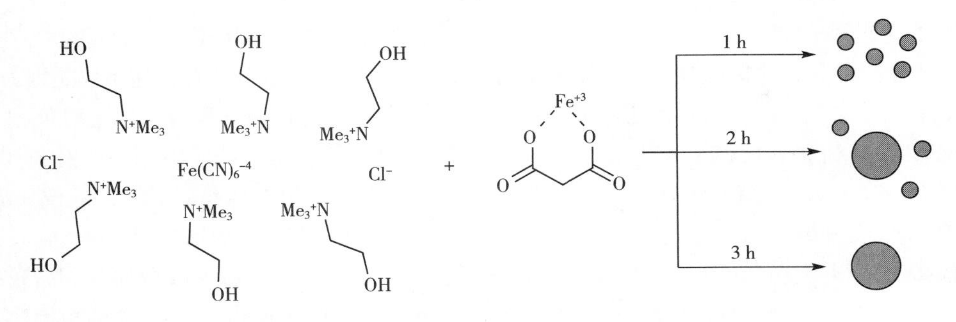

图 14.7 使用 DES 制备普鲁士蓝纳米球的示意图

14.3 纳米膜和纳米层

在 DES 介质获得的不同纳米结构中，金属纳米层和纳米膜在表面涂层、多相催化剂、光催化剂和电极等方面的具有潜在应用，其构建受到了极大的关注。因此，在纳米结构的合成中，DES 混合物作为还原剂、定向剂和稳定剂所表现出的特性被不同的研究所利用也就不足为奇了。例如，超薄金纳米片很容易在摩尔比为 1∶0.25∶0.25 的 ChCl/没食子酸/甘油组成的 DES 中还原 $HAuCl_4$ 溶液，并在室温下通过无核操作由阿拉伯胶作为绿色稳定剂和形状控制剂的情况下合成。结果表明，没食子酸作为还原剂，而 ChCl 和甘油被认为是起着重要的形状控制作用。通过调整金纳米片的浓度、温度和没食子酸用量等参数，对碳离子液体电极（CILE）进行改性，提高了其对肼氧化的性能[45]。

在另一个例子中，使用反溶剂沉淀法在 DES 混合物中制备了介孔 ZnO 纳米片。这一过程导致 ZnO 粉末在 reline 中溶解。加入水作为反溶剂，因此产生了 ZnO 纳米片前体的沉淀，该沉淀没有任何孔隙。在 300~400℃煅烧后，得到了相应的介孔 ZnO 纳米片（图 14.8）。这些纳米结构作为光催化剂进行了测试，在亚甲基蓝作为模型污染物的降解方面，其效率可与市售光催化剂媲美[46]。

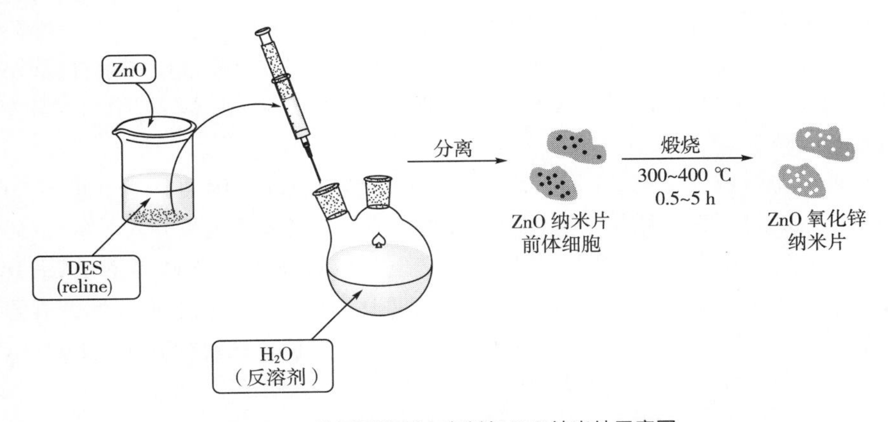

图 14.8 使用反溶剂方案制备 ZnO 纳米片示意图

除了这些例子外，在DES介质中合成的大多数金属纳米膜和纳米层都是通过电沉积金属盐前驱体获得的。在这样的电化学过程中使用DES代替水变得越来越普遍，这不仅是因为DES可以对纳米结构产生影响，而且还因为DES克服了在水中进行这一过程时电极上可能出现的与放氢和放氧相关的问题[18]。因此，Au[47]、Ag[47]、Pd[47]、Ni[48-50]、Zn[51-53]和Fe[54]纳米膜以及一些金属氧化物纳米膜[55]和纳米合金[56-58]被用相应的电解质以reline或ethaline作为DES合成。

最后，值得一提的是使用共熔混合物合成生物膜。具体而言，以海藻为原料制备琼脂薄膜时，以ChCl基DES的效果较好。该方法包括三个步骤，包括琼脂在DES中的预增溶、热压缩和随后干燥。所用DES的是reline和glyceline，前者显示出最佳的成膜能力。该生物膜进行了不同的机械阻力和弹性测试，与使用典型的水基方法结果相比，膜效果得到增强，尤其是在弹性方面。这种行为的原因可以归结为氯化胆碱/尿素DES的双重作用，不仅充当溶剂而且充当增塑剂[59]。

14.4 碳质材料

碳纳米材料，如碳纳米管和石墨烯，是一种多功能材料，结构和表面组成的变化赋予其非常有趣的性质[60]。杂原子和不同官能团的存在使碳质材料具有不同的性质。例如，氮掺杂会改变石墨烯的许多特性，如导电性、半导体性质和抗氧化性。此外，氮原子根据其石墨烯或嘧啶结构，引入能促进不同反应的中心，如电化学过程中的氧气释放。纳米材料的局部电子密度和杂原子的分布作用似乎是至关重要的[61]。含杂原子碳材料的独特物理化学性质使其成为技术和能源相关应用的优秀候选材料。

最近，DES在碳材料的可持续生产中发挥了多种作用，如反应介质、分子前体、催化剂和结构导向剂[62,63]。因此，DES中石墨的剥离作为批量生产石墨烯的途径被研究[64,65]。以重离子为溶剂，采用插层、剥离和氢化剂对石墨进行可控的电化学剥离/氢化过程，可获得单层至几层的氢化石墨片[64]。另一方面，在Li^+作为第二插层剂的情况下使用研磨室和同样的DES对石墨进行机械化学剥离已被证明可以有效地产生少量层状石墨烯薄片。

DES作为适合碳材料分散的溶剂和聚合介质，已被用于制备不同的碳复合材料[66]。例如，间苯二酚和甲醛在含多壁碳纳米管（MWCNT）的ethaline悬浮液中缩聚合成碳-碳纳米管（CNT）凝胶，去除DES之后，在800℃下热解，可以得到在整体结构中均匀分布的多壁碳纳米管复合材料[66]。

DES还被用作合成含氮[67-71]和含磷[72]碳质材料的原料。例如，基于间苯二酚/ChCl和间苯二酚/reline的DES被用作结构导向剂（通过模板分离或将模板并入网络机制），通过甲醛缩聚和随后的碳化合成高产率的双峰多孔碳整体材料（80%的碳转换率）[67]。DES的模板作用允许通过间苯二酚/甲醛缩聚反应制得具有高达$600m^2/g$的孔表面积和介孔直径分布窄的分层碳整体柱，随后将前者解离以用作碳质材料的模板。在使用含尿素的DES时，由于将尿素掺入间苯二酚/甲醛网络中，观察到较大的介孔（23nm与10nm）。然而，尿素在碳化过程中被去除，产生无氮材料。

当使用含氮前体时，可以获得具有有趣物理和化学性质的掺氮碳材料[68,69]。正确选择氮前体和相对较低的热处理温度（800℃）是成功获得相应含氮材料的必要要求。例如，最近报道了一种无模板法，该方法基于使用含有 2-或 4-氰基苯酚的共晶混合物作为富氮前体，用于制备 *N*-掺杂的多孔碳[69]。有趣的是，在间苯二酚/4-氰基苯酚/ChCl 低共溶剂混合物获得的碳中，一组 *N*-谷基团的高度贡献和对功能化表面的可及性导致了碳质材料在氧化还原反应（ORR）中的最高催化活性。

一类由低聚苯酚/酮和尿素组成的新型 DES 被用于合成高含氮的碳材料[70,71]。这些体系对 ORR 显示出较高的电催化活性[71]。如图 14.9 所示的代表性例子，环己烷己酮作为结构给体，而尿素同时充当熔点降低剂（低至 68℃）和氮源[70]。X-射线光电子能谱（XPS）分析表明，最初，这些试剂在结构有序的组件中冷凝，800℃加热后，得到具有明显金属光泽、高含氮量（28%）的一种整体式银黑碳质材料，主要以吡嗪酸部分形式存在。吡咯基氮也用于呈现表面终止和作为缺陷构造。初始预组织的前体在稳定位置进入芳香族体系，加热过程中不需要实质性重排，这是即使在高温下最终材料中氮的异常高保留率的原因。

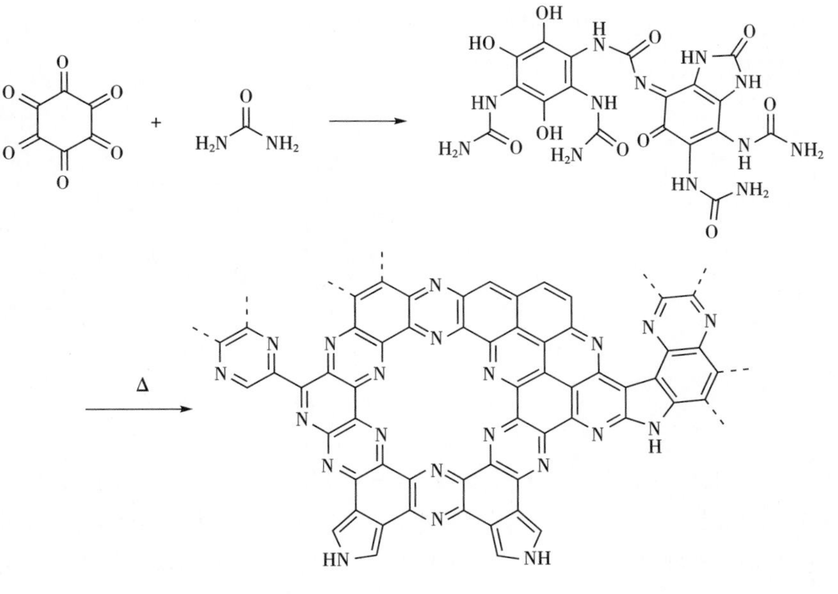

图 14.9 从环己烯酮/尿素 DES 中合成氮功能化碳

海藻生物质被认为是不可再生化石资源的有效替代品[73,74]。然而，迄今为止，只有不到 1%的海洋生物质被用于人类活动。海藻富含各种有用的植物营养素，如氮、磷、钾、锌、锰、铜和镁。因此，以海藻为原料合成了不同掺杂和/或功能化的碳质材料[75,76]。近来，有报道称使用 ChCl 和 $FeCl_3$ 基，$SnCl_2$ 或 $ZnCl_2$ 作为氢键供体的 DES 可从海藻生物质中大规模生产金属氧化物官能化的石墨烯薄片[77,78]。马尾藻颗粒（从新鲜海藻中提取汁液）和相应的 DES（ChCl：$FeCl_3$=1：2，ChCl：$ZnCl_2$=1：2 和 ChCl：$SnCl_2$=1：2）在惰性气氛下直接热解（700~900℃）获得的金属氧化物功能化墨烯纳米片已成功用作高含水氟化物的氟化物清除剂[78]。

在前端聚合中，DES 表现出比常规有机溶剂甚至 ILs 更优越的性能[79]。以乙二醇二甲基丙烯酸酯（EGDMA）作为交叉连接剂，过氧化苯甲酰（BPO）作为热引发剂的高产率前端聚合反应中，由丙烯酸（AA）：ChCl = 1.6：1 形成的可聚合 DES 被用作聚合介质和单体（图 14.10）[80]。在氮掺杂的 MWCNT 存在下进行 DES 辅助的前端聚合，会得到大孔聚丙烯酸（PAA）/氮掺杂的 MWCNTs 复合材料。多孔材料的大小取决于氮掺杂的 MWCNT 的数量，孔隙率随着碳质材料含量的增加而增加。有趣的是，氮掺杂的无 MWCNTs PAA 水凝胶呈现出无孔结构。DES 的高黏度对于正确控制前端温度和传播速度至关重要。

CO_2H + HO~~N^+ Cl^- —90℃→ AA/ChCl DES —1. 氮掺杂的 MWCNTs；2. BPO, EGDMA, 130℃→ PAA/氮掺杂的 MWCNTs

图 14.10 DES-辅助正面聚合

低共熔溶剂也已经被用于石墨烯[81,82]和碳纳米管[83,84]的功能化。对于石墨烯衍生材料，DES 既表现出还原效应，又表现出功能化效应，后者避免了团聚并允许材料性能得以改善。例如，负载在二氧化硅上的氧化石墨烯（GO）修饰的 DES（DESGO@ silica，图 14.11）已被用作疏水性氯酚预浓缩的有效吸附剂[82]。

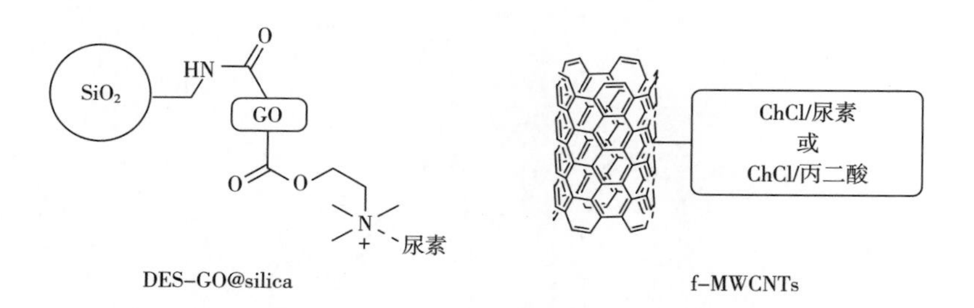

图 14.11 用 DES 共价修饰的碳质材料

关于用 DES 功能化碳纳米管，几种铵和磷衍生的共熔混合物已成功固定在氧化多壁碳纳米管（o-MWCNTs）的材料表面[83]。经亲水 ChCl 基共晶混合物功能化后，改性材料的长期分散稳定性与原始碳纳米管相比有了显著改善。功能化材料的结构表征表明（f-MWCNT，图 14.10），由于剥离、开端管和催化剂粒子的消除，材料的比表面积增加。这些材料已显示出作为电化学传感器的应用。

14.5 多孔材料

结果表明，DES 对于多孔材料制备具有促进作用。DES 可以促进合成过程中颗粒的分散，产生性能更好的材料[85]。该领域的初步研究似乎是使用 ILs 的合理逻辑的延续，在过去的几十年中，ILs 得到了更广泛的考虑。

通过传统水热法，采用氟化铵与不同醇（即甘油、乙二醇和丁烷-1,2-二醇）结合的

DES 制备了介孔二氧化硅球。氢键供体的适当选择可以形成均匀性更大的球体，提供具有更高表面积的材料。因此，含有两个羟基和一个四碳链的丁烷-1，2-二醇提供了疏水性和氢键能力之间的最佳比例，形成许多表面积为 175.5m^2/g 的均匀二氧化硅球[86]。按照相同的方法，ChCl 基 DES 与氢键供体（如尿素、乙二醇或醋酸）结合已被用于制备介孔硅材料。这些 DES 可以与共聚物 PEG-PPG-PEG［聚乙二醇（PEG）；聚丙烯乙二醇（PPG）］相互作用形成氢键，并通过离子相互作用与正硅酸四乙酯（TEOS）作为表面活性剂模板相互作用，在使用尿素或醋酸时形成均匀的介孔球体（图 14.12）。该材料的表面积可达 487m^2/g，在高性能尺寸排阻色谱中是一种潜在的包装材料[87]。此外，乙胺已被用作氨基官能化介孔有机二氧化硅的辛基接枝反应介质，以制备了具有亲水和疏水性的材料，提高了西瓜样品中三嗪类除草剂的提取率[88]。此外，使用甜菜碱和乙二醇基的 DES 制备了一种介孔硅质材料。与传统方法制备的材料相比，所得材料作为左氧氟沙星的固定相具有更好的选择性吸附[89]。按照同样的思路，分子印迹聚合物的吸附能力在制备过程中通过使用共晶混合物得到了提高，如甜菜碱/乙二醇[89] 和甘氨酸[90] 等。

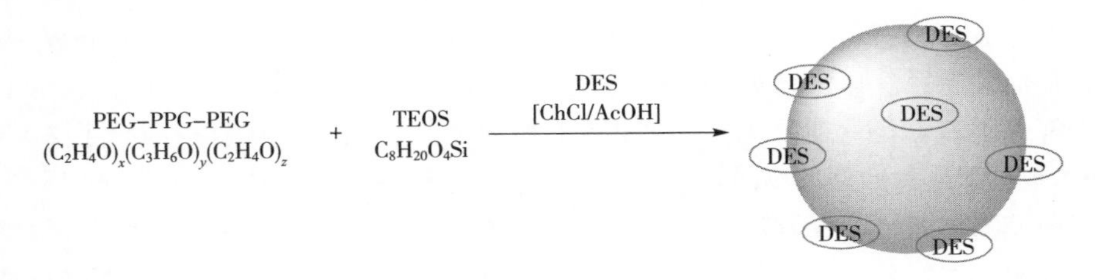

图 14.12 ChCl 基介孔硅球的合成

reline 已被用来制备一种新型的沸石型框架。该多孔材料的化学式为［$Al_2(PO_4)_3 \cdot 3NH_4$］。虽然 Al-O-P 的交替保持不变，但是由于尿素部分分解产生铵，该结构出现中断。这些铵离子充当模板，氮原子存在于结构的孔隙中[91]。中断的磷酸铝结构通常热稳定性较差，但它们可能表现出令人感兴趣的特性。最近，以四烷基铵盐和醇为基础的 DES 的应用已经扩展到制备全硅和硅铝酸盐沸石。实际上，Zeolita Socony Mobil-5（ZSM-5）是通过在四丙基溴和季戊四醇的混合物中使用结晶方式制备的。此外，研究证明，使用四甲基铵盐作为结构导向剂的 DES 制备钠石和 ZSM-39 型沸石，无需晶种。因此可以达到最终材料的可重复性相纯度[92]。本研究还表明，沸石的形貌和拓扑结构可以通过 DES 组分的选择进行控制，对其局部 T-位环境和结晶度有着显著影响。

某些共晶混合物与甲醛水溶液在碱性催化剂（如羟基或氟离子）的作用下可以发生缩聚反应。这种混合物通常在旋节线分解过程中演化，得到经过热处理的凝胶（600~800℃，通常在 N_2 环境下），以提供碳材料。在合成过程中，DES 被证明对于有效形成具有不同孔隙率的材料起着多重作用：确保试剂同质化的反应介质，结构导向剂以及碳和其他元素（如 N 和 P）获得的碳质固体。因此，以间苯二酚、4-己基间苯二酚和溴化四乙胺不同的摩尔比混合合成碳材料，因为 4-己基间苯二酚的存在决定了获得狭窄微孔度（0.56~0.61nm）[93]。相反，使用尿素作为与间苯二酚和 ChCl 混合的低共熔混合物的组分，可以制备大介孔范围（>10nm）的碳，并结合其高的比表面积，使其适合用作超级电容器电池的电极[94]。有趣的是，将乙酸铁（Ⅱ）与 DES（基于间苯二酚、ChCl 和尿素或 3-羟基吡啶）

相结合，在经过旋节线分解和热处理缩聚后形成具有显著石墨化特性的碳[95]。

采用间苯二酚、3-羟基吡啶和 ChCl 的三元混合物（以两种不同的摩尔比：2∶2∶1 和 1∶1∶1）可以实现氮掺杂分层碳材料的合成。两种 DES 成分（即间苯二酚和 3-羟基吡啶）与甲醛的缩合产生了一个聚合物富集的相，并在旋节线分解过程中发生了 DES 断裂和 ChCl 偏析，产物凝胶在 N_2 气氛中碳化，产生高氮含量和高比表面积的碳质材料（约 $700m^2/g$）。这些材料显示出非凡的 CO_2 吸附能力[96]。其他的介孔氮掺杂碳已经通过煅烧葡萄糖和尿素混合物制备，它们的孔隙率通过使用二氧化硅 NPs 作为模板进行控制。氮含量可以由尿素的用量来控制，这对于它们作为镍钼硫化物载体的能力至关重要，从而提高了它们的加氢脱硫性能[97]。此外，氮、磷共掺杂的碳，在低温下可有效捕获 CO_2。用间苯二酚、磷酸、甘油和 ChCl（摩尔比为 1∶1）的共熔混合物和甲醛水溶液，通过旋节线分解和随后的碳化获得该材料，所得的结构取决于 DES 性质[98]。

如今，多孔金属有机骨架（MOF）的合成由于其潜在的应用（催化、气体储存、分离等）成为重要的研究领域。使用 DES（ChCl 和尿素，*N*,*N'*-二甲基脲或乙烯脲）合成了基于 1,4-苯二甲酸根离子和三价金属（如 In^{3+}、Y^{3+}、Nd^{3+}、Sm^{3+}、Gd^{3+}、Dy^{3+}、Ho^{3+} 和 Yb^{3+}）的不同 MOF。DES 组分与 MOF 组分之间的相互作用为最终框架中的孔隙率和开放位点的形成提供了适应性途径，脲型配体在框架形成过程中主要起模板作用[99]。因此，利用 reline 制备了基于锌（Ⅱ）和硼（Ⅲ）离子的多孔沸石咪唑骨架（ZIF）。该材料结合了 Zn-咪唑酸酯和 B-咪唑酸酯连接的两种不同框架的结构特征，且 DES 组分与结构没有关联[100]。

以三甲基氯化铵和草酸为基础的低共熔混合物，成功地通过离子热法制备了具有微孔的磷酸锆骨架，初始 Zr 与 P 比例对结构类型至关重要。此外，铵离子在骨架形成过程中充当模板，并被封装在结构中，这对于区分 CH_4 和 CO_2 的吸附性能很重要[101,102]。在一系列多孔阴离子框架［基于铟（Ⅲ）和苯三甲酸］中考虑不同的有机阳离子的影响，证明了这些额外的框架阳离子对其性能的重要性，如气体吸附（即 H_2、CO_2 和 N_2 的重要性）。在 ChCl 和乙烯脲共熔混合物中，离子热合成是这些有机骨架的制备方法之一[103]。

在纤维素纳米纤丝气凝胶的合成过程中，纤维素纳米纤丝的制备已经在 reline 中完成。所得材料对油水混合物中的柴油具有超高的吸附能力［>140 g（油）/g（气凝胶）］，也显示了简单高效的再利用[104]。

14.6 DNA 操纵

以 ChCl 为基础的共熔混合物已显示出有效溶解 DNA 的作用，溶液介质为大分子提供了化学和结构稳定性。在考虑的 DES 中，glyceline 和 ethaline 的混合物分别提供浓度为 2.5%（质量分数）和 5.5%（质量分数）的透明溶液，与其他 DES（24h）或 ILs（3~4 周）相比，所需时间相对较短（2~6h）。该 DNA 分子在溶解过程中没有发生降解，并且在很宽的温度范围（4~75℃）和 pH（4.2~7.2）中保持稳定[105]。此外，ethaline 混合物中的 DNA 通过将共熔混合物简单混合，随后使用异丙醇沉淀混合材料将氧化铁（F_3O_4）NPs 和二钛酸盐片（$H_2 \cdot Ti_2O_5 \cdot H_2O$）功能化。铁元素与 DNA 的碱基对相互作用，二钛酸盐薄片与磷酸基相互作用（图 14.13），呈现出 DNA 杂化材料的磁性和抗菌性能[106]。

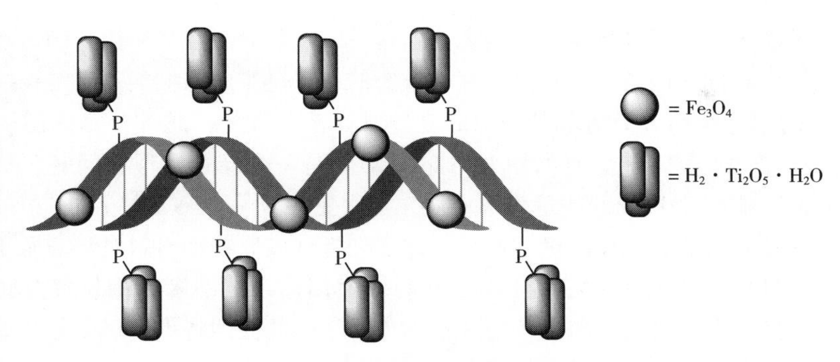

图 14.13 DNA 杂化材料的双功能化示意图

DES 可以为不同构象的生物分子（如 DNA）的创建提供一种无水介质[107]。因此，不同物种的 DNA 端粒序列在体外形成 G-四链体结构，具有高度多态性。在无水共熔混合物中可形成不同分子内、分子间甚至更高阶四链体结构，平行结构是首选构象（图 14.14）[108-110]。DES 中的平行构象，如含 KCl（100mmol/L）的 reline，即使在 110℃以上的温度下也稳定存在，这与它在水溶液中的稳定性形成了鲜明对比[110,111]。

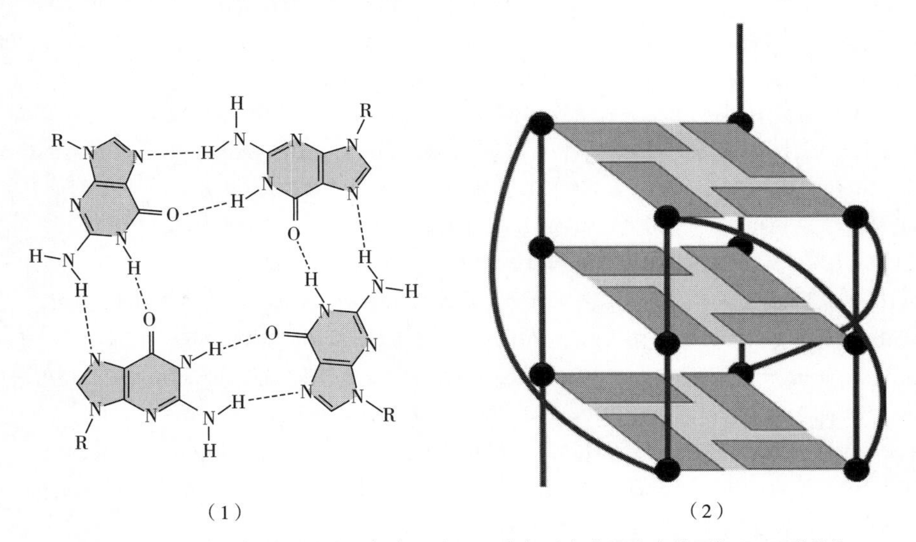

图 14.14 （1） G-四联结构，（2）无水 DES（含 K^+）中更稳定的平行 G-四联结构

14.7 总结和结论

本章说明了 DES 如何用于制备特殊设计的纳米结构控制的材料，从具有更大反应活性的催化剂的 NPs 或纳米晶体到用于电化学和能源相关应用以及碳基或多孔系统的纳米片在多种有趣的应用中很有前途。甚至连 DES 也由于其通用的生物相容性而在生物结构工程中显示出了潜力。在复杂的纳米材料合成中，DES 合成复杂纳米结构材料的有用性不仅基于它们相比传统有机溶剂的环境友好特性（廉价、丰富、无毒、可生物降解），也由于其预组织的“超分子”性质作为软模板指导形成纳米材料的结构。然而，尽管近年来在纳米级合成

中使用这些新型溶剂取得了许多进展和发现，但这一领域仍处于起步阶段。DES 在被广泛应用于此领域之前，有许多问题需要解决，其中重要的一点是了解它们的真实结构。因此，了解 DES 中复杂的相互作用对于纳米科学中的合理设计至关重要。此外，目前已知在室温下呈现液态的 DES 数量仍然有限，且所用 DES 的高黏度是一个经常出现的问题。从纳米尺度角度，有必要适当地调整 DES 的物理化学性质，拥有更多常见 DES（如 reline）的替代物将会非常方便。此外，需要有较少的极性选择，这在处理许多底物和材料时是非常重要的。尽管仍然存在许多挑战，但以更便宜和环境友好的方式创造新的纳米结构材料方面的回报是巨大的。毫无疑问，在未来的几年中，DES 在纳米科学中的使用将得到极大的扩展。

参考文献

1 Smith, E. L., Abbott, A. P., and Ryder, K. S. (2014). Chem. Rev. 114:11060-11082.
2 Anon, R. S. C. (2013). Green Chem. Ser. 20:175-209.
3 Clarke, C. J., Tu, W. -C., Levers, O. et al. (2018). Chem. Rev. 118:747-800.
4 Francisco, M., van denBruinhorst, A., and Kroon, M. C. (2013). Angew. Chem. Int. Ed. 52:3074-3085.
5 Tang, B. and Row, K. H. (2013). Monatsh. Chem. 144:1427-1454.
6 Wagle, D. V., Zhao, H., and Baker, G. A. (2014). Acc. Chem. Res. 47:2299-2308.
7 Abo-Hamad, A., Hayyan, M., AlSaadi, M. A., and Hashim, M. A. (2015). Chem. Eng. J. 273:551-567.
8 Ge, X., Gu, C., Wang, X., and Tu, J. (2017). J. Mater. Chem. A 5:8209-8229.
9 Daniel, M. -C. andAstruc, D. (2004). Chem. Rev. 104:293-346.
10 Lee, J. -S. (2017). Nanotechnol. Rev. 6:271-278.
11 Liao, H. -G., Jiang, Y. -X., Zhou, Z. -Y. et al. (2008). Angew. Chem. Int. Ed. 47:9100-9103.
12 Stassi, S., Cauda, V., Canavese, G. et al. (2012). Eur. J. Inorg. Chem. 2012:2669-2673.
13 Kumar-Krishnan, S., Prokhorov, E., Arias de Fuentes, O. et al. (2015). J. Mater. Chem. A 3:15869-15875.
14 Oh, J. -H. and Lee, J. -S. (2014). J. Nanosci. Nanotechnol. 14:3753-3757.
15 Mahyari, F. A., Tohidi, M., and Safavi, A. (2016). Mater. Res. Express 3:095006/1-095006/14.
16 Shahidi, S., Iranpour, S., Iranpour, P. et al. (2015). J. Exp. Nanosci. 10:911-924. 17 Chirea, M., Freitas, A., Vasile, B. S. et al. (2011). Langmuir 27:3906-3913.
17 Chirea, M., Freitas, A., Vasile, B. S. et al. (2011). *Langmuir* 27:3906-3913.
18 Zhang, Q., Wang, Q., Zhang, S. et al. (2016). ChemPhysChem 17:335-351.
19 Li, A., Chen, Y., Zhuo, K. et al. (2016). RSC Adv. 6:8786-8790.
20 Wei, L., Lu, B., Sun, M. et al. (2016). Nano Res. 9:3547-3557.
21 Raghuwanshi, V. S., Ochmann, M., Polzer, F. et al. (2014). Chem. Commun. 50:8693-8696.
22 O'Neill, M., Raghuwanshi, V. S., Wendt, R. et al. (2015). Z. Phys. Chem. 229:221-234.
23 Wei, L., Zhou, Z. -Y., Chen, S. -P. et al. (2013). Chem. Commun. 49:11152-11154.
24 Wei, L., Fan, Y. -J., Wang, H. -H. et al. (2012). Electrochim. Acta 76:468-474.
25 Wei, L., Fan, Y. -J., Tian, N. et al. (2012). J. Phys. Chem. C 116:2040-2044.
26 Hammons, J. A., Muselle, T., Ustarroz, J. et al. (2013). J. Phys. Chem. C 117:14381-14389.
27 Hammons, J. A., Ustarroz, J., Muselle, T. et al. (2016). J. Phys. Chem. C 120:1534-1545.
28 Wang, R., Hua, Y. X., and Zhang, Q. B. (2014). ECS Trans. 59:505-511.

29 Zhang,Q. B. and Hua,Y. X. (2014). Phys. Chem. Chem. Phys. 16:27088-27095.
30 Dong,J. -Y. ,Hsu,Y. -J. ,Wong,D. S. -H. ,and Lu,S. -Y. (2010). J. Phys. Chem. C 114:8867-8872.
31 Hammond,O. S. ,Eslava,S. ,Smith,A. J. et al. (2017). J. Mater. Chem. A 5:16189-16199.
32 Kaur,N. and Singh,V. (2017). New J. Chem. 41:2844-2868.
33 Gu,C. D. ,Huang,M. L. ,Ge,X. et al. (2014). Int. J. Hydrogen Energy 39:10892-10901.
34 Liu,W. ,Yu,Y. ,Cao,L. et al. (2010). J. Hazard. Mater. 181:1102-1108.
35 Boston,R. ,Foeller,P. Y. ,Sinclair,D. C. ,andReaney,I. M. (2017). Inorg. Chem. 56:542-547.
36 Karimi,M. ,Hesaraki,S. ,Alizadeh,M. ,and Kazemzadeh,A. (2016). J. Non-Cryst. Solids 443:59-64.
37 Karimi,M. ,Hesaraki,S. ,Alizadeh,M. ,and Kazemzadeh,A. (2017). Mater. Des. 122:1-10.
38 Karimi,M. ,Jodaei,A. ,Sadeghinik,A. et al. (2017). J. Fluorine Chem. 204:76-83.
39 Zhang,T. ,Doert,T. ,and Ruck,M. (2017). Z. Anorg. Allg. Chem. 643:1913-1919.
40 Ferreira,V. C. ,Neves,M. C. ,Hillman,A. R. ,and Monteiro,O. C. (2016). RSC Adv. 6:77329-77339.
41 Karimi,M. ,Eshraghi,M. J. ,and Jahangir,V. (2016). Mater. Lett. 171:100-103.
42 Zhang,H. ,Lu,Y. ,Gu,C. -D. et al. (2012). CrystEngComm 14:7942-7950.
43 Huang,Y. ,Shen,F. ,La,J. et al. (2013). Part. Sci. Technol. 31:81-84.
44 Sheng,Q. ,Liu,R. ,and Zheng,J. (2012). Nanoscale 4:6880-6886.
45 Tohidi,M. ,Mahyari,F. A. ,and Safavi,A. (2015). RSC Adv. 5:32744-32754.
46 Dong,J. -Y. ,Lin,C. -H. ,Hsu,Y. -J. et al. (2012). CrystEngComm 14:4732-4737.
47 Renjith,A. ,Roy,A. ,and Lakshminarayanan,V. (2014). J. Colloid Interface Sci. 426:270-279.
48 Gu,C. D. ,You,Y. H. ,Yu,Y. L. et al. (2011). Surf. Coat. Technol. 205:4928-4933.
49 Gu,C. -D. and Tu,J. -P. (2011). Langmuir 27:10132-10140.
50 Mernissi Cherigui,E. A. ,Sentosun,K. ,Bouckenooge,P. et al. (2017). J. Phys. Chem. C 121:9337-9347.
51 Abbott,A. P. ,Barron,J. C. ,Frisch,G. et al. (2011). Phys. Chem. Chem. Phys. 13:10224-10231.
52 Abbott,A. P. ,Barron,J. C. ,Frisch,G. et al. (2011). Electrochim. Acta 56:5272-5279.
53 Vieira,L. ,Schennach,R. ,and Gollas,B. (2016). Electrochim. Acta 197:344-352.
54 Böck,R. and Wulf,S. E. (2009). Trans. Inst. Met. Finish. 87:28-32.
55 Cai,G. -F. ,Tu,J. -P. ,Gu,C. -D. et al. (2013). J. Mater. Chem. A 1:4286-4292.
56 You,Y. H. ,Gu,C. D. ,Wang,X. L. ,and Tu,J. P. (2012). Surf. Coat. Technol. 206:3632-3638.
57 You,Y. ,Gu,C. ,Wang,X. ,and Tu,J. (2012). J. Electrochem. Soc. 159:D642-D648.
58 Gomez,E. ,Valles,E. ,Cojocaru,P. et al. (2012). ECS Trans. 41:3-9.
59 Sousa,A. M. M. ,Souza,H. K. S. ,Gonçalves,M. P. et al. (2014). Carbohydr. Polym. 111:206-214.
60 Cong,H. -P. ,Chen,J. -F. ,and Yu,S. -H. (2014). Chem. Soc. Rev. 43:7295-7325.
61 Chen,L. -F. ,Huang,Z. -H. ,Liang,H. -W. et al. (2014). Adv. Funct. Mater. 24:5104-5111.
62 Carriazo,D. ,Serrano,M. C. ,Gutiérrez,M. C. et al. (2012). Chem. Soc. Rev. 41:4996-5014.
63 Titirici,M. -M. ,White,R. J. ,Brun,N. et al. (2015). Chem. Soc. Rev. 44:250-290.
64 Abdelkader,A. M. ,Patten,H. V. ,Li,Z. et al. (2015). Nanoscale 7:11386-11392.
65 Abdelkader,A. M. and Kinloch,I. A. (2016). ACS Sustainable Chem. Eng. 4:4465-4472.
66 Gutiérrez,M. C. ,Rubio,F. ,and del Monte,F. (2010). Chem. Mater. 22:2711-2719.
67 Carriazo,D. ,Gutiérrez,M. C. ,Ferrer,M. L. ,and del Monte,F. (2010). Chem. Mater. 22:6146-6152.
68 Gorgulho,H. F. ,Gonçalves,F. ,Pereira,M. F. R. ,and Figueiredo,J. L. (2009). Carbon 47:2032-2039.
69 López-Salas,N. ,Gutiérrez,M. C. ,Ania,C. O. et al. (2016). J. Mater. Chem. A 4:478-488.
70 Fechler,N. ,Rothe,R. ,Antonietti,M. et al. (2016). Adv. Mater. 28:1287-1294.

71 Luo, R., Liu, C., Li, J. et al. (2017). ACS Appl. Mater. Interfaces 9:32737-32744.
72 Carriazo, D., Gutiérrez, M. C., Picó, F. et al. (2012). ChemSusChem 5:1405-1409.
73 Dhargalkar, V. K. and Pereira, N. (2005). Sci. Cult. 71:60-66.
74 Deng, J., Li, M., and Wang, Y. (2016). Green Chem. 18:4824-4854.
75 Latorre-Sánchez, M., Primo, A., and Garcia, H. (2013). Angew. Chem. Int. Ed. 52:11813-11816.
76 Song, M. Y., Park, H. Y., Yang, D. -S. et al. (2014). ChemSusChem 7:1755-1763.
77 Mondal, D., Sharma, M., Wang, C. -H. et al. (2016). Green Chem. 18:2819-2826.
78 Sharma, M., Mondal, D., Singh, N. et al. (2017). ACS Sustainable Chem. Eng. 5:3488-3498.
79 Mota-Morales, J. D., Gutiérrez, M. C., Sánchez, I. C. et al. (2011). Chem. Commun. 47:5328-5330.
80 Mota-Morales, J. D., Gutiérrez, M. C., Ferrer, M. L. et al. (2013). J. Mater. Chem. A 1:3970-3976.
81 Hayyan, M., Abo-Hamad, A., AlSaadi, M. A., and Hashim, M. A. (2015). Nanoscale Res. Lett. 10:1004.
82 Wang, X., Li, G., and Row, K. H. (2017). Bull. Korean Chem. Soc. 38:251-257.
83 Abo-Hamad, A., Hayyan, M., AlSaadi, M. A. et al. (2017). Chem. Eng. J. 311:326-339.
84 Le, C. M. Q., Cao, X. T., Jeong, Y. T., and Lim, K. T. (2018). J. Ind. Eng. Chem. 64:337-343.
85 Li, X., Choi, J., Ahn, W. -S., and Row, K. H. (2018). Crit. Rev. Anal. Chem. 48:73-85.
86 Tang, B. and Row, K. H. (2015). J. Appl. Polym. Sci. 132:42203/1-42203/6.
87 Li, X., Lee, Y. R., and Row, K. H. (2016). Chromatographia 79:375-382.
88 Li, Z., Jia, J., Wang, M. et al. (2017). J. Chromatogr. A 1529:50-56.
89 Li, X. and Row, K. H. (2017). Anal. Sci. 33:611-617.
90 Li, G., Wang, W., Wang, Q., and Zhu, T. (2016). J. Chromatogr. Sci. 54:271-279.
91 Cooper, E. R., Andrews, C. D., Wheatley, P. S. et al. (2004). Nature 430:1012-1016.
92 Lin, Z. S. and Huang, Y. (2016). Microporous Mesoporous Mater. 224:75-83.
93 Patiño, J., Gutiérrez, M. C., Carriazo, D. et al. (2012). Energy Environ. Sci. 5:8699-8707.
94 López-Salas, N., Carriazo, D., Gutiérrez, M. C. et al. (2016). J. Mater. Chem. A 4:9146-9159.
95 Carriazo, D., Gutiérrez, M. C., Jiménez, R. et al. (2013). Part. Part. Syst. Char. 30:316-320.
96 Gutiérrez, M. C., Carriazo, D., Ania, C. O. et al. (2011). Energy Environ. Sci. 4:3535-3544.
97 Zhang, Z., Jiang, X., Hu, J. et al. (2017). Catal. Lett. 147:2515-2522.
98 Posada, E., López-Salas, N., Carriazo, D. et al. (2017). Carbon 123:536-547.
99 Zhang, J., Wu, T., Chen, S. et al. (2009). Angew. Chem. Int. Ed. 48:3486-3490.
100 Chen, S., Zhang, J., Wu, T. et al. (2010). Dalton Trans. 39:697-699.
101 Wang, W., Liu, L., Yang, J. et al. (2012). Dalton Trans. 41:12915-12919.
102 Kubli, M., Sisak, D., Baerlocher, C. et al. (2012). Microporous Mesoporous Mater. 164:82-87.
103 Chen, S., Zhang, J., Wu, T. et al. (2009). J. Am. Chem. Soc. 131:16027-16029.
104 Laitinen, O., Suopajarvi, T., Osterberg, M., and Liimatainen, H. (2017). ACS Appl. Mater. Interfaces 9:25029-25037.
105 Mondal, D., Sharma, M., Mukesh, C. et al. (2013). Chem. Commun. 49:9606-9608.
106 Mondal, D., Bhatt, J., Sharma, M. et al. (2014). Chem. Commun. 50:3989-3992.
107 Zhao, C. and Qu, X. (2013). Methods 64:52-58.
108 Mamajanov, I., Engelhart, A. E., Bean, H. D., and Hud, N. V. (2010). Angew. Chem. Int. Ed. 49:6310-6314.
109 Lannan, F. M., Mamajanov, I., and Hud, N. V. (2012). J. Am. Chem. Soc. 134:15324-15330.
110 Zhao, C., Ren, J., and Qu, X. (2013). Langmuir 29:1183-1191.
111 Tateishi-Karimata, H. and Sugimoto, N. (2014). Nucleic Acids Res. 42:8831-8844.

15 二氧化碳捕集

Yingying Zhang[1]，Xiaohua Lu[2] 和 Xiaoyan Ji[3]

[1] Zhengzhou University of Light Industry，Department of Material and Chemical Engineering，No. 136，Science Avenue，Zhengzhou，450002，China

[2] Nanjing Tech University，State Key Laboratory of Materials-Oriented Chemical Engineering，No. 5，Xin Mofan Road，Nanjing，210009，China

[3] Luleå University of Technology，Energy Engineering，Division of Energy Science，97187，Luleå，Sweden

15.1 引言

全球变暖被广泛认为是人类面临的最大全球性问题，人们普遍认为温室气体特别是人为 CO_2 浓度的增加是全球变暖的主要原因[1a]。CO_2 排放主要产生于发电和运输过程中化石燃料的燃烧。为了减少来自大型点源的人为 CO_2 排放，如化石燃料发电站的烟气和石灰工业的石灰窑气体，碳捕集与封存（CCS）被认为是一种有效的方法，即 CO_2 被捕集和分离，然后捕集的 CO_2 被运输到适当的地点进行储存。同时，在生物燃料生产中也需要分离 CO_2，例如，沼气提纯净化以获得生物甲烷或生物合成净化以获得用于生产生物燃料的合成气。

一般来说，CO_2 捕集和分离是一个能源密集型过程，它占 CCS 总成本的3/4[1b]，这使得 CO_2 的捕集和分离成为重点。为此，许多相关技术已经被开发，并且其中一些已经商业化。典型的 CO_2 捕集和分离技术是胺洗涤、有机溶剂洗涤、吸附和膜技术[1c]。并且在欧洲国家，水洗涤是另一种广泛用于从沼气中分离 CO_2 的技术[1d]。然而，这些技术在实际应用中都遇到了不同的挑战。例如，胺洗涤表现出密集的能源需求、挥发性、腐蚀和降解等缺点[1e]。有机溶剂洗涤存在挥发性、低气体选择性和大规模操作等缺点；水洗需水量大且传质速率低；吸附技术存在高能量需求和大规模操作要求等障碍。气体选择性低或 CO_2 渗透率低限制了膜技术的应用[1f]。因此，开发绿色、低成本的技术仍然是当今的研究热点，考虑到气流中杂质的耐受性，溶剂技术是最有前途的技术。

在开发的新型溶剂中，离子液体（ILs）由于具有较高的 CO_2 溶解度/选择性和较低的溶剂再生能耗，被认为是潜在的 CO_2 捕集和分离“绿色”溶剂。离子液体的蒸气压可以忽略不计，因此可以通过提高温度或降低压力来再生溶胶，而不会对气流造成任何限制，从而避免污染。离子液体的可设计性和将离子液体与其他先进技术（如固定化和支撑液膜）相结合使离子液体在新技术开发中独一无二。然而，传统的离子液体普遍存在价格高、黏度大、合成过程复杂等缺点，一些离子液体也被认为存在降解性和毒性。这些缺点都限制了离子液体在 CO_2 捕集和分离中的大规模应用[2]。

低共熔溶剂（DES）作为一类新的离子液体或离子液体类似物被发现，其由氢键受体（HBA）和氢键供体（HBD）组成。低共熔溶剂保留了常规离子液体的大部分优良特性，但避免了经济和环境问题。低共熔溶剂易于制备，不需要进一步的纯化步骤，因此成本较低。大多数低共熔溶剂是可生物降解的[3]。Li 等在 2008 年首次使用 DES 作为 CO_2 吸收剂[4]。在此之后，已经开展了大量工作[3a, g, k, 5]，有关低共熔溶剂的出版物的增加表明低共熔溶剂已经成为一个热门话题[5d]。尽管已经开发了一定数量的低共熔溶剂，并且已经可用不同的方法来评估它们的性能，但是仍然很难辨别哪种低共熔溶剂更适合 CO_2 捕集和分离。

事实上，CO_2 是一种廉价、无毒、丰富的 C_1 原料。它可以转化为醇、醚、酸和其他增值化学品。CO_2 转化已成为发展可持续碳基经济的重要解决方案之一，而 DES 也在其中发挥着重要作用。例如，使用低共熔溶剂（DES）作为电解质，在氯化胆碱：尿素（1：2）[6b] 中形成的锌铜合金的帮助下，CO_2 可以直接转化为 C_1-C_2 化学品[6a] 或合成气；基于氯化胆碱：氯化钙·$6H_2O$（1∶2），大气中的 CO_2 可以被捕集并转化为纳米碳酸钙[6c]。

研究人员发表了在 DES 中进行 CO_2 捕集和分离的综述。张等[5b] 从溶解、分离、催化、有机合成和材料制备等方面综述了低共熔溶剂的合成、性质和应用。García 等[5c] 讨论了低共熔溶剂的物理化学性质及其在气体分离中的应用，重点是气体溶解度。其他综述[7] 主要集中在低共熔溶剂的一个特定性质或一个应用。然而，还没有文献对低共熔溶剂从性质到筛选和评估以及 CO_2 的进一步转化进行系统报道。

本章总结了低共熔溶剂与 CO_2 捕集和分离相关的性质，如气体溶解度、黏度和摩尔热容。还讨论了 co-HBD（即超级碱和酸）或水以及 HBA 或 HBD 的性质对性能的影响。总结了评估和筛选低共熔溶剂的方法，报道了低共熔溶剂在 CO_2 转化中的作用。

15.2 低共熔溶剂的性质

低共熔溶剂的性质对于评估其在不同应用中的性能至关重要。对于 CO_2 捕集和分离，DES 的性能主要取决于热物理和动力学性质，如 CO_2 的可溶度/选择性（即气体溶解度）、摩尔热容、黏度和气体吸收/解吸速率。

15.2.1 热物理性质

气体溶解度与吸收能力和溶剂再生的能量需求有关，而黏度直接影响吸收/解吸速率。如前所述，对于低共熔溶剂捕集和分离 CO_2，可以通过提高温度或降低压力来进行溶剂再生。当使用的温度变动时，需要摩尔热容来估计溶剂再生的能量需求。因此，本节讲述了可用于 CO_2 捕集和分离的低共熔溶剂的性质（即气体溶解度、黏度和摩尔热容），并讨论了共氢键供体（co-HBD）和水对这些性质的影响。

15.2.1.1 气体溶解度

气体在 DES 中的溶解度是评价 DES 捕集和分离 CO_2 性能的重要指标。CO_2 溶解度反映了 CO_2 的吸收能力，可以用 CO_2 以外的气体的溶解度来评估选择性。溶剂再生所需的能量与由亨利定律常数估算的脱附焓有关，而亨利定律常数可由气体溶解度的理论结果得到。首先总结 CO_2 在低共熔溶剂中的溶解度以及相应的亨利定律常数，然后总结 CO_2 以外的气体在 DES 中的溶解度。

基于公开出版物中的结果，对 DES 中 CO_2 的溶解度和亨利定律常数进行了调查并总结在表 15.1 中。CO_2 溶解度受多种因素影响，即温度、压力、氢键受体或氢键供体的性质、氢键受体或氢键供体中的烷基链长度、氢键受体/氢键供体的摩尔比、氢键受体的对称性以及共氢键供体或水的含量。

CO_2 在 DES 中的溶解度随着温度的降低和压力的增加而增加。氢键受体（HBA）的性质影响 CO_2 的溶解度。在乙醇胺（EA）基 DES 中的 CO_2 溶解度遵循以下顺序：TBAC（四丁基氯化铵）/EA（乙醇胺）（1∶7）<TPAC（四丙基氯化铵）/EA（乙醇胺）（1∶7）<ChCl（氯化胆碱）/EA（乙醇胺）（1∶7）。HBD 中的基团与 CO_2 之间的相互作用会影响 CO_2 在 DES 中的溶解度，在 HBD 中含有羧基或胺基的 DES 一般表现出较高的 CO_2 溶解度。例如，CO_2

在三乙甲基氯化铵（TEMA）基 DES 中的溶解度表现为 TEMA/LA（乳酸）（1∶2）<TEMA/LV（乙酰丙酸）（1∶2）<TEMA/AC（乙酸）（1∶2）[8]。CO_2 在胺基 DES 中的溶解度可能高于胆碱基 DES 和胺溶液中的溶解度。

表 15.1 二氧化碳在 DES 中的溶解度和亨利定律常数

DES	T/K	p/MPa	m_{CO_2}/(mol/kg DES)	$K_{H(m)}$/(MPa·kg/mol)	参考文献
ChCl/尿素（1∶1.5，1∶2，1∶2.5）	313.15	1.07，1.13，1.15	0.585，0.964，0.582	18.5a，12.3a，22.4a	[3k]
ChCl/尿素（1∶2.5，1∶4）	298.15	1.00	0.2591，0.3227	—	[11]
ChCl/EG（1∶2）	313	0.565	0.2108	2.707	[12]
ChCl/EG（1∶4，1∶8）	298.15	1.00	0.3023，0.3818	—	[11]
ChCl/Gly（1∶2）	313.15	0.10	0.59	0.170	[5d]
ChCl/Gly（1∶3，1∶8）	298.15	1.00	0.4568，0.3250	—	[11]
ChCl/TEG（1∶4）	298.15	1.00	0.2955	—	[11]
ChCl/EA（1∶6）	298.15	1.00	1.7023	—	[11]
BTPC/EG（1∶12）	298.15	1.00	0.4568	—	[11]
BTPC/Gly（1∶12）	298.15	1.00	0.4682	—	[11]
BTPPB/EA（1∶6）	298.15	1.00	1.6273	—	[11]
MTPP/EA（1∶6，1∶7，1∶8）	298.15	1.00	1.3432，1.4614，1.4364	—	[11]
TBAB/DEA（1∶6）	298.15	1.00	0.8477	—	[11]
TBAB/TEA（1∶3）	298.15	1.00	0.4705	—	[11]
ChCl/LV（1∶2，1∶3，1∶4，1∶5）	313.15	0.10，0.5798，0.5659，0.5737	0.69，0.2180，0.2319，0.2410	0.145，2.62，2.41，2.35	[13a]
ChCl/FA（1∶3，1∶4，1∶5）	313.15	0.5817，0.5688，0.5702	0.1618，0.1753，0.1924	3.54，3.14，2.91	[13a]
ChCl/BDO（1∶3，1∶4）	313.15	0.5028，0.5072	0.1196，0.1208	4.23，4.18	[13b]
ChCl/2,3-BD（1∶3，1∶4）	313.15	0.5288，0.5110	0.1251，0.1469	4.12，3.44	[13b]
ChCl/1,2-PD（1∶3，1∶4）	313.15	0.5154，0.5256	0.1264，0.1208	4.09，4.43	[1b]
ChCl/PDO（1∶3，1∶4）	313.15	0.5154，0.5256	0.1264，0.1208	4.09，4.43	[13b]
ChCl/phenol（1∶2，1∶3，1∶4）	313.15	0.5030，0.5068，0.5045	0.1380，0.1499，0.1542	3.73，3.44，3.36	[13c]
ChCl/DEG（1∶3，1∶4）	313.15	0.5157，0.5182	0.1261，0.1326	4.12，3.94	[13c]
ChCl/TEG（1∶3，1∶4）	313.15	0.5106，0.5190	0.1340，0.1390	3.93，3.72	[13c]
ChCl/LA（1∶15）	313.19	0.989	0.266	37.96a	[14]
ChCl/GC（1∶3，1∶4，1∶5）	313.15	0.5294，0.5429，0.5364	0.1187，0.1311，0.1405	4.48，4.13，3.84	[15]

续表

DES	T/K	p/MPa	m_{CO_2}/(mol/kg DES)	$K_{H(m)}$/(MPa · kg/mol)	参考文献
DH/GC (1:3,1:4, 1:5)	313.15	0.5246,0.5292, 0.5507	0.1602, 0.1691, 0.1842	3.25, 3.15, 3.01	[15]
ACC/GC (1 : 3, 1 : 4, 1 : 5)	313.15	0.5353,0.5315, 0.5265	0.1347, 0.1470, 0.1489	3.99, 3.62, 3.54	[15]
ChCl/PhA (1:2)	298	1.00	0.68	—	[16]
ACC/LV (1:3)	313.15	0.5118	0.2163	2.34	[17]
TEAC/LV (1:3)	313.15	0.5164	0.2020	2.57	[17]
TEAB/LV (1:3)	313.15	0.5259	0.1838	2.84	[17]
TBAC/LV (1:3)	313.15	0.5096	0.2349	2.15	[17]
TBAC/LV (1:3)	313.15	0.4999	0.2034	2.47	[17]
ATPPB/DEG(1:4, 1 : 10,1 : 16)	303.15	0.491,0.490, 0.490	0.792, 0.789, 0.667	4.539a,5.560a, 7.132a	[18]
ATPPB/TEG(1:4, 1:10, 1 : 16)	303.15	0.490,0.491, 0.492	0.740, 0.655, 0.549	3.945a,5.113a, 6.476a	[18]
BHDE/AC (1:2)	298.15	298.15	0.199	—	[8]
BHDE/LA (1:2)	298.15	0.516	0.043	—	[8]
BTMA/AC (1:2)	298.15	0.530	0.271	—	[8]
BTMA/Gly (1:2)	298.15	0.672	0.056	—	[8]
ChCl/EA (1:7)	298.15	0.651	2.700	—	[8]
ChCl/Gly/AC(1:1:1)	298.15	0.542	0.112	—	[8]
MTPP/AC (1:4)	298.15	0.652	0.390	—	[8]
MTPP/EG (1:3)	298.15	0.437	0.090	—	[8]
MTPP/LV/AC(1:3:0.03)	298.15	0.516	0.327	—	[8]
TBAB/AC (1:2)	298.15	0.715	0.380	2.83	[8, 16a]
TBAC/AC (1:2)	298.15	0.631	0.393	—	[8]
TEAC/AC (1:2,1:3)	298.15	0.530,0.654	0.284, 0.315	1.95 (1 : 2)	[8, 16a]
TEMA/AC (1:2)	298.15	0.413	0.192	2.44	[8, 16a]
TEMA/EG (1:2)	298.15	0.543	0.381	—	[8]
MTPP/LV/AC(1:3:0.03)	298.15	0.516	0.327	—	[8]
TBAB/AC (1:2)	298.15	0.715	0.380	2.83	[8, 16a]
TBAC/AC (1:2)	298.15	0.631	0.393	—	[8]
TEAC/AC (1:2,1:3)	298.15	0.530,0.654	0.284, 0.315	1.95 (1 : 2)	[8, 16a]
TEMA/AC (1:2)	298.15	0.413	0.192	2.44	[8, 16a]

续表

DES	T/K	p/MPa	m_{CO_2}/(mol/kg DES)	$K_{H(m)}$/(MPa · kg/mol)	参考文献
TEMA/EG（1∶2)	298.15	0.543	0.381	—	[8]
TEMA/Gly（1∶2)	298.15	0.420	0.059	8.82	[8，16a]
TEMA/Gly/H_2O（1∶2∶0.05)	298.15	0.544	0.032	—	[8]
TEMA/Gly/H_2O（1∶2∶0.11)	298.15	0.427	0.202	—	[8]
TPAC/AC（1∶6)	298.15	0.554	0.481	—	[8]
TPAC/EA（1∶4,1∶7)	298.15	0.481,0.645	0.338，2.051	—	[8]
BHDE/Gly/H_2O（1∶3∶0.11)	298.15	0.542	0.048	—	[8]
BTEA/AC（1∶2)	298.15	0.551	0.265	2.56	[8，16a]
BTMA/Gly/H_2O（1∶2∶0.05)	298.15	0.530	0.089	—	[8]
BTMA/Gly/H_2O（1∶2∶0.011)	298.15	0.616	0.062	—	[8]
Gua/EA（1∶2)	298.15	0.563	0.827	—	[8]
MTPP/1,2-PDO(1∶4)	298.15	0.528	0.095	10.0	[8，16a]
MTPP/Gly（1∶4)	298.15	0.443	0.033	17.9	[8，16a]
MTPP/LV（1∶3)	298.15	0.698	0.072	12.5	[8，16a]
TBAB/EA（1∶6,1∶7)	298.15	0.654,0.637	1.036，1.208	—	[8]
TEAC/OCT(1∶3)	298.15	0.624	0.342	—	[8]
TEMA/LA（1∶2)	298.15	0.418	0.109	3.04	[8，16a]
TEMA/LV（1∶2)	298.15	0.409	0.163	2.39	[8，16a]
TMAC/AC（1∶4)	298.15	0.519	0.296	2.45	[8，16a]
TMAC/LA（1∶2)	308.15	0.493	0.155	9.90	[8，16a]
TEAC/LA（1∶2)	308.15	0.493	0.166	9.62	[16a，19]
TBAC/LA（1∶2)	308.15	0.493	0.217	14.46a	[19]
ChCl/MEA（1∶6,1∶8，1∶10)	313.15	0.10	6.696,7.122，7.396	—	[9]
ChCl/2 尿素（m_{DES} = 0 ~ 0.994)	313.15	0.10	3.366,3.467，3.612	—	[9]
ChCl/2 尿素(m_{DES} =0.5，0.6,0.7)	313.15	0.10	0.295,0.325，0.384	—	[9]
ChCl/2 尿素（m_{DES} = 0 ~ 0.994）	313.15	1.01	0.0046~0.0382	29—230	[3h]

续表

DES	T/K	p/MPa	m_{CO_2}/ (mol/kg DES)	$K_{H(m)}$/ (MPa · kg/mol)	参考文献
ChCl/2 尿素（m_{DES}=0.5，0.6,0.7）	313.15	0.5333^b，0.5177^b，0.5454^b	0.1809,0.1871，0.2210	—	[20a]
ChCl/2EG（m_{DES} = 0.2 ~ 0.8）	313.15	—	—	280.5~396.5	[20b]
ChCl/2Gly（m_{DES} = 0.2 ~ 0.8）	313.15	—	—	318.5~381.9	[20b]
ChCl/2MA（m_{DES} = 0.2 ~ 0.8）	313.15	—	—	294.6~402.2	[20b]

a：由摩尔分数得出的亨利定律常数；

b：CO_2分压。

例如，CO_2 在氯化胆碱/MEA（单乙醇胺）中的溶解度（1∶8）几乎是 30%（质量分数）MEA 水溶液的 265%[9]，并且远高于在氯化胆碱/Gly 中的溶解度（1∶2）[9]。HBA 或 HBD 中的烷基链长也会影响 DES 中的 CO_2 溶解度。CO_2 在不同 AC 基 DES 中的溶解度随着 HBA 烷基链长度的增加而增加。同样，HBD 烷基链长度的增加也会增加 CO_2 的溶解度。对于不同的 DES 体系，HBA/HBD 摩尔比对 CO_2 溶解度的影响是不同的。例如，CO_2 溶解度随 ATPPB（烯丙基三苯基溴化磷）/DEG（二乙二醇）和 ATPPB/TEG（三甘醇）的摩尔比的增加而降低，而随着 TBAB/EA、氯化胆碱/GC（愈创木酚）、DH（二乙胺盐酸）/GC 和 ACC（乙酰胆碱氯化物）/GC（摩尔比的增加而增加）。HBA 的对称性也会影响 CO_2 的溶解度，例如，通过在 TEAC（氯化四乙铵）/AC（1∶2）中引入苄基而不是乙基以形成 BTEA（氯化苄基三乙铵）/AC（1∶2），HBA 对称性降低，CO_2 溶解度降低。

在 DES 中添加 co-HBD（即强碱和酸）或水会影响 CO_2 的溶解度。例如，加入超级碱可以显著提高 CO_2 溶解度。在 333.15K 条件下，研究发现添加了 0.5mL 的超级碱基［即 DBN(1,5-二氮杂双环［4.3.0］-非-5-烯)，DBU（1,8-二氮杂双环［5.4.0］- undec-7- 烯）和 TBD（1,5,7 三氮杂双环［4.4.0］-dec-5-ene）］至 5mL 氯化胆碱/脲（1∶2）中可使 CO_2 溶解度分别从 0.116 增加到 0.416、0.564 和 0.759mol/kg DES[10]。由于 CO_2 在水中的溶解度低，因此 CO_2 在 DES 水溶液的溶解度随着水含量的增加而减少。

如表 15.2 和图 15.1 所示，对除 CO_2 以外的其他气体（即 SO_2、CH_4、N_2、CO 和 H_2）在 DES 中的溶解度进行了调查和总结，以研究气体选择性。如表 15.2 所示，相对深入地研究了 SO_2 在 DES 中的溶解度。^{13}C NMR，^{1}H NMR 和 IR 光谱证明了胆碱基低共熔溶剂[21a,b] 和酰胺硫氰酸酯低共熔溶剂[21c] 中存在 SO_2 的物理吸收。由于 HBA 中有路易斯碱的 COO^-，甜菜碱/EG（乙二醇）（1∶3）和左旋肉碱/EG（1∶3）在低分压下有效吸收 SO_2，并且通过^{13}C NMR、^{1}H NMR 和 FTIR（傅里叶变换红外光谱）发现了化学吸收[23]。这 13 种 DES 的比较表明，在温度为 313.15K 条件下，SO_2 在氯化胆碱/Gly（1∶1）、氯化胆碱/EG（1∶2）、氯化胆碱/硫脲（1∶2）和己内酰胺（CPL）/硫氰酸钾（KSCN）（3∶1）的溶解度高于其他 DES，其值超过

6mol/kg DES，而在氯化胆碱/Gly（1：4）中的溶解度最低，其值为2.531mol/kg DES。SO_2在氯化胆碱/Gly（1：2）、氯化胆碱/EG（1：2）和氯化胆碱/尿素（1：2）DES中的溶解度高于CO_2。

表15.2 大气压和SO_2的亨利定律常数下，SO_2在低共熔溶剂中的溶解度

DES	T/K	m_{SO_2}/(mol/kg DES)	H_{SO_2}/MPa	参考文献
ChCl/Gly（1：1,1：2，1：3，1：4）	293.15	10.594，7.531，5.938,5.000	0.0312，0.0725，0.1144，0.1333	[21a]
ChCl/Gly（1：1,1：2，1：3，1：4）	313.15	6.156，4.000，3.047，2.531	—	[21a]
ChCl/EG（1：2）	303，313	8.530，6.218	0.1489	[21b]
ChCl/MA（1：1）	303，313	3.766，2.824	0.1549	[21b]
ChCl/尿素（1：2）	303，313	6.044，4.504	0.1747	[21b]
ChCl/硫脲(1：2)	303，313	8.120，6.475	0.1423	[21b]
乙酰胺/KSCN（3：1）	313.15	5.734	—	[21c]
CPL/KSCN（3：1）	313.15	6.609	—	[21c]
乙酰胺/NH_4SCN（3：1）	313.15	5.328	—	[21c]
CPL/NH_4SCN(3：1)	313.15	5.797	—	[21c]
尿素/NH_4SCN(3：2)	313.15	4.406	—	[21c]
甜菜碱/EG（1：3）	313.15	5.719	—	[22]
l-肉毒碱/EG(1：3)	313.15	5.703	—	[22]

我们以前的工作已经研究了除SO_2以外的其他气体（烟道气、生物合成气和沼气）在DES中的溶解度[23]。CH_4、H_2、CO和N_2在氯化胆碱/尿素（1：2）的溶解度依次为CH_4>N_2>CO>H_2。但是，CO_2和N_2在氯化胆碱/PhA（苯乙酸）（1：2，1：3，1：4）是一种特殊情况。在298~339K和5MPa下，N_2的溶解度高于CO_2，但在328.15K时除外[16]。根据对比总结可以认为，气体在大多数DES中的溶解度遵循以下顺序：SO_2>CO_2>CH_4>N_2>CO>H_2，但在某些DES体系中可能有不同的表现。

15.2.1.2 黏度

流体的黏度是衡量其抵抗剪切应力或拉应力引起的逐渐变形能力的指标。如表15.3所示，DES通常具有高黏度（最高75683mPa·s）。DES的黏度受温度、HBD的性质、HBD或HBA的烷基链长、HBA/HBD的摩尔比和含水量的影响。对于所有DES，黏度随温度升高而降低。这是因为升高温度会促进分子运动和动能，从而削弱了不同分子之间的吸引力，然后导致黏度降低。HBD的性质会影响黏度，具有羧基或羟基的HBD会形成氢键，从而表现出高黏度。例如，氯化胆碱/Gly中的甘油包含三个羟基，相比EG多了—OH，因此形成了强氢键网络，比氯化胆碱/EG的黏度更高。HBD的烷基链长度增加会提高黏度。

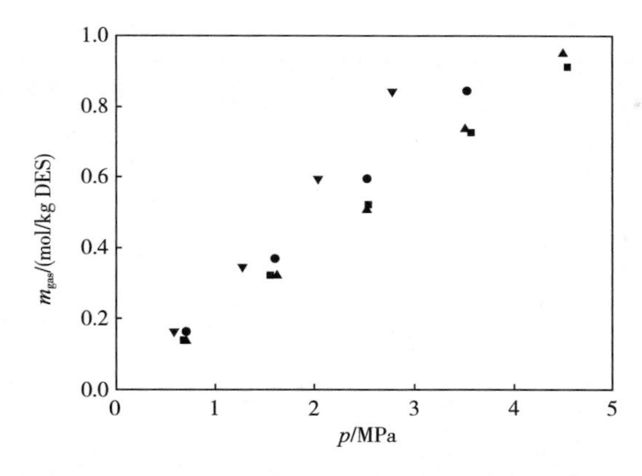

图 15.1 低共熔溶剂中除 CO_2 以外的其他气体的溶解度

■—H_2 在 ChCl/尿素（1∶2）[21a]；●—N_2在 ChCl/尿素（1∶2）[21a]；▲—CO 在 ChCl/尿素（1∶2）[21a]； ▼—CH_4在 ChCl/尿素（1∶2）[21a]。

资料来源： Yang et al. 2013[21a]，经英国皇家化学学会许可转载。

表 15.3 DES 及其水溶液在一个大气压下的黏度

DES	T/K	η/（mPa·s）	参考文献
ChCl/尿素（1∶1.5，1∶2，1∶2.5）	313.15	300，250，208	[25]
ChCl/EG（1∶2，3∶7，1∶3，1∶4,3∶17，1∶9，1∶19）	293.15	36，29，19，19，15，15，12，10	[26a]
ChCl/EG（1∶2，1∶3，1∶4，1∶5）	308.15	25.8，19.7，17.0，15.5	[25]
ChCl/Gly（1∶2，3∶7，1∶3，1∶4,3∶17，1∶9，1∶19）	313.15	104，120，126，132，140，180,222	[25]
ACC/Gly（1∶2）	298.15	379.8	[26b]
TPAB/Gly（1∶2）	298.15	745.6	[26b]
EAC/Gly（1∶2）	298.15	227.2	[26b]
$ClEtMe_3NCl$/Gly（1∶2）	298.15	204.9	[26b]
ChCl/BDO（1∶3，1∶4，3∶17，1∶9,1∶19）	311.15	38，35，31，30，29	[25]
ChCl/1,2-BD（1∶4，3∶17，1∶9,1∶19）	311.15	26，19，17，17	[25]
ChCl/TEG（1∶3，1∶4，1∶5，1∶6）	308.15	48.3，44.0，38.0，32.0	[25]
ChCl/苯酚(1∶2，1∶3，1∶4，1∶5,1∶6)	313.15	42.42，23.08，16.71，13.44，	[27]
ChCl/*o*-甲酚(1∶2，1∶3，1∶4，1∶5,1∶6)	298.15	207.4，77.65，46.95，34.90，	[27]
ChCl/乙醇酸(1∶2)	313.15	218.6	[28]
ChCl/MA（2∶1，1∶1，1∶2）	313.15	729.1，200.0，359.0	[25]
ChCl/OX（1∶1）	313.15	2 142	[28]
ChCl/LV（1∶1）	313.15	93.62	[28]
ChCl/戊二酸(1∶1)	313.15	735.8	[28]
ChCl/LA（1∶1.3，1∶1.5，1∶2,1∶2.5，1∶3，1∶3.5，1∶5，1∶8，1∶10,1∶15）	313.15	267.49，222.55，191.68,174.90，153.04，144.01,126.42，110.53，103.52，103.52	[14]

续表

DES	T/K	η/(mPa·s)	参考文献
EAC/三氟乙酰胺(1∶1.5)	313.15	2.56	[29]
EAC/乙酰胺(1∶1.5)	313.15	64	[29]
EAC/尿素(1∶1.5)	313.15	128	[29]
ChCl/三氟乙酰胺(1∶2)	313.15	66.4，77	[3a，29]
ACC/尿素（1∶2)	313.15	2214	[29]
ChCl/丁二酸(1∶1)	313.15	3401.6	[3a]
ChCl/柠檬酸(1∶1)	343.15	2615	[3a]
ChCl/PhA（1∶2)	313.15	126.6	[3a]
ChCl/丙二醇(1∶2)	313.15	258.8	[3a]
ChCl/p-甲苯磺酸(1∶1)	303.15	183	[30a]
ChCl/乙酰胺(1∶2)	303.15	127	[30a]
ChCl/酒石酸(2∶1)	303.15	66 441	[30a]
ChCl/咪唑(3∶7)	343.15	15	[30b]
TBAB/咪唑(3∶7)	313.15	144.8	[30b]
[C_2Bt][PF_6]/咪唑(1∶4)	343.15	11	[30b]
ChCl/木糖醇(1∶1)	323.15	860	[30c]
ChCl/d-山梨醇(1∶1)	323.15	2000	[30c]
ChCl/葡萄糖(1∶1)	323.15	34400	[30c]
ChCl/木糖醇/Gly（1∶0.5∶0.5)	323.15	370	[30c]
ChCl/d-山梨醇(1∶0.5∶0.5)	323.15	560	[30c]
ChCl/葡萄糖（1∶0.5∶0.5)	323.15	930	[30c]
ATPPB/DEG（1∶4，1∶10，1∶16)	313.15	61.797，25.802，21.74	[30d]
ATPPB/TEG（1∶4，1∶10，1∶16)	313.15	69.365，33.940，28.2770	[30d]
BHDE/AC（1∶2)	313.15	94.54	[8]
BHDE/Gly（1∶3)	313.15	297.01	[8]
BHDE/Gly/H_2O（1∶3∶0.11)	313.15	21.41	[8]
BHDE/LA（1∶2)	313.15	266.06	[8]
BTEA/AC（1∶2)	313.15	112.7	[8]
BTMA/AC（1∶2)	313.15	55.25	[8]
BTMA/Gly（1∶2)	313.15	229.15	[8]
BTMA/Gly/H_2O（1∶2∶0.055,1∶2∶0.11)	313.15	37.22，16.68	[8]
ChCl/EA（1∶7)	313.15	23.39	[8]
ChCl/Gly/AC（1∶1∶1)	313.15	51.54	[8]

续表

DES	T/K	η/(mPa·s)	参考文献
Gua/EA (1∶2)	313.15	36.91	[8]
MTPP/1,2-PDO (1∶4)	313.15	52.49	[8]
MTPP/AC (1∶4)	313.15	67.73	[8]
MTPP/EG (1∶3)	313.15	53.79	[8]
MTPP/LV (1∶3)	313.15	243.95	[8]
MTPP/LV/AC (1∶3∶0.035)	313.15	21.58	[8]
MTPP/Gly (1∶4)	313.15	436.33	[8]
TBAB/EA (1∶6, 1∶7)	313.15	30.16, 28.63	[8]
TBAB/AC (1∶2)	313.15	112.46	[8]
TBAC/AC (1∶2)	313.15	16.28	[8]
TEAC/AC (1∶2, 1∶3)	313.15	19.35, 15.51	[8]
DEAC/Gly (1∶2)	313.15	182.8741	[31a]
DEAC/EG (1∶2)	313.15	26.2835	[31a]
MTPB/MEA (1∶5, 1∶6, 1∶7, 1∶8)	308.15	84.9, 20.7, 20, 20	[31b]
TBAB/MEA (1∶3, 1∶4, 1∶5, 1∶6)	308.15	77, 54.7, 31, 15.5	[31b]
ChCl/MEA (1∶6, 1∶8, 1∶10)	313.15	21.41, 20.81, 16.33	[24]
ChCl/DEA (1∶6, 1∶8, 1∶10)	313.15	149.20, 150.40, 151.40	[24]
ChCl/MDEA (1∶6, 1∶8, 1∶10)	313.15	46.55, 40.89, 20.45	[24]
ChCl/$CrCl_3 \cdot 6H_2O$ (1∶1, 2∶3, 1∶2,3∶10)	315.15	2 475.7, 1 418.8, 992, 788.8	[3a]
ChCl/$ZnCl_2 \cdot 6H_2O$ (1∶1)	313.15	75 683.1	[3a, 32a]
ChCl/尿素 (1∶2)(x_{DES}=0.018 24~0.89965)	313.15	0.719~112.7	[32b, 33,34a]
ChCl/EG (1∶2)(m_{DES}=0.1~0.4)	313.15	0.785 2~1.5652	[34b]
ChCl/Gly (1∶2)(m_{DES}=0.10~0.98)	313.15	0.790 2~97.6070	[34c, d]
ChCl/葡萄糖 (5∶2)(m_{DES}=0.922~0.672)	313.15	397.4~7.2	[34d]
ChCl/PDO (5∶2)(m_{DES}=0.923~0.672)	313.15	33.0~6.1	[34d]
DEAC/Gly (1∶2)(x_{DES}=0.1003~0.9008)	313.15	2.167-143.105	[31a]
DEAC/EG (1∶2)(x_{DES}=0.1000-0.9000)	313.15	1.618~23.527	[31a]
ChCl/MA (1∶1)(m_{DES}=0.1~0.4,0.883 8)	313.15	0.7392~1.5610,445.9	[34b, d]
ChCl/LA (1∶2)(m_{DES}=0.914 0~0.9949)	313.15	853.30~193.18	[15]
ChCl/果糖(5∶2)(m_{DES}=0.922)	313.15	280.8	[34d]
ChCl/木糖(5∶2)(m_{DES}=0.922)	313.15	308.3	[34d]
ChCl/山梨糖(4∶1)(m_{DES}=0.926)	313.15	581.0	[34d]
ChCl/麦芽糖(5∶2)(m_{DES}=0.905)	303.15	3 122	[30a]

续表

DES	T/K	η/(mPa·s)	参考文献
β-丙氨酸/MaA (1∶1)(m_{DES}=0.805 2)	313.15	174.6	[34d]
脯氨酸/MaA (1∶1)(m_{DES}=0.8219)	313.15	251	[34d]
ChCl/山梨醇(5∶2)(m_{DES}=0.907 7)	313.15	138.4	[34d]
ChCl/木糖醇(2∶1)(m_{DES}=0.8883)	313.15	86.1	[34d]

对于不同的 DES，HBA/HBD 摩尔比对黏度的影响会有所不同。HBA/HBD 摩尔比为 1∶6、1∶8 和 1∶10 的氯化胆碱-链烷醇胺低共熔溶剂，黏度随氯化胆碱/MEA 和氯化胆碱/MDEA（N-甲基二乙醇胺）摩尔比的增加而降低，而氯化胆碱/DEA（二乙醇胺）则表现出黏度随摩尔比增加而增加。氯化胆碱-链烷醇胺低共熔溶剂的黏度比纯链烷醇胺高得多，这归因于氯化胆碱和链烷醇胺之间形成氢键[24]。研究水对氯化胆碱/MA（丙二酸）（1∶1）DES 黏度的影响（表 15.3）。结果表明，随着含水量的增加，黏度降低。这意味着 H_2O 作为 HBD 和 HBA 都可能与 DES 的组分强烈相互作用，从而削弱 DES-DES 的分子间相互作用，最终降低黏度。对 DES-水体系的过高黏度进行了调查。对于氯化胆碱/Gly（1∶2）、DEAC（N,N-二乙醇氯化铵）/Gly（1∶2）和 DEAC/EG（1∶2）的水溶液，过量黏度为正值，最大值位于 DES（x_{DES}）的摩尔分数分别为 0.4、0.5 和 0.3 的位置。对于氯化胆碱/尿素（1∶2）水溶液，当 $T<343.15$K，过量对数黏度（$\ln\eta^E$）为负，最小值位于 $x_{DES}=0.6$；当 $T\geq343.15$K，过量对数黏度为正，当温度为 343.15K 时，最大值 $x_{DES}=0.3$ 和 0.7，当 $T>343.15$K 时 $x_{DES}=0.4$。这种奇怪的现象可能与该体系中复杂的交互作用有关。

15.2.1.3 摩尔热容

摩尔热容（C_p）是反映 DES 中储存的热能大小的一种本征性质。C_p 值可以通过实验测量或通过分子动力学模拟[35]，如表 15.4 所示。通常，C_p 与温度、HBA 或 HBD 的性质以及 co-HBD 或水的含量有关。所有 DES 的 C_p 值随温度的升高几乎呈线性增加。对于相同的 HBA，C_p 受 HBD 类型的影响。例如，氯化胆碱基 DES，以柠檬酸作为 HBD 的 DES 的 C_p 最高［422~449.4J/（mol·K）］，而 HBD 未尿素的 DES 表现出最低的 C_p［181.4~190.8J/(mol·K)］。四丁基氯化铵（TBAC）基 DES，TBAC/尿素（1∶2）表现出最高的 C_p［590.1~605.9J/（mol·K）］，而 TBAC/Gly（1∶2）显示最低（336.9~354.2 J/mol·K）。对于以 EG 为 HBD 的 DES，TBAC/EG（1∶3）显示最高 C_p［288.3~312.6J/（mol·K）］，而甜菜碱/EG（1∶3）显示最低的 C_p（164.80~177.54J/mol·K）。

表 15.4 DES 及其与 co-HBDs 或水的混合物在 1 个大气压下的摩尔热容

DES	T/K	C_p/(J/mol·K)	参考文献
ChCl/尿素 (1∶2)	313.15	183.2	[3g]
ChCl/EG (1∶2)	313.15	194.0	[3g, 35]
ChCl/TEG (1∶2)	313.15	304.7	[37]
ChCl/Gly (1∶2)	313.15	240.8	[3g, 35]

续表

DES	T/K	C_p/(J/mol·K)	参考文献
ChCl/苯酚(1∶3)	313.15	225.1	[37]
ChCl/果糖(2∶1)	313.15	326.2	[37]
ChCl/葡萄糖(2∶1)	313.15	338.6	[37]
ChCl/MA(1∶1)	313.15	230.6	[37]
ChCl/柠檬酸(1∶2)	313.15	428.7	[37]
ChCl/OX(1∶2)	313.15	275.4	[37]
TBAC/Gly(1∶5)	313.15	289.4	[36, 37]
TBAC/尿素(4∶1)	313.15	598.0	[37]
TBAC/EG(1∶3)	313.15	295.8	[36, 37]
TBAC/TEG(1∶1)	313.15	456.1	[36, 37]
TBAC/MA(1∶3)	313.15	320.6	[37]
MTPB/EG(1∶4)	313.15	243.4	[37]
MTPB/Gly(1∶3)	313.15	334.8	[37]
MTPB/MA(2∶3)	313.15	343.1	[37]
DEAC/Gly(1∶2)	313.15	253.2	[38a]
DEAC/EG(1∶2)	313.15	206.5	[38a]
甜菜碱/EG(1∶3)	318.15	164.80	[38b]
L-肉毒碱/EG(1∶3)	318.15	181.00	[38b]
ChCl/尿素/l-精氨酸(1∶2∶0.05~0.2)	313.15	184.52~190.95	[38c]
ChCl/尿素(1∶2)(x_{DES}=0.0998~0.8926)	313.15	84.3~178.9	[3g]
ChCl/EG(1∶2)(x_{DES}=0.0997~0.8893)	313.15	89.92~221.9	[3g]
DEAC/Gly(1∶2)(x_{DES}=0.1001~0.9004)	313.15	94.7~236.5	[38a]
DEAC/EG(1∶2)(x_{DES}=0.1001~0.9001)	313.15	90.4~194.5	[38a]
TBAC/Gly(1∶5)(x_{DES}=0.1~0.9)	313.15	274.64~94.77	[36]
TBAC/TEG(1∶1)(x_{DES}=0.1~0.9)	313.15	421.36~127.19	[36]
TBAC/EG(1∶3)(x_{DES}=0.1~0.9)	313.15	295.77~99.20	[36]

表15.4中所列的纯DES，C_p 通常与DES的摩尔质量成正比，如图15.2所示。原因在于 C_p 仅取决于自由运动的数量，包括平移、振动和旋转运动，而平移、振动和旋转能量存储模式的数量取决于分子的摩尔质量。

对于DES与co-HBD的混合物，C_p 也与co-HBD的含量以及co-HBD的组成有关。含有 *L*-精氨酸的DES表现出高 C_p（211.91~252.43J/mol·K），随着 *L*-精氨酸占比的增加，在303.15~353.15K时，C_p 值增加。

由于水的摩尔热容低，DES与水混合物的 C_p 值低于纯DES的 C_p 值。C_p 值随温度升高而略有增加，但随DES摩尔分数的降低而降低。DES-水体系的过量摩尔热容 C_p^E 可用于进

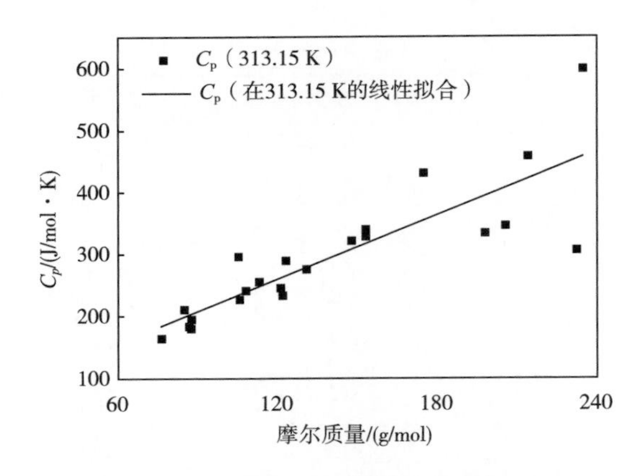

图 15.2 摩尔热容与摩尔质量的线性关系

一步说明 H_2O 对热力学性质的影响。表 15.5 总结了 C_p^E 的符号（负或正）、形状和极端位置。氯化胆碱/尿素（1∶2）和氯化胆碱/EG（1∶2）的 C_p^E 呈负值，但 DEAC/Gly（1∶2），DEAC/EG（1∶2）和 TBAC/TEG（1∶1）的 C_p^E 呈正值。C_p^E 的正值可能是由于 DES-DES 与水-水的相互作用强于 DES-水[36]。与溶解度和黏度的现有实验测量相比，摩尔热容的数据仍然很少，需要做更多的工作。

表 15.5 在一个大气压下低共熔溶剂-水的过量摩尔热熔 C_P^E

DES	T/K	范围（x_{DES}）	C_P^E	模型 $(C_P^E/x_{DES})/x_{DES}$ =极限位置	参考文献
ChCl/尿素（1∶2）	303.15~353.15	0~1	$C_P^E<0$	u/x_{DES}=0.3	[3g]
ChCl/EG(1∶2)	303.15~353.15	0~1	$C_P^E<0$	u/x_{DES}=0.7（$T\geqslant 343.15$） u/x_{DES}=0.5（$T\leqslant 333.15$）	[3g]
ChCl/Gly(1∶2)	303.15~353.15	0~1	$C_P^E>0$ (353.15K)； $C_P^E<0$ ($T<353.15$K)	u/x_{DES}=0.8 和 0.2 s/x_{DES}=0.7 ($333.15\leqslant T\leqslant 343.15$) u/$x_{DES}$=0.5（$T<333.15$）	[3g]
DEAC/Gly（1∶2）	303.15~353.15	0~1	$C_P^E>0$	n/x_{DES}=0.6	[38a]
DEAC/EG(1∶2)	303.15~353.15	0~1	$C_P^E>0$	n/x_{DES}=0.6n/x_{DES}=0.5	[38a]
TBAC/Gly（1∶5）	298.15~353.15	0~1	$C_P^E>0$ ($x_{H_2O}<0.6$) $C_P^E>0$ ($x_{H_2O}<0.7$)	n/x_{DES}=0.5 u/x_{DES}=0.1	[36]
TBAC/TEG(1∶1)	298.15~353.15	0~1	$C_P^E>0$	n/x_{DES}=0.7 和 0.1	[36]
TBAC/EG(1∶3)	298.15~353.15	0~1	$C_P^E<0$ $C_P^E>0$ (298.15K)	u/x_{DES}=0.1（298.15K） s/x_{DES}=0.3，0.5，和 0.9	[36]

注：u，负单峰；n，正单峰；s，正弦曲线。

15.2.2 动力学性质

在这一部分中，动力学性能是指达到气体吸收和解吸平衡所需的时间。由于数据有限，本部分仅考虑了 CO_2 和 SO_2 的工作，如表 15.6 所示。气体的吸收和解吸速率与温度、HBA 的性质和 HBD 的含量有关。通常，气体在较高温度下更容易被解吸。

在 DES 中达到气体吸收/解吸平衡所需的时间与 DES 和气体之间的分子间相互作用有关。相互作用越强，解吸时间越长，解吸温度越高。在 333K 下从氯化胆碱/Gly/DBN（1∶2∶6）中解吸二氧化碳所需的时间为 35min，而在 EG 中 30%（质量分数）的 MEA·氯化胆碱/EDA（乙二胺）（1∶3）在 373K 时的解吸时间为 210min，这是由于所生成的氨基甲酸酯阴离子和铵阳离子之间存在强氢键网络[39a]。吸收时间受分子间相互作用和气体分压的影响。甜菜碱/EG（1∶3）和左旋肉碱/EG（1∶3）在 SO_2 的分压较低的情况下，由于酸性 SO_2 和基于路易斯碱的 COO^- 之间的强酸碱反应，可以高效吸收 SO_2[22]。

表 15.6 低共熔溶剂中气体的吸收和解吸

DES	气体	t_{abs}/min	T/K	m_{gas}/(mol/kgDES)	t_{abs}/min	T/K	m_{gas}/(mol/kgDES)	参考文献
ChCl/尿素（1∶2）	CO_2	45	298	—	25	333	—	[4]
ChCl/Gly/DBN（1∶2∶6）	CO_2	35	298	2.328	35	333	0.092	[39a]
30%（质量分数）MEA·Cl/EDA（1∶3）in EG	CO_2	62	303	4.147	210	373	0	[39b]
ChCl/Gly（1∶1）	SO_2	30	293	10.594	20	323	0.125	[21a]
ChCl/EG（1∶2）	SO_2	15	303	10.919	15	353	0.190	[21b]
ChCl/MA（1∶1）	SO_2	15	303	3.820	15	353	0	[21b]
ChCl/尿素（1∶2）	SO_2	15	303	7.122	15	353	0	[21b]
ChCl/硫脲(1∶1)	SO_2	15	303	10.107	15	353	0	[21b]
乙酰胺/KSCN（3∶1）	SO_2	30	303	7.188	15	343	3.303	[21c]
甜菜碱/EG（1∶3）①	SO_2	160	313	1.084	60	363	0.139	[22]
L-肉毒碱/EG（1∶3）①	SO_2	400	313	2.380	120	363	0.782	[22]

①SO_2 分压为 2026Pa。

15.3 用于 CO_2 分离的低共熔溶剂的筛选和评估

从已经合成的 DES 中筛选出有前途的 DES 或评估 DES 的 CO_2 分离性能至关重要。DES 的筛选和评估可以使用不同的方法进行，例如，基于性质、热力学分析和过程模拟。

15.3.1 基于性质的方法

DES 的性质被认为是筛选潜在进行 CO_2 捕集（或分离）的 DES 标准。根据 298.15K 时

的 CO_2 溶解度（m_{CO_2}>1mol/kg）和黏度（η<200mPa·s），筛选了 15 种 DES[8]。基于本章所考察的性质，筛选出 13 种 DES，其 CO_2 溶解度超过 0.5mol/kg，黏度低于 100mPa·s。筛选的 DES 为氯化胆碱/EA（1∶7）、盐酸胍（Gua）/EA（1∶2）、TBAB/EA（1∶6、1∶7）、ATPPB/DEG（1∶4、1∶10、1∶16）、ATPPB/TEG（1∶4、1∶10、1∶16）和氯化胆碱/MEA（1∶6、1∶8、1∶10）。但是，这 13 种 DES 的摩尔热容数据尚未可知，需要做更多的工作。

15.3.2 基于热力学分析的方法

基于性质的筛选方法很简单，但是在筛选和评估 DES 时却很粗糙。对于 CO_2 分离过程，用于溶剂再生的能量和回收溶剂的量是两个重要因素。这两个因素可以与吉布斯自由能的变化结合起来，并进行优化使用热力学分析可以得到需要 CO_2 溶解度、摩尔热容和密度等性质的最佳操作条件[40]。

本课题组通过热力学分析筛选了 4 种 DES 和 12 种 DES 水溶液[41]。此外，在我们以前的工作中，将两种经筛选的 DES 和两种 DES 水溶液的性能与经筛选的常规 ILs 和商用 CO_2 吸收剂进行了比较[41]，DES 表现出较低的能源消耗和较低的回收溶剂量。应当指出，该方法没有考虑动态因素和动力因素。

15.3.3 基于过程模拟的方法

过程模拟可用于评估吸收剂的性能，但是大部分工作值只与传统有机溶剂和 ILs 相关[42a,b]。DES 型吸收剂的相关过程模拟非常少。在我们之前的工作中[42c]，为了评估氯化胆碱/尿素（1∶2）水溶液的性能，基于 Aspen Plus 开发了沼气提质的概念过程并进行了模拟。模拟结果表明，与纯水工艺相比，添加氯化胆碱/尿素（1∶2）减少了 16%的总能源消耗，吸收剂和剥离器的直径均随着氯化胆碱/尿素（1∶2）含量的增加而降低。尽管基于过程模拟的方法比其他两种方法更准确，但它很耗时，并且需要大量数据和建模工作。

15.4 使用低共熔溶剂的进一步转换

借助 DES 可以将捕集的 CO_2 转化为 C_1–C_2 化学品和纳米材料。Abbott 等首先将氯化胆碱基低共熔溶剂作为电解质进行合金的电沉积和电抛光[43a,b]，并且制备的合金可用作阴极还原 CO_2。使用氯化胆碱/尿素（1∶2），制备了锌铜合金，并将其用作双金属阴极，用于将 1-丁基-3-甲基咪唑鎓（[Bmim]）[TfO] 水溶液中的 CO_2 电化学还原为 CO[6b]。DES 也可以直接用作电解质进行电化学还原[6c]。此外，DES 提供了一个一体化体系，可充当二氧化碳捕集剂/吸附剂，用于溶解 CO_2 的溶剂以及将氯化胆碱/$CaCl_2 \cdot 6H_2O$（1∶2）中溶解的 CO_2 转化为平均粒径为 30nm 的增值方解石（$CaCO_3$）纳米粒子[5c]。

15.5 结论

为了促进用于二氧化碳捕集的 DES 的发展，在本章中，对可用于二氧化碳捕集的 DES 及其与 co-HBD 或水混合物的性质，包括气体溶解度、黏度、摩尔热容和气体吸收/解吸速率进行了调查和讨论。结果表明，人们对 CO_2 的溶解度和黏度进行了广泛的研究，而对其他性质的研究相对较少，需要做更多的工作。根据所研究 DES 的 CO_2 溶解度和黏度特性，筛选出 13 种 DES。热力学分析和过程模拟也可以用于 DES 筛选和评估，但需要较大的信息量，并且相关工作受到限制。借助 DES，捕集的 CO_2 可以转化 C_1-C_2 化学品和纳米材料，而这项研究仍处于起步阶段。

参考文献

1 (a) Hoeven, M. V. D. (2012). CO_2 Emission from Fuel Combustion. International Energy Agency. ISBN: 9789264174764. (b) Plasynski, S. I., Litynski, J. T., McIlvried, H. G., and Srivastava, R. D. (2009). Crit. Rev. Plant Sci. 28: 123-138. (c) Bauer, F., Persson, T., Hulteberg, C., and Tamm, D. (2013). Biofuels, Bioprod. Biorefin. 7: 499-511. (d) MacDowell, N., Florin, N., Buchard, A. et al. (2010). Energy Environ. Sci. 3: 1645-1669. (e) Privalova, E. I., Maki-Arvela, P., Murzin, D. Y., and Mikkola, J. P. (2012). Russ. Chem. Rev. 81: 435-457. (f) Hussain, A. (2012). Sep. Sci. Technol. 47: 1857-1865.

2 Rogers, R. D. and Seddon, K. R. (2002). Ionic Liquids: Industrial Applications for Green Chemistry. Oxford: Oxford University Press.

3 (a) Abbott, A. P., Boothby, D., Capper, G. et al. (2004). J. Am. Chem. Soc. 126: 9142-9147. (b) Lawes, S. D. A., Hainsworth, S. V., Blake, P. et al. (2010). Tribol. Lett. 37: 103-110. (c) Leron, R. B., Wong, D. S. H., and Li, M. H. (2012). Fluid Phase Equilib. 335: 32-38. (d) Leron, R. B., Soriano, A. N., and Li, M. H. (2012). J. Taiwan Inst. Chem. Eng. 43: 551-557. (e) Leron, R. B. and Li, M. H. (2013). J. Chem. Thermodyn. 57: 131-136. (f) Leron, R. B. and Li, M. H. (2012). J. Chem. Thermodyn. 54: 293-301. (g) Leron, R. B. and Li, M. H. (2012). Thermochim. Acta 530: 52-57. (h) Su, W. C., Wong, D. S. H., and Li, M. H. (2009). J. Chem. Eng. Data 54: 1951-1955. (i) Ju, Y. J., Lien, C. H., Chang, K. H. et al. (2012). J. Chin. Chem. Soc. 59: 1280-1287. (j) Dong, J. Y., Lin, C. H., Hsu, Y. J. et al. (2012). CrystEngComm 14: 4732-4737. (k) Li, X. Y., Hou, M. Q., Han, B. X. et al. (2008). J. Chem. Eng. Data 53: 548-550.

4 Li, W. J., Zhang, Z. F., Han, B. X. et al. (2008). Green Chem. 10: 1142-1145.

5 (a) Smith, E. L., Abbott, A. P., and Ryder, K. S. (2014). Chem. Rev. 114: 11060-11082. (b) Zhang, Q. H., De Oliveira Vigier, K., Royer, S., and Jérôme, F. (2012). Chem. Soc. Rev. 41: 7108-7146. (c) Garcia, G., Aparicio, S., Ullah, R., and Atilhan, M. (2015). Energy Fuel 29: 2616-2644. (d) Paiva, A., Craveiro, R., Aroso, I. et al. (2014). ACS Sustainable Chem. Eng. 2: 1063-1071.

6 (a) Verma, S., Lu, X., Ma, S. et al. (2015). Phys. Chem. Chem. Phys. 18: 7075-7084. (b) Pardal, T., Messias, S., Sousa, M. et al. (2017). J. CO_2 Util. 18: 62-72. (c) Karimi, M., Jodaei, A., Khajvandi, A. et

al. (2018). J. Environ. Manage. 206:516-522.

7 (a) Tang, B., Zhang, H., and Row, K. H. (2015). J. Sep. Sci. 38:1053-1064. (b) Smith, E. L. (2013). Trans. Inst. Met. Finish. 91:241-248. (c) del Monte, F., Carriazo, D., Serrano, M. C. et al. (2014). ChemSusChem 7:999-1009. (d) Wang, A. L., Zheng, X. L., Zhao, Z. Z. et al. (2014). Prog. Chem. 26:784-795. (e) Wagle, D. V., Zhao, H., and Baker, G. A. (2014). Acc. Chem. Res. 47:2299-2308. (f) Durand, E., Lecomte, J., and Villeneuve, P. (2013). Eur. J. Lipid Sci. Technol. 115:379-385. (g) Alonso, D. A., Baeza, A., Chinchilla, R. et al. (2016). Eur. J. Org. Chem. :612-632. (h) Zhang, Q. Q., Wang, Q., Zhang, S. J. et al. (2016). ChemPhysChem 17:335-351. (i) Abbott, A. P., Frisch, G., and Ryder, K. S. (2013). Annu. Rev. Mater. Res. 43:335-358. (j) Tang, S. K., Baker, G. A., and Zhao, H. (2012). Chem. Soc. Rev. 41:4030-4066. (k) Zhao, H. and Baker, G. A. (2013). J. Chem. Technol. Biotechnol. 88:3-12. (l) de Maria, P. D. and Maugeri, Z. (2011). Curr. Opin. Chem. Biol. 15:220-225. (m) Russ, C. and Konig, B. (2012). Green Chem. 14:2969-2982. (n) Francisco, M., van den Bruinhorst, A., and Kroon, M. C. (2013). Angew. Chem. Int. Ed. 52:3074-3085. (o) Abo-Hamad, A., Hayyan, M., AlSaadi, M. A., and Hashim, M. A. (2015). Chem. Eng. J. 273:551-567. (p) de Maria, P. D. (2014). J. Chem. Technol. Biotechnol. 89:11-18. (q) Kudlak, B., Owczarek, K., and Namiesnik, J. (2015). Environ. Sci. Pollut. Res. 22:11975- 11992. (r) Gorke, J., Srienc, F., and Kazlauskas, R. (2010). Biotechnol. Bioprocess Eng. 15:40-53. (s) Zhang, Y. Y., Lu, X. H., Feng, X. et al. (2013). Prog. Chem. 25:881-892.

8 Sarmad, S., Xie, Y. J., Mikkola, J. P., and Ji, X. Y. (2016). New J. Chem. 41:290-301.

9 Adeyemi, I., Abu-Zahra, M. R. M., and Alnashef, I. (2017). Energy Procedia 105:1394-1400.

10 Bhawna, P. A. and Pandey, S. (2017). ChemistrySelect 2:11422-11430.

11 Ali, E., Hadj-Kali, M. K., Mulyono, S. et al. (2014). Chem. Eng. Res. Des. 92:1898-1906.

12 Leron, R. B. and Li, M. H. (2013). Thermochim. Acta 551:14-19.

13 (a) Lu, M. Z., Han, G. Q., Jiang, Y. T. et al. (2015). J. Chem. Thermodyn. 88:72-77. (b) Chen, Y. F., Ai, N., Li, G. H. et al. (2014). J. Chem. Eng. Data 59:1247-1253. (c) Li, G. H., Deng, D. S., Chen, Y. F. et al. (2014). J. Chem. Thermodyn. 75:58-62.

14 Francisco, M., van den Bruinhorst, A., Zubeir, L. F. et al. (2013). Fluid Phase Equilib. 340:77-84.

15 Liu, X. B., Gao, B., Jiang, Y. T. et al. (2017). J. Chem. Eng. Data 62:1448-1455.

16 (a) Marcus, Y. (2017). Monatsh. Chem. 149:1-7. (b) Altamash, T., Atilhan, M., Aliyan, A. et al. (2017). Chem. Eng. Technol. 40:778-790.

17 Deng, D. S., Jiang, Y. T., Liu, X. B. et al. (2016). J. Chem. Thermodyn. 103:212-217.

18 Ghaedi, H., Ayoub, M., Sufian, S. et al. (2017). J. Mol. Liq. 243:564-571.

19 Zubeir, L. F., Lacroix, M. H. M., and Kroon, M. C. (2014). J. Phys. Chem. B 118:14429-14441.

20 (a) Hsu, Y. H., Leron, R. B., and Li, M. H. (2014). J. Chem. Thermodyn. 72:94-99. (b) Lin, C. M., Leron, R. B., Caparanga, A. R., and Li, M. H. (2014). J. Chem. Thermodyn. 68:216-220.

21 (a) Yang, D. Z., Hou, M. Q., Ning, H. et al. (2013). Green Chem. 15:2261-2265. (b) Sun, S. Y., Niu, Y. X., Xu, Q. et al. (2015). Ind. Eng. Chem. Res. 54:8019-8024. (c) Liu, B. Y., Wei, F. X., Zhao, J. J., and Wang, Y. Y. (2013). RSC Adv. 3:2470-2476.

22 Zhang, K., Ren, S. H., Hou, Y. C., and Wu, W. Z. (2016). J. Hazard. Mater. 324:457-463.

23 Xie, Y. J., Dong, H. F., Zhang, S. J. et al. (2013). In: 5th International Conference on Applied Energy. Pretoria, South Africa (1-4 July 2013).

24 Adeyemi, I., Abu-Zahra, M. R. M., and Alnashef, I. M. (2018). J. Mol. Liq. 256:581-590.

25 Mjalli, F. S. and Naser, J. (2015). Asia-Pac. J. Chem. Eng. 10:273-281.

26 (a) Abbott, A. P., Harris, R. C., and Ryder, K. S. (2007). J. Phys. Chem. B 111:4910-4913. (b) Abbott, A. P., Cullis, P. M., Gibson, M. J. et al. (2007). Green Chem. 9:868-872.

27 Guo, W. J., Hou, Y. C., Ren, S. H. et al. (2013). J. Chem. Eng. Data 58:866-872.

28 Florindo, C., Oliveira, F. S., Rebelo, L. P. N. et al. (2014). ACS Sustainable Chem. Eng. 2:2416-2425.

29 Abbott, A. P., Capper, G., and Gray, S. (2006). ChemPhysChem 7:803-806.

30 (a) Zhao, B. Y., Xu, P., Yang, F. X. et al. (2015). ACS Sustainable Chem. Eng. 3:2746-2755. (b) Hou, Y. W., Gu, Y. Y., Zhang, S. M. et al. (2008). J. Mol. Liq. 143:154-159. (c) Maugeri, Z. and Dominguez de María, P. (2012). RSC Adv. 2:421-425. (d) Ghaedi, H., Ayoub, M., Sufian, S. et al. (2017). J. Mol. Liq. 241:500-510.

31 (a) Siongco, K. R., Leron, R. B., and Li, M. H. (2013). J. Chem. Thermodyn. 65:65-72. (b) Mjalli, F. S., Murshid, G., Al-Zakwani, S., and Hayyan, A. (2017). Fluid Phase Equilib. 448:30-40.

32 (a) Abbott, A. P., Capper, G., Davies, D. L., and Rasheed, R. K. (2004). Chem. Eur. J. 10:3769-3774. (b) Yadav, A. and Pandey, S. (2014). J. Chem. Eng. Data 59:2221-2229.

33 Shekaari, H., Zafarani-Moattar, M. T., and Mohammadi, B. (2017). J. Mol. Liq. 243:451-461.

34 (a) Xie, Y. J., Dong, H. F., Zhang, S. J. et al. (2014). J. Chem. Eng. Data 59:3344- 3352. (b) Hsieh, Y. P., Leron, R. B., Soriano, A. N. et al. (2012). J. Chem. Eng. Jpn. 45:939-947. (c) Yadav, A., Trivedi, S., Rai, R., and Pandey, S. (2014). Fluid Phase Equilib. 367:135-142. (d) Dai, Y., van Spronsen, J., Witkamp, G. -J. et al. (2013). Anal. Chim. Acta 766:61-68.

35 Perkins, S. L., Painter, P., and Colina, C. M. (2014). J. Chem. Eng. Data 59:3652-3662.

36 Naser, J., Mjalli, F. S., and Gano, Z. S. (2017). Asia-Pac. J. Chem. Eng. 12:938-947.

37 Naser, J., Mjalli, F. S., and Gano, Z. S. (2016). J. Chem. Eng. Data 61:1608-1615.

38 (a) Siongco, K. R., Leron, R. B., Caparanga, A. R., and Li, M. H. (2013). Thermochim. Acta 566:50-56. (b) Zhang, K., Li, H. M., Ren, S. H. et al. (2017). J. Chem. Eng. Data 62:2708-2712. (c) Chemat, F., Anjum, H., Shariff, A. M. et al. (2016). J. Mol. Liq. 218:301-308.

39 (a) Sze, L. L., Pandey, S., Ravula, S. et al. (2014). ACS Sustainable Chem. Eng. 2:2117-2123. (b) Trivedi, T. J., Ji, H. L., Lee, H. J. et al. (2016). Green Chem. 18:2834-2842.

40 Zhang, Y. Y., Ji, X. Y., Xie, Y. J., and Lu, X. H. (2018). Appl. Energy 217:75-87.

41 Zhang, Y. Y., Ji, X. Y., and Lu, X. H. (2018). Renewable Sustainable Energy Rev. 97:436-455.

42 (a) Basha, O. M., Keller, M. J., Luebke, D. R. et al. (2013). Energy Fuel 27:3905- 3917. (b) Notz, R., Mangalapally, H. P., and Hasse, H. (2012). Int. J. Greenhouse Gas Control 6:84-112. (c) Ma, C. Y., Xie, Y. J., Ji, X. Y. et al. (2018). Appl. Energy 225:437-447.

43 (a) Abbott, A. P., Capper, G., Mckenzie, K. J., and Ryder, K. S. (2007). J. Electroanal. Chem. 599:288-294. (b) Abbott, A. P., Capper, G., Swain, B. G., and Wheeler, D. A. (2005). Trans. Inst. Met. Finish. 83:51-53.

16 低共熔溶剂介导的绿色分析化学方法

Federico J. V. Gomez，Magdalena Espino，Maria de los A. Fernández，Joana Boiteux 和 María F. Silva

Universidad Nacional de Cuyo，Instituto de Biología Agrícola de Mendoza (IBAM- CONICET)，Facultad de Ciencias Agrarias，Green Analytical Chemistry Laboratory，Alte. Brown 500，5505，Chacras de Coria，Mendoza，Argentina

16.1 引言

过去几年来，环境保护和人类健康安全问题在分析化学领域得到了相当多的关注。从这个意义上讲，绿色分析化学（green analytical chemistry，GAC）应运而生，为可持续发展进程带来了曙光[1]。绿色方法需要在分析指标（准确性、稳健性、精确度和灵敏度）与 GAC 原则和要求之间达成平衡。

分析化学家一直关心环境保护问题。实际上，GAC 方法的第一种描述出现在 1987 年的欧洲分析 VI 期间的巴黎[2]。几年后，保罗·阿纳斯塔斯（Paul Anastas）教授提出了“绿色化学”的原理[1]。GAC 原则作为分析方法开发的一般方法（图 16.1）由 Gałuszka 等[3] 在 2013 年正式提出。

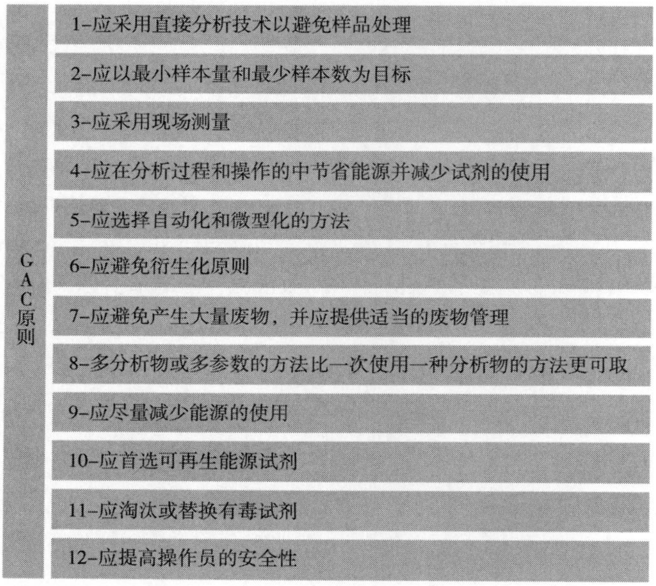

GAC原则

1-应采用直接分析技术以避免样品处理

2-应以最小样本量和最少样本数为目标

3-应采用现场测量

4-应在分析过程和操作的中节省能源并减少试剂的使用

5-应选择自动化和微型化的方法

6-应避免衍生化原则

7-应避免产生大量废物，并应提供适当的废物管理

8-多分析物或多参数的方法比一次使用一种分析物的方法更可取

9-应尽量减少能源的使用

10-应首选可再生能源试剂

11-应淘汰或替换有毒试剂

12-应提高操作员的安全性

图 16.1 绿色分析化学原理[3]

资料来源：Gałuszka 等（2013）[3]，经英国皇家化学学会许可转载。

考虑到这一点，鼓励分析化学家去改变设计方法和程序的方式。可以将分析方法学视为从分析问题的定义开始的一系列连续步骤。这些步骤的大多数步骤中，特别是样品制备，都需要使用有害的有机溶剂，从而威胁到整个操作过程的绿色。因此，最好的溶剂有时是无溶剂。即使开发“无溶剂”方案引起了人们的兴趣，但在某些情况下仍不可避免地使用有机溶剂。从这个意义上讲，寻找替代溶剂至关重要。

在过去的二十年中，离子液体（ILs），即完全由熔点低于 100℃ 的离子组成的有机盐，吸引了科学界的注意。然而，由于其生物降解性差，制备过程中成本和能耗较高，ILs 的“绿色”常受到挑战。

2004年，Abbott等[5] 提出了一种低共熔溶剂的概念这是化学方法论的里程碑。DES是由氢键和范德瓦尔斯力作为主要驱动力的混合物。这些混合物形成一种智能共晶体系，可用于分析过程。当该体系由天然存在的分子（如糖、醇、氨基酸、有机酸和胆碱衍生物）组成时，它们称为天然低共熔溶剂（NADES）[6]。

考虑到上述情况，DES为分析化学提供了无限的机会，从而改变了方法开发的方式。此外，考虑到DES是“量身定制”的，并且可以在所需的过程中生成可调试的溶剂，因此它们具有出色的功能。从这个意义上讲，DES主要用作提取介质。此外，据报道它们在液相色谱（LC）和电化学改性剂中可作为流动相。

在执行可持续和高效的分析方法方面，本章确信要从旧的做法转向新的道路，本章的目的是概述有关DES在分析化学领域的主要应用知识。DES介导的提取应与GAC一致。介绍并讨论了涉及最流行的分离技术以及与检测系统的增强和兼容性的机会。

样品的制备、分离和检测是分析方法的基础（图16.2），DES作为分析优化工具具有巨大潜力。此外，近期的趋势和未来的观点涉及绿色溶剂如何促进分析方法的可持续性的策略和挑战。

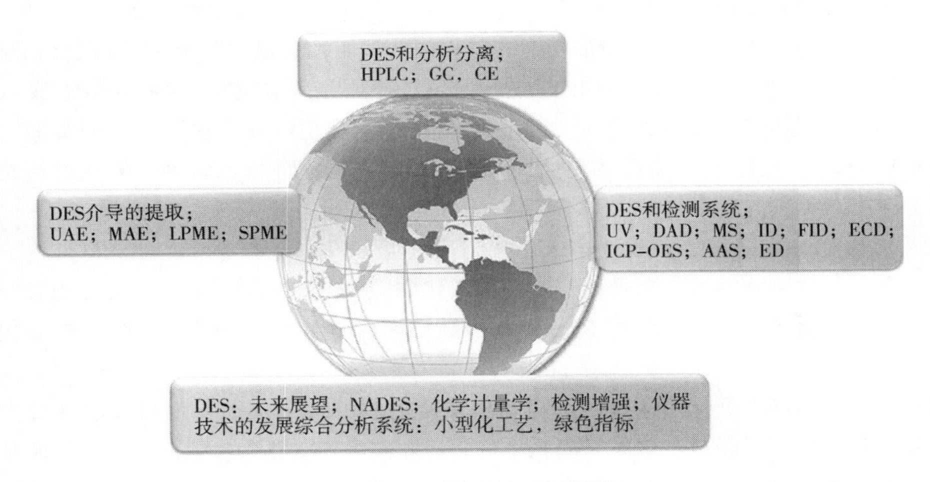

图16.2 低共熔溶剂和分析化学

16.2 萃取技术和低共熔溶剂

尽管分析仪器不断进步，在灵敏度、活力性和速度方面都有惊人的提高，但分析方法的仍在很大程度上取决于样品制备的效率。面对这一毋庸置疑的事实，溶剂起着至关重要的作用。应考虑其化学性质、可用性、价格、可回收性、合成过程、毒性、生物降解性、性能、稳定性、易燃性、储存和可再生性。毫无疑问，DES可以被视为新绿色时代的溶剂。

基于液-液和固-液提取概念，DES被应用于从复杂样品中提取生物活性分子[8]。它的提取效率受许多变量影响。因此，一些报告涉及对于样品制备步骤的多种优化。主要研究因素包括样品/溶剂比、萃取时间和温度以及 DES 稀释和组成。

DES 的主要缺点之一是高黏度产生一些实际问题，如萃取过程中的传质缓慢。为了克服这个缺点，通过加水和改变其成分是有效的解决方法[9]。DES 的超晶格在用水稀释后会由于氢键的逐渐断裂而发生变化，从而影响其理化性质。在这种情况下，一些研究人员研究了水分对于用于特定提取的定制 DES 的作用。据报道，50%～80%的稀释度会引起氢键网络的逐渐破裂，甚至会失去分子间的相互作用[10-13]。考虑到上述情况，可以调节 DES 水含量以提高提取率[14-16]。

自发现 DES 以来，亲水 DES 便被报道应用于提取。然而，近年来研究人员增加了对疏水 DES 的研究兴趣[17-19]。疏水 DES 通常是氢键供体和具有长疏水性烷基链的受体（如癸酸-季铵盐）的组合，作为可以从水溶液中回收化合物的溶剂，这一应用非常引人注目[20]。Zeng 等[21] 报道了一种低亲水性的 DES，它由 1-辛基-3-甲基咪唑鎓氯化物和 1-十二烷醇组成，基于 DES 固化的分散液-液微萃取（DLLME），用于从水样中提取苯甲酰脲。另一方面，Dietz 等[20] 报道了用疏水性 DES 作为萃取剂，可通过从生物质水溶液中进行液液萃取（LLE）在单糖存在的情况下选择性去除糠醛和羟甲基糠醛。此外，*DL*-薄荷醇和几种天然酸被用于制备疏水性 DES，从水性介质中萃取微量污染物，萃取效率高达 80%[19]。

研究人员报道了 DES 作为辅助剂在提取过程中的适用性。氯化胆碱-草酸混合物被用作辅助剂，以改善在含水两相体系中用盐析法从锁阳（肉质草本植物）中提取乌索酸[22]。此外，使用 DES 作为常规提取溶剂的添加剂，从植物日本扁柏叶片中提取了三种黄酮（槲皮素、杨梅素和金黄色酮）[23]。需特别指出的是尽管 DES 是一种绿色溶剂，但从可持续的角度来看，与有机溶剂作为共助剂是不冲突的。

为了了解 DES 如何影响提取效率，Zhou 等[12] 使用扫描电子显微镜（SEM）评估了桑叶提取前后的叶片微观结构。有趣的是，使用氯化胆碱-柠檬酸组成的 DES 对细胞壁结构的损伤比水或甲醇更严重。作者认为 DES 有利于纤维素的溶解，从而增加桑叶中酚类化合物的释放。

近年来，现代和小型化的萃取技术已经出现使用 DES 作为传统萃取过程的环境友好替代品。在溶剂消耗、样品量、萃取时间和分析物回收率方面，这些技术已被证明优于传统萃取技术。新型方法包括超声辅助微萃取（UAME）、微波辅助微萃取（MAME）、液相微萃取（LPME）和固相微萃取（SPME）[8]。

16.2.1 超声辅助萃取（UAE）

超声辅助萃取（UAE）基于超声能量的使用，可实现样品与萃取溶剂之间的有效接触。为了实现高的提取效率，一些参数需要被优化如提取溶剂（DES 种类、pH、体积）、超声条件（温度、时间）和样品特性（基质、数量、粒径）。UAE 的优点包括提高提取效率、低溶剂消耗、减少提取和操作时间、减少功率消耗、能够有机会使用环境友好型的绿色溶剂[24,25]。在此背景下，几种 DES 被用作从液体和固体基质中萃取有机和无机分析物的新溶剂。值得注意的是，低共熔溶剂-超声辅助微萃取（DES-UAME）已显示出包括高灵敏度、好的重现性和高回收率的优点[26-28]。分析参数的改进可以用超声加速产生的纳米级和微米级液滴形成来解释[29]。DES 的乳化液相微萃取（UA-ELPME）被用于测定水和食品样品中的 Al^{3+}[30]。此外，还开发了一种简单且可重现的超声辅助色散液-液微萃取方法（UA-DLLME），该方法使用疏水性

DES 作为萃取溶剂测定水性样品中的三种紫外线过滤剂。相比这种方法，传统的固相萃取（SPE）和 LLE 劳动强度大，耗时且需要大量有毒有机溶剂[28]。

16.2.2 微波辅助萃取（MAE）

微波辅助萃取（MAE）是基于微波能量作为热源的新一代技术之一。其萃取效率取决于溶剂（性质和溶剂/样品比例）、温度和压力、萃取时间、辐射功率、样品组成和粒径。这种萃取技术已成功应用于从各种固体和液体基质（如沉积物、土壤、植物材料和水样品）中提取化合物（如农药、酚和萜烯）[31,32]。在现代方法中，MAE 方法由于其具有成本效益的快速样品制备技术而减少了时间、样品量和能耗，因此备受关注。

DES 已成功地用作 MAE 的萃取溶剂。从这个意义上讲，与传统甲醇相比，由甘油、木糖醇和 *D*-(-)-果糖组成的 DES 显示出更高的生物活性化合物的提取率[18]。其中值得注意的是，MAE 参数可以通过化学计量学工具进行优化，以提高提取率[32]。

16.2.3 液相微萃取（LPME）

LPME 可作为一种传统液-液萃取（LLE）的有效替代方法。LPME 具有显著的优势，如更高的富集系数和溶剂体积的显著减少。为了挑战 DES，一些报告表明了它们在 LPME 中的适用性。DES 的高密度允许相互之间的分散和分离。为了促进分散，应用了涡旋、超声处理和空气注入[33-36]。通常，在形成浑浊的乳剂体系后，将介质冷却或离心以分离出富集的 DES 相[37]。Gabbana 等[38] 在同一装置中进行了预浓缩、微萃取和电化学检测，用于测定水样品中的新兴污染物环丙沙星。此外，在气相色谱-质谱（GC-MS）分析之前，DES 既用作萃取溶剂，又用作衍生试剂，用于测定复杂水性基质中的有机酸[35]。

16.2.4 固相微萃取（SPME）

SPME 是一种简单有效的样品制备技术，可将采样、提取和富集操作集成到一个步骤中。与传统的固相萃取和液-液萃取相比，它需要的时间和溶剂消耗更少。因此，SPME 已被广泛用于分析复杂样品中的化合物[39]。在该技术中，DES 不仅作为洗脱溶剂，还作为吸附改性剂。

一种基于经 DES 改性的氧化石墨烯（GO）可作为新型磁性吸附剂，用于从水中去除汞（Hg^{2+}）[40]。在优化条件下，去除效率达到 99.91%。此外，DES 被用作萃取介质，然后在顶空固相微萃取（SPME）可用于 GC-MS 法测定薄荷中挥发性单萜类化合物[41]。

一些新型辅助提取方法，例如均质辅助提取（HAE）、高静水压辅助萃取（HHPAE）、高压放电辅助（HVED）、脉冲电场（PEF）、红外辐射（IR）、加速溶剂萃取（ASE），对其温度和压力条件目前正在研究。已经报道了使用其中一些技术从植物样品中回收酚类化合物[42,43]。

值得注意的是，不同的报道表明，与传统溶剂（如水、甲醇、乙醇、丙酮和乙酸乙酯）相比，DES 对无机和有机化合物（极性和弱极性）都具有出色的可萃取性[9,42,44]。

一些作者强调了 DES 在工业应用中可作为一种可持续溶剂，证明了这些溶剂可以回收和再循环。DES 可以通过简单的水蒸发而重复使用，也可进一步回收所提取的目标产物[19,44]。Kumar 等提出了木质素提取后下一循环 DES 的回收和直接再利用[45]。

16.3 分离技术和低共熔溶剂

DES 能够与流行的分离技术相结合，如液相色谱（LC）[16,26,46]、气相色谱（GC）[47,48]和毛细管电泳（CE）[17]。DES 萃取物的进样不会影响保留/迁移时间、峰形或信噪比方面的分离效率。事实上，DES 是高度结构化的液体，这一事实提供了与传统溶剂相比更好的灵敏度的可能性，这取决于偶合到分离系统的检测器的类型、DES 之间的化学相互作用的性质以及所研究的分析物。

16.3.1 气相色谱和 DES

DES 具有良好的热稳定性和低的挥发性使其成为气相色谱固定相的理想选择。在气相色谱-火焰离子化检测器（GC-FID）和 GC-MS 之前使用 DES 作为萃取溶剂，可用于环境、健康和工业利益不同基质中的各种分析物。如 16.2 所述，提取方法也多种多样，其中固相微萃取是最常用的选择方法。

然而，最近，DES 与 GC-FID 的相容性最近受到挑战，因为直接从复杂的基质中注射了一种基于氯化胆碱和对氯苯酚组成的共晶混合物的萃取物。其对果汁和蔬菜样品中农药的测定具有出色的分析性能[49]。此外，已经证明了基于 DES 的疏水性凝胶在挥发性化合物的痕量分析中的应用。有趣的是，DES 介导的体系具有很高的稳定性，因此可以在高温、较长的提取时间和高搅拌速率下进行采样，这些条件可以测定挥发性或半挥发性化合物[47]。

一种简单快速的静态顶空 GC 方法被报道，可用于测定药物生产过程中的痕量溶剂，包括乙醇、异丙醇、正丁醇、1,4-二氧杂环己烷（俗称二噁烷）、四氢呋喃、乙腈、甲醇和丙酮。在使用 NADES 作为基质介质中，药物生产过程中无论以高沸点和低沸点都以高灵敏度监测到了残留溶剂[39]。

有一些报道表明，基于 DES 的检测方法与气相质谱联用具有很大的潜力。DES 比水轻，可在 GC-MS 之前用于测定各种水样中的某些芳香胺。与水相比，由氯化胆碱和丁酸制备的 DES 具有较低的密度，萃取液可直接注入 GC-MS 中。与传统方法相比，DES 检测芳香胺的具有出色的检测和定量范围、更高的提取回收率、增强和富集因子[50]。

16.3.2 液相色谱和 DES

过去的半个世纪，乙腈和甲醇是目前为止高效液相色谱（HPLC）最常使用的有机溶剂。然而，GAC 时代到来之后，对环境的日益重视促使迫切需要寻找一些有问题的有机溶剂的替代品。目前，据估计全世界现有 20 万台 HPLC。假设每天平均消耗 0.51L 流动相，全世界每年大约产生 5000 万 L 的化学废物[51]。

如前所述，DES 可以由几乎无限可能的化合物组合制成，是 HPLC 中有机溶剂的绿色替代品，尤其是 NADES。在液相色谱中，DES 可用作流动相的一部分，或用于制备具有多种优势的特定固定相。

DES 用于分析农业食品工业副产品中的酚类化合物的色谱兼容性已被一种简单、廉价、环保和坚固的系统所证明[16]。

最近，人们探索了将 DES 作为反相高效液相色谱（RP-HPLC）中的主要有机组分，而不是简单的添加剂，并将其与常见的有机溶剂进行了比较。使用整体柱、高分离温度和流动相中的乙醇（5%）来克服 DES 的高黏度。与传统的流动相相比，DES 溶剂的色谱性能令人满意。随着合适技术的发展，DES 或许可以开辟一种新型的移动设备，从而减少 HPLC 分析对环境的影响[51]。

研究人员制备了一种基于 DES 的聚合物整体柱，用于水性样品（湖水和人血浆样品）中非甾体类抗炎药（NSAID）的管内 SPME。由氯化胆碱和衣康酸组成的 DES 被用作功能单体，以在聚多巴胺官能化的聚醚醚酮（PEEK）管内合成聚合物整体结构。用傅里叶变换红外光谱仪、X 射线光电子能谱仪和场发射扫描电子显微镜对所得的整体柱进行表征[52]。

16.3.3 毛细管电泳和 DES

DES 可以通过覆盖毛细管壁来调节电渗流量，并在非水 CE 中作为电解质和在胶束电动毛细管电泳（MEKC）中作为胶束形成剂。

将由氯化胆碱和醇组成的 DES 用于制备带有 3-(三甲氧基甲硅烷基)丙基甲基丙烯酸酯（γ-MPS）GO 的聚合物混合整体柱。结果表明通过毛细管电色谱法分析复杂样品具有巨大潜力。由于用 3-(三甲基硅烷基)丙基甲基丙烯酸酯（GO-MPS）改性的氧化石墨烯在绿色溶剂中具有良好分散性，因此获得了具有高渗透性和均质性的混合整体柱。通过投射电子显微镜、SEM、热重分析和氮吸附测试对掺入 GO-MPS 的整体材料进行了表征。掺有 GO 的整体柱比不含 GO 的整体柱具有更高的柱效[53]。

16.4 低共熔溶剂检测技术兼容性

选择适当的检测技术取决于几个参数，如分析物的化学性质和浓度，样品特性和可得性。在这种情况下，稀释目标分析物的溶剂或介质应为良好的分析物稳定剂，并与检测技术兼容，且不会产生干扰。从这个意义上讲，DES 已证明与几乎所有检测技术兼容，包括紫外检测、质谱（MS）、红外、火焰电离检测器（FID）、原子吸收光谱（AAS）、电化学检测器（ED）、荧光光谱、电感耦合等离子体-光学发射光谱（ICP-OES）和电子捕获检测器（ECD）。

考虑到 DES 作为绿色介质的应用，紫外分光光度法是迄今为止应用最广泛的检测技术，主要与 HPLC 耦合。使用紫外线检测成功评估的分析物是农药、食品添加剂、激素、蛋白质和水污染物，也是研究最多的酚类化合物。但是，DES 的高黏度通常不利于直接测量或进样。从这个角度考虑，许多研究人员在此步骤之前使用有机溶剂进行稀释[26,54,55]。然而使用这些有害的有机溶剂稀释 DES 溶液降低了工艺的绿色安全性，因此调整 DES 的比例和/或组分是降低 DES 黏度的明智选择[17,56,57]。DES 与紫外线检测的兼容性已得到充分证明；但尚未发现与信号增强的相关报道。

在元素分析领域，原子吸收光谱法（AAS）是报道的使用 DES 最多的技术。对镉、银、硒、砷、铅、汞、铝和钒等金属的检测效果显著。尽管 DES 不会干扰 AAS 对金属的测定[58]，但仍有一些报道在进样前对 DES 进行稀释[59,60]。此外，这些绿色溶剂在 ICP-OES 中的适用性也被报道[61]。

质谱仪从痕量分析物中提取化学物质的指纹图谱的能力非常重要，它与 GC、LC、电感耦合等离子体（ICP）结合可作为一种常规检测工具，可以同时检测和表征非常复杂的多种分析化合物。在过去的十年中，质量检测由于其出色的功能而成为一种流行的技术。目前已经探索了 DES 与 MS、HPLC 和 GC 的兼容性，并得出令人满意的结果。GC-MS 已检测到多种分析化合物，如农药、羧酸和单萜[35,41,62]，而酚类化合物是高效液相色谱-质谱（HPLC-MS）检测到的最常见化合物[32,63]。有趣的是，没有研究报告电离源中的阻塞问题。此外，王等[64] 在实时质谱检测法（DART-MS）中进行了直接分析，使用 DES 进行机械化学萃取，定量检测热不稳定生物活性化合物。

红外光谱被公认为是检测和表征 DES 结构和分子间相互作用的有效设备[65,66]。此外，溶剂和目标分析物之间的相互作用也可通过红外光谱进行评估[67]。徐等[68] 证实，当使用 DES 作为提取溶剂时，牛血清白蛋白的结构在提取过程中没有发生改变。

实际上，DES 也已用于 FID、ECD 和荧光检测，并表现出优异的性能。例如，使用荧光光谱法，Gautam 等[69] 观察到 DES 中硫黄素 T 的高量子产率和荧光寿命。此外，Svigelj 等[70] 通过市售酶联免疫吸附测定（ELISA）试剂盒检测探索了 DES 作为醇溶蛋白提取的有效溶剂且不会干扰后续检测的能力。他们证明，用 DES 代替传统溶剂作为萃取介质具备兼容性。

考虑到上述情况，DES 与大多数常用检测技术的兼容性表明了其可以替代危险有机溶剂。此外，值得注意的是，这些绿色溶剂就像液体晶体中的溶质分子固定在有组织的介质中一样，通过类似于由表面活性剂产生的胶束增强光谱检测的现象，可以期望改善检测效果[71,72]。

因此，当目标分析物是 DES 超分子晶格的一部分时，只有很少的报告研究了 DES 具有检测增强效果。Gomez 等[73-75] 报道了利用碳电极直接电化学检测的酚类增强效果。他们认为，酚类物质与 DES 结构的相互作用为电子转移提供了合适的环境，并且对电极反应的动力学有很大影响，从而增强了信号。

为了在开发一种新颖的分析方法时为将来的工作建立总体趋势，分析化学家必须考虑有关增强或损耗因素的研究，以便对检测系统的 DES 行为有更深入地了解。

16.5 分析化学中绿色溶剂的未来趋势和挑战

最近，化学界已经动员起来开发对人类健康和环境危害较小的工艺。从这个意义上讲，鼓励分析化学家开发可持续的绿色方法，以在提高准确性和维护环境安全之间取得良好的平衡。因此，如何应对分析挑战方式的变化是一个令人关注的问题。

无溶剂方案是理想的情况，但有时候却难以实现。因此，寻找传统有害溶剂的替代品非常关键。“新时代的溶剂” 的运动始于 1990 年代初期，当时使用的是表面活性剂和离子液体。然而，它们的生物降解性、生物相容性和安全性也被争论。经过多年的深入研究，DES 由于其作为溶剂的有趣特性而备受关注。

如本章所述，DES 已广泛应用于分析过程。关于萃取步骤，这些共熔溶剂已基于液-液和固-液萃取的概念从复杂样品中萃取出生物活性分子。与传统溶剂相比，DES已证明对无机和有机化合物具有出色的提取能力。此外，DES与最流行的分离检测技术兼容。DES萃取物的进样不会影响保留/迁移时间、峰形或信噪比方面的分离效率。事实上，DES已经显示出与几乎所有检测技术的兼容性，尽管仅报道了电化学检测的增强。DES为使用天然组分开发更绿色的混合物开辟了道路。在这种情况下，仅由细胞成分形成的NADES完全体现了绿色化学原则。既然它们已成功应用于分析开发中，因此应努力评估新的NADES。

尽管DES在色谱和毛细管电泳中作为绿色流动相组分在替代有机溶剂方面有很大的潜力，但需要开发合适的技术且制备纯度更高的DES。

如今，大多数分析方法都与绿色化学原则不符，它们需要从取样开始到分析废物的处理进行改进。为了达到这个目的，不同类型的方法应该能有所帮助，例如，化学计量学、集成分析系统、有毒试剂的更换、方法的小型化以及绿色指标的应用。

参考文献

1 Anastas, P. T. (1999). Crit. Rev. Anal. Chem. 29:167-175.

2 Malissa, H. (1987). Euroanalysis VI: Reviews on Analytical Chemistry (ed. E. Roth), 49-64. Paris: Les Éditions de Physique.

3 Gałuszka, A., Migaszewski, Z., and Namieśnik, J. (2013). TrAC, Trends Anal. Chem. 50:78-84.

4 Cvjetko Bubalo, M., Vidović, S., Radojčić Redovniković, I., and Jokić, S. (2015). J. Chem. Technol. Biotechnol. 90: 1631-1639.

5 Abbott, A. P., Boothby, D., Capper, G. et al. (2004). J. Am. Chem. Soc. 126:9142-9147.

6 Choi, Y. H., van Spronsen, J., Dai, Y. et al. (2011). Plant Physiol. 156:1701-1705.

7 Azmir, J., Zaidul, I. S. M., Rahman, M. M. et al. (2013). J. Food Eng. 117:426-436.

8 Shishov, A., Bulatov, A., Locatelli, M. et al. (2017). Microchem. J. 135:33-38.

9 Fernández, M. A., Boiteux, J., Espino, M. et al. (2018). Anal. Chim. Acta 1038:1-10.

10 Espino, M., Fernández, M. A., Gomez, F. J. V., and Silva, M. F. (2016). TrAC, Trends Anal. Chem. 76: 126-136.

11 Pisano, P. L., Espino, M., Fernández, M. A. et al. (2018). Microchem. J. 143:252-258.

12 Zhou, P., Wang, X., Liu, P. et al. (2018). Ind. Crops Prod. 120:147-154.

13 Bajkacz, S. and Adamek, J. (2018). Food Anal. Methods 11:1330-1344.

14 Jeong, K. M., Yang, M., Jin, Y. et al. (2017). Molecules 22:2006-2017.

15 Peng, F., Xu, P., Zhao, B. Y. et al. (2018). J. Food Sci. Technol. 55:2326-2333.

16 Fernández, M. A., Espino, M., Gomez, F. J. V., and Silva, M. F. (2018). Food Chem. 239:671-678.

17 Křížek, T., Bursová, M., Horsley, R. et al. (2018). J. Cleaner Prod. 193:391-396.

18 Wang, T., Jiao, J., Gai, Q. -Y. et al. (2017). J. Pharm. Biomed. Anal. 145:339-345.

19 Florindo, C., Branco, L. C., and Marrucho, I. M. (2017). Fluid Phase Equilib. 448:135-142.

20 Dietz, C. H. J. T., Kroon, M. C., Van Sint Annaland, M., and Gallucci, F. (2017). J. Chem. Eng. Data 62: 3633-3641.

21 Zeng, H., Qiao, K., Li, X. et al. (2017). J. Sep. Sci. 40:4563-4570.

22 Cai, C., Wu, S., Wang, C. et al. (2019). Sep. Purif. Technol. 209:112-118.
23 Tang, B., Park, H. E., and Row, K. H. (2015). J. Chromatogr. Sci. 53:836-840.
24 Lores, H., Romero, V., Costas, I. et al. (2017). Talanta 162:453-459.
25 Bosiljkov, T., Dujmić, F., Cvjetko Bubalo, M. et al. (2017). Food Bioprod. Process 102:195-203.
26 Bajkacz, S. and Adamek, J. (2017). Talanta 168:329-335.
27 Ma, W., Tang, W., and Row, K. H. (2017). Anal. Lett. 50:2177-2188.
28 Wang, H., Hu, L., Liu, X. et al. (2017). J. Chromatogr. A 1516:1-8.
29 Panhwar, A. H., Tuzen, M., Deligonul, N., and Kazi, T. G. (2018). Appl. Organomet. Chem. 32:e4319.
30 Panhwar, A. H., Tuzen, M., and Kazi, T. G. (2018). Talanta 178:588-593.
31 Cui, Q., Liu, J. Z., Wang, L. T. et al. (2018). J. Cleaner Prod. 184:826-835.
32 Ivanović, M., Alañón, M. E., Arráez-Román, D., and Segura-Carretero, A. (2018). Food Res. Int. 111:67-76.
33 Akramipour, R., Golpayegani, M. R., Gheini, S., and Fattahi, N. (2018). Talanta 186:17-23.
34 Zounr, R. A., Tuzen, M., and Khuhawar, M. Y. (2018). J. Mol. Liq. 259:220-226.
35 Makoś, P., Fernandes, A., Przyjazny, A., and Boczkaj, G. (2018). J. Chromatogr. A 1555:10-19.
36 Safavi, A., Ahmadi, R., and Ramezani, A. M. (2018). Microchem. J. 143:166-174.
37 Yousefi, S. M., Shemirani, F., and Ghorbanian, S. A. (2018). Chromatographia 81:1201-1211.
38 Gabbana, J. V., de Oliveira, L. H., and Paveglio, G. C. (2018). Electrochim. Acta 275:67-75.
39 Wang, M., Fang, S., and Liang, X. (2018). J. Pharm. Biomed. Anal. 158:262-268.
40 Chen, J., Wang, Y., Wei, X. et al. (2018). Talanta 188:454-462.
41 Jeong, K. M., Jin, Y., Yoo, D. E. et al. (2018). Food Chem. 251:69-76.
42 Chanioti, S. and Tzia, C. (2018). Innovative Food Sci. Emerg. Technol. 48:228-239.
43 Vieira, V., Prieto, M. A., Barros, L. et al. (2018). Ind. Crops Prod. 115:261-271.
44 Huang, Y., Feng, F., Jiang, J. et al. (2017). Food Chem. 221:1400-1405.
45 Kumar, A. K., Parikh, B. S., and Pravakar, M. (2016). Environ. Sci. Pollut. Res. Int. 23:9265-9275.
46 Espino, M., Fernández, M. A., Gomez, F. J. V. et al. (2018). Microchem. J. 141:438-443.
47 Yousefi, S. M., Shemirani, F., and Ghorbanian, S. A. (2018). J. Sep. Sci. 41:966-974.
48 Farajzadeh, M. A. and Nouri, N. (2013). Anal. Chim. Acta 775:50-57.
49 Farajzadeh, M. A., Shahedi Hojghan, A., and Afshar Mogaddam, M. R. (2018). J. Food Compos. Anal. 66:90-97.
50 Torbati, M., Mohebbi, A., Farajzadeh, M. A., and Afshar Mogaddam, M. R. (2018). Anal. Chim. Acta 1032:48-55.
51 Sutton, A. T., Fraige, K., Leme, G. M. et al. (2018). Anal. Bioanal. Chem. 410:3705-3713.
52 Wang, R., Li, W., and Chen, Z. (2018). Anal. Chim. Acta 1018:111-118.
53 Li, X. X., Zhang, L. S., Wang, C. et al. (2018). Talanta 178:763-771.
54 Zarei, A. R., Nedaei, M., and Ghorbanian, S. A. (2018). J. Chromatogr. A 1553:32-42.
55 Aydin, F., Yilmaz, E., and Soylak, M. (2018). Food Chem. 243:442-447.
56 Bazmandegan-Shamili, A., Dadfarnia, S., Shabani, A. M. H. et al. (2018). J. Sep. Sci. 41:2411-2418.
57 Ge, D., Zhang, Y., Dai, Y., and Yang, S. (2018). J. Sep. Sci. 41:1635-1643.
58 Karimi, M., Dadfarnia, S., and Haji Shabani, A. M. (2018). Int. J. Environ. Anal. Chem. 98:124-137.
59 Zounr, R. A., Tuzen, M., and Khuhawar, M. Y. (2017). J. Mol. Liq. 242:441-446.
60 Zounr, R. A., Tuzen, M., Deligonul, N., and Khuhawar, M. Y. (2018). Food Chem. 253:277-283.
61 Bağda, E., Altundağ, H., and Soylak, M. (2017). Biol. Trace Elem. Res. 179:334-339.

62 Jouyban, A., Farajzadeh, M. A., and Afshar Mogaddam, M. R. (2018). New J. Chem. 42:10100-10110.
63 Nam, M. W., Zhao, J., Lee, M. S. et al. (2015). Green Chem. 17:1718-1727.
64 Wang, J., Zhou, Y., Wang, M. et al. (2018). Anal. Chem. 90:3109-3117.
65 Dai, Y., Witkamp, G. J., Verpoorte, R., and Choi, Y. H. (2015). Food Chem. 187:14-19.
66 Ma, W., Tang, B., and Row, K. H. (2017). J. Sep. Sci. 40:3248-3256.
67 Zeng, Q., Wang, Y., Huang, Y. et al. (2014). Analyst 139:2565-2573.
68 Xu, K., Wang, Y., Huang, Y. et al. (2014). Anal. Chim. Acta 864:9-20.
69 Gautam, R. K., Ahmed, S. A., and Seth, D. (2018). J. Lumin. 198:508-516.
70 Svigelj, R., Bortolomeazzi, R., Dossi, N. et al. (2017). Food Anal. Methods 10:4079-4085.
71 Silva, M. F., Cerutti, E. S., and Martinez, L. D. (2006). Microchim. Acta 155:349-364.
72 Mohamed, A. M. I., Omar, M. A., Hammad, M. A., and Mohamed, A. A. (2015). Spectrochim. Acta, Part A 149:934-940.
73 Gomez, F. J. V., Espino, M., Fernandez, M. A. et al. (2016). Anal. Chim. Acta 936:91-96.
74 Gomez, F. J., Espino, M., Fernandez, M. A., and Silva, M. F. (2018). ChemistrySelect 3:6122-6125.
75 Gomez, F. J. V., Spisso, A., and Fernanda Silva, M. (2017). Electrophoresis 38:2704-2711.

17 电化学

Zhimin Xue[1]，Wanceng Zhao[2] 和 Tiancheng Mu[2]
[1] Beijing Forestry University，College of Materials Science and Technology，
Beijing Key Laboratory of Lignocellulosic Chemistry，No. 35 Qinghua East Road，
Beijing，100083，China
[2] Renmin University of China，Department of Chemistry，No 59，Zhongguancun Street，
Beijing，100872，China

17.1 引言

导电材料和离子传导材料是电化学中两类重要的材料，在电化学研究中有必要开发最佳电解质或溶剂。尽管盐的水溶液是电化学应用中最常见的电解质溶液，但是水的易挥发性使其不能在较宽的温度范围内使用。作为一类非挥发性离子导体，聚合物电解质也存在关键缺陷：在较高温度下容易分解且导电率相对较低。有机极性溶剂已经作为电解质在电化学装置中得到了广泛应用，但是，由于其不可再生、毒性大等缺点，大量使用对环境不友好、不可持续。

近年来，离子液体和低共熔溶剂等绿色溶剂[1] 具有低的挥发性、高的热稳定性、电化学稳定性[2] 以及可持续性[3]，为取代传统电解质提供了可能性。离子液体是一种仅由离子组成的室温液体，具有较高的离子迁移率和电导率。离子液体在电化学应用中作电解质已经有广泛报道[4]，例如，电化学合成[5] 和能量装置[6]。然而，由于合成成本高、生物降解性差、生物相容性差等原因，离子液体的“绿色性”近来受到了挑战。

作为离子液体类似物，由氢键供体和氢键受体组成的低共熔溶剂被认为是下一代绿色溶剂。低共熔溶剂完全由可再生原料合成时，被称为天然低共熔溶剂[8]。除了与传统的离子液体具有相似的溶剂化性质外，低共熔溶剂还具有独特的优势，如便宜[9]、可再生[10] 和可生物降解[11]。作为真正意义上的绿色溶剂，可以轻易地设计“特定任务”（task-specific）的低共熔溶剂以满足某些确定的电化学应用的要求[12]，例如，作为电解抛光的溶剂和金属电沉积的电解质。

在本章中，我们将重点介绍低共熔溶剂的基础电化学知识。SciFinder 数据库的分析结果表明，约六分之一的低共熔溶剂相关论文与电化学相关。本章综述了低共熔溶剂在电化学中的最新进展，如导电性、电化学稳定性和电化学应用（电抛光、电沉积和其他应用）。

17.2 电导率

电导率由材料的传导电流能力决定，对于溶剂的电化学应用至关重要。溶剂的电导率受多种因素影响，可用的电荷载体、迁移率和温度等。例如，与高浓度电解质水溶液相比，较大的离子尺寸减小了离子液体中的可用电荷载体，从而使得离子液体的电导率降低。

低共熔溶剂的电导率与黏度密切相关。因此，由于本身的高黏度，低共熔溶剂在室温时的电导率通常很差[13]。温度升高通常会引起低共熔溶剂黏度的降低，从而使得低共熔溶剂的电导率随之显著提高。因此，可以用温度相关的阿伦尼乌斯方程［式（17.1）］来预测低共熔溶剂的电导行为。

$$\ln\sigma = \ln\sigma_0 + \frac{E_\Lambda}{RT} \tag{17.1}$$

在式（17.1）中，σ_0 是一个常数。E_Λ 表示活化能，可以解释为在低共熔溶剂的液体结构中形成用于限制传质的空隙所需要的能量。

此外，氢键供体和氢键受体的摩尔比会显著影响低共熔溶剂的黏度。因此，低共熔溶剂的电导率与其组成紧密相关。电导率随盐（氢键受体）的量的增加而增加[14]。

人们已经建立了很多模型用于解释低共熔溶剂的电导率与黏度的关系。Abbott 等使用空穴理论对此给出了一个合理的解释[15]。空穴理论假设热产生的波动可以让液体离子材料中产生孔隙，从而允许特定维度的离子运动。孔的平均尺寸随温度的升高而逐渐增大，从而使得更多的离子更容易进入孔隙。相反，低温下孔的平均半径较小，导致较低的离子迁移率和较高的黏度。空穴理论有助于设计具有高电导率的低共熔溶剂。具有低表面张力的低共熔溶剂通常具有大的空穴和小尺寸离子，易于具有高的电导率。

表 17.1 所示为不同温度下各种低共熔溶剂的电导率。表中多数低共熔溶剂在室温时的电导率低于 2mS/cm。其中，基于氯化胆碱和乙二醇的低共熔溶剂在室温时的电导率最大（20℃时为 7.61mS/cm）。根据表 17.1 中的数据，与传统有机溶剂相比，可认为低共熔溶剂是一类好的导体，在电化学研究中作为理想溶剂或者电解质。然而，低共熔溶剂的电导率通常低于类似离子液体的电导率，这是因为低共熔溶剂的离子性通常低于离子液体。我们未发表的结果表明，大多数低共熔溶剂显示出“离子性差”的性质，这是因为低共熔溶剂中的相互作用主要为氢键作用，氢键供体和受体之间的质子只是部分转移，说明 DES 中游离离子种类有限。因此，低共熔溶剂的离子性通常较差。此外，表 17.1 还收集了一些低共熔溶剂的电导率活化能，其中 E_Λ 值在 20～100kJ/mol 的范围内。

表 17.1　不同温度下各种低共熔溶剂的电导率和电导率活化能

氢键受体	氢键供体	摩尔比	温度/℃	电导率/（mS/cm）	活化能/（kJ/mol）	参考文献
氯化胆碱	乙二醇	1∶2	20	7.61		[16]
氯化胆碱	甘油	1∶2	20	1.047		[16]
氯化胆碱	1,4-丙二醇	1∶3	20	1.654		[16]
乙基氯化铵	三氟乙酰胺	1∶1.5	40	0.390		[17]
乙基氯化铵	乙酰胺	1∶1.5	40	0.688		[17]
乙基氯化铵	尿素	1∶1.5	40	0.348		[17]
氯化胆碱	三氟乙酰胺	1∶2	40	0.286		[17]
氯乙酰胆碱	尿素	1∶2	40	0.017		[17]
氯化胆碱	尿素	1∶2	40	0.199		[17]
氯化胆碱	尿素	1∶2	25	0.75		[14]
氯化胆碱	对甲苯磺酸	1∶2	25	0.619		[18]
			30	0.791		[18]
			35	0.998		[18]
			40	1.243		[18]

续表

氢键受体	氢键供体	摩尔比	温度/℃	电导率/（mS/cm）	活化能/（kJ/mol）	参考文献
			45	1.523		[18]
			50	1.844		[18]
			55	2.21		[18]
			60	2.60		[18]
			65	3.05		[18]
氯化胆碱	三氯乙酸	1 : 2	25	0.0712		[18]
			30	0.0873		[18]
			35	0.1061		[18]
			40	0.1273		[18]
			45	0.1503		[18]
			50	0.1755		[18]
			55	0.201		[18]
			60	0.230		[18]
			65	0.261		[18]
氯化胆碱	一氯代乙酸	1 : 2	25	0.317		[18]
			30	0.368		[18]
			35	0.422		[18]
			40	0.481		[18]
			45	0.542		[18]
			50	0.608		[18]
			55	0.671		[18]
			60	0.738		[18]
			65	0.812		[18]
氯化胆碱	丙酸	1 : 2	25	0.393		[18]
			30	0.438		[18]
			35	0.484		[18]
			40	0.535		[18]
			45	0.585		[18]
			50	0.638		[18]
			55	0.692		[18]
			60	0.745		[18]
			65	0.805		[18]
氯化胆碱	丙二酸	1 : 1	25	0.55		[14]

续表

氢键受体	氢键供体	摩尔比	温度/℃	电导率/(mS/cm)	活化能/(kJ/mol)	参考文献
N,*N*-二乙基乙醇胺盐酸盐	乙二醇	1∶3	25	5.429		[14]
N,*N*-二乙基乙醇胺盐酸盐	甘油	1∶3	25	0.602		[14]
甲基三苯基溴化磷	乙二醇	1∶3	25	1.092		[14]
甲基三苯基溴化磷	甘油	1∶3	25	0.062		[14]
乙基溴化铵	甘油	1∶2	25	1.99		[19]
丙基溴化铵	甘油	1∶2	25	1.11		[19]
丁基溴化铵	甘油	1∶2	25	0.88		[19]
苄基三乙基氯化铵	对甲苯磺酸	3∶7	25	0.041	93.20	[20]
			30	0.097		[20]
			35	0.177		[20]
			40	0.327		[20]
			45	0.477		[20]
			50	0.770		[20]
			55	1.097		[20]
			60	1.713		[20]
苄基三乙基氯化铵	柠檬酸	1∶1	25	0.002	83.37	[20]
			30	0.004		[20]
			35	0.005		[20]
			40	0.009		[20]
			45	0.014		[20]
			50	0.028		[20]
			55	0.060		[20]
			60	0.105		[20]
苄基三乙基氯化铵	草酸	1∶1	25	1.213	47.08	[20]
			30	1.683		[20]
			35	2.313		[20]
			40	3.127		[20]
			45	4.090		[20]
			50	5.267		[20]
			55	6.553		[20]
			60	8.530		[20]
氯化胆碱	乙酰丙酸	1∶3	25	0.81		[21]
			30	1.05		[21]

续表

氢键受体	氢键供体	摩尔比	温度/℃	电导率/（mS/cm）	活化能/（kJ/mol）	参考文献
			35	1.38		[21]
			40	1.75		[21]
			45	2.10		[21]
			50	2.63		[21]
			55	3.19		[21]
			60	3.87		[21]
			65	4.48		[21]
			70	5.22		[21]
氯化乙酰胆碱	乙酰丙酸	1:3	25	0.67		[21]
			30	0.86		[21]
			35	1.12		[21]
			40	1.43		[21]
			45	1.78		[21]
			50	2.30		[21]
			55	2.76		[21]
			60	3.35		[21]
			65	4.01		[21]
			70	4.70		[21]
四乙基氯化铵	乙酰丙酸	1:3	25	1.05		[21]
			30	1.38		[21]
			35	1.72		[21]
			40	2.15		[21]
			45	2.65		[21]
			50	3.18		[21]
			55	3.73		[21]
			60	4.53		[21]
			65	5.24		[21]
			70	5.87		[21]
四乙基溴化铵	乙酰丙酸	1:3	25	0.98		[21]
			30	1.32		[21]
			35	1.67		[21]
			40	2.12		[21]
			45	2.53		[21]

续表

氢键受体	氢键供体	摩尔比	温度/℃	电导率/(mS/cm)	活化能/(kJ/mol)	参考文献
			50	3.09		[21]
			55	3.84		[21]
			60	4.37		[21]
			65	5.22		[21]
			70	5.88		[21]
四丁基氯化铵	乙酰丙酸	1∶3	25	0.45		[21]
			30	0.60		[21]
			35	0.72		[21]
			40	0.89		[21]
			45	1.13		[21]
			50	1.29		[21]
			55	1.51		[21]
			60	1.77		[21]
			65	2.13		[21]
			70	2.38		[21]
四丁基溴化铵	乙酰丙酸	1∶3	25	0.22		[21]
			30	0.29		[21]
			35	0.42		[21]
			40	0.55		[21]
			45	0.73		[21]
			50	0.92		[21]
			55	1.15		[21]
			60	1.41		[21]
			65	1.73		[21]
			70	1.99		[21]
氯化胆碱	咪唑	3∶7	60	12		[22]
			70	16		[22]
			80	22		[22]
			90	26		[22]
			100	31		[22]
			110	40		[22]
			120	46		[22]
			130	52		[22]

续表

氢键受体	氢键供体	摩尔比	温度/℃	电导率/(mS/cm)	活化能/(kJ/mol)	参考文献
1-乙基 3-丁基苯并三唑六氟磷酸盐	咪唑	1∶4	70	11		[22]
			80	14		[22]
			90	18		[22]
			100	22		[22]
			110	29		[22]
			120	32		[22]
			130	38		[22]
四丁基溴化铵	咪唑	3∶7	30	0.52		[22]
			40	1.0		[22]
			50	1.8		[22]
			60	3.0		[22]
			70	4.6		[22]
			80	6.5		[22]
			90	9.0		[22]
			100	12		[22]
			110	14		[22]
			120	17		[22]
			130	19		[22]
N-甲基吗啉-*N*-氧化物	苯乙酸	1∶1	25	0.180	25.03	[23]
			60	0.586		[23]
N-十二烷基吗啉-*N*-氧化物	苯乙酸	1∶1	25	0.029	30.26	[23]
			60	0.104		[23]
N,*N*-二甲基十二烷基-*N*-氧化胺	苯乙酸	1∶1	25	0.078	24.81	[23]
			60	0.228		[23]
N,*N*-二甲基十八烷基-*N*-氧化胺	苯乙酸	1∶1	25	0.053	24.05	[23]
			60	0.154		[23]
氯化胆碱	六水三氯化铬	1∶3	30	0.55		[14]
氯化胆碱	氯化锌	1∶2	42	0.06		[14]
氯化锌	尿素	1∶3.5	42	0.18		[14]
四丙基溴化铵	乙二醇	1∶3			21.16	[24]
四丙基溴化铵	二缩三乙二醇	1∶3			25.34	[24]
四丙基溴化铵	甘油	1∶3			38.12	[24]

最后需要指出，低共熔溶剂中含有大量亲水基团（如—OH），从而使得低共熔溶剂具有很强的吸湿性，这一现象与离子液体类似，我们最近发表的研究结果也证实了这一点[25]。低共熔溶剂中的水含量会显著影响报道的低共熔溶剂的电导率，这可以用来解释为什么相同低共熔溶剂在不同的报道中具有不同的电导率。

17.3 电化学稳定性

电化学稳定性是限制低共熔溶剂作为电解质溶液的性能及应用的另一个重要电化学性质，因为选择合适的溶剂应用于目标氧化还原反应是电化学应用的关键[26]。电化学稳定性可以用电化学窗口（electrochemical potential windows，EPWs）表征。电化学窗口通常用于定义阴极和阳极极限之间的电位差，其分别与低共熔溶剂的还原电位和氧化电位相匹配。尽管低共熔溶剂的电化学窗口比离子液体小得多，其电化学窗口仍可以满足一系列的电化学应用，如金属和合金的电沉积。

通常，电化学窗口可以通过循环伏安法（CV）和线性扫描伏安法测量，同时可以确定阴极（E_{CL}）和阳极的电位（E_{AL}）。所得伏安图不仅取决于溶剂的结构（低共熔溶剂的氢键供体和氢键受体），还取决于一系列外部因素，如电极材料、电位扫描速率、截止电流密度、压力、温度、杂质。电化学窗口数据通常对杂质（特别是水）敏感，水杂质会极大使低共熔溶剂的电化学窗口变窄。因此，在评估低共熔溶剂的电化学窗口时，需要更加注意这些测量参数[27]。

最近，Li 等以玻璃碳为工作电极，在 100 mV/s 扫描速率的条件下，研究了 23 种基于胆碱的低共熔溶剂的电化学窗口[26]。如表 17.2 和图 17.1 所示，基于胆碱类的低共熔溶剂的电化学窗口在 1~5V，其中，由氯化胆碱和甲基尿素形成的低共熔溶剂具有最大的电化学窗口（4.72V）。并且，由氯化胆碱和不同氢键供体形成的低共熔溶剂的电化学稳定性如下：草酸<甘油<乙二醇<丙二酸<丁二醇<木糖醇<尿素<甲基尿素［图 17.1（1）］。由于氯化胆碱/甲基尿素具有较大的电位窗口，作者进一步研究了其他胆碱类低共熔溶剂的电化学窗口，包括：胆碱四氟硼酸盐/甲基尿素、胆碱硝酸盐/甲基尿素和胆碱高氯酸盐/甲基尿素。结果表明，这些低共熔溶剂的电化学窗口窄于氯化胆碱/甲基尿素［图 17.1（4）］。Li 等还研究了微量水对离子液体电化学窗口的影响，循环伏安曲线表明，随着水含量的增加，离子液体的电化学窗口变窄。这一规律同样适用于低共熔溶剂。表 17.2 中的电化学窗口可以方便地评价胆碱类低共熔溶剂的电化学稳定性，从而有助于选择合适的低共熔溶剂作为电解液。

表 17.2 100mV/s 扫描速率下胆碱类低共熔溶剂在玻璃碳电极上的电化学窗口

氢键受体	氢键供体	摩尔比	阴极电位/V	阳极电位/V	电化学窗口/V	参考文献
氯化胆碱	草酸	1 : 1	1.24	−0.92	2.16	[26]
氯化胆碱	甘油	1 : 2	1.38	−2.21	3.59	[26]

续表

氢键受体	氢键供体	摩尔比	阴极电位/V	阳极电位/V	电化学窗口/V	参考文献
氯化胆碱	乙二醇	1 : 2	1.26	-2.35	3.61	[26]
氯化胆碱	丙二酸	1 : 1	1.70	-2.55	4.25	[26]
氯化胆碱	丙二酸	1 : 1	1.1	-0.35	1.45	[11]
氯化胆碱	1,4-丙二醇	1 : 4	1.33	-2.57	3.90	[26]
氯化胆碱	木糖醇	1 : 1	1.66	-2.67	4.33	[26]
氯化胆碱	尿素	1 : 2	1.54	-2.75	4.29	[26]
氯化胆碱	甲基尿素	1 : 2	1.66	-3.06	4.72	[26]
氯化胆碱	三氟乙酰胺	1 : 2	0.95	-0.85	1.8	[11]
胆碱硝酸盐	甲基尿素	1 : 2	0.76	-1.76	2.52	[26]
胆碱高氯酸盐	甲基尿素	1 : 2	2.04	-2.49	4.53	[26]
胆碱四氟硼酸盐	甲基尿素	1 : 2	2.03	-1.66	3.69	[26]
溴化胆碱	甘油	1 : 2	1.16	-2.36	3.52	[26]
溴化胆碱	乙二醇	1 : 2	0.77	-1.35	2.12	[26]
溴化胆碱	丙二酸	1 : 1	1.03	-2.38	2.41	[26]
溴化胆碱	1,4-丙二醇	1 : 4	0.58	-1.14	1.72	[26]
溴化胆碱	木糖醇	1 : 1	1.66	-2.67	4.33	[26]
溴化胆碱	尿素	1 : 2	1.23	-2.09	3.32	[26]
溴化胆碱	甲基尿素	1 : 2	0.82	-1.76	2.58	[26]
碘化胆碱	甲基尿素	1 : 2	0.36	-1.73	2.09	[26]
碘化胆碱	草酸	1 : 1	0.44	-2.32	2.76	[26]
碘化胆碱	乙二醇	1 : 2	0.30	-2.38	2.68	[26]
碘化胆碱	甘油	1 : 2	0.42	-2.17	2.59	[26]
碘化胆碱	尿素	1 : 2	0.36	-0.89	1.25	[26]
N,*N*-二乙基乙醇胺盐酸盐	六水氯化锌	1 : 1	1.51	-0.91	2.42	[28]
N,*N*-二乙基乙醇胺盐酸盐	丙二酸	1 : 1	1.31	-1.51	2.82	[28]
氯化胆碱	三乙醇胺	1 : 2	0.61	-1.91	2.52	[28]
氯化胆碱	六水氯化锌	1 : 1	0.93	-1.09	2.02	[28]

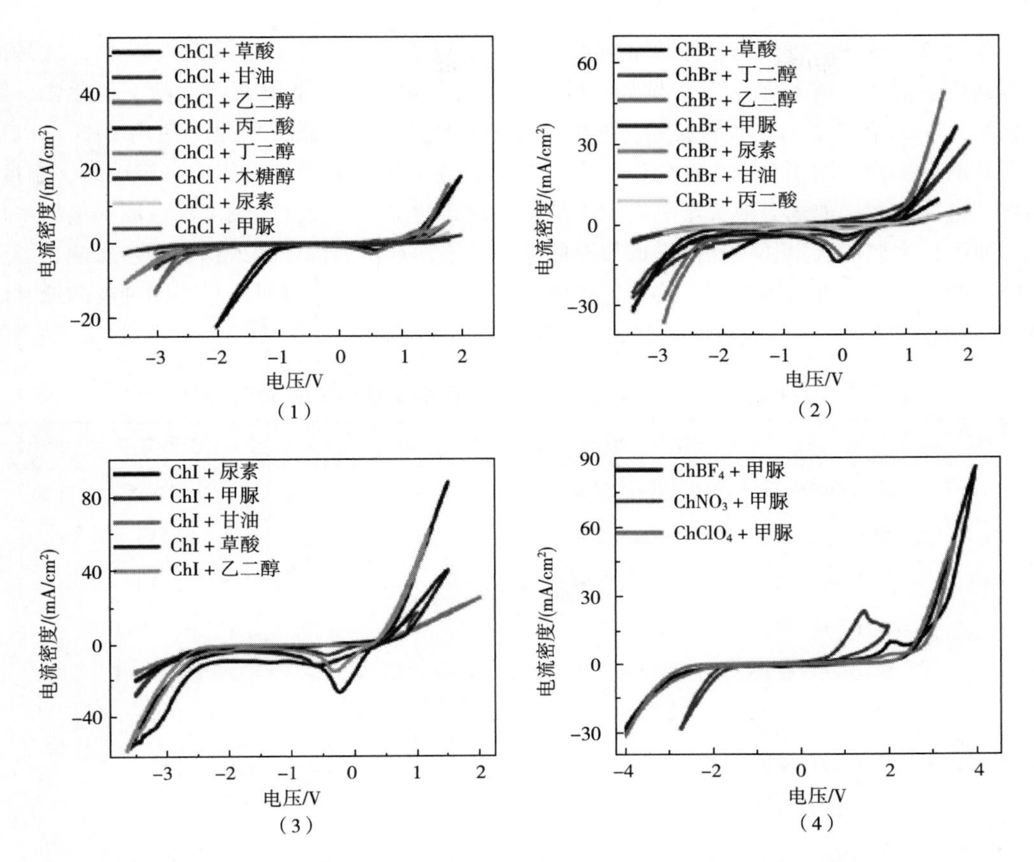

图 17.1 100mV/s 扫描速率下不同胆碱类低共熔溶剂在玻璃碳电极上的循环伏安曲线。氯化胆碱（1），溴化胆碱（2），碘化胆碱（3）和胆碱四氟硼酸盐、胆碱硝酸盐、胆碱高氯酸盐（4）。资料来源：参考文献［26］，经中国科学出版社和 springer 出版社许可转载。

17.4 电化学应用

17.4.1 电沉积

电沉积是一种通过电化学反应还原溶解的金属阳离子，并将其作为金属涂层沉积到电极表面的过程[29]。金属和合金的电沉积广泛用于涂层和印刷工业，使材料表面功能化或者硬钢化。在电沉积中，电解液是影响镀层性能的关键因素。虽然传统电解液（水溶液和有机溶剂）在电镀工业有广泛应用，一些缺点仍然制约着这些电解液的使用。一方面，水溶液的电化学窗口相对较窄，电流效率较弱，只能用于有限种类金属的电沉积，并且水溶液电解质会导致沉积金属的钝化。另一方面，离子传导性差的有机溶剂也不是电沉积的合适介质。近年来，离子液体已经作为一类有吸引力的电解质被用于电沉积过程。虽然离子液体能够克服传统电解质中的大多数缺点[30]，但是其仍然存在一些局限性，如对水敏感、降解、特别是它们对生态系统的负面影响[31]。因此，仍然非常需要开发用于电沉积的新型电解质。

作为离子液体的替代物，低共熔溶剂已经在金属电沉积方面引起极大兴趣[32]，这是因为低共熔溶剂具有诸多优点[33]，例如，较宽的电化学窗口、对金属前体（盐、氧化物、氢氧化物）高的溶解度、对水不敏感、可生物降解和低成本。更重要的是，使用 DES 可以形成更厚的金属膜，而不会产生钝化作用[34]。通常，在使用低共熔溶剂作为电解质时，温度、黏度、电导率和添加剂会极大影响电沉积结果。较高的温度、较低的黏度和较高的电导率可以加速沉积金属的核生长，从而形成较厚的涂层。添加剂作为催化剂或抑制剂会影响目标金属的晶粒尺寸、亮度和内应力。此外，还应指出，不同类型的金属对应于不同种类的低共熔溶剂（表 17.3）[12,13]。

表 17.3 低共熔溶剂中金属的电沉积（氯化胆碱/氢键供体的摩尔比为 1∶2）

金属	低共熔溶剂	参考文献
Cu	氯化胆碱+尿素，氯化胆碱+乙二醇	[13，35]
Zn	氯化胆碱+尿素，氯化胆碱+乙二醇	[13]
Co	氯化胆碱+尿素，氯化胆碱+乙二醇	[13]
Ni	氯化胆碱+尿素，氯化胆碱+乙二醇	[13，35]
Fe	氯化胆碱+尿素，氯化胆碱+乙二醇，氯化胆碱 +丙二酸	[13，36]
Sn	氯化胆碱+乙二醇	[13]
Ga	氯化胆碱+尿素	[13]
Cr	氯化胆碱+乙二醇	[13]
Ag	氯化胆碱+乙二醇	[13，37]
In	氯化胆碱+尿素	[13]
Sm	氯化胆碱+尿素	[12]
Se	氯化胆碱+尿素	[12]
Pb	氯化胆碱+尿素，氯化胆碱+乙二醇	[38]
Au	氯化胆碱+尿素，氯化胆碱+乙二醇，氯化胆碱+甘油	[37，39]
Pt	氯化胆碱+尿素	[12，21，26，39]
Pd	氯化胆碱+尿素，氯化胆碱+乙二醇	[37]
Hg	氯化胆碱+尿素，氯化胆碱+乙二醇，氯化胆碱+硫脲，氯化胆碱+1,2-丙二醇，氯化胆碱+1,3-丙二醇	[12]

低共熔溶剂电沉积单一贵金属方面表现出优异的性能，可以很好的控制所得金属的尺寸和形状。在此背景下，Sun 等进行了几项工作，以氯化胆碱和尿素（摩尔比为 1∶2）形成的低共熔溶剂为电解质，在玻璃碳电极上通过电沉积制备出不同形状的 Pt 纳米晶。通过程序电沉积方法（E_N=−1.5V，1s；E_L=1.3 V、E_U=0.3V，生长时间=60min），制备了有高折射率晶面的单分散凹四面体 Pt 纳米晶（图 17.2）[40]。

相反，通过改进的程序电沉积方法（E_N=−1.8V，45s；E_L=1.3V、E_U=0.3V，生长时间=15min），在相同的低共熔溶剂中可以得到三方二十面体的 Pt 纳米晶（图 17.3）[41]。

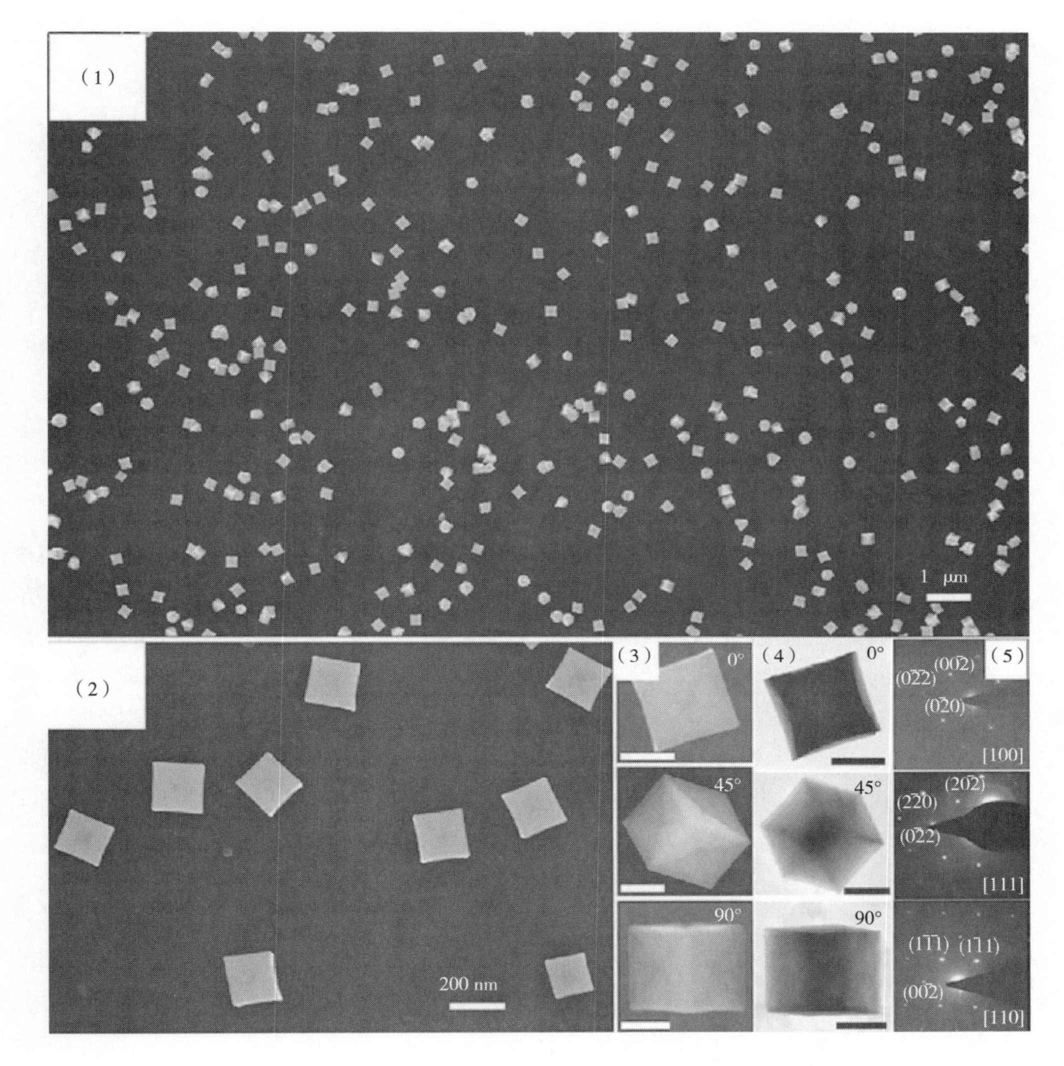

图 17.2 单分散凹四面体 Pt 纳米晶的扫描电镜和透射电镜图片

(1) 大面积图片；(2) 在 80℃时，电沉积凹型 Pt 纳米晶的扫描电镜图片： 19.3mmol/L H_2PtCl_6/低共熔溶剂溶液；E_L=-1.3V； E_U=-0.3V；生长时间=60min。(3) 和 (4) 0°、 45°和 90°方向的凹型 Pt 纳米晶的扫描电镜和透射电镜图片。标尺尺寸为 100nm。(5) 沿 [100]、[111] 和 [110] 方向的凹型 Pt 纳米晶的 SAED 图片。

资料来源：参考文献 [40]，经美国化学学会许可转载。

在另一项工作中，他们使用循环伏安法（扫描范围：-1.5～-0.2V，扫描速率：50mV/s，循环数：80 个循环）制备了 Pt 纳米花（图 17.4）[42]。上述所合成的 Pt 纳米晶在乙醇电氧化方面比商业的 Pt 黑具有更强的催化活性和稳定性。这些工作证明了低共熔溶剂无需使用种子、表面活性剂或其他化学物质即可控制电沉积金属尺寸和形状方面的优势。贵金属纳米粒子（Au、Ag、Pd）构成的介孔薄膜可以在氯化胆碱和尿素或乙二醇（摩尔比为 1∶2）形成的低共熔溶剂中通过电沉积过程制备[37]。该过程包含两步：①金属在低共熔溶剂中进行阳极溶剂；②电化学沉积到阴极表面上。并且，该方法克服了水溶液电解质中电极表面上大量氢和氧逸出的缺点。所使用的低共熔溶剂既起还原介质的作用，又稳定了所形成的纳米颗粒。

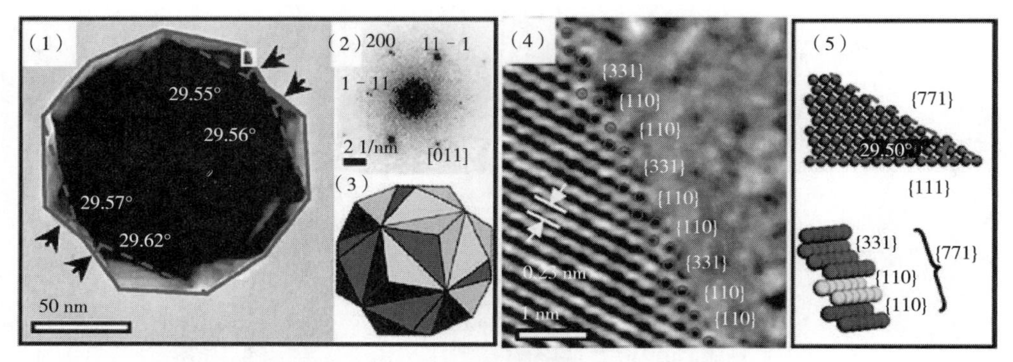

图 17.3 三方二十面体的 Pt 纳米晶的透射电镜图片

（1）沿 ［011］ 方向的透射电镜图片；（2） SAED 图片；（3）沿 ［011］ 方向的 Pt 纳米晶的模拟图片；（4） a 中白框区域的高分辨电镜图片；（5） Pt ｛771｝ 的原子模拟图片。

资料来源：参考文献 ［41］，经英国皇家化学学会许可转载。

此外，Zhuo 等发现，通过电沉积合成的 Au 纳米晶的形貌可以很容易地通过低共熔溶剂中的水含量控制（图 17.5），所用低共熔溶剂为氯化胆碱与尿素、乙二醇或甘油形成，摩尔比为 1∶2[39]。含水量能够控制 Au 纳米晶形状的原因如下：①所用低共熔溶剂的高黏度导致离子迁移率和电化学还原速率较低，有利于纳米晶的定向生长和形状控制。随着含水量的增加，体系的黏度降低，因此，离子迁移速率和电化学还原速率增加，导致金纳米颗粒形貌发生变化；②在纯低共熔溶剂中，胆碱离子阻碍了 Au^{3+} 在电极表面的扩散，导致少量的 Au^{3+} 参与电化学反应，从而形成了具有尖锐结构的金纳米晶。随着含水量的增加，胆碱离子的数量减少，使得多的 Au^{3+} 参与了电化学反应，因此，得到的 Au 纳米晶不具有尖锐的结构。

除贵金属外，一些非贵金属（如 Ni、Zn、Cu、Fe、In、Pb）也可以在低共熔溶剂进行电沉积。Guo 等报道了在氯化胆碱和尿素（摩尔比为 1∶2）形成的低共熔溶剂中，以烟酸为添加剂，纯镍在铜基体上的电沉积[35]。在该体系中，烟酸对 Ni 的沉积起到了抑制作用，影响了 Ni^{2+} 的还原行为、Ni 镀层的形貌和微观结构。并且，Ni 的电沉积是通过三维瞬时成核/生长进行的。在氯化胆碱和尿素（摩尔比为 1∶2）形成的低共熔溶剂中，以 Cu_2O 为铜源，Cu 纳米粒子可以沉积到 Ni 电极上[43]。铜在镍电极上的沉积遵循扩散控制的渐进成核和三维生长过程，并且该过程受电极电位和温度的影响。电极电位主要影响成核过程，而温度影响生长过程。在氯化胆碱和乙二醇（摩尔比为 1∶2）形成的低共熔溶剂中，以 $InCl_3$ 为铟源，铟能够电沉积到 Cu 基体上[44]，并且沉积金属的形貌受温度影响。微米级的晶粒和棒状物在 25~65℃ 随机分布，而在 80℃ 下得到直径在 75~250nm 的纳米棒阵列。在另一项工作中，在氯化胆碱和乙二醇（摩尔比为 1∶2）形成的低共熔溶剂中，电沉积形成的铁可以用于液流电池[36]。在这一电沉积铁的过程中，在含有 ≥4∶1 摩尔比 Cl/Fe 的溶液中，形成 $[FeCl_4]^-$ 和 $[FeCl_4]^{2-}$ 两种离子。而在低 Cl 含量的电解质（如 <4∶1 的 Cl/Fe）中，乙二醇可以与 Fe^{3+} 形成一种配合物。进一步，在氯化胆碱和乙二醇（摩尔比为 1∶2）形成的低共熔溶剂中，当存在某些有机添加剂时，Zn 可以通过三维渐进成核机制电沉积[45]。结果表明，二甲基亚砜存在时，电沉积得到锌镀层的晶粒尺寸最小，为 31.7nm，并且耐蚀性最好。此外，Hua 等研究了 PbO 在低共熔溶剂中的电还原机制[38b]，发现 PbO 可以直接电还原为金属

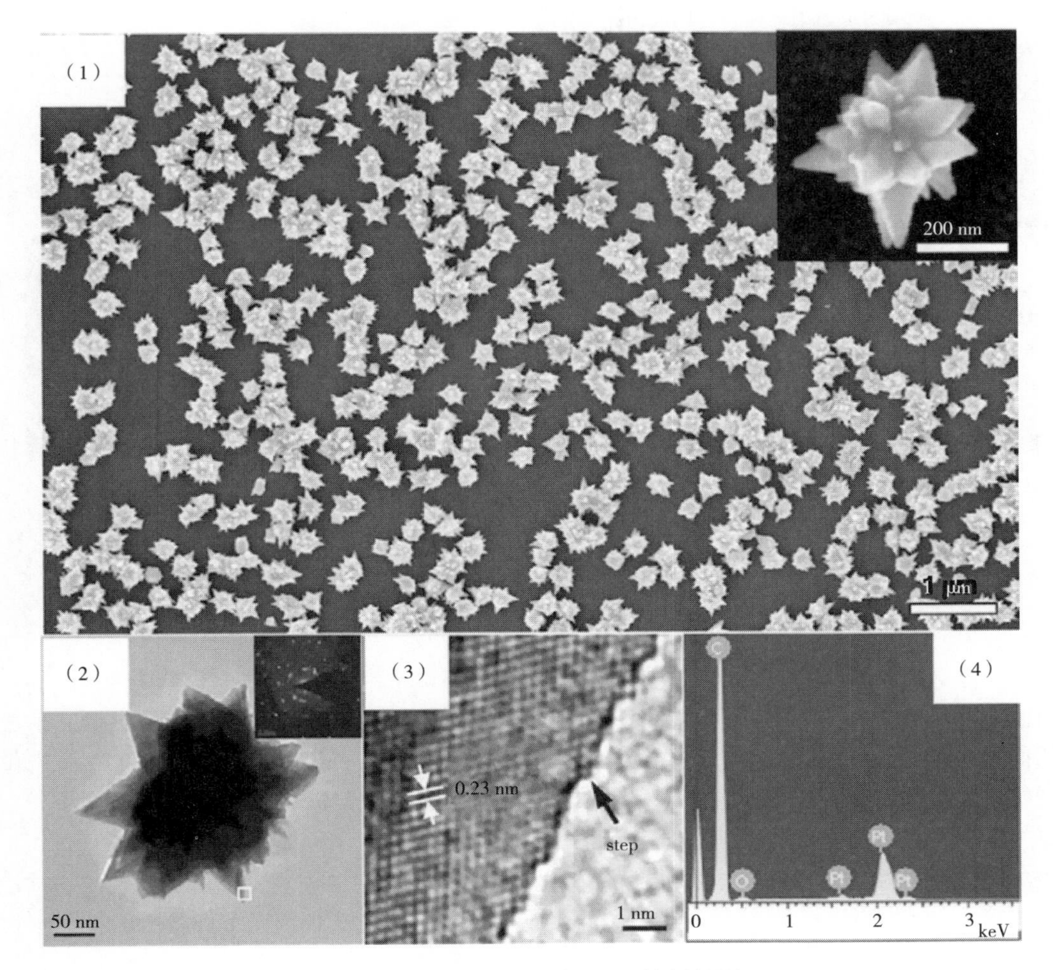

图 17.4 Pt 纳米花的扫描电镜和透射电镜图片

(1) 80℃时在 19.3mmol/L H_2PtCl_6/低共熔溶剂溶液中形成的 Pt 纳米花的扫描电镜图片。扫描范围：-1.5～-0.2V，扫描速率：50mV/s，循环数：80 个循环；(2) 单个纳米花的透射电镜图片。(3) b 中白框区域的高分辨电镜图片。(4) Pt 纳米花的 EDX 图片。

资料来源：参考文献 [42]，经 Elsevier 的许可转载。

Pb。在此过程中，PbO（s）→［PbO · Cl · 乙二醇］$^-$→Pb（s）的溶解电沉积与 PbO（s）→ Pb（s）的直接脱氧同时存在。Sun 等发现，在氯化胆碱和尿素（摩尔比为 1∶2）形成的低共熔溶剂中，不同的铅源（$PbSO_4$、PbO_2、PbO 或它们的混合物）可以通过电沉积形成金属铅[38a]。铅物种的电化学还原涉及扩散控制生长的三维瞬时成核，并且形成的铅镀层的表面形貌显著依赖于外加电位和电流，而铅电沉积的库仑效率高于 90%（图 17.5）。

电化学沉积可以用于合金的制备。然而，由于金属的氧化还原电位不同，在水溶液中难以通过电沉积形成合金。相比之下，在低共熔溶剂中形成氯金属酸盐络合物可以显著降低不同元素的氧化还原电位差。因此，设计合适的低共熔溶剂用于沉积不同的合金具有很大的潜力（表 17.4）。例如，Zhang 等报道了在氯化胆碱和尿素（摩尔比为 1∶2）形成的低共熔溶

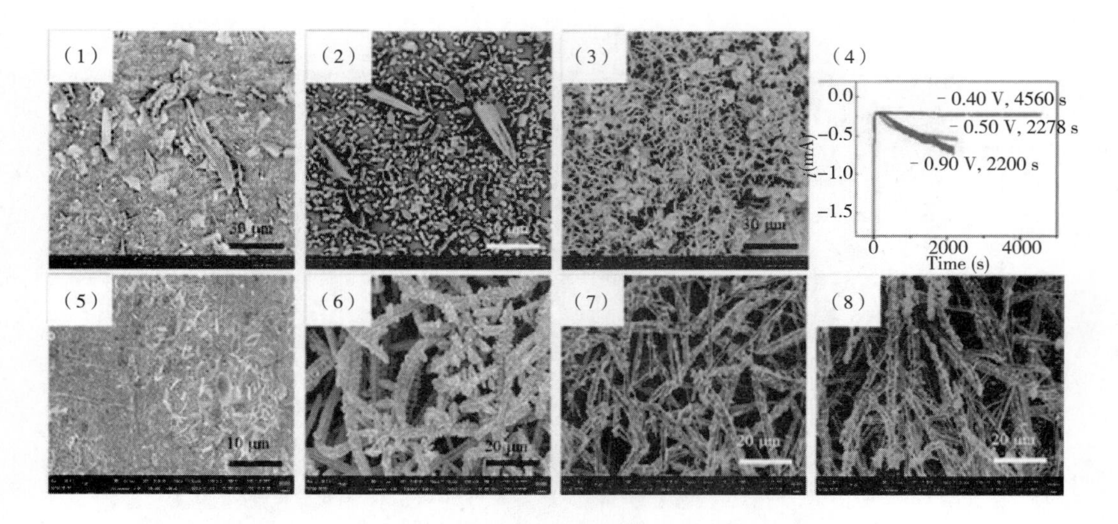

图 17.5 不同电位形成的 Pb 的扫描电镜图片

（1）~（3） $PbSO_4$，电位为-0.40、 -0.50、 -0.90 V。（4） 1-3 中 Pb 电沉积过程中，电流与时间的曲线图。（5）-（8） PbO_2，电位为-0.50、 -0.70、 -0.90、 -1.10 V。

资料来源：参考文献 [38a]，经 Elsevier 许可转载。

剂中，以 ZnO 为 Zn 源，Cu-Zn 合金可以通过在 Cu 电极上电沉积形成[46]，并且发现，高温（120℃与 80℃相比）有助于 Cu-Zn 合金的形成。在氯化胆碱和尿素（摩尔比为 1：2）形成的低共熔溶剂中，Cu-In 可以成功电沉积到 Mo 基体上[47]。Cu-In 薄膜的形貌随电沉积电位变化：低沉积过电位时，岛状生长；高过电位下，枝晶生长，且成核密度较低。

表 17.4 氯化胆碱和尿素（摩尔比为 1：2）形成的低共熔溶剂中，合金的电沉积

合金	低共熔溶剂	基体	参考文献
Cu-Zn	氯化胆碱+尿素	钼	[46-47]
Sn-Sb	氯化胆碱+乙二醇	钛	[48]
Zn-Mn	氯化胆碱+尿素	铁	[49]
Ni-Cu	氯化胆碱+乙二醇	铜箔	[7]
Co-Cr	氯化胆碱+乙二醇	低碳铁片	[7]
Ni-Co-Sn	氯化胆碱+尿素	铜箔	[7]
Ni-Mo	氯化胆碱+尿素	铜箔	[7]
Co-Mo	氯化胆碱+尿素	铜箔	[7]
Ni-Sn	氯化胆碱+乙二醇，氯化胆碱+ChCl+马来酸	铜箔和低碳铁片	[7]
Zn-Co	氯化胆碱+尿素	铜箔	[7，50]
Ni-Zn	氯化胆碱+尿素	铜箔	[7]
Cu-In	氯化胆碱+尿素	钼片	[7]
Cu-Sn	氯化胆碱+尿素	铂片	[7]

在氯化胆碱和乙二醇（摩尔比为 1∶2）形成的低共熔溶剂中，以 $SbCl_3$ 和 $SnCl_2$ 为前体，在钛基体上可以通过电沉积得到亚微米级 Sn-Sb 合金粉末[48]。在所用的低共熔溶剂中，Sb^{3+} 和 Sn^{2+} 的扩散系数分别为 $10^{-7}cm^2/s$ 和 10^{-6} cm^2/s，Sb^{3+} 和 Sn^{2+} 的还原可以通过不同的扩散行为控制。沉积电位影响 Sn-Sb 合金的组成，而不是其表面形貌。在不同电位时，形成的 Sn-Sb 合金中 Sn 的含量在 2.7%~67.4%变化。Bajat 等报道了在氯化胆碱和尿素（摩尔比为 1∶2）形成的低共熔溶剂中，Zn-Mn 合金涂层可以电沉积到铁基体上[49]。研究发现，只有当 Zn^{2+} 存在时，Zn 先在铁基体上成核后 Mn^{2+} 才会被还原。在电流密度为 3~8mA/cm 时，Mn 的沉积量为 22%~27%（质量分数），远高于水溶液中沉积的 Mn，并且最佳电流密度为 3 mA/cm。较高的电流密度将导致由球状微晶团簇组成的多孔表面的形成。在这一电沉积过程中，决速步是 $[Zn(RO)_xCl_{4-x}]^{2-}$ 的形成，而不是 Zn^{2+} 向电极表面的扩散。在另一工作中，在氯化胆碱和尿素（摩尔比为 1∶2）形成的低共熔溶剂中，以 $ZnCl_2$ 和 $CoCl_2$ 为前驱体，可以通过电沉积成功制备 Zn-Co 合金[50]。在该电沉积体系中，Co 比 Zn 优先还原，并且 Zn-Co 合金的电沉积遵循瞬时成核机制。结果表明，沉积电位影响了 Zn-Co 合金的性能（组成、相结构和表面形貌）。当电沉积电位更负时，Zn-Co 合金的 Co 含量和 γ 相降低，而 Zn 含量和 η 相增加。同时，晶粒团簇尺寸随着电位的变负而增大。此外，Ni-Zn[51]、Zn-Sn[52]、Cu-Mn[53]、Sn-Bi[54] 和 Ni-Mo[55] 等合金也可以在胆碱类低共熔溶剂中通过电沉积制备。除了氯化胆碱基低共熔溶剂外，Xu 等发现在氯化锌和尿素（摩尔比为 1∶3）形成的低共熔溶剂中，以 $TiCl_4$ 为 Ti 源，Zn-Ti 合金可以通过电沉积制备[56]。所得 Zn-Ti 合金具有无序的六方紧密堆积结构，这一结构与纯锌类似，并且结构中完全无氯存在。

除单一金属和合金外，低共熔溶剂还可用于 TiO_2 的电沉积。超薄 TiO_2 薄膜可以在含有 $TiCl_4$ 的氯化胆碱-乙二醇（摩尔比为 1∶2）中通过电沉积制备[57]。研究发现，利用乙二胺或 LiF 作为添加剂会导致形成非晶态亚微米 TiO_2 薄膜。在电沉积过程中，成核机制既涉及二维瞬时成核过程，包括晶格嵌入，又涉及三维扩散限制成核和生长过程。

17.4.2 电解抛光

电解抛光是电镀的反向过程，是一种从金属工件中溶解材料以降低表面粗糙度和增加耐蚀性的过程。电解抛光（阳极溶解）已广泛应用于金属精加工工业，如不锈钢和铜半导体的电解抛光[24]。目前，商业电解抛光工艺采用磷酸和硫酸的混合物作为电解质，这类电解质具有很强的腐蚀性和毒性。并且，在这类电解质中，金属表面会产生大量气体，造成电流密度的降低。由于具有无腐蚀性、可再生性、电解抛光中生成的气体可忽略不计、电流效率高等优点，低共熔溶剂在电解抛光中的应用越来越受到人们的关注[25]。例如，在不使用任何添加剂时，低共熔溶剂中电解抛光的电流效率约为 90%，远远优于在水基电解质中获得的效率（约 30%）[15]。通常，低共熔溶剂应用于不锈钢、铝、钛、镍/钴合金和超合金的电解抛光。其中，氯化胆碱和乙二醇形成的低共熔溶剂是最常用的。

Dsouza 等利用一系列低共熔溶剂电解质对镍基超合金涡轮叶片（CMSX-4 和 CMSX-10）进行电解抛光[58]。所用低共熔溶剂由氯化胆碱与乙二醇（1∶2）、甘油（1∶2）、二水合草酸（1∶1）、尿素（1∶2）或者冰醋酸（1∶2）形成，分别命名为 Ethaline 200、Glyceline 200、Oxaline 100、Reline 200 和 Acetaline 200。研究结果表明，这些低共熔溶剂腐蚀 γ 或 γ' 相的能力和选择性取决于低共熔溶剂的配方和应用电位。在抛光 CMSX-4 时，Ethaline 200

对电位最敏感：在低电位下，γ′立方体优先抛光；而在较高电位时，γ相优先（图17.6A）。然而，对于CMSX-10，在Ethaline 200中，要到更大的电位（8 V）才会抛光γ相（图17.6B）。同时，对两种合金，Oxaline 100在所有电位仅对γ′立方体有效，而Glyceline 200选择性抛光γ相。进一步研究发现，Reline 200在所有电位下仅刻蚀CMSX-4中的γ相，而抛光CMSX-10时会有相位转化：2V时去除γ相，在5V时去除γ′相。此外，对于CMSX-4，Acetaline 200可以在所有电位选择性蚀刻γ相；而对于CMSX-10，即使在5 V时，电解抛光仍然很低。

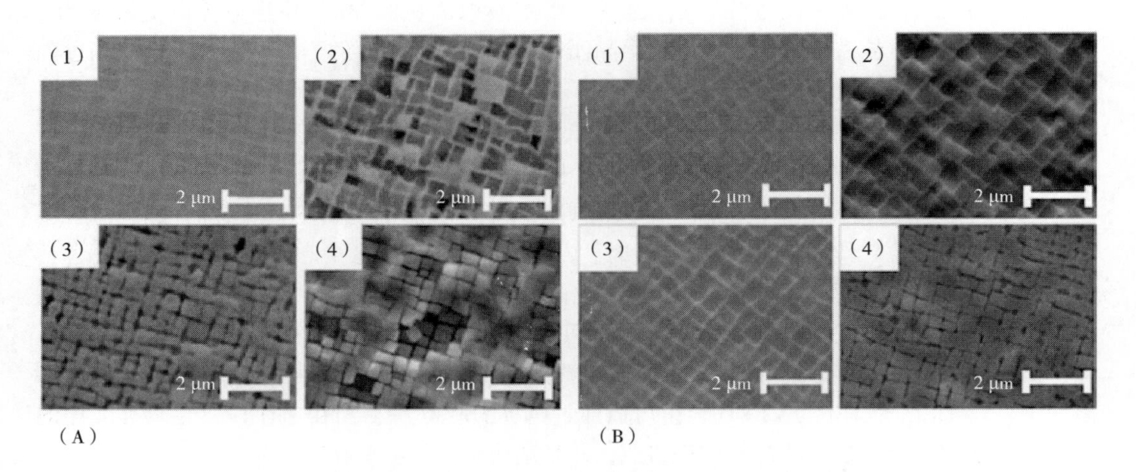

图17.6 Ethaline 200中，电解抛光前后CMSX-4（A） and CMSX-10（B）的表面扫描电镜图片。（A）中，（1）无外加电位，（2） 2 V，（3） 4 V和（4） 5 V。（B）中，（1）无外加电位，（2） 2V，（3） 4V和（4） 8V。

资料来源：参考文献 [58]，经法国物理学会许可转载。

氯化胆碱和乙二醇（摩尔比为1∶2）形成的低共熔溶剂可以用于电解抛光去除热等静压（HIP）固结形式中的富铁扩散层[59]。对于富铁层的去除，所用低共熔溶剂比由甲磺酸和羟基乙酸形成的水相电解质具有更高的速率和更高的电流效率。但是，在高刻蚀速率下，低共熔溶剂中所得材料的表面光洁度不是很好。通过使用低共熔溶剂与甲磺酸/羟基乙酸的混合物（摩尔比为9∶1）可以克服这一缺点，并获得高电流效率和优异的表面光洁度。

氯化胆碱和乙二醇（摩尔比为1∶2）形成的低共熔溶剂可以用于高纯银的纳米级电抛光[60]。研究表明，在电位为3.75V、电流密度为0.064 A/cm^2时，纯Ag金属可以实现稳定的电解抛光。电解抛光后，银的表面比原来未抛光的银平滑了八倍。在电解抛光过程中，电抛光速度越快，发生在电极上的还原反应越容易损害银表面的光滑性。同时，电解抛光速率也对整体表面粗糙度有很大的影响。

Alrbaey等将氯化胆碱和乙二醇（摩尔比为1∶2）形成的低共熔溶剂用于电解抛光重新熔炼的SLM不锈钢316L零件[61]。40℃下，在4~5.5 V电位范围内的电流密度下进行电解抛光，可获得<0.51的表面粗糙度（R_a）。与重新熔炼的样品相比，电解抛光可以将表面光洁度提高60%以上。同时，电解抛光导致SS316L中Fe和Ni优先溶解，从而造成富Cr表面，有利于提高表面的机械性能和化学性质。

17.5 总结和结论

本章综述了低共熔溶剂的基础电化学知识，包括它们的电导率、电化学稳定性和电化学应用。低共熔溶剂的电导率与黏度和温度密切相关，可以通过空穴理论进行合理解释。低共熔溶剂具有足够宽的电化学窗口，可满足较宽范围的电化学应用，如金属和合金的电沉积、不锈钢和超级合金的电解抛光、电致变色器件和氧化还原液流电池等。本章的目标是让研究人员和非专业读者对低共熔溶剂的一般电化学性质有一个深入的了解，并有助于低共熔溶剂在电化学领域（无论是在学术界还是工业界）的进一步发展。

致谢

作者感谢中国国家自然科学基金的资助（项目编号：21873012，21773307）。

参考文献

1 Jiang, J. , Zhao, W. , Xue, Z. et al. (2016) . *ACS Sustainable Chem. Eng.* 4: 5814-5819.

2 Wang, B. , Qin, L. , Mu, T. et al. (2017) . *Chem. Rev.* 117: 7113-7131.

3 Clarke, C. J. , Tu, W. -C. , Levers, O. et al. (2018) . *Chem. Rev.* 118: 747-800.

4 Ohno, H. (2011) . Electrochemical Aspects of Ionic Liquids, 2e. Wiley.

5 Ruß, C. and König, B. (2012) . *Green Chem.* 14: 2969-2982.

6 Chakrabarti, M. H. , Mjalli, F. S. , AlNashef, I. M. et al. (2014) . *Renewable Sustainable Energy Rev.* 30: 254-270.

7 Tomé, L. I. N. , Baião, V. , da Silva, W. , and Brett, C. M. A. (2018) . *Appl. Mater. Today* 10: 30-50.

8 Espino, M. , Fernández, M. A. , Gomez, F. J. V. , and Silva, M. F. (2016) . *TrAC, Trends Anal. Chem.* 76: 126-136.

9 Francisco, M. , van den Bruinhorst, A. , and Kroon, M. C. (2013) . *Angew. Chem. Int. Ed.* 52: 3074-3085.

10 Kudlak, B. , Owczarek, K. , and Namiesnik, J. (2015) . *Environ. Sci. Pollut. Res.* 22: 11975-11992.

11 Nkuku, C. A. and LeSuer, R. J. (2007) . *J. Phys. Chem. B* 111: 13271-13277.

12 Tang, B. and Row, K. H. (2013) . *Monatsh. Chem.* 144: 1427-1454.

13 Wazeer, I. , Hayyan, M. , and Hadj-Kali, M. K. (2018) . *J. Chem. Technol. Biotechnol.* 93: 945-958.

14 Abo-Hamad, A. , Hayyan, M. , AlSaadi, M. A. , and Hashim, M. A. (2015) . *Chem. Eng. J.* 273: 551-567.

15 Smith, E. L. , Abbott, A. P. , and Ryder, K. S. (2014) . *Chem. Rev.* 114: 11060-11082.

16 Abbott, A. P. , Harris, R. C. , and Ryder, K. S. (2007) . *J. Phys. Chem. B* 111: 4910-4913.

17 Abbott, A. P. , Capper, G. , and Gray, S. (2006) . *ChemPhysChem* 7: 803-806.

18 Cui, Y., Li, C., Yin, J. et al. (2017). *J. Mol. Liq.* 236: 338-343.

19 Chen, Z., Ludwig, M., Warr, G. G., and Atkin, R. (2017). *J. Colloid Interface Sci.* 494: 373-379.

20 Taysun, M. B., Sert, E., and Atalay, F. S. (2017). *J. Chem. Eng. Data* 62: 1173-1181.

21 Li, G., Jiang, Y., Liu, X., and Deng, D. (2016). *J. Mol. Liq.* 222: 201-207.

22 Hou, Y., Gu, Y., Zhang, S. et al. (2008). *J. Mol. Liq.* 143: 154-159.

23 Germani, R., Orlandini, M., Tiecco, M., and Del Giacco, T. (2017). *J. Mol. Liq.* 240: 233-239.

24 Jibril, B., Mjalli, F., Naser, J., and Gano, Z. (2014). *J. Mol. Liq.* 199: 462-469.

25 (a) Cao, Y., Chen, Y., Sun, X. et al. (2012). *Phys. Chem. Chem. Phys.* 14: 12252-12262. (b) Chen, Y., Yu, D. K., Chen, W. J. et al. (2019). *Phys. Chem. Chem. Phys.* 21: 2601-2610.

26 Li, Q., Jiang, J., Li, G. et al. (2016). *Sci. China, Ser. B Chem.* 59: 571-577.

27 Xue, Z., Qin, L., Jiang, J. et al. (2018). *Phys. Chem. Chem. Phys.* 20: 8382-8402.

28 Bahadori, L., Chakrabarti, M. H., Mjalli, F. S. et al. (2013). *Electrochim. Acta* 113: 205-211.

29 Obeten, M. E., Ugi, B. U., and Alobi, N. O. (2017). *J. Appl. Sci. Environ. Manage.* 21: 991-998.

30 Endres, F., Abbott, A., and MacFarlane, D. (2017). Electrodeposition Ionic Liquids, 2e. Wiley.

31 Abbott, A. P., Frisch, G., and Ryder, K. S. (2013). *Annu. Rev. Mater. Res.* 43: 335-358.

32 Abbott, A. P., Frisch, G., Hartley, J., and Ryder, K. S. (2011). *Green Chem.* 13: 471-481.

33 Smith, E. (2014). *Trans. Inst. Met. Finish.* 91: 241-248.

34 Ballantyne, A. D., Barker, R., Dalgliesh, R. M. et al. (2018). *J. Electroanal. Chem.* 819: 511-523.

35 Yang, H., Guo, X., Birbilis, N. et al. (2011). *Appl. Surf. Sci.* 257: 9094-9102.

36 Miller, M. A., Wainright, J. S., and Savinell, R. F. (2017). *J. Electrochem. Soc.* 164: A796-A803.

37 Renjith, A., Roy, A., and Lakshminarayanan, V. (2014). *J. Colloid Interface Sci.* 426: 270-279.

38 (a) Liao, Y.-S., Chen, P.-Y., and Sun, I. W. (2016). *Electrochim. Acta* 214: 265-275. (b) Ru, J., Hua, Y., Wang, D. et al. (2015). *Electrochim. Acta* 186: 455-464.

39 Li, A., Chen, Y., Zhuo, K. et al. (2016). *RSC Adv.* 6: 8786-8790.

40 Wei, L., Fan, Y.-J., Tian, N. et al. (2012). *J. Phys. Chem. C* 116: 2040-2044.

41 Wei, L., Zhou, Z. Y., Chen, S. P. et al. (2013). *Chem. Commun.* 49: 11152-11154.

42 Wei, L., Fan, Y.-J., Wang, H.-H. et al. (2012). *Electrochim. Acta* 76: 468-474.

43 Zhang, Q. B. and Hua, Y. X. (2014). *Phys. Chem. Chem. Phys.* 16: 27088-27095.

44 Alcanfor, A. A. C., dos Santos, L. P. M., Dias, D. F. et al. (2017). *Electrochim. Acta* 235: 553-560.

45 Pereira, N. M., Pereira, C. M., Araújo, J. P., and Silva, A. F. (2017). *J. Electroanal. Chem.* 801: 545-551.

46 Zhang, Q. B., Abbott, A. P., and Yang, C. (2015). *Phys. Chem. Chem. Phys.* 17: 14702-14709.

47 Malaquias, J. C., Steichen, M., Thomassey, M., and Dale, P. J. (2013). *Electrochim. Acta* 103: 15-22.

48 Su, Z. (2016). *Int. J. Electrochem. Sci.* 2016: 3325-3338.

49 Bučko, M., Culliton, D., Betts, A. J., and Bajat, J. B. (2017). *Trans. IMF* 95: 60-64.

50 Chu, Q., Liang, J., and Hao, J. (2014). *Electrochim. Acta* 115: 499-503.

51 Yang, H. Y., Guo, X. W., Chen, X. B. et al. (2012). *Electrochim. Acta* 63: 131-138.

52 Abbott, A. P., Capper, G., McKenzie, K. J., and Ryder, K. S. (2007). *J. Electroanal. Chem.* 599: 288-294.

53 Huang, J.-Q., Chiang, W.-S., Chen, P.-C. et al. (2018). *J. Alloys Compd.* 742: 38-44.

54 Vieira, L., Burt, J., Richardson, P. W. et al. (2017). *ChemistryOpen* 6: 393-401.

55 Florea, A., Anicai, L., Costovici, S. et al. (2010). *Surf. Interface Anal.* 42: 1271–1275.

56 Xu, C., Wu, Q., Hua, Y., and Li, J. (2014). *J. Solid State Electrochem.* 18: 2149–2155.

57 Pereira, N. M., Pereira, C. M., Araújo, J. P., and Silva, A. F. (2018). *Thin Solid Films* 645: 391–398.

58 Guédou, J. Y., Dsouza, N., Appleton, M. et al. (2014). *MATEC Web Conf.* 14: 13007.

59 Goddard, A. J., Harris, R. C., Saleem, S. et al. (2017). *Trans. IMF* 95: 137–146.

60 Loftis, J. D. and Abdel-Fattah, T. M. (2016). *Colloids Surf., A* 511: 113–119.

61 Alrbaey, K., Wimpenny, D. I., Al-Barzinjy, A. A., and Moroz, A. (2016). *J. Mater. Eng. Perform.* 25: 2836–2846.

缩略词表

英文缩写	英文全称	中文全称
A		
A375	Amelanotic melanoma cell line	无色素性黑素瘤细胞
AA	Acetic acid	醋酸
AA/Aac	Acrylic acid	丙烯酸
AAm	Acrylamide	丙烯酰胺
AARD	Absolute average relative deviation	绝对平均相对偏差
AAS	Atomic absorption spectroscopy	原子吸收光谱
ABE	Acetone-butanol-ethanol	丙酮-丁醇-乙醇
AC	Acetic acid	乙酸
ACC	Acetylcholine chloride	乙酰胆碱
AcChCl	Choline acetyl chloride	氯化乙酰胆碱
AcetAc	Acetic acid	醋酸
ACPs	Anthocyanoplasts	花色苷体
AGS	Adenocarcinoma gastric cell line	胃腺癌细胞
AIBN	Azobisisobutyronitrile	偶氮二异丁腈
AIM	Atoms in Molecules	分子中的原子理论
ALT	Alanine aminotransferase	丙氨酸氨基转移酶
APS	Ammonium persulfate	过硫酸铵
APX	Ascorbate peroxidase	抗坏血酸过氧化物酶
ASE	Accelerated solvent extraction	加速溶剂萃取
AST	Aspartate transaminase	天冬氨酸转氨酶
ATPPB	Allyltriphenylphosphonium bromide	烯丙基三苯基溴化磷
Atr	Atropine	阿托品
ATR-FTIR	Atom transfer radical Fourier transform infrared radiation	原子转移自由基傅里叶变换红外辐射
ATRP	Atom transfer radical polymerization	原子转移自由基聚合
AVIs	Anthocyanic vacuolar inclusions	花色苷液泡包涵体
aPDT	Antimicrobial photodynamic therapy	抗菌光动力治疗
B		
B/EG	Betaine/ethylene glycol	甜菜碱/乙二醇

续表

英文缩写	英文全称	中文全称
B/Gly	Betaine/glycerol	甜菜碱/甘油
BAT	Brown adipose tissue	棕色脂肪组织
BDO	1,4-butanediol	1,4-丁二醇
BHDE	*N*-benzyl-2-hydroxy-*N*, *N*-dimethyl ethanaminium chloride	*N*-苄基-2-羟基-*N*,*N*-二甲基乙烷氯化铵
Bmim	Butyl-3-methylimidazolium	丁基-3-甲基咪唑
Boc	Tert-butyloxycarbonyl protecting group	叔丁氧基羰基保护基
BPO	Benzoyl peroxide	过氧化苯甲酰
BSA	Bovine serum albumin	牛血清蛋白
BTEA	Benzyltriethylammonium chloride	苄基三乙基氯化铵
BTMA	Benzyltrimethylammonium chloride	苄基三甲基氯化铵
BTPC	Benzyltriphenylphosphonium chloride	苄基三苯基氯化磷
BTPPB	*n*-butyltriphenylphosphonium bromide	正丁基三苯基溴化磷
BTPPC	Benzyltriphenylphosphonium chloride	苄基三苯基氯化磷
[BmIm][SbF6]	1-butyl-3-methylimidazolium hexafluoroantimonate	1-丁基-3-甲基咪唑六氟锑酸盐
[Bmim][TfO]	1-butyl-3-methylimidazolium trifluoromethanesulfonate	1-丁基-3-甲基咪唑三氟甲基磺酸钠
C		
c	Concentration	浓度
℃	Degrees centigrade (Celsius)	摄氏度
CA	Citric acid	柠檬酸
CAGE	Choline AndGeranate	胆碱和天竺葵
CAL-B	*Candida antarctica* lipase B	南极假丝酵母脂肪酶 B
CAT	Catalase	过氧化氢酶
CCP	Cage critical points	笼临界点
CD	Circular dichroism	圆二色光谱
Cd	Cadmium	镉
CE	Capillary electrophoresis	毛细管电泳
ChAc	Choline acetate	醋酸胆碱
ChAC/Gly	Choline chloride acetate/glycerol	氯化胆碱醋酸盐/甘油
ChCit	Choline citrate	柠檬酸胆碱
ChCl	Choline chloride	氯化胆碱
ChCl/A	Choline chloride/acetamide	氯化胆碱/乙酰胺

续表

英文缩写	英文全称	中文全称
ChCl/D-Ara	Choline chloride/*D*-arabinose	氯化胆碱/*D*-阿拉伯糖
ChCl/DEG	Choline chloride/diethylene glycol	氯化胆碱/二甘醇
ChCl/EG	Choline chloride/ethylene glycol	氯化胆碱/乙二醇
ChCl/EG/F	Choline chloride/ethylene glycol/formamide	氯化胆碱/乙二醇/甲酰胺
ChCl/EG/T	Choline chloride/ethylene glycol/thiourea	氯化胆碱/乙二醇/硫脲
ChCl/F/T	Choline chloride/formamide/thiourea	氯化胆碱/甲酰胺/硫脲
ChCl/FRU	Choline chloride/fructose	氯化胆碱/果糖
ChCl/GLU	Choline chloride/glucose/water	氯化胆碱/葡萄糖
ChCl/GLU/W	Choline chloride/glucose/water	氯化胆碱/葡萄糖/水
ChCl/Gly	Choline chloride/glycerol	氯化胆碱/甘油
ChCl/Gly/EG	Choline chloride/glycerol/ethylene glycol	氯化胆碱/甘油/乙二醇
ChCl/Gly/F	Choline Chloride/glycerol/formamide	氯化胆碱/甘油/甲酰胺
ChCl/Gly/T	Choline chloride/glycerol/thiourea	氯化胆碱/甘油/硫脲
ChCl/L-Ara	Choline chloride/l-arabinose	氯化胆碱/L-阿拉伯糖
ChCl/LE	Choline chloride/levulinic acid	氯化胆碱/乙酰丙酸
ChCl/L-Rha	Choline chloride/rhamnose	氯化胆碱/鼠李糖
ChCl/MA	Choline chloride/malonic acid	氯化胆碱/丙二酸
ChCl/MAN	Choline chloride/mannose	氯化胆碱/甘露糖
ChCl/OX	Choline chloride/oxalic acid	氯化胆碱/草酸
ChCl/SO	Choline chloride/sorbitol	氯化胆碱/山梨醇
ChCl/SU/W	Choline chloride/sorbitol	氯化胆碱/蔗糖/水
ChCl/U	Choline chloride/urea	氯化胆碱/尿素
ChCl/U/EG	Choline chloride/urea/ethylene glycol	氯化胆碱/尿素/乙二醇
ChCl/U/F	Choline chloride/urea/formamide	氯化胆碱/尿素/甲酰胺
ChCl/U/Gly	Choline chloride/urea/glycerol	氯化胆碱/尿素/甘油
ChCl/U/T	Choline chloride/urea/thiourea	氯化胆碱/尿素/硫脲
ChCl/XY	Choline chloride/xylitol	氯化胆碱/木糖醇
ChCl/Xyl	Choline chloride/xylose	氯化胆碱/木糖
ChCl/Xyl/W	Choline chloride/xylose/water	氯化胆碱/木糖/水
ChGly	Choline glycolate	乙醇酸胆碱
ChLa	Choline lactate	乳酸胆碱
CILE	Carbon ionic liquid electrode	碳离子液体电极
CNT	Carbon nanotube	碳纳米管

续表

英文缩写	英文全称	中文全称
COSMO-RS	Conductor - like screening model for real solvent	真实溶剂的类导体筛选模型
Cou	Coumarin	香豆素
cP	Centipoise	厘泊（黏度单位，等于百分之一泊）
CPL	Caprolactam	己内酰胺
CPME	Cyclopentyl methyl ether	环戊基甲醚
CSA	(1S)-(+)-10-camphorsulfonic acid	(1S)-(+)-10-樟脑磺酸
CuAAC	Cu(I)-catalyzedazide alkyne Cycloaddition	Cu(I)催化叠氮炔环加成
CZTS	Copper-zinc-tin sulfide	硫化铜锌锡
D		
DA	Diethanol amine	二乙醇胺
DABCO	1,4-diazabicyclo [2.2.2] octane	1,4-二氮杂二环 [2.2.2] 辛烷
DAC	*N*,*N*-diethylethanol ammonium chloride	*N*,*N*-二甲基乙醇氯化铵
DAD	Diode array detector	二极管阵列检测器
DART-MS	Direct analysis in real time-mass spectrometry	实时质谱直接分析
dba	Dibenzylideneacetone	二甲氨基苄丙酮
DBN	1,5-diazabicyclo [4.3.0] -non-5-ene	1,5-二氮杂双环 [4.3.0] 壬-5-烯
DBU	1,8-diazabicyclo [5.4.0] undec-7-ene	1,8-二氮杂双环 [5.4.0] 十一碳-7-烯
de	Diastereomeric excess	非对映体过量
DEA	Diethanolamine	二乙醇胺
DEAC	*N*,*N*-diethylethanol Ammonium chloride	*N*,*N*-二乙基乙醇氯化铵
DecAc	Decanoic acid	癸酸
DEG	Diethylene glycol	二甘醇
DES	Deep eutectic solvents	低共熔溶剂
DFT	Density functional theory	密度泛函理论
DH	Diethylamine hydrochloride	盐酸二乙胺
DLLME	Dispersive liquid-liquid microextraction	分散液-液微萃取
DMF	Dimethylformamide	二甲基甲酰胺
DMU	*N*,*N'*-dimethyl urea/1,2-dimethyl urea	*N*,*N'*- 二甲基脲/1,2-二甲基脲
DNA	Deoxyribonucleic acid	脱氧核糖核酸
DodeAc	dodecanoic acid	十二酸
DOSY	Diffusion ordered spectroscopy	扩散排序谱

续表

英文缩写	英文全称	中文全称
E		
E	Electrophile	亲电子试剂
EA	Ethanol amine	乙醇胺
EAC	*N*,*N*-diethyl ethanol ammonium chloride	*N*,*N*-二乙基乙醇氯化铵
EAC/A	Ethyl-ammonium chloride/acetamide	乙基氯化铵/乙酰胺
EAC/EG	Ethyl-ammonium chloride/ethylene glycol	乙基氯化铵/乙二醇
EAC/Gly	Ethyl-ammonium chloride/glycerol	乙基氯化铵/甘油
EAC/TEG	Ethyl-ammonium chloride/triethylene glycol	乙基氯化铵/三甘醇
EC50	Half maximal effective concentration	半数最大有效浓度
ECD	Electron capture detector	电子捕获探测器
ED	Electrochemical detector	电化学探测器
EDA	Ethylenediamine	乙二胺
ee	Enantiomeric excess	对映体过量
EG	Ethylene glycol	乙二醇
EGCG	Epigallocatechin-3-gallate	没食子儿茶素没食子酸酯
EGDMA	Ethylene glycol dimethacrylate	乙二醇二甲基丙烯酸酯
ELISA	Enzyme-linked immunosorbent assay	酶联免疫吸附测定
EPSR	Empirical Potential structure refinement	经验势结构细化
equiv =	Equivalent	当量
ER	Endoplasmic reticulum	内质网
F		
FA	Furfuryl alcohol	呋喃甲醇
FAB	Fast atom bombardment	快原子轰击
FF	Furfural	糠醛
FID	Flame ionization detector	火焰离子检测器
FTIR	Fourier transform infrared Spectroscopy	傅里叶变换红外光谱学
G		
G	Glycerol	甘油
GA	Glycolic acid	乙醇酸
GAC	Green analytical chemistry	绿色分析化学
GB	Glycine betaine	甘氨酸甜菜碱

续表

英文缩写	英文全称	中文全称
GC	Guaiacol	磷甲氧基苯酚
GC	Gas chromatography	气相色谱法
GcA	Glycolic acid	羟基乙酸
GC-FID	Gas chromatography-flame ionization detector	气相色谱-火焰电离检测器
GC-MS	Gas chromatography-mass spectrometry	气相色谱-质谱
GI	Gastrointestinal	胃肠道
Gly	Glycerol	甘油
GO	Graphene oxide	氧化石墨烯
GO-MPS	Graphene oxide modified with 3-(trimethoxysilyl)propyl methacrylate	氧化石墨烯-甲基丙烯酸 3-(三甲氧基甲硅烷基)丙酯
GPX	Guaiacol peroxidase	愈创木酚过氧化物酶
Gua	Guanidinium hydrochloride	盐酸胍
H		
h	Hour	小时
HAE	Homogenization assisted extraction	均质辅助提取
HBA	Hydrogen bond acceptor	氢键受体
HBD	Hydrogen bond donor	氢键供体
Hela	Henrietta Lacks cell line	海拉细胞系
HHPAE	High hydrostatic pressure assisted extraction	高静水压辅助萃取
HIPE	High internal phase emulsion	高内相乳液
HMF	Hydroxymethylfurfural	羟甲基糠醛
HOESY	Heteronuclear Overhauser effect spectroscopy	异核欧佛豪瑟效应光谱
HPLC	High performance liquid chromatography	高效液相色谱
HVED	High-voltage electrical discharge	高压放电
I		
ICP-OES	Inductively coupled plasma optical emission spectrometry	电感偶合等离子体发射光谱
ICR	Imprinting Control Region	印迹控制区域
ID	Infrared detector	红外探测器
ILs	Ionic liquids	离子液体

续表

英文缩写	英文全称	中文全称
IR	Infrared radiation	红外辐射
ITO	Indium tin oxide	氧化铟锡
K		
KRED	Ketoreductase	酮还原酶
L		
LA/LacAc	Lactic acid	乳酸
LC	Liquid chromatography	液相色谱
LC50	Median lethal concentration	半致死浓度
LC-ILs	Long-chain carboxylate ionic liquids	长链羧酸离子液体
LDH	Lactate dehydrogenase	乳酸脱氢酶
Lid	Lidocaine	利多卡因
LidHCl	Lidocaine hydrochloride	盐酸利多卡因
LLA	L-lactide	L-交酯
LLE	Liquid-liquid extraction	液-液提取
LMM	Low melting mixture	低熔点混合物
logKow	Logarithm of the partition coefficient of a substance between1-octanol and water	1-辛醇与水之间物质分配系数的对数
LPME	Liquid phase microextraction	液相微萃取
LTTM	Low-transition-temperature mixture	低转变温度混合物
LV	Levulinic acid	乙酰丙酸
M		
M	Molarity (molar concentration)	摩尔浓度
MA	Malonic acid	丙二酸
MaA	Malic acid	羟基丁二酸
MAAc	Methacrylic acid	甲基丙烯酸
MAE	Microwave assisted extraction	微波辅助提取
MAME	Microwave assisted microextraction	微波辅助微萃取
MCF-7	Michigan Cancer Foundation cell line	人乳腺癌细胞
MCRs	Multicomponent reactions	多组分反应
MD	Molecular dynamics	分子动力学
MDA	Malondialdehyde	丙二醛
MDEA	*N*-methyldiethanolamine	*N*-甲基二乙醇胺
MEA	Monoethanolamine	单乙醇胺
MEKC	Micellar electrokinetic capillary electrophoresis	胶束电动毛细管电泳

续表

英文缩写	英文全称	中文全称
Men	menthol	薄荷醇
MetHCl	Metformin hydrochloride	盐酸二甲双胍
MIC	Minimum inhibition concentration	最低抑制浓度
min	Minute	分钟
MLs	Molecular liquids	分子液体
MMA	Methyl methacrylate	甲基丙烯酸甲酯
MOF	Metal-organic framework	金属有机骨架
mol	Mole (amount of substance)	摩尔
MS	Mass spectrometry	质谱
MTAC	Methyltrioctylammonium chloride	甲基三辛基氯化铵
MTPP	Methyltriphenyl phosphonium bromide	甲基三苯基溴化磷
MTT	3-[4,5-dimethylthiazol-2-yl]-2,5-diphenyl tetrazolium bromide	3-[4,5-二甲基噻唑-2]-2,5-二苯基四氮唑溴盐
MW	Microwave heating	微波加热
MWCNT	Multiwall carbon nanotubes	多壁碳纳米管
N		
N4444-Cl	Tetrabutylammonium chloride	四丁基氯化铵
N7777-Cl	Tetraheptylammonium chloride	四庚基氯化铵
N8881-Br	Methyltrioctylammonium bromide	甲基三辛基溴化铵
N8881-Cl	Methyltrioctylammonium chloride	甲基三辛基氯化铵
NA(DES)	DES/NADES	低共熔溶剂/天然低共熔溶剂
NADES	Natural deep eutectic solvents	天然低共熔溶剂
NBS	*N*-bromosuccinimide	*N*-溴代丁二酰亚胺
NHA	Nanohydroxyapatite	纳米级羟基磷灰石
NonAc	Nonanoic acid	壬酸
NP	Nanoparticle	纳米粒子
NSAIDs	Non-steroidal anti-inflammatory drugs	非甾体类抗炎药
NSE	Neutron spin-echo	中子自旋回波
O		
OCT	Octanoic acid	正辛酸
OctAc	Octanoic acid	辛酸
OES	Optical emission spectrometry	发射光谱
o-MWCNTs	Oxidized multi-walled carbon nanotubes	氧化多壁碳纳米管
ORR	Oxidation reduction reaction	氧化还原反应

续表

英文缩写	英文全称	中文全称
OX	Oxalic acid	草酸/乙二酸
P		
PAA	polyacrylic acid	聚丙烯酸
PANI	Polyaniline	聚苯胺
PC	Procyanidine	原花青素
PCL	Polycaprolactone	聚己内酯
PCR	Polymerase chain reaction	聚合酶链式反应
PC-SAFT	perturbed - chain statistical associating fluid theory	链扰动统计缔合流体理论
PDO	1,3-propanediol	1,3-丙二醇
PEEK	Polyether ether ketone	聚醚醚酮
PEF	Pulsed electric field	脉冲电场
PEG	Polyethylene glycol	聚乙二醇
PhA	Phenylacetic acid	苯乙酸
PHAs	Polyhydroacridines	聚氢吖啶
PHQs	Polyhydroquinolines	聚对苯二酚
PivOH	Pivalic acid	戊醛酸
PLLA	Poly(L-lactide)	聚 L-交酯
PMMA	Poly(methyl methacrylate)	聚甲基丙烯酸甲酯
Poly(ILs)	Poly(ionic liquids)	聚（离子液体）
PPA	Polyprenyl acetates	聚戊烯乙酸酯
PPG	polypropylene glycol	聚丙二醇
p-TSA	*p*-toluenesulfonic acid	对甲苯磺酸
PVP	Polyvinylpyrrolidine	聚维酮
PyrAc	Pyruvic acid	丙酮酸
Q		
QENS	Quasielastic neutron scattering	准弹性中子散射
QM-MD	Quantum mechanical molecular dynamics	量子力学分子动力学
R		
RAME-β-CD	Randomly methylated-β-cyclodextrins	随机甲基化 β-环糊精
RC	Reaction center	反应中心
RDFs	Radial distribution functions	径向分布函数
RNA	Ribonucleic acid	核糖核酸
ROP	Ring opening polymerization	开环聚合反应

续表

英文缩写	英文全称	中文全称
ROS	Reactive oxygen species	活性氧
RP-HPLC	Reversed phase - high performance liq-uid chromatography	反相高效液相色谱
RT	Room temperature	室温
RTIL	Room temperature ionic liquid	室温离子液体
S		
SAB	Salvianolic acid B	丹酚酸 B
SARA	Supplemental activator and reducing agent	补充活化剂和还原剂
SB	Sulfobetaines	磺基甜菜碱
SDF	Spatial density function	空间密度函数
SEM	Scanning electron microscopy	扫描电子显微镜
SERS	Surface-enhanced Raman scattering	表面增强拉曼散射
SOD	Superoxide dismutase	超氧化物歧化酶
SPCL	Starch-poly-ε-caprolactone	淀粉-聚-ε-己内酯
SPE	Solid phase extraction	固相萃取
SPME	Solid phase microextraction	固相微萃取
T		
TA	L-(+)-tartaric acid	L-(+)-酒石酸
TAA	Thioacetamide	硫代乙酰胺
TBAB	Tetrabutylammonium bromide	四丁基溴化铵
TBAC	Tetrabutylammonium chloride	四丁基氯化铵
TBD	1,5,7-triazabicyclo [4.4.0] dec-5-ene	1,5,7-三氮杂二环 [4.4.0] 癸-5-烯
TEA	Triethanolamine	三乙醇胺
TEAB	Tetraethylammonium bromide	四乙基溴化铵
TEAC	Tetraethylammonium chloride	四乙基氯化铵
TEG	Triethylene glycol	三甘醇
TEM	Transmission electron microscopy	透射电子显微镜
TEMA	Triethylmethylammonium chloride	三乙基甲基氯化铵
TEOS	Tetraethyl orthosilicate	原硅酸四乙酯
TFAm	Trifluoroacetamide	三氟乙酰胺
THDES	Therapeutic deep eutectic solvents	治疗性低共熔溶剂
THF	Tetrahydrofuran	四氢呋喃
Thy	Thymol	百里香酚